全国高职高专应用型规划教材·机械机电类

数字电子技术

宋卫海　杨现德　主　编

田青松　丁有强　林立松　副主编
赵　阳　王灵芝　丁文花

王晓辉　侯大平　王　锋　参　编

内 容 简 介

本书凝聚了编者多年的教学积累和精华，充分体现了高职高专教育的特点，理论知识以“必需、够用”为原则，突出应用性、针对性、实用性。此外，本书知识结构合理、重点突出，做到了理论和实际相结合，每一章都有相应的实验或实训。全书共分 9 章。第 1 章是数字电路概述，第 2 章是逻辑代数基础，第 3 章是逻辑门电路，第 4 章为组合逻辑电路，第 5 章是触发器，第 6 章是时序逻辑电路，第 7 章是 555 定时器与脉冲产生电路，第 8 章是存储器与可编程逻辑器件，第 9 章是数/模和模/数转换器。

本书适合作为高职高专院校的电子通信、电气自动化、机电一体化类专业的教材，也可供从事这方面工作的工程技术人员参考。

图书在版编目(CIP)数据

数字电子技术/宋卫海，杨现德主编. —北京：北京大学出版社，2010.3
（全国高职高专应用型规划教材·机械机电类）
ISBN 978-7-301-16948-3
Ⅰ. 数…　Ⅱ. ①宋…　②杨…　Ⅲ. 数字电路—电子技术—高等学校：技术学校—教材　Ⅳ. TN79
中国版本图书馆 CIP 数据核字（2010）第 025127 号

书　　名：数字电子技术
著作责任者：宋卫海　杨现德　主编
策 划 编 辑：葛昊晗
责 任 编 辑：傅　莉
标 准 书 号：ISBN 978-7-301-16948-3/TH・0181
出　版　者：北京大学出版社
地　　址：北京市海淀区成府路 205 号　100871
网　　址：http://www.pup.cn
电　　话：邮购部 62752015　发行部 62750672　编辑部 62765126　出版部 62754962
电 子 信 箱：zyjy@pup.cn
印　刷　者：北京鑫海金澳胶印有限公司
发　行　者：北京大学出版社
经　销　者：新华书店
787 毫米×1092 毫米　16 开本　17 印张　414 千字
2010 年 3 月第 1 版　2010 年 3 月第 1 次印刷
定　　价：30.00 元

前　言

数字电子技术是电子类、信息类、通信类等专业的专业基础课之一，也是一门实践性和应用性比较强的课程。本书是按照教育部最新制定的《高职高专教育数字电子技术基础课程教学基本要求》，本着“理论够用，应用为主，注重实践”的“一体化”教学思想编写的。

本书在编写过程中根据高职高专学生的实际情况，删除了繁杂的数学公式推导以及集成电路的内部结构，力求简明扼要、深入浅出、通俗易懂。本书从工程应用角度出发，介绍了数字电子技术的基础知识和理论，为进一步学习专业课打下坚实的基础。全书共分为9章。第1章是数字电路概述，主要内容是数制和码制；第2章是逻辑代数基础，讲述逻辑关系和逻辑函数；第3章是逻辑门电路，介绍了逻辑门的电路实现及集成逻辑门的基本知识；第4章为组合逻辑电路，主要介绍组合逻辑电路分析、设计及典型组合逻辑电路；第5章为触发器，介绍了触发器的分类、原理及应用；第6章是时序逻辑电路，重点介绍时序逻辑电路的分析方法及典型时序逻辑器件；第7章是555定时器与脉冲产生电路，介绍了555定时器及其在脉冲信号产生中的应用；第8章是存储器与可编程逻辑器件，简要介绍了存储器及可编程逻辑器件的概念及应用；第9章是数/模和模/数转换器，简单介绍了数/模和模/数转换器的原理及典型器件。

本书注重“讲、学、做”统一协调，遵循理论和实践相结合的原则，实现了理论、EWB仿真实验和实训紧密结合，突出了数字电子技术的应用性、针对性和前瞻性。同时，本书注重培养学生的自学能力、应用能力和创新能力，且叙述简练清楚，实例与知识点结合恰当，例题分析透彻，实验实训内容安排合理，习题难易适度，便于学生自学。

本书可作为高职高专院校电子通信、电气自动化、机电一体化等专业的“一体化教学”的专用教材，也可以在各类职业院校及相关培训机构推广使用，同时也可供工程技术人员学习参考使用。

本书由山东省农业管理干部学院宋卫海、杨现德任主编并统稿；田青松、丁有强、林立松、赵阳、王灵芝、丁文花任副主编，王晓辉、侯大平、王锋参编。本书在编写过程中得到了北京大学出版社的大力支持，编者在此表示衷心的感谢。由于编者水平有限，书中难免存在缺点和疏漏，恳请广大读者批评指正。

编　者

2010年2月

目　　录

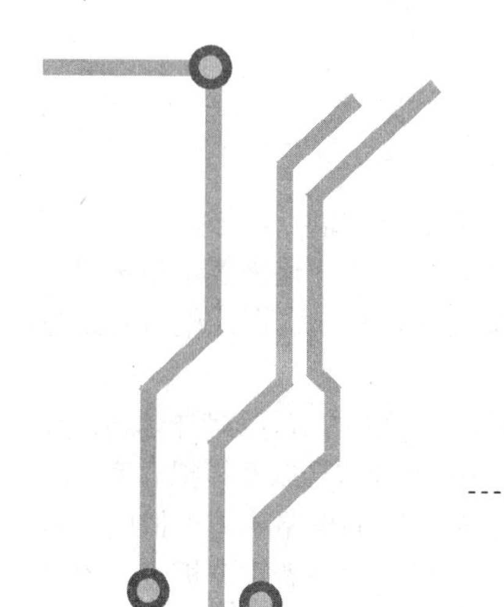

第1章 数字电路概述

本章主要介绍数字信号和模拟信号的区别；数字电路的特点和数字脉冲波形的主要参数；以数字系统中多采用的二进制为重点，分别介绍十进制、八进制、十六进制的规则及其相互转换的方法；最后介绍表示文字符号的特定二进制码。

1.1 概　　述

1.1.1 电路中的信号

信号是反映信息的物理量，如温度、压力、流量，自然界的声音信号等等，因而信号是信息的表现形式。信息需要借助于某些物理量（如声、光、电）的变化来表示和传递。由于非电的物理量很容易转换成电信号，而且电信号又容易传送和控制，因此电信号成为应用最为广泛的信号。

电信号可分为模拟信号和数字信号。在时间和幅值上都连续变化的信号称为模拟信号，如图 1-1-1（a）所示。如日常生活中广播的音频信号，电视中的视频信号以及模拟温度、压力等物理变化的信号等，都是模拟信号。用于变换和处理模拟信号的电路称为模拟电路，如放大电路、滤波电路、电压/电流变换电路、信号发生器等。模拟电路着重分析波形的形状、幅度和频率如何变化。在时间和幅值上都是离散变化的信号称为数字信号，如图 1-1-1（b）所示。数字信号是人为抽象出来的在时间上不连续的信号，其高电平和低电平常用 1 和 0 表示。用于变换和处理数字信号的电路称为数字电路，如编码器、寄存器、计数器、脉冲发生器等。数字电路主要研究输入信号和输出信号之间的逻辑关系，至于输入和输出信号精确为多少无关紧要，其理论基础是逻辑代数，因此数字电路又称为数字逻辑电路。

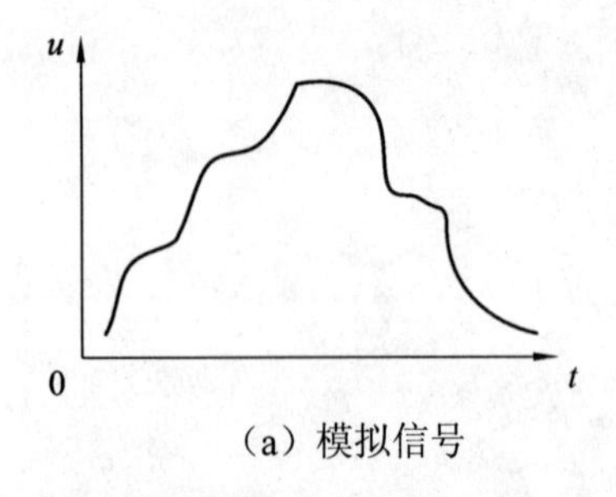

（a）模拟信号

u
0
t

（b）数字信号

图 1-1-1　电信号

1.1.2 数字电路的特点

数字电路处理的信号是离散的数字信号，在电路中工作的半导体器件大多工作在开关状态，如三极管的饱和区和截止区，而放大区是一个过渡态。分析数字电路的主要工具是逻辑代数。

1. 数字电路信号的特点

离散的数字信号只有高电平和低电平之分，即“1”和“0”之分，只需要区分相对关系，不需要讨论具体数值的大小，因此数字信号易于识别，抗干扰能力较强，易于借助媒体（磁盘、光盘）长期保存。

2. 数字电路中基本器件结构方面的特点

数字电路只需要在两种极限状态（即开关状态）下工作，电路中的电子器件，如二极管、三极管、场效应管处于开关状态，时而导通，时而截止。对元件特性的精度及电源的稳定程度等方面的要求较低，所以电路简单，易于集成，有利于将大量的基本单元电路集成在一个硅片上批量生产，这也促使了计算机硬件的迅猛发展。

3. 数字电路功能的特点

数字电路可以方便地对信号进行加工、传输；运算简单可靠；还可模拟人脑进行逻辑判断、逻辑思维。

4. 数字电路分析的特点

数字电路主要研究电路输入和输出的逻辑关系，可用逻辑代数（即逻辑函数表达式、真值表、逻辑图、卡诺图、波形图、状态图等方法）进行运算和表示。集成数字部件的内部电路虽十分复杂，但不必深入讨论内部结构原理，只需了解器件的功能特性、主要参数便可方便的使用。用集成器件可方便组成各种各样的功能电路，易于使用。

但必须指出的是数字电路是建立在模拟电子技术基础之上的，而且不能取代模拟电路，如用传感器将自然界中的模拟量（温度、压力）转换为的电信号是微弱的模拟信号，需要通过模拟电路进行放大；若再用数字电路进行处理，则需要进行模数（A/D）转换，而数字信号的输出（如音频信号的输出）需要数模（D/A）转换。此外，由于采用集成电路，输出功率有限，在控制系统中，往往必须配置模拟电路组成的驱动电路，才能驱动执行机构动作。

1.1.3 数字电路的应用举例

数字电路在日常生活中的应用很多，尤其是数字电路和计算机技术的发展，使数字电路的应用越来越普遍，它已被广泛应用于工业、农业、通信、医疗、家用电子等各个领域，如工农业生产中用到的数控机床、温度控制、气体测量、家用冰箱、空调的温度控制等。

数字电路大致包括信号的产生、放大、整形、传送、控制、记忆、计数、运算、显示等内容。下面以数字钟为例说明其基本结构。图 1-1-2 所示为可校时的数字电子钟方框图，

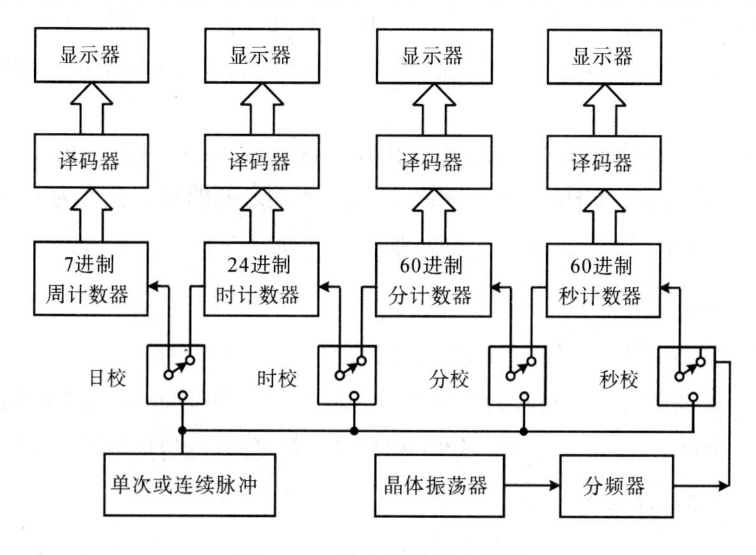

图 1-1-2　数字钟设计方框图

可显示日、时、分、秒。其中振荡频率由晶体振荡器部分产生，通过分频器产生秒脉冲，再通过 2 个 60 进制计数器、1 个 24 进制计数器和 1 个 7 进制计数器级联进行计数，显示信号在七段码显示器上分别显示日、时、分、秒。在上述的实例中，它包含信号产生、整形、控制以及计数、显示等典型的数字单元电路。由此可见，数字电路包含的内容很广泛。

1.1.4 数字脉冲波形的主要参数

在数字电路中，加工和处理的都是数字脉冲信号，应用最多的是矩形脉冲。为便于表述，往往使用理想数字脉冲波形，但在实际工作中遇到的数字脉冲波形和理想数字脉冲波形有所不同。

1. 实际的数字脉冲波形

实际的数字脉冲波形的主要特性用图 1-1-3 所示的参数来描述。

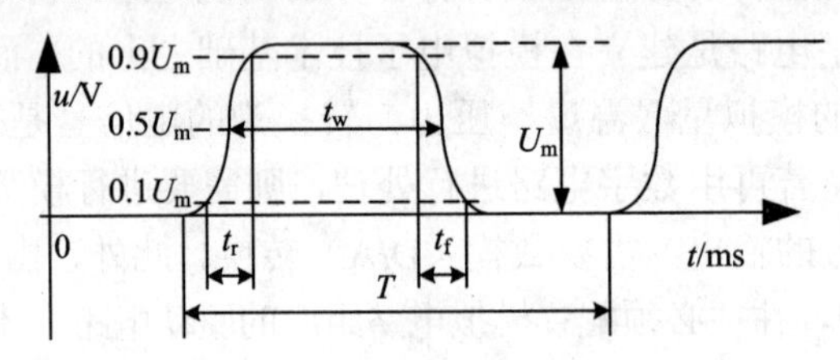

图 1-1-3 实际的数字脉冲波形

（1）脉冲幅度 U_m：脉冲电压波形变化的最大值，单位为伏（V）。

（2）脉冲上升时间 t_r：脉冲波形从 $0.1U_m$ 上升到 $0.9U_m$ 所需的时间。

（3）脉冲下降时间 t_f：脉冲波形从 $0.9U_m$ 下降到 $0.1U_m$ 所需的时间。

脉冲上升时间 t_r 和下降时间 t_f 越短，越接近于理想的矩形脉冲，单位为秒（s）、毫秒（ms）、微秒（μs）、纳秒（ns）。

（4）脉冲宽度 t_w：脉冲上升沿 $0.5U_m$ 到下降沿 $0.5U_m$ 所需的时间，单位与 t_r、t_f 相同。

（5）脉冲周期 T：在周期性脉冲中，相邻两个脉冲波形重复出现所需的时间，单位与 t_r、t_f 相同。

（6）脉冲频率 f：每秒时间内，脉冲重复出现的次数，单位为赫兹（Hz）、千赫兹（kHz）、兆赫兹（MHz）、吉赫兹（GHz），脉冲频率与脉冲周期之间的换算关系为 $f=1/T$。

（7）占空比 $q(\%)$：脉冲宽度 t_w 与脉冲重复周期 T 的比值，$q(\%)=\dfrac{t_w}{T}\times 100\%$。它是描述脉冲波形疏密的参数。

（8）脉冲空度 D：脉冲空度与占空比之间的换算关系为 $D=1/q$。

实际的波形中高低电平变换时会产生上升时间 t_r 和下降时间 t_f，其根本原因是组成数字电路的基本元器件如二极管、三极管在导通和截至的过程中输入与输出信号之间存在着延迟。

2. 理想的数字脉冲波形

理想的数字脉冲波形如图 1-1-4 所示，它是由实际脉冲波形抽象得来的。一个理想的周

期性数字信号只需用脉冲幅度 U_m、脉冲周期 T、脉冲宽度 t_W 和占空比 q 来表示，而上升时间 t_r 和下降时间 t_f 忽略不计。

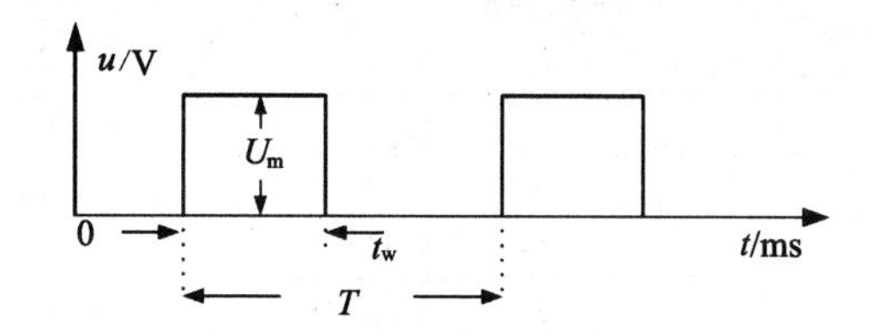

图 1-1-4　理想的数字脉冲波形

1.2　数　　制

1.2.1　数制

数制是计数的方法，是用一组固定的符号和统一的规则来表示数值的方法。人们在日常生活中，习惯于用十进制，而在数字系统，如数字计算机中，多采用二进制，有时也采用八进制或十六进制。

1. 数制概念

日常生活中，十进制有着广泛应用。十进制进位规则为“逢十进一”；任何一个数位上都可以用 0，1，2，3，4，5，6，7，8，9 十个符号来表示，这些符号称为数码；数码的个数称为基数；数码在不同数位所代表的数值大小是不同的，其大小可以用基数的幂即 10^n 来表示，这个幂称为位权。将十进制数各个数位上的数码与该位位权相乘然后相加便可以得到该数的实际大小，这种计算的方法称为位权展开法。

2. 常用数制比较

从数制概念的角度，常用的数制的区别如表 1-2-1 所示。

表 1-2-1　十进制、二进制、八进制、十六进制比较

	十进制（D）	二进制（B）	八进制（O）	十六进制（H）
进位规则	逢十进一	逢二进一	逢八进一	逢十六进一
数码	0、1、2、3、4、5、6、7、8、9	0、1	0、1、2、3、4、5、6、7	0、1、2、3、4、5、6、7、8、9、A、B、C、D、E、F
基数	10	2	8	16
位权	10^n	2^n	8^n	16^n

注：位权为基数的幂（m^n），规定由小数点开始往左 n 依次为 0，1，2……，往右 n 依次为−1，−2，−3……。

表 1-2-2 列出了二进制、八进制、十六进制的对照表，便于读者记忆。

表 1-2-2　二进制、八进制、十六进制对照表

十进制	二进制	八进制	十六进制	十进制	二进制	八进制	十六进制
0	0000	0	0	8	1000	10	8
1	0001	1	1	9	1001	11	9
2	0010	2	2	10	1010	12	A
3	0011	3	3	11	1011	13	B
4	0100	4	4	12	1100	14	C
5	0101	5	5	13	1101	15	D
6	0110	6	6	14	1110	16	E
7	0111	7	7	15	1111	17	F

一般将数码括起来然后用基数或字母简写表示不同数制，如（1100）$_2$ 或（1100）$_B$ 表示二进制数，（19AE）$_{16}$ 或（19AE）$_H$ 表示十六进制数。

1.2.2　不同数制间的转换

不同数制间的转换主要探讨十进制数与二、八、十六进制数的互相转换及二进制数与八、十六进制数的互相转换。

1. 二、八、十六进制数转换为十进制数

利用位权展开法，将各个数位上的数码与该位上的位权相乘然后相加便可以实现二、八、十六进制数转换为对应的十进制数。

【例 1-1】 将（101.11）$_2$、（703.67）$_8$、（AB3. 8）$_{16}$ 转换成十进制形式。

解： ①（101.11）$_2=1\times2^2+0\times2^1+1\times2^0+1\times2^{-1}+1\times2^{-2}=$（5.75）$_{10}$

②（703.67）$_8=7\times8^2+0\times8^1+3\times8^0+6\times8^{-1}+7\times8^{-2}=$（451.859375）$_{10}$

③（AB3.8）$_{16}=10\times16^2+11\times16^1+3\times16^0+8\times16^{-1}=$（2739.5）$_{10}$

2. 十进制数转换为二、八、十六进制数

十进制数转换为二、八、十六进制数的方法是：整数部分采用“除基取余法”，小数部分采用“乘基取整法”。以十进制数转换为二进制数为例讲解如下。

【例 1-2】 将（58）$_{10}$ 转换成二进制形式。

解：

余数

除法	余数		
2 | 58	…… 0 ……	$a_0=0$	↑低位
2 | 29	…… 1 ……	$a_1=1$	
2 | 14	…… 0 ……	$a_2=0$	
2 | 7	…… 1 ……	$a_3=1$	
2 | 3	…… 1 ……	$a_4=1$	
2 | 1	…… 1 ……	$a_5=1$	高位
0			

即 $(58)_{10}=(111010)_2$

【例 1-3】 将十进制数（0.306）$_{10}$ 转换成误差不大于 2^{-5} 的二进制数。

解： 用“乘 2 取整”法，按如下步骤转换：

	整数部分		
$0.306\times2=0.612$	…… 0 ……	$a_{-1}=0$	高位
$0.612\times2=1.224$	…… 1 ……	$a_{-2}=1$	
$0.224\times2=0.448$	…… 0 ……	$a_{-3}=0$	
$0.448\times2=0.896$	…… 0 ……	$a_{-4}=0$	
$0.896\times2=1.792$	…… 1 ……	$a_{-5}=1$	↓ 低位

由于最后的小数 0.792＞0.5，a^{-6} 应为 1，因此 $(0.306)_{10}=(0.010011)_2$ 其误差小于 2^{-5}。

十进制数转换为八进制数和十六进制数的方法与十进制数转换为二进制数的方法相同，不同之处在于基数分别为 8 和 16。

【例 1-4】 将十进制数（135.25）$_{10}$ 转换为二、八和十六进制数。

解： ① 整数部分转换采用“除基取舍法”，它们的基数分别为 2、8 和 16

除法	余数	
2 | 135	…… 1 ……	$a_0=1$
2 | 67	…… 1 ……	$a_1=1$
2 | 33	…… 1 ……	$a_2=1$
2 | 16	…… 0 ……	$a_3=0$
2 | 8	…… 0 ……	$a_4=0$
2 | 4	…… 0 ……	$a_5=0$
2 | 2	…… 0 ……	$a_6=0$
2 | 1	…… 1 ……	$a_7=1$
0		

则 $(135)_{10}=(10000111)_2$

除法	余数	
8 | 135	…… 7 ……	$a_0=7$
8 | 16	…… 0 ……	$a_1=0$
8 | 2	…… 2 ……	$a_2=2$
0		

则 $(135)_{10}=(207)_8$

除法	余数	
16 | 135	…… 7 ……	$a_0=7$
16 | 8	…… 8 ……	$a_1=8$
0		

则 $(135)_{10}=(87)_{16}$

② 小数部分转换采用“乘基取舍法”

$0.25\times2=0.5$ …… $a_{-1}=0$

$0.5\times2=1.0$ …… $a_{-2}=1$

则 $(0.25)_{10}=(0.01)_2$

$$0.25\times 8=2.0 \quad \cdots\cdots \quad a_{-1}=2$$

则 $(0.25)_{10}=(0.2)_8$

$$0.25\times 16=4.0 \quad \cdots\cdots \quad a_{-1}=4$$

则 $(0.25)_{10}=(0.4)_{16}$

3. 二进制数与八、十六进制数互相转换

（1）二-八进制数互相转换

二进制数转换为八进制数时，由于八进制数的基数 $8=2^3$，故每位八进制数由三位二进制数构成。因此转换方法为：整数部分从低位开始，每位二进制数为一组，最后一组不足 3 位时，高位补 0 补足 3 位；小数部分从高位开始，每 3 位二进制数一组，最后一组不足 3 位时，低位补 0 补足 3 位，然后用对应的八进制数来代替，顺序不变。

八进制数转换为二进制数时，将每位八进制数用 3 位二进制数来代替，顺序不变，便得到相应的二进制数。

【例 1-5】 将（11011011.00101001）$_2$转换为八进制数，（671.45）$_8$转换为二进制数。

解：① 011，011，011.001，010，010

↓ ↓ ↓ ↓ ↓ ↓

3 3 3 1 2 2

则（11011011.00101001）$_2$＝（333.122）$_8$

② 6 7 1 . 4 5

↓ ↓ ↓ ↓ ↓

110 111 001 . 100 101

则（671.45）$_8$＝（110111001.100101）$_2$

（2）二-十六进制数互相转换

二进制数转换为十六进制数时，由于十六进制数的基数 $16=2^4$，则每位十六进制数由 4 位二进制数构成。因此转换的方法为：整数部分从低位开始，每 4 位二进制数为一组，最后一组不足 4 位时，高位补 0 补足 4 位；小数部分从高位开始，每 4 位二进制数一组，最后一组不足 4 位时，低位补 0 补足 4 位，然后用对应的十六进制数来代替，顺序不变。

十六进制数转换为二进制数时，将每位十六进制数用 4 位二进制数来代替，顺序不变，便得到相应的二进制数。

【例 1-6】 将（1111110.0011011）$_2$转换为十六进制，（A4.5）$_{16}$转换为二进制数。

解：① 0111，1110.0011，0110

↓ ↓ ↓ ↓

7 E .3 6

则（1111110.0011011）$_2$＝（7E.36）$_{16}$

② A　　4　. 5

　↓　　↓　↓

1010　0100 . 0101

则（A4.5）$_{16}$=（10100100.0101）$_2$

1.3 码　　制

由于数字系统是以二值数字逻辑为基础的，因此数字系统中的信息（包括数值、文字、控制命令等）都是用一定位数的二进制码表示的，建立这种二进制代码与十进制数值、字母、符号、文字之间一一对应的关系称为编码。

对一位十进制数 0～9 用一定规则的 4 位二进制数表示的代码，称为二-十进制码，又称 BCD 码。

1.3.1 编码位数

若数字系统中用 n 位的二进制码表示 N 项信息，则编码满足的关系为 $2^n \geqslant N$ 或 $n \geqslant \log 2^N$。

如对一位十进制数 0～9 用二进制数表示所需的编码位数 $n \geqslant \log 2^{10}$，n 取整数为 4，即用 4 位二进制编码可表示 0～9 十进制数码。

又如对一位八进制数 0～7 用二进制数表示所需的编码位数 $n \geqslant \log 2^8$，n 取整数为 3，即用 3 位二进制编码可表示 0～7 八进制数码。

1.3.2 常用 BCD 码

常用 BCD 码按照编码规则的不同分为有权码和无权码两种。其中有权码又有 8421BCD 码、2421BCD 码和 5421BCD 码，无权码主要有余三码。

1. 有权码：8421BCD 码、2421BCD 码、5421BCD 码

这 3 种代码用四位二进制数分别与十进制数 0～9 一一对应，每一位的权值是固定不变的，称为有权码。8421BCD 码的权值从高位到低位分别为 8、4、2、1，是最常见的一种代码；5421 码和 2421 码的权值从高到低位分别是 5、4、2、1 和 2、4、2、1，这也是它们名称的来历。2421 码又可分为 2421（A）码与 2421（B）码两种，它们的编码方式略有不同，其中 2421（B）码具有互换性，0 和 9、1 和 8、2 和 7、3 和 6、4 和 5 这 5 个代码互为反码。

有权码编码规则如表 1-3-1 所示。

2. 无权码：余三码

这种代码没有固定的权值，称为无权码。余三码是由 8421BCD 码加 3（0011）得来的，可看出余三码中的 0 和 9、1 和 8、2 和 7、3 和 6、4 和 5 这 5 个代码互为反码，具有互补性。

余三码的编码规则如表 1-3-1 所示。

表 1-3-1　常用 BCD 码

十进制数	有权码				无权码
	8421 码 $b_3b_2b_1b_0$	2421（A）码 $b_3b_2b_1b_0$	2421（B）码 $b_3b_2b_1b_0$	5421 码 $b_3b_2b_1b_0$	余三码
0	0000	0000	0000	0000	0011
1	0001	0001	0001	0001	0100
2	0010	0010	0010	0010	0101
3	0011	0011	0011	0011	0110
4	0100	0100	0100	0100	0111
5	0101	0101	1011	1000	1000
6	0110	0110	1100	1001	1001
7	0111	0111	1101	1010	1010
8	1000	1110	1110	1011	1011
9	1001	1111	1111	1100	1100
位权	8421	2421	2421	5421	无权

1.3.3　用二进制码表示十进制数

在 BCD 码中，4 位二进制代码只能表示一位十进制数。若对多位十进制数进行 BCD 编码时，需对多位十进制数中的每位数进行编码，然后按照原来丨进制数的顺序排列起来即可（小数点的位置不变）。

【例 1-7】　分别将（456）$_{10}$转换为 8421BCD 码、5421BCD 码、2421（B）码和余三码。

解：（456）$_{10}$＝（0100 0101 0110）$_{8421BCD}$

（456）$_{10}$＝（0100 1000 1001）$_{5421BCD}$

（456）$_{10}$＝（0100 1011 1100）$_{2421（B）BCD}$

（456）$_{10}$＝（0111 1000 1001）$_{余三码}$

1.3.4　格雷码

对 1 位十六进制数 0～F 用一定规则的 4 位二进制数表示的代码，称为格雷码，又称为葛莱码或二进制循环码。格雷码是无权码，表 1-3-2 所示为典型 4 位格雷码的编码。它的特点是任意两组相邻代码之间只有一位不同，其余各位都相同，0 与最大数（2^{n-1}）对应的两组格雷码之间也只有一位不同。因此它是一种循环码。格雷码属于可靠性编码，是一种错误最小化的编码方式。虽然自然二进制码可以直接由数/模转换器转换成模拟信号，但在某些情况下，例如从十进制的 3 转换为 4 时，自然二进制码每一位都需要变，这使数字电路发生很大的尖峰电流脉冲。而格雷码则没有这一缺点，它在相邻位之间转换时，只有一位发生变化，它大大地减少了由一个状态到下一个状态时的逻辑混淆。

表 1-3-2　格雷码与二进制码关系对照表

十六进制数	十进制数	二进制数	格雷码 $G_3G_2G_1G_0$
0	0	0000	0000
1	1	0001	0001

续表

十六进制数	十进制数	二进制数	格雷码 $G_3G_2G_1G_0$
2	2	0 0 1 0	0 0 1 1
3	3	0 0 1 1	0 0 1 0
4	4	0 1 0 0	0 1 1 0
5	5	0 1 0 1	0 1 1 1
6	6	0 1 1 0	0 1 0 1
7	7	0 1 1 1	0 1 0 0
8	8	1 0 0 0	1 1 0 0
9	9	1 0 0 1	1 1 0 1
A	10	1 0 1 0	1 1 1 1
B	11	1 0 1 1	1 1 1 0
C	12	1 1 0 0	1 0 1 0
D	13	1 1 0 1	1 0 1 1
E	14	1 1 1 0	1 0 0 1
F	15	1 1 1 1	1 0 0 0

可用如图 1-3-1 所示的四变量卡诺图（在第二章介绍）帮助记忆格雷码的编码方式。

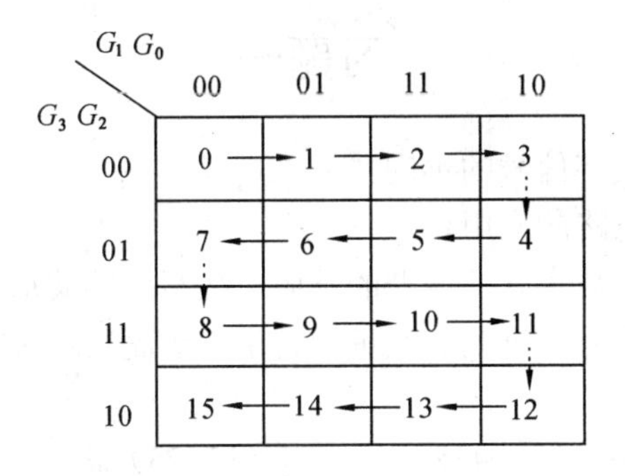

图 1-3-1　格雷码卡诺图表示

1.3.5　ASCII 码

ASCII 码是字符的二进制编码方案，它是 American Standard Code for Information Interchange 的缩写（美国标准信息交换代码），该编码已被国际标准化组织 ISO 采纳，作为国际通用的信息交换标准代码。ASCII 码有 7 位和 8 位两种，7 位 ASCII 码称为标准 ASCII 码，8 位 ASCII 码称为扩展 ASCII 码。7 位标准 ASCII 码用一个字节（8 位）表示一个字符，并规定其最高位为 0，实际只用到 7 位，因此可表示 128 个不同字符。其中包括：数字 0～9、26 个大写字母、26 个小写字母，以及各种标点符号、运算符号和控制命令符号等。标准 ASCII 码字符表如表 1-3-3 所示。

表 1-3-3　标准 ASCII 码表

码值	字符	码值	字符	码值	字符	码值	字符	码值	字符	码值	字符	码值	字符	码值	字符
1	SOH	17	DC1	33	!	49	1	65	A	81	Q	97	a	113	q
2	STX	18	DC2	34	″	50	2	66	B	82	R	98	b	114	r
3	ETX	19	DC3	35	#	51	3	67	C	83	S	99	c	115	s
4	EOT	20	DC4	36	$	52	4	68	D	84	T	100	d	116	t
5	ENQ	21	NAK	37	%	53	5	69	E	85	U	101	e	117	u
6	ACK	22	SYN	38	&	54	6	70	F	86	V	102	f	118	v
7	BEL	23	ETB	39	、	55	7	71	G	87	W	103	g	119	w
8	BS	24	CAN	40	（	56	8	72	H	88	X	104	h	120	x
9	Tab	25	EM	41	）	57	9	73	I	89	Y	105	i	121	y
10	LF	26	SUM	42	*	58	:	74	J	90	Z	106	j	122	z
11	VT	27	ESC	43	+	59	;	75	K	91	[	107	k	123	{
12	FF	28	FS	44	，	60	<	76	L	92	\	108	l	124	|
13	CR	29	GS	45	-	61	＝	77	M	93	]	109	m	125	}
14	SO	30	RS	46	.	62	>	78	N	94	^	110	n	126	～
15	SI	31	US	47	/	63	?	79	O	95	-	111	o	127	DEL

习题一

1-1 比较模拟信号与数字信号的不同。

1-2 试举例说明数字电路的应用。

1-3 比较实际和理想的数字脉冲波型的不同，描写脉冲波形有哪些主要参数。

1-4 将下列十进制数化为二进制、八进制、十六进制数和 8421BCD 码、5421BCD 码、余三码。

$(145)_{10}$　$(0.625)_{10}$　$(455)_{10}$　$(15.125)_{10}$　$(128)_{10}$　$(251.5)_{10}$

1-5 将下列二进制数化为十进制数、八进制和十六进制数。

$(10110111)_2$　$(1011.0111)_2$　$(0.10111)_2$

$(110.11)_2$　$(100.11)_2$　$(10111.011)_2$

1-6 将下列八进制和十六进制数化为二进制数和十进制数。

$(5A)_{16}$　$(312.4C)_{16}$　$(78F)_{16}$　$(12.25)_{16}$

$(57)_8$　$(312.46)_8$　$(71.2)_8$　$(14.27)_8$

1-7 试绘出一实际数字波形，设它的脉冲幅度为 5V，占空比为 50%，脉冲宽度为 100ns，上升时间为 10 ns，下降时间为 20 ns。

1-8 试绘出一理想数字波形，设它的脉冲幅度为 3.6V，脉冲宽度为 10ns，脉冲周期为 50ns。

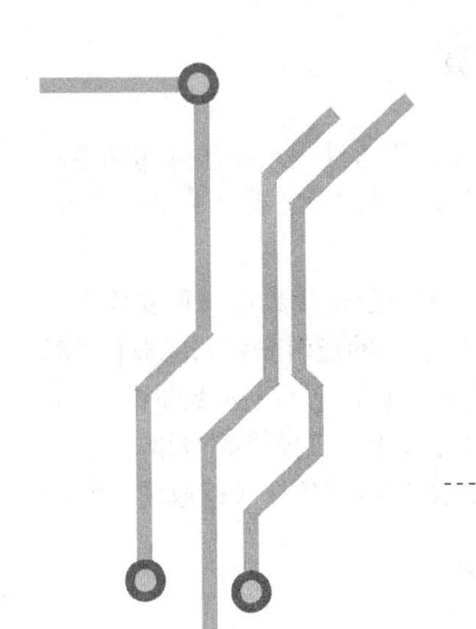

第2章 逻辑代数基础

本章主要介绍逻辑代数的基本概念、基本公式、定理和规则；逻辑函数的各种表示形式及相互转换；逻辑函数化简与变换的常用方法。

2.1 逻辑代数中的运算

19 世纪英国数学家乔治·布尔（G.Boole）提出了用数学分析方法表示命题陈述的逻辑结构，并成功地将形式逻辑归结为一种代数演算，称为“逻辑代数”，又叫“布尔代数”，该学科是分析和设计数字电路的数学基础。

为了解决数字系统分析和设计中的各种具体问题，必须掌握逻辑代数这一重要数学工具。逻辑代数中的逻辑变量通常用大写英文字母表示，逻辑代数中的逻辑变量只能取值“0”和“1”，而且这里的“0”和“1”不同于普通代数中的“0”和“1”，它不表示数量的大小，只表示两种对立的逻辑状态，如电平的高低、二极管的导通与截止、三极管的饱和与截止、信号的有无等。数字电路实现的是逻辑关系，逻辑关系是指某事物的条件（或原因）与结果之间的关系，逻辑关系常用逻辑函数来描述。

2.1.1 基本逻辑运算

1. 与运算

图 2-1-1 电路中，只有两个开关同时闭合，指示灯才亮。若把开关作为条件或原因，把灯亮作为结果，那么，图 2-1-1 表明，只有两个开关同时闭合，指示灯才亮，这种因果关系叫逻辑与，其功能关系见表 2-1-1。逻辑与表明：只有当决定一件事情的条件全部具备之后，这种事情才会发生。通常用 A 和 B 表示两个逻辑变量，Y 表示结果。其变量全部可能取值及进行运算的全部结果列成表，如表 2-1-2 所示，这样的表称为真值表。用来描述变量 A、B 与结果 Y 的关系的式子则称为逻辑表达式，简称逻辑式。

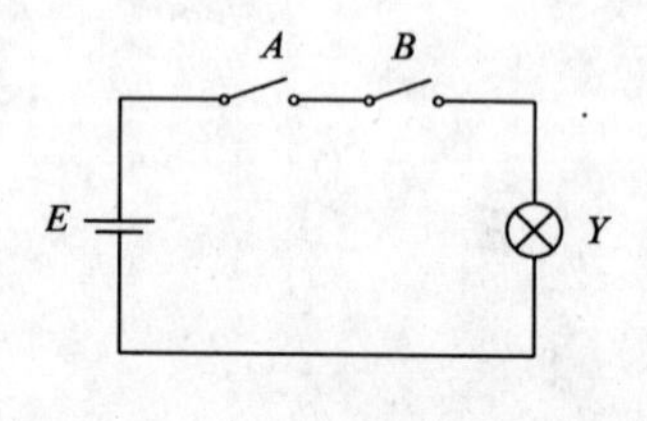

图 2-1-1 “与”电路

（1）真值表

表 2-1-1 与运算的电路功能表

开关 A	开关 B	灯 Y
断开	断开	灭
断开	闭合	灭
闭合	断开	灭
闭合	闭合	亮

表 2-1-2 与运算的真值表

A	B	Y
0	0	0
0	1	0
1	0	0
1	1	1

（2）逻辑表达式

若用逻辑表达式来描述，则可写为 $Y = A \cdot B$ ，式中“·”表示 A、B 的与运算，也表示逻辑乘，在不致引起混淆的前提下，乘号“·”常被省略。“$\wedge$”、“$\cap$”、“&”等符号有时也表示与运算。

对多变量的与运算，可用下式表示：

$$Y = ABCD\cdots\cdots$$

此外，把 A、B 称为输入逻辑变量，把 Y 称为输出逻辑变量。

（3）逻辑符号

与运算的逻辑符号可用图 2-1-2 表示，它既用于表示逻辑运算，也用于表示相应门电路。通常把实现与逻辑的基本单元电路叫做与门。

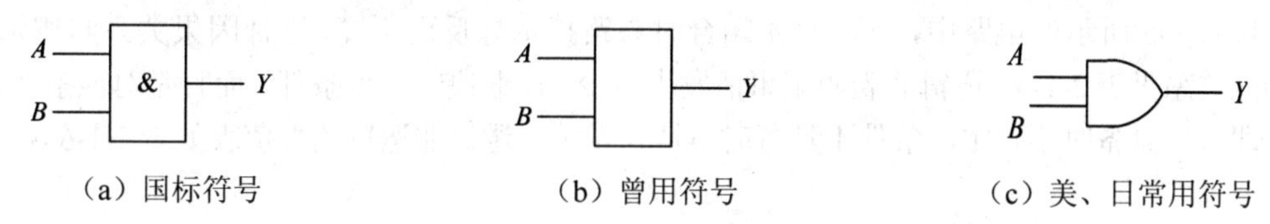

（a）国标符号　（b）曾用符号　（c）美、日常用符号

图 2-1-2　与门逻辑符号

2. 或运算

图 2-1-3 所示的电路中，只要两个开关中的任何一个闭合，指示灯即亮，这种因果关系叫逻辑或，其功能关系见表 2-1-3。逻辑或表明在决定事件结果的所有条件中只要有任何一个发生，事件就会发生。逻辑或运算的真值表如表 2-1-4 所示。

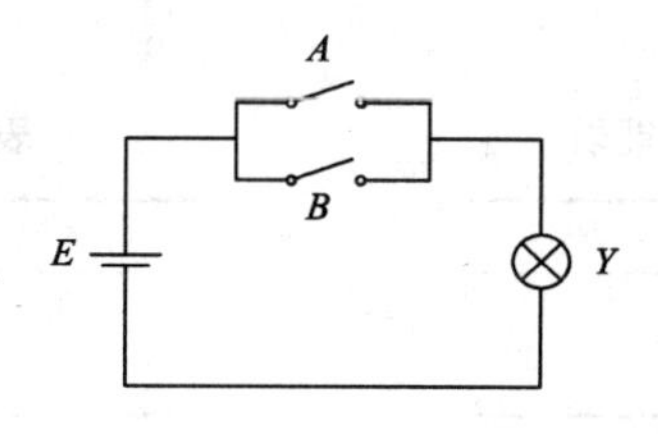

图 2-1-3 “或”电路

（1）真值表

表 2-1-3　或运算的电路功能表

开关 A	开关 B	灯 Y
断开	断开	灭
断开	闭合	亮
闭合	断开	亮
闭合	闭合	亮

表 2-1-4　或运算的真值表

A	B	Y
0	0	0
0	1	1
1	0	1
1	1	1

（2）逻辑表达式

若用逻辑表达式描述或运算，则可写成 $Y=A+B$，式中“+”表示 A、B 或运算，也表示逻辑加，也可用符号“∨”、“∪”来表示或运算，对多变量的或运算可用下式表示：

$$Y = A + B + C + \cdots\cdots$$

（3）逻辑符号

或运算的逻辑符号如图 2-1-4 所示，它既用于表示或逻辑运算，也用于表示或门电路。通常把实现或逻辑的基本单元电路称为或门。

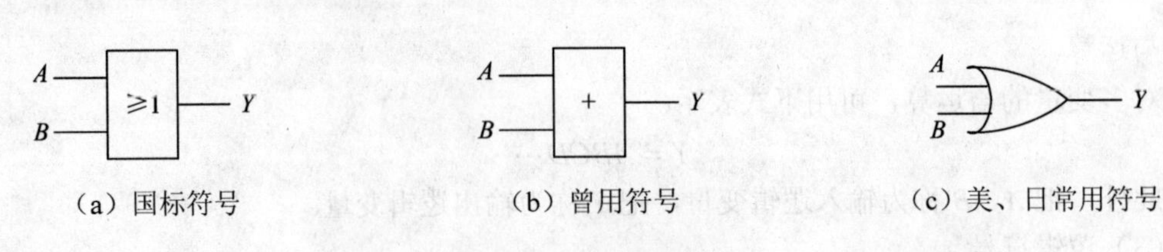

（a）国标符号　　（b）曾用符号　　（c）美、日常用符号

图 2-1-4　或门逻辑符号

3. 非运算

图 2-1-5 所示的电路中，当开关 A 闭合时短路指示灯反而不亮，这种因果关系叫逻辑非，其功能关系见表 2-1-5。逻辑非表明某事情发生与否，仅取决于一个条件，而且是对该条件的否定，即条件具备时不发生，条件不具备时事情才发生。逻辑非运算的真值表如表 2-1-6 所示。

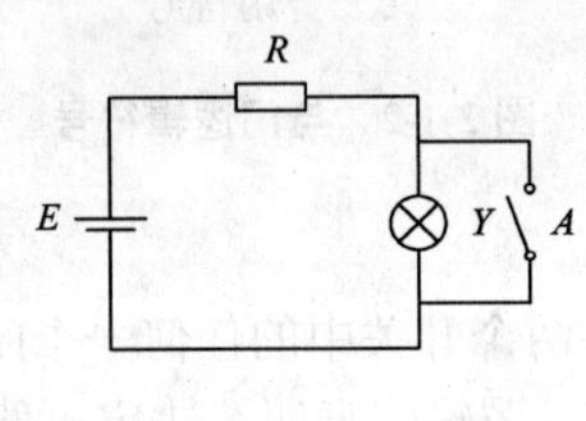

图 2-1-5　“非”电路

（1）真值表

表 2-1-5　逻辑非运算的电路功能表

开关 A	灯 Y
断开	亮
闭合	灭

表 2-1-6　逻辑非运算的真值表

A	Y
0	1
1	0

（2）逻辑表达式

若用逻辑表达式描述逻辑非运算，则可写为 $Y=\overline{A}$，式中字母 A 上方的短划“－”表示非运算。在某些文献之中也有用 “～”、“¬”、“，” 等符号来表示非运算。

（3）逻辑符号

非运算的逻辑符号如图 2-1-6 所示，它既可表示非运算，也可表示非门。

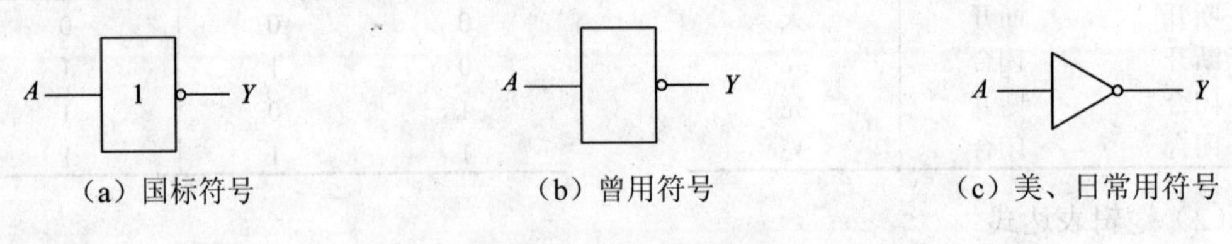

（a）国标符号　　（b）曾用符号　　（c）美、日常用符号

图 2-1-6　非门逻辑符号

2.1.2　常用复合逻辑运算

在数字电路中，除了与门、或门、非门外，更广泛使用的是“与非门”、“或非门”、“与或非门”、“同或门”、“异或门”等多种复合电路。这些门电路的逻辑关系都是由与、或、非三种基本逻辑关系组合得到的，故称为复合逻辑。

1. 与非运算

与非运算是与运算与非运算的复合运算，运算规则即先进行与运算，而后再进行非运算。逻辑功能描述为：只要有一个或一个以上的输入为 0，输出即为 1；只有当输入全为 1 时，输出才为 0。

（1）两输入与非运算的逻辑表达

设输入变量为 A、B，输出为 Y，则它的逻辑表达式为 $Y=\overline{AB}$。

（2）两输入与非运算真值表如表 2-1-7 所示

表 2-1-7　与非逻辑真值表

A	B	Y
0	0	1
0	1	1
1	0	1
1	1	0

（3）两输入与非运算的逻辑符号

实现与非逻辑功能的电路叫做与非门，逻辑符号如图 2-1-7 所示。

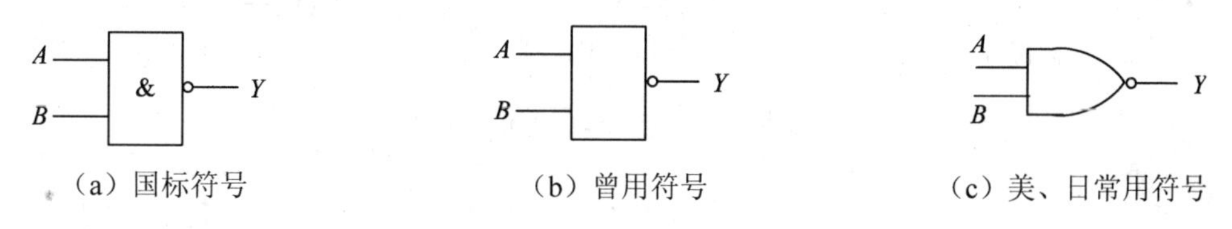

（a）国标符号　（b）曾用符号　（c）美、日常用符号

图 2-1-7　与非门逻辑符号

2. 或非运算

或非运算是由或逻辑和非逻辑复合形成的，运算规则为先进行或运算，再进行非运算。逻辑功能描述为：只要有一个或一个以上的输入为 1，输出即为 0；只有所有输入为 0 时，输出为 1。

（1）两输入或非运算的逻辑表达式

$$Y=\overline{A+B}$$

（2）两输入或非运算的真值表如表 2-1-8 所示

表 2-1-8　或非逻辑真值表

A	B	Y
0	0	1
0	1	0
1	0	0
1	1	0

（3）两输入或非运算的逻辑符号

实现或非运算的电路称为或非门，其逻辑符号为图 2-1-8 所示。

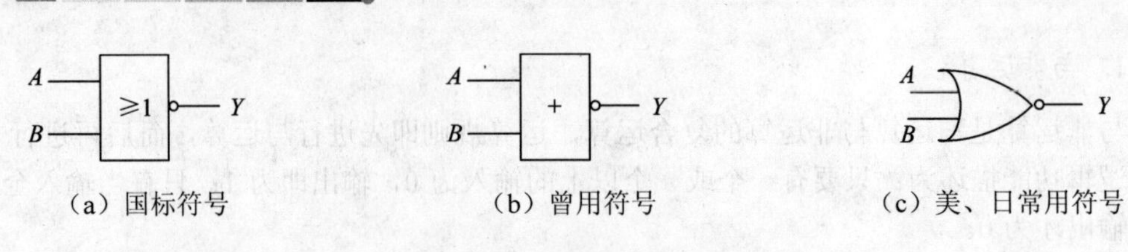

图 2-1-8 或非门逻辑符号

3. 与或非运算

与或非运算是由与逻辑、或逻辑和非逻辑复合形成的，运算规则为先进行与运算，再进行或运算，最后进行非运算。

（1）四输入与或非运算的逻辑表达式

$$Y = \overline{AB + CD}$$

（2）四输入与或非运算的逻辑符号

实现与或非运算的电路称为与或非门，其逻辑符号为图 2-1-9 所示。

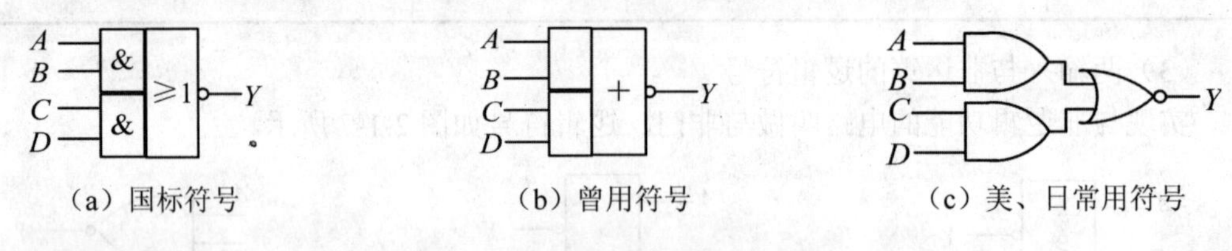

图 2-1-9 与或非门逻辑符号

4. 异或运算

异或运算可描述为：两个输入不同时，输出为 1；相同时，输出为 0。由于它与二进制数的加法规则一致，故异或运算也称为模 2 加运算，其真值表如表 2-1-9 所示。

表 2-1-9 异或逻辑真值表

A	B	Y
0	0	0
0	1	1
1	0	1
1	1	0

异或运算的逻辑表达式为：

$$Y = \overline{A}B + A\overline{B} = A \oplus B$$

其中“⊕”是异或运算的运算符。实现异或运算的电路叫异或门（XOR Gate）。异或门的逻辑符号如图 2-1-10 所示。

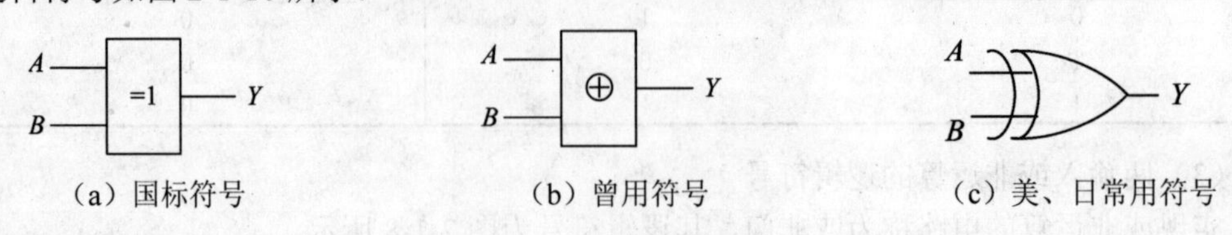

图 2-1-10 异或门逻辑符号

5. 同或逻辑

同或运算可描述为：两个输入相同时，输出为 1；不同时，输出为 0。其真值表如表 2-1-10 所示。

表 2-1-10　同或逻辑真值表

A	B	Y
0	0	1
0	1	0
1	0	0
1	1	1

同或运算的逻辑表达式为：

$$Y = AB + \overline{A}\overline{B} = A \odot B$$

其中“⊙”是同或运算的运算符。实现同或运算的电路为同或门（XNOR Gate）。同或门的逻辑符号如图 2-1-11 所示。

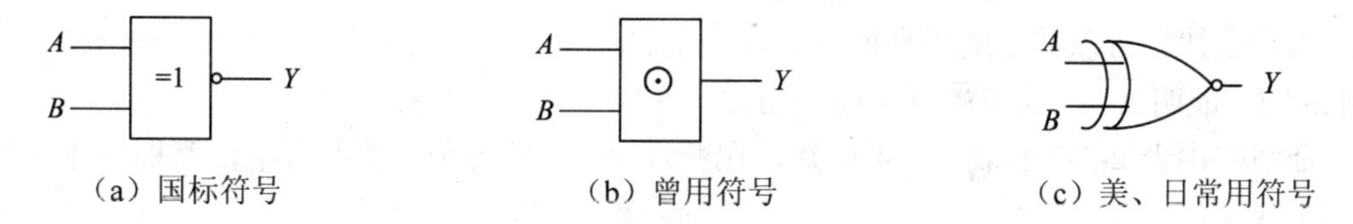

（a）国标符号　（b）曾用符号　（c）美、日常用符号

图 2-1-11　同或门逻辑符号

由异或逻辑、同或逻辑的真值表可知它们之间是一种互为非逻辑的关系，即：

$$A \oplus B = \overline{A \odot B}$$

$$A \odot B = A \oplus B$$

在实际应用中，集成电路制造厂家只生产异或门，如欲使用同或逻辑可通过异或门接非门来实现。

2.2　逻辑代数的基本定律公式及规则

2.2.1　逻辑代数中的基本定律和公式

1. 常量间的运算规则

0 和 1 是逻辑代数中的两个唯一的常量，它们的逻辑运算如表 2-2-1 所示。

表 2-2-1　逻辑常量间的运算规则

与运算	$0 \cdot 0=0$	$0 \cdot 1=0$	$1 \cdot 0=0$	$1 \cdot 1=1$
或运算	0+0=0	0+1=1	1+0=1	1+1=1
非运算	$\overline{1}=0$	$\overline{0}=1$		

2. 基本定律（如表 2-2-2 所示）

表 2-2-2　给出了逻辑代数的基本定律

名　称	公式一	公式二	注　释
0—1 律	$A\cdot 0=0$	$A+1=1$	变量与常量间的运算
自等律	$A\cdot 1=A$	$A+0=1$	
重叠律	$A\cdot A=A$	$A+A=A$	
互补律	$A\cdot\overline{A}=0$	$A+\overline{A}=1$	
交换律	$A\cdot B=B\cdot A$	$A+B=B+A$	与普通代数相似的定律
结合律	$A\cdot(B\cdot C)=(A\cdot B)\cdot C$	$A+(B+C)=(A+B)+C$	
分配律	$A\cdot(B+C)=AB+AC$	$(A+B)\cdot(A+C)=A+BC$	
吸收律	$A\cdot(A+B)=A$	$A+AB=A$	
还原律	$\overline{\overline{A}}=A$		逻辑代数区别于普通代数的特殊定律
摩根定律（反演律）	$\overline{A\cdot B\cdot C\wedge}=\overline{A}+\overline{B}+\overline{C}+\wedge$ $AB=\overline{\overline{A}+\overline{B}}$	$\overline{A+B+C+\wedge}=\overline{A}\cdot\overline{B}\cdot\overline{C}\wedge$ $A+B=\overline{\overline{A}\,\overline{B}}$	

这些定律均可以方便地用真值表加以证明。

【例 2-1】 证明 $\overline{A\cdot B}=\overline{A}+\overline{B}$ 和 $\overline{A+B}=\overline{A}\cdot\overline{B}$。

证明：由表 2-2-3 和表 2-2-4 可知，在变量 A、B 的各种取值组合中，摩根定律的两个公式都成立。

表 2-2-3　【例 2-1】真值表 1

A　B	$\overline{A\cdot B}$	$\overline{A}+\overline{B}$
0　0	$\overline{0\cdot 0}=1$	$\overline{0}+\overline{0}=1$
0　1	$\overline{0\cdot 1}=1$	$\overline{0}+\overline{1}=1$
1　0	$\overline{1\cdot 0}=1$	$\overline{1}+\overline{0}=1$
1　1	$\overline{1\cdot 1}=0$	$\overline{1}+\overline{1}=0$

表 2-2-4　【例 2-1】真值表 2

A　B	$\overline{A+B}$	$\overline{A}\cdot\overline{B}$
0　0	$\overline{0+0}=1$	$\overline{0}\cdot\overline{0}=1$
0　1	$\overline{0+1}=0$	$\overline{0}\cdot\overline{1}=0$
1　0	$\overline{1+0}=0$	$\overline{1}\cdot\overline{0}=0$
1　1	$\overline{1+1}=0$	$\overline{1}\cdot\overline{1}=0$

2.2.2　逻辑代数中的常用公式

由前述的基本定律可得到几个常用的公式，便于对逻辑函数进行化简，现介绍如下。

1. $A+AB=A$

证明：

$$A+AB=A(1+B)=A$$

2. $A+\overline{A}B=A+B$

证明：

$$\begin{aligned}A+\overline{A}B&=(A+AB)+\overline{A}B\\&=A+B(A+\overline{A})\\&=A+B\cdot 1\\&=A+B\end{aligned}$$

3. $AB+\overline{A}C+BC=AB+\overline{A}C$

证明：

$$\begin{aligned}AB+\overline{A}C+BC&=AB+\overline{A}C+BC(A+\overline{A})\\&=AB+\overline{A}C+ABC+\overline{A}BC\\&=AB(1+C)+\overline{A}C(1+B)\\&=AB\cdot 1+\overline{A}C\cdot 1=AB+\overline{A}C\end{aligned}$$

推论 $AB+\overline{A}C+BCDE=AB+\overline{A}C$，证明方法同上，请读者自行证明。

2.2.3　逻辑代数中的三个基本规则

1. 代入规则

在任何一个逻辑等式中，用某个逻辑变量或逻辑式同时取代等式两端任何一个逻辑变量后，等式仍然成立，此规则称为代入规则。

【例 2-2】 已知 $A+\overline{A}B=A+B$，将逻辑函数 $Y=BCD$ 代入等式中所有 B 出现的位置，证明等式仍然成立。

证明：

$$\begin{aligned}\text{左式}&=A+\overline{A}B=A+\overline{A}(BCD)\\&=(A+ABCD)+\overline{A}(BCD)\\&=A+ABCD+\overline{A}BCD\\&=A+BCD(A+\overline{A})\\&=A+BCD\\\text{右式}&=A+BCD\end{aligned}$$

所以左式 = 右式

2. 对偶规则

将任何一个逻辑函数 Y 进行如下变换：“·”换成“+”，“+”换成“·”；“0”换成“1”，“1”换成“0”，所得新函数表达式叫做 Y 的对偶式，用 Y' 表示。此规则称为对偶规则。

使用对偶规则写逻辑函数的对偶式时，注意运算符号的优先顺序。

例如　$Y=A\cdot 1$　　$Y'=A+0$　　（2-2-1）

　　　$Y=A(A+B)$　　$Y'=A+AB$　　（2-2-2）

由式 2-2-1 或式 2-2-2 可知，如果两个逻辑函数表达式相等，那么它们的对偶式也一定相等，这就是对偶规则。即 $A\cdot 1=A$，则 $A+0=A$；$A(A+B)=A$，则 $A+AB=A$。利用对偶规则可以帮助我们减少公式的记忆量，例如表 2-2-2 中的公式一和公式二就互为对偶，只需要记住一边的公式就可以了。

3. 反演规则

将一个逻辑函数 Y 进行如下变换："·"换成"+"，"+"换成"·"；"0"换成"1"，"1"换成"0"；原变量换成反变量，便得到一个新的逻辑函数，叫做 Y 的反函数，用 $\overline{Y}$ 表示。利用反演规则，可以非常方便地求得一个函数的反函数。

【例 2-3】 已知异或的逻辑表达式为 $Y=\overline{A}B+A\overline{B}$，试用反演规则和摩根定律求 $\overline{Y}$。

解：由反演规则可得：

$$\begin{aligned}\overline{Y}&=(A+\overline{B})(\overline{A}+B)\\&=A\overline{A}+AB+\overline{B}\,\overline{A}+\overline{B}B\\&=AB+\overline{A}\overline{B}\end{aligned}$$

由摩根定律可得：

$$\begin{aligned}\overline{Y}&=\overline{\overline{A}B+A\overline{B}}\\&=\overline{\overline{A}B}\cdot\overline{A\overline{B}}\\&=(A+\overline{B})\cdot(\overline{A}+B)\\&=AB+\overline{A}\overline{B}\end{aligned}$$

【例 2-3】给出了求一个逻辑函数反函数的两种方法。可以直接利用反演规则求解反函数；也可以利用摩根定律进行求解，此时需要对等式两边同时取非，再利用摩根定律进行变换。

【例 2-4】 求 $Y=A+\overline{B+C+\overline{D}}$ 的反函数 $\overline{Y}$。

解：由反演规则可得：

$$\overline{Y}=\overline{A}\cdot\overline{\overline{B}\overline{C}D}$$

在应用反演规则求反函数时要注意以下两点：

（1）注意运算符号的优先顺序：先算括号内的，再算逻辑与，最后算逻辑或。如【例 2-3】中，先将 $\overline{A}\cdot B$ 变为 $(A+\overline{B})$，$A\cdot\overline{B}$ 变为 $(\overline{A}+B)$，再将 $\overline{A}\cdot B$ 和 $A\cdot\overline{B}$ 两者之间的或运算变为与运算，由此得 $\overline{Y}=(A+\overline{B})\cdot(\overline{A}+B)$。与项变为或项后通常需加括号。

（2）将原变量变成反变量，反变量变成原变量，只对单个变量有效，而对于一个变量以上的公共非号保持不变，如【例 2-4】中的 $\overline{\overline{B}\overline{C}D}$，公共非号保持不变。

2.3 逻辑函数

2.3.1 逻辑函数的定义

描述逻辑关系的函数称为逻辑函数。前面讲述的与、或、非、与非、或非、异或、同或都可称作逻辑函数，写作 $Y=F(A, B, C\cdots\cdots)$，其中 A、B、C 为自变量，Y 为因变量。逻辑函数是从生活和实践中抽象出来的，但是只有那些可以明确地用"是"或"否"作出回应的事件，才能用逻辑函数描述和定义。而数字电路是一种开关电路，开关的两种状态

“开通”和“断开”，常用电子器件的“导通”与“截止”来实现，并用“0”和“1”来表示，数字电路的输出量与输入量之间的关系是一种因果关系，它可以用逻辑表达式来描述，同时生活和实践中抽象出来的逻辑函数也可以用数字电路来实现。

2.3.2　逻辑函数的建立

逻辑函数的建立一般应先分析确定输入量、输出量，并明确其 0、1 含义，然后按照逻辑关系列出真值表。

下面通过一个实际的例子具体说明逻辑函数的概念和建立过程。

【例 2-5】 举重比赛中规则规定，一名主裁判和两名副裁判中，必须有两人或以上（且必须包括主裁判）认定运动员动作合格，试举才算成功，试建立该逻辑函数。

解：① 功能分析：确定自变量及因变量，明确 0、1 含义。

此题中三位裁判可以作为自变量，他们的回答是“同意”或“不同意”两个状态，而结果可以作为因变量，结果表明“通过”和“不通过”两个状态，从分析得知，此问题可以用逻辑函数来描述。

将三位裁判的意见设为自变量 A、B、C，并规定同意为逻辑“1”，不同意为逻辑“0”。其中 A 为主裁判，B、C 为副裁判，将最终结果设置为因变量 Y，并规定试举成功为逻辑“1”，试举失败为逻辑“0”。

② 列真值表：按逻辑关系列出。

根据定义及上述规定，列出函数的真值表，如表 2-3-1 所示。

表 2-3-1　【例 2-5】真值表

A	B	C	Y
0	0	0	0
0	0	1	0
0	1	0	0
0	1	1	0
1	0	0	0
1	0	1	1
1	1	0	1
1	1	1	1

由真值表可以看出，当自变量 A、B、C 取确定值后，因变量 Y 的值完全确定。所以 Y 就是 A、B、C 的函数。A、B、C 为输入逻辑变量，Y 为输出逻辑变量。可写做 $Y=F$（A，B，C）。

2.3.3　逻辑函数的表示方法

逻辑函数的表示方法有 5 种，即真值表、逻辑函数表达式、逻辑图、最小项表达式和卡诺图，它们各具特点，又可相互转换。这里先介绍前四种。

1. 真值表

真值表在基本逻辑门讲述中已简单介绍过，下面对列真值表的注意事项重点说明。真值表是将输入逻辑变量的各种可能取值和相应的结果即函数值排列在一起而组成的表格。

为避免遗漏，各输入逻辑变量的取值应按照二进制递增的顺序排列。由于每个输入变量的取值只有 0 和 1 两种，当有 n 个输入逻辑变量时，则有 2^n 个不同的与组合。逻辑函数的真值表具有唯一性，如果两个逻辑函数的真值表相同，则这两个逻辑函数相等。真值表直观明了，是数字电路分析与设计的关键，输入逻辑变量取值一旦确定后，即可在真值表中查出相应的函数值。把一个实际的逻辑问题抽象成一个逻辑函数时，使用真值表最方便。真值表的缺点是当变量较多时，表比较大，显得过于繁锁。

2. 逻辑函数表达式

逻辑变量和“与”、“或”、“非”三种运算符组成并表示逻辑函数输入与输出之间逻辑关系的表达式称为逻辑函数表达式，简称逻辑表达式或逻辑式。

（1）真值表转换为逻辑表达式

由真值表可以转换为逻辑表达式，方法为：将真值表中任一组输入变量中的 1 代换为原变量，0 代换为非变量，便得到一组变量的与组合；将输出逻辑函数 Y=1 对应的输入变量的与组合进行逻辑或，便得到了逻辑函数 Y 的与或表达式。应用此方法可以由【例 2-5】的真值表得到其逻辑表达式：

$$Y = A\overline{B}C + AB\overline{C} + ABC$$

需要说明的是此方法得到的逻辑函数表达式不一定为最简的逻辑表达式，也不一定是唯一的逻辑表达式。若要得到最简式，还需要用其他方法化简，这将在后续章节讨论。

（2）逻辑表达式转换为真值表

由逻辑表达式也可以转换为真值表，方法为：画出真值表的表格，将输入变量填入表格左边，输出变量填入表格右边，再将输入变量的所有取值按照二进制递增的次序列入表格左边，然后按照表达式，依次输入变量的各种取值组合进行计算，求出相应函数值，填入右边对应位置，即得真值表。

【例 2-6】 列出函数 $L = \overline{A}B + A\overline{B}$ 的真值表。

解：该函数有两个变量，即 2^2=4 种组合，将它按顺序排列起来即得如表 2-3-2 所示的真值表。

表 2-3-2 【例 2-6】的真值表

A	B	Y
0	0	0
0	1	1
1	0	1
1	1	0

3. 逻辑图

用基本逻辑门或复合逻辑门符号表示的能完成某一逻辑功能的电路图称为逻辑图。逻辑函数表达式是画逻辑图重要的依据，只要将逻辑函数中各个逻辑运算用对应的逻辑符号代替，就可画出和逻辑函数成对应的逻辑图。习惯上，逻辑图按照由入到出、由左到右、由上到下的顺序画出。如图 2-3-1 所示为【例 2-5】的逻辑图。

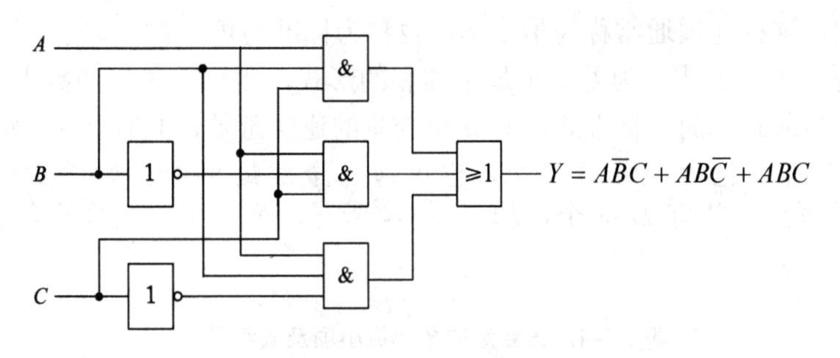

图 2-3-1 【例 2-5】逻辑图

反之，由逻辑图也可以写出逻辑表达式，这时只要将每个逻辑符号所表示的逻辑运算依次写出来，即可得到函数式。

【例 2-7】 已知如图 2-3-2 所示的逻辑图，写出它的逻辑表达式，并写出其真值表。

解：(1) 由图 2-3-2 (a) 所示，左侧为输入变量 A、B，右侧为输出变量 Y，A、B 通过三级门电路得到 Y，在每一个门电路后标出其逻辑表达式如图 2-3-2 (b) 所示，可得最终的逻辑表达式 $Y = AB + \overline{A}\overline{B}$ 。

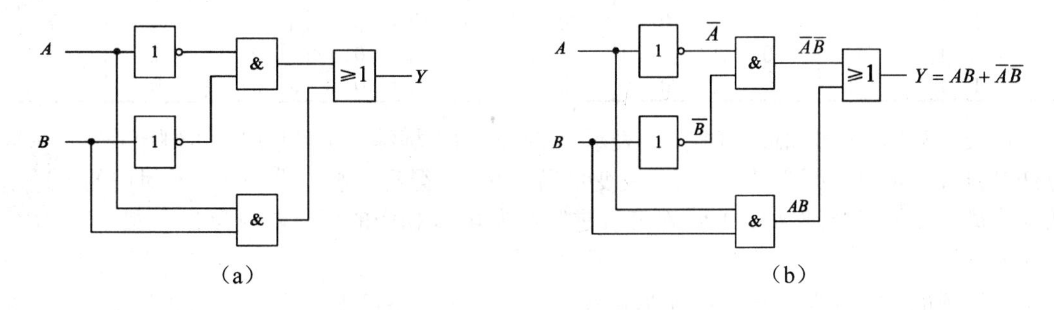

图 2-3-2 【例 2-7】逻辑图

(2) 由 $Y = AB + \overline{A}\overline{B}$ ，写出其真值表，如表 2-3-3 所示。

表 2-3-3 【例 2-7】真值表

A	B	Y
0	0	0
0	1	1
1	0	1
1	1	0

由【例 2-7】可知，逻辑表达式与逻辑图是一一对应的关系，逻辑表达式越复杂，逻辑图就越复杂，门电路实现的硬件就越复杂。从设计一个数字系统的产品角度出发，同样的逻辑功能，反映出唯一的真值表，而由真值表得到的逻辑表达式不一定最简，也就意味着逻辑图不是最简，硬件电路也不是最简单的。

4. 逻辑函数的最小项表达式

(1) 最小项的定义及性质

函数表达式中某一个与项包含了全部变量，其中每个变量以原变量或反变量的形式出现且仅出现一次，这种与项通常称为最小项，也称为标准与项。

如果一个逻辑函数表达式为若干个最小项和的形式，则这个逻辑函数表达式称为最小项表达式或标准与或式，简称标准式。对 n 个变量的逻辑函数，共有 2^n 个最小项。函数的最小项表达式中既可包含部分最小项，也可包含全部最小项。如三变量的逻辑函数 $Y=F(A,B,C)$ 的最小项共有 2^3=8 个，如表 2-3-4 所示，列出了三变量的全部最小项及其编号。

表 2-3-4　三变量的全部最小项及其编号

最小项 / 编号 / 变量	$\overline{A}\overline{B}\overline{C}$	$\overline{A}\overline{B}C$	$\overline{A}B\overline{C}$	$\overline{A}BC$	$A\overline{B}\overline{C}$	$A\overline{B}C$	$AB\overline{C}$	ABC
	m_0	m_1	m_2	m_3	m_4	m_5	m_6	m_7
A B C								
0 0 0	1	0	0	0	0	0	0	0
0 0 1	0	1	0	0	0	0	0	0
0 1 0	0	0	1	0	0	0	0	0
0 1 1	0	0	0	1	0	0	0	0
1 0 0	0	0	0	0	1	0	0	0
1 0 1	0	0	0	0	0	1	0	0
1 1 0	0	0	0	0	0	0	1	0
1 1 1	0	0	0	0	0	0	0	1

由表 2-3-4 表中可知最小项用 m_i 表示，最小项的下标编号 i 通常用十进制数表示。编号方法是将最小项中的原变量当作 1，反变量当作 0，则得到一组二进制数，其对应的十进制数便为最小项的编号。例如：$\overline{A}B\overline{C}$ 对应二进制数为 010，相应的十进制数为 2，则最小项 $\overline{A}B\overline{C}$ 记作 m_2，即 $m_2=\overline{A}B\overline{C}$ 。

最小项的性质在逻辑代数中尤为重要。对于任意一个最小项，只有一组变量取值使它的值为 1，而其余各种变量取值均使它的值为 0；不同的最小项，使它的值为 1 的那组变量取值也不同；对于变量的任一组取值，任意两个最小项的乘积为 0；对于变量的任一组取值，全体最小项的和为 1。

（2）最小项表达式转换方法

任何一个逻辑函数表达式都可以转换为最小项表达式。转换的方法是将函数表达式中所有的非最小项利用代数互补率 $A+\overline{A}=1$ 补充缺少的变量变成最小项，再利用代数重叠率 $A+A=A$ 合并相同的最小项即可。

【例 2-8】 将逻辑函数 $Y(A,B,C)=AC+\overline{A}B$ 转换为最小项表达式。

解：$Y(A,B,C)=AC(\overline{B}+B)+\overline{A}B(C+\overline{C})$　　……利用 $A+\overline{A}=1$ 补齐缺少变量

$=ABC+A\overline{B}C+\overline{A}BC+\overline{A}B\overline{C}$　　……利用 $A+A=A$ 合并相同的最小项

$=m_2+m_3+m_5+m_7$

故 $Y(A,B,C)=\sum m(2,3,5,7)$

要把非与或表达式的逻辑函数变换成最小项表达式，应先将其变换成与或表达式，再进行进一步转换。若式中有多个变量的公共非号，则先把非号去掉。

【例 2-9】 将 $Y(A,B,C)=AB+\overline{AB+\overline{BC}}$ 转换成最小项表达式。

解：① 根据摩根定律将逻辑函数变换成与或表达式

$$
\begin{aligned}
Y(A,B,C) &= AB+\overline{\overline{A}B}\cdot BC \\
&= AB+\overline{A}BC+\overline{B}BC \\
&= AB+\overline{A}BC
\end{aligned}
$$

② 利用 $A+\overline{A}=1$ 的形式作配项

$$
\begin{aligned}
Y(A,B,C) &= AB(C+\overline{C})+\overline{A}BC \\
&= ABC+AB\overline{C}+\overline{A}BC \\
&= m_7+m_6+m_3 \\
&= \sum m(3,6,7)
\end{aligned}
$$

2.4　逻辑函数的代数化简与变换

2.4.1　逻辑函数化简的意义

如前所述，从现实抽象出的逻辑问题形成的真值表具有唯一性，但最易写出的与或表达式有多种，例如举重裁判的逻辑表达式可以是：

$$Y=A\overline{B}C+AB\overline{C}+ABC \tag{2-4-1}$$

也可以是：

$$Y=AB+AC \tag{2-4-2}$$

显然式 2-4-2 比式 2-4-1 简单很多，而逻辑函数的与或表达式越简单，实现该逻辑函数所用的门电路就越少。对逻辑函数进行化简和变换，可以得到最简的逻辑函数表达式，设计出最简洁的逻辑电路。这不仅可节约元器件，优化生产工艺，还可提高电路工作的稳定性和可靠性。

2.4.2　最简逻辑函数式

那么，什么样的逻辑函数是最简的呢？以与或表达式为例，所谓最简与或表达式，通常满足两个条件：表达式中与项的个数最少；每个与项中的变量数最少。

逻辑函数化简的方法有代数法和卡诺图法，本节先介绍代数化简法。

2.4.3　逻辑函数的代数化简

用代数法化简逻辑函数，就是直接利用逻辑代数的基本公式和基本规则进行化简。代数法化简没有固定的步骤，常用的方法有以下几种。

（1）并项法：运用公式 $A+\overline{A}=1$，将两项合并为一项，消去一个变量。如

$$
\begin{aligned}
Y &= A\overline{B}C+ABC \\
&= AC(\overline{B}+B) \\
&= AC
\end{aligned}
$$

（2）吸收法：运用公式 $A+AB=A$，消去多余的与项。如

$$Y=AC+AC(\overline{B}+DE)=AC$$

（3）消去法：运用公式 $A+\overline{A}B=A+B$，消去多余因子。如

$$Y=AB+\overline{A}C+\overline{B}C=AB+(\overline{A}+\overline{B})C=AB+\overline{AB}C=AB+C$$

（4）配项法：先通过 $A+\overline{A}=1$ 或加上 $A\overline{A}=0$，增加必要的乘积项，再用上述方法化简。如

$$\begin{aligned}Y&=AB+\overline{B}C+ACD\\&=AB+\overline{B}C+ACD(B+\overline{B})\\&=AB+\overline{B}C+ABCD+A\overline{B}CD\\&=AB+\overline{B}C\end{aligned}$$

在化简逻辑函数时，要灵活运用上述方法，才能将逻辑函数化为最简。

【例 2-10】 化简逻辑函数 $Y=AB+A\overline{B}+AD+\overline{A}C+BD+A\overline{D}EF+\overline{D}EF$。

解：① 利用 $A+\overline{A}=1$，将 $AB+A\overline{B}$ 合并为 A

$$Y=A+AD+\overline{A}C+BD+A\overline{D}EF+\overline{D}EF$$

② 利用 $A+AB=A$，消去含有因子 A 的乘积项

$$Y=A+\overline{A}C+BD+\overline{D}EF$$

③ 利用 $A+\overline{A}B=A+B$，消去 $\overline{A}C$ 中的 $\overline{A}$

$$Y=A+C+BD+\overline{D}EF$$

【例 2-11】 化简 $Y=AD+A\overline{C}+\overline{D}C+\overline{C}D+\overline{D}B+\overline{B}D+ABE(F+G)$。

解：① 利用摩根定律变换 $AD+A\overline{C}=A(D+\overline{C})=A\overline{\overline{D}C}$

$$Y=A\overline{\overline{D}C}+\overline{D}C+\overline{C}D+\overline{D}B+\overline{B}D+ABE(F+G)$$

② 利用 $A+\overline{A}B=A+B$，消去 $A\overline{\overline{D}C}+\overline{D}C$ 中的 $\overline{\overline{D}C}$

$$Y=A+\overline{D}C+\overline{C}D+\overline{D}B+\overline{B}D+ABE(F+G)$$

③ 利用 $A+AB=A$，消去含有因子 A 的乘积项

$$Y=A+\overline{D}C+\overline{C}D+\overline{D}B+\overline{B}D$$

④ 利用配项法进行化简

$$\begin{aligned}Y&=A+\overline{D}C(B+\overline{B})+\overline{C}D+\overline{D}B+\overline{B}D(C+\overline{C})\\&=A+B\overline{D}C+\overline{B}\overline{D}C+\overline{C}D+\overline{D}B+\overline{B}DC+\overline{B}\overline{C}D\\&=A+(B\overline{D}C+B\overline{D})+(\overline{B}\overline{D}C+\overline{B}DC)+(\overline{B}\overline{C}D+\overline{C}D)\\&=A+B\overline{D}+C\overline{B}+\overline{C}D\end{aligned}$$

【例 2-12】 化简逻辑函数 $Y=\overline{\overline{AB+B\overline{C}}+C(A\overline{B}+\overline{A}B)}$。

解：① 利用摩根定律进行变换

$$\begin{aligned}Y&=(AB+B\overline{C})\cdot\overline{C(A\overline{B}+\overline{A}B)}\\&=(AB+B\overline{C})\cdot(\overline{C}+\overline{A\overline{B}+\overline{A}B})\\&=(AB+B\overline{C})\cdot(\overline{C}+AB+\overline{A}\,\overline{B})\end{aligned}$$

② 利用分配律去掉括号

$$Y=A\overline{C}B+AB+B\overline{C}+AB\overline{C}$$

③ 利用 $A+AB=A$ 分别消去含因子 AB 和 $B\overline{C}$ 的乘积项

$$Y=AB+B\overline{C}$$

【例 2-13】 化简逻辑函数 $Y = A\overline{B} + B\overline{C} + \overline{B}C + \overline{A}B$ 。

解： ① 利用配项法得

$$Y = A\overline{B}(C+\overline{C}) + B\overline{C}(A+\overline{A}) + \overline{B}C(A+\overline{A}) + \overline{A}B(C+\overline{C})$$
$$= A\overline{B}C + A\overline{B}\overline{C} + AB\overline{C} + \overline{A}B\overline{C} + A\overline{B}C + \overline{A}\overline{B}C + \overline{A}BC + \overline{A}B\overline{C}$$

② 利用 $A + A = A$，消去 $\overline{A}B\overline{C}$ 、 $A\overline{B}C$

$$Y = A\overline{B}C + A\overline{B}\overline{C} + AB\overline{C} + \overline{A}B\overline{C} + \overline{A}\overline{B}C + \overline{A}BC$$

③ 利用 $A + \overline{A} = 1$，合并某些项，则有两种情况

$$Y = \overline{A}C(B+\overline{B}) + A\overline{B}(C+\overline{C}) + B\overline{C}(A+\overline{A})$$
$$= \overline{A}C + A\overline{B} + B\overline{C}$$
$$Y = \overline{B}C(A+\overline{A}) + \overline{A}B(C+\overline{C}) + A\overline{C}(B+\overline{B})$$
$$= \overline{B}C + \overline{A}B + A\overline{C}$$

由上例可知，逻辑函数的化简结果不是唯一的。代数化简法的优点是不受变量数目的限制，但它没有固定的步骤，需要熟练地运用多种公式和定理，需要一定的技巧和经验，有时也很难判定化简的结果是否最简。

2.4.4　逻辑函数的代数变换

数字电路中不同类型的元器件电气参数不同，工作过程中对电压、电流的要求也会不同。实际电路设计的过程中，由于电路元器件的类型限制或设计人员的特定要求，同时为了减少电路中元器件的种类，减少不同类型元器件之间的干扰，需要将逻辑函数表达式变换为某种特定形式。通过变换后的特定形式设计出来的电路元器件种类单一，工作的稳定性和可靠性高，抗干扰能力强。

常见的逻辑表达式有以下 5 种形式，也对应着 5 种不同的门电路，在实际应用中，可根据需要，将最简与或表达式转换为其他形式。如 $Y = AB + AC$ 可表示为：

$$Y_1 = AB + AC \qquad \text{与-或表达式}$$

$$Y_2 = \overline{\overline{AB + AC}} = \overline{\overline{AB}\cdot\overline{AC}} \qquad \text{与非-与非表达式}$$

$$Y_3 = \overline{\overline{(\overline{A}+\overline{B})(\overline{A}+\overline{C})}} = \overline{\overline{A} + \overline{B}\overline{C}} = A(B+C) \qquad \text{或-与表达式}$$

$$Y_4 = \overline{\overline{A(B+C)}} = \overline{\overline{A} + (\overline{B+C})} \qquad \text{或非-或非表达式}$$

$$Y_5 = \overline{\overline{A} + \overline{B}\overline{C}} \qquad \text{与-或-非表达式}$$

代数法变换逻辑函数，就是直接利用逻辑代数的基本公式和基本规则进行变换。最常见的就是与、或形式，与非、或非形式的相互转换，这时候就需要用摩根定律进行多次取反而得到。代数法变换没有固定的步骤，只能根据题目要求的形式去逐步转化。

【例 2-14】 用与非门实现函数 $F = A\bar{B} + B\bar{C} + \bar{A}C$。

解：利用摩根定律进行变换：

$$
\begin{aligned}
F &= \overline{\overline{F}} \\
&= \overline{\overline{A\bar{B} + B\bar{C} + \bar{A}C}} \\
&= \overline{\overline{A\bar{B}} \cdot \overline{B\bar{C}} \cdot \overline{\bar{A}C}}
\end{aligned}
$$

【例 2-15】 用或非门实现函数 $F=AB+BC+AC$。

解：利用摩根定律进行变换：

$$
\begin{aligned}
F &= \overline{\overline{F}} \\
&= \overline{\overline{AB + BC + AC}} \\
&= \overline{\overline{\overline{\bar{A}+\bar{B}} + \overline{\bar{B}+\bar{C}} + \overline{\bar{A}+\bar{C}}}}
\end{aligned}
$$

【例 2-16】 将函数 $F= \overline{\overline{A+B}+\overline{C+D}} + \overline{\overline{A+D}+\overline{C+D}}$ 变换为与非式。

解：利用摩根定律进行变换：

$$
\begin{aligned}
F &= \overline{\overline{A+B}+\overline{C+D}} + \overline{\overline{A+D}+\overline{C+D}} \\
&= \overline{\bar{A}\bar{B}+\bar{C}\bar{D}} + \overline{\bar{A}\bar{D}+\bar{C}\bar{D}} \\
&= \overline{\overline{\overline{\bar{A}\bar{B}\bar{C}\bar{D}}}} + \overline{\overline{\overline{\bar{A}\bar{D}\bar{C}\bar{D}}}} \\
&= \overline{\overline{\bar{A}\bar{B}\bar{C}\bar{D}}} + \overline{\overline{\bar{A}\bar{D}\bar{C}\bar{D}}} \\
&= \overline{\overline{\overline{\bar{A}\bar{B}\bar{C}\bar{D}}}\;\overline{\overline{\bar{A}\bar{D}\bar{C}\bar{D}}}}
\end{aligned}
$$

2.5 逻辑函数的卡诺图化简法

如前所述，卡诺图是逻辑函数的表示方法之一。一个函数可以用表达式来表示，也可以用真值表来描述，但如果用真值表来对函数进行化简，很不直观，于是人们设计出一种变形的真值表，即卡诺图来对函数进行化简。

2.5.1 卡诺图

1. 相邻最小项

相邻最小项是指两个最小项中只有一个变量互为反变量，其余变量都相同。这两个最小项在逻辑相邻，简称相邻项。如果两个相邻最小项出现在同一个逻辑函数中，可以合并为一项，并根据互补律 $A+\bar{A}=1$ 同时消去互为反变量的那个量。如：

$$ABC + \bar{A}BC = BC(A+\bar{A}) = BC$$

由此可知，利用相邻项的合并可以进行逻辑函数化简。而卡诺图直观地看出各最小项之间的相邻性。这就是用卡诺图化简逻辑函数关键。

2. 卡诺图的组成

卡诺图是用小方格来表示最小项，一个小方格代表一个最小项，然后将这些最小项按

照相邻性排列起来。即用小方格几何位置上的相邻性来表示最小项逻辑上的相邻性。卡诺图实际上是真值表的一种变形，是一种矩阵式的真值表，一个逻辑函数的真值表有多少行，卡诺图就有多少个小方格。所不同的是真值表中的最小项是按照二进制加法规律排列的，而卡诺图中的最小项则是按照相邻性排列的。

（1）二变量卡诺图（如图 2-5-1 所示）

A \ B	0	1
0	m_0 $\overline{A}\overline{B}$	m_1 $\overline{A}B$
1	m_2 $A\overline{B}$	m_3 AB

（a）

A \ B	0	1
0	0	1
1	2	3

（b）

图 2-5-1　二变量卡诺图

每个二变量的最小项都有两个最小项与它相邻。

（2）三变量卡诺图（如图 2-5-2 所示）

A \ BC	00	01	11	10
0	m_0 $\overline{A}\overline{B}\overline{C}$	m_1 $\overline{A}\overline{B}C$	m_3 $\overline{A}BC$	m_2 $\overline{A}B\overline{C}$
1	m_4 $A\overline{B}\overline{C}$	m_5 $A\overline{B}C$	m_7 ABC	m_6 $AB\overline{C}$

（a）

A \ BC	00	01	11	10
0	0	1	3	2
1	4	5	7	6

（b）

图 2-5-2　三变量卡诺图

每个三变量的最小项都有三个最小项与它相邻。

（3）四变量卡诺图（如图 2-5-3 所示）

AB \ CD	00	01	11	10
00	m_0 $\overline{A}\overline{B}\overline{C}\overline{D}$	m_1 $\overline{A}\overline{B}\overline{C}D$	m_3 $\overline{A}\overline{B}CD$	m_2 $\overline{A}\overline{B}C\overline{D}$
01	m_4 $\overline{A}B\overline{C}\overline{D}$	m_5 $\overline{A}B\overline{C}D$	m_7 $\overline{A}BCD$	m_6 $\overline{A}BC\overline{D}$
11	m_{12} $AB\overline{C}\overline{D}$	m_{13} $AB\overline{C}D$	m_{15} $ABCD$	m_{14} $ABC\overline{D}$
10	m_8 $A\overline{B}\overline{C}\overline{D}$	m_9 $A\overline{B}\overline{C}D$	m_{11} $A\overline{B}CD$	m_{10} $A\overline{B}C\overline{D}$

（a）

AB \ CD	00	01	11	10
00	0	1	3	2
01	4	5	7	6
11	12	13	15	14
10	8	9	11	10

（b）

图 2-5-3　四变量卡诺图

每个四变量的最小项都有四个最小项与它相邻。注意最左列的最小项与最右列的相应最小项也是相邻的；最上面一行的最小项与最下面一行的相应最小项也是相邻的；对角的两个最小项也是相邻的。仔细观察可以发现，卡诺图具有很强的相邻性。首先是直观相邻性，只要小方格在几何位置上相邻，它代表的最小项在逻辑上一定是相邻的。其次是对边相邻性，即与中心轴对称的左右两边和上下两边的小方格也具有相邻性。

需要指出的是卡诺图中变量组合采用格雷码排列，这点对多变量卡诺图的画法尤其重要。例如五变量的卡诺图，*ABC* 变量排列为 000、001、011、010、110、111、101、100，*DE* 变量排列为 00、01、11、10。但由于多变量的卡诺图复杂，应用也少，这里不作介绍。

3. 卡诺图的特点

（1）n 个变量的卡诺图由 2^n 个小方格组成，每个小方格代表一个最小项，方格内标明的数字，就是所对应的最小项的编号。

（2）卡诺图上处在相邻、相对位置的小方格所代表的最小项为相邻最小项。

（3）整个卡诺图总是被每个变量分成两半，原变量和反变量各占一半，任一个原变量和反变量所占的区域又被其他变量分成两半。

2.5.2 卡诺图表示逻辑函数

因为任何逻辑函数都可用最小项表达式表示，所以它们都可用卡诺图表示。

1. 卡诺图表示最小项表达式

最小项表达式中出现的最小项在卡诺图对应小方格中填入 1，没出现的最小项则在卡诺图对应小方格中填入 0 或不填。

【例 2-17】 用卡诺图表示逻辑函数 $Y=\overline{A}BC+A\overline{B}C+AB\overline{C}+ABC$。

解：① 该函数为三变量，且为最小项表达式，写成简化形式为：

$$Y=m_3+m_5+m_6+m_7$$

② 画出三变量卡诺图，如图 2-5-4 所示。

③ 将最小项填入卡诺图。最小项表达式中出现的最小项的对应方格填入 1，没有出现的最小项的对应方格填入 0 或不填。

A \ BC	00	01	11	10
0	0	0	1	0
1	0	1	1	1

图 2-5-4 【例 2-17】卡诺图

2. 卡诺图表示非标准与或表达式

【例 2-18】 用卡诺图表示逻辑函数 $Y=A\overline{B}+B\overline{C}D+\overline{A}BC$。

解：① 画出四变量卡诺图，如图 2-5-5 所示。

② 通过配项将逻辑函数变换为标准与或表达式：

$$\begin{aligned}Y &= A\overline{B}(C+\overline{C})(D+\overline{D})+B\overline{C}D(A+\overline{A})+\overline{A}BC(D+\overline{D})\\ &=\sum m(5,6,7,8,9,10,11,13)\end{aligned}$$

③ 将最小项填入卡诺图。标准与或表达式中出现的最小项的对应方格填入 1，没有出现的最小项的对应方格填入 0 或不填。

AB \ CD	0 0	0 1	1 1	1 0
0 0	0	0	0	0
0 1	0	1	1	1
1 1	0	1	0	0
1 0	1	1	1	1

图 2-5-5 【例 2-18】卡诺图

如果逻辑表达式不是与或表达式，应先将其变换为与或表达式，再通过配项变换为标准与或表达式，最后填入卡诺图。

3. 由真值表到卡诺图

【例 2-19】 某函数的真值表如表 2-5-1 所示，用卡诺图表示该函数。

表 2-5-1 【例 2-19】真值表

A	B	C	Y
0	0	0	0
0	0	1	0
0	1	0	0
0	1	1	0
1	0	0	0
1	0	1	1
1	1	0	1
1	1	1	1

解： ① 画出三变量卡诺图，如图 2-5-6 所示。

A \ BC	0 0	0 1	1 1	1 0
0				
1		1	1	1

图 2-5-6 【例 2-19】卡诺图

② 根据真值表填卡诺图。将 Y 为 1 对应的最小项直接填入卡诺图相应的方格。

2.5.3 卡诺图法化简逻辑函数原理

由于卡诺图中的最小项具有循环相邻的特性，因此在卡诺图中位置相邻必然逻辑上相邻。利用公式 $AB + A\overline{B} = A$，可将两个相邻项合并为一项，合并的结果为相邻项中共有并且互补的变量同时消去，其余相同的变量保留不变，此原理可以形象的称为“去异留同”。

相邻最小项可以用一个卡诺圈包围起来，然后消去共有并且互补的变量而合并为一项。如图 2-5-7 所示。

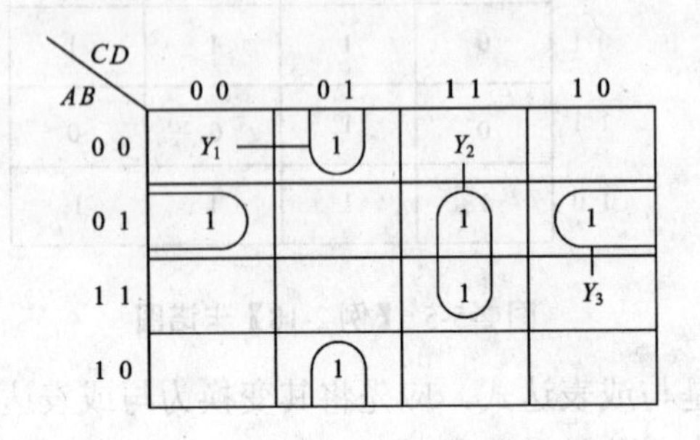

图 2-5-7 两相邻最小项的合并

$$Y_1 = m_1 + m_9 = \overline{A}\overline{B}\overline{C}D + A\overline{B}\overline{C}D = \overline{B}\overline{C}D(A+\overline{A}) = \overline{B}\overline{C}D \qquad (2\text{-}5\text{-}1)$$

$$Y_2 = m_7 + m_{15} = BCD \qquad (2\text{-}5\text{-}2)$$

$$Y_3 = m_4 + m_6 = \overline{A}B\overline{D} \qquad (2\text{-}5\text{-}3)$$

利用卡诺图化简逻辑函数，就是通过画圈的方式在卡诺图中找相邻的最小项，因此，画卡诺圈是利用卡诺图实现逻辑函数化简的关键。为了保证将逻辑函数化到最简（与项最少、与项中变量最少），画卡诺圈时必须遵循以下原则。

1．卡诺圈的面积要尽可能大，这样消去的变量就多，可保证与项中变量最少。

2．卡诺圈的个数要尽可能少，每个卡诺圈合并后代表一个与项，这样可保证与项最少。

3．每个卡诺圈内方格数为 2^n（n=0，1，2…），根据“去异留同”的原理将这 2^n 个相邻的最小项结合，可以消去 n 个共有并且互补的变量而合并为一项。

4．卡诺图中所有取值为 1 的方格均要被圈过，不能漏下。

5．取值为 1 的同一方格可被不同卡诺圈重复包围，但新增卡诺圈要有新方格。

6．相邻方格包括上下相邻、左右相邻、对边相邻和四角相邻（注意对角不相邻）。

综上所述，画卡诺圈时应遵循先画大圈后画小圈的顺序，同时要保证圈内方格数为 2^n 且不能漏下任何 1 方格。画卡诺圈完成后，不要着急写出化简后的逻辑表达式，应重点检查卡诺圈是否兼顾了卡诺图循环邻接的特性以及每个卡诺圈是否多余，这点在利用卡诺图进行逻辑函数化简时显得尤为重要。

【例 2-20】 在卡诺图中画出逻辑函数 $Y = \sum m(3,4,5,7,9,13,14,15)$ 的卡诺圈。

解：按照画卡诺圈的原则，依次画出如下的卡诺圈：Y_1、Y_2、Y_3、Y_4、Y_5（见图 2-5-8），如不进行卡诺圈检查则可以立即写出化简后的逻辑表达式：

$$Y=Y_1+Y_2+Y_3+Y_4+Y_5$$

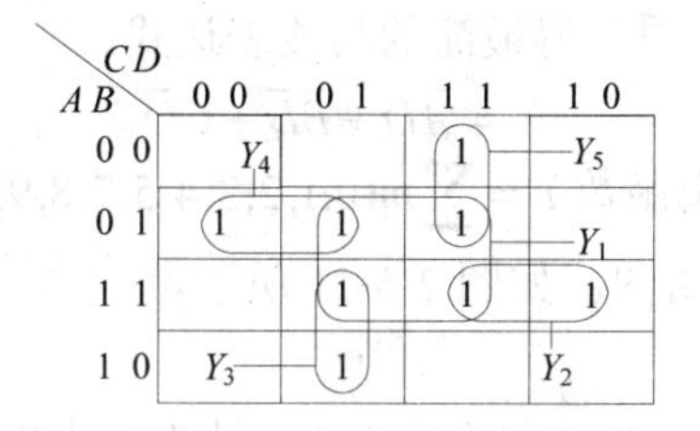

图 2-5-8 【例 2-20】卡诺图

经检查最先画的卡诺圈 Y_1 中的 4 个方格已经分别被卡诺圈 Y_2、Y_3、Y_4、Y_5 重复包围，Y_1 中没有新方格，因此为多余的卡诺圈。正确的逻辑表达式应为：

$$Y= Y_2+Y_3+Y_4+Y_5$$

由此可见，卡诺圈全部画完后对每个卡诺圈进行检查是非常有必要的。

2.5.4 用卡诺图化简逻辑函数的步骤

1. 将逻辑函数表达式化为最小项表达式。
2. 根据变量的个数画出相应的卡诺图。
3. 画卡诺圈并检查。
4. 将各卡诺圈合并为与项。
5. 将所有与项相加写出最简与或表达式。

【例 2-21】 用卡诺图化简逻辑函数 $Y=\sum m(1,3,4,5,6,7,9,11,12,14)$。

解：① 由表达式画出卡诺图，如图 2-5-9 所示。

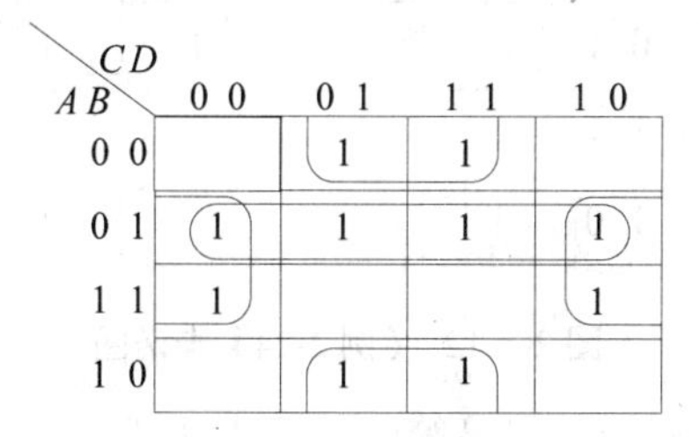

图 2-5-9 【例 2-21】卡诺图

② 画卡诺圈合并与项并相加，得最简的与或表达式：

$$Y=\overline{A}B+\overline{B}D+B\overline{D}$$

【例 2-22】 用卡诺图化简逻辑函数 $Y=\sum m(0,1,2,3,4,5,7,8,10,12)$。

解：① 由表达式画出卡诺图，如图 2-5-10 所示。

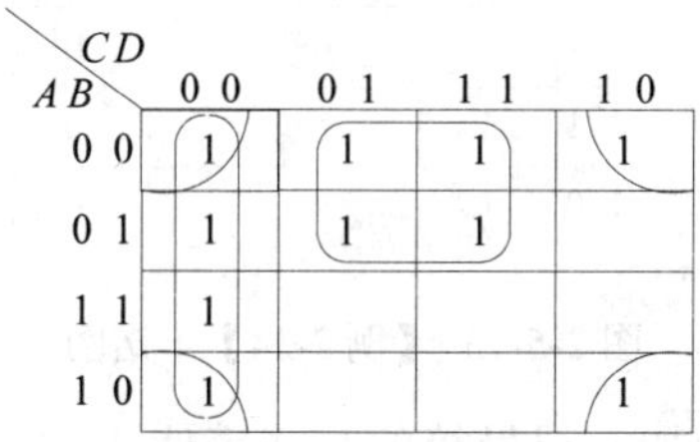

图 2-5-10 【例 2-22】卡诺图

② 画卡诺圈合并最小项，得最简的与或表达式：

$$Y = \overline{A}D + \overline{B}\overline{D} + \overline{C}\overline{D}$$

【例 2-23】 用卡诺图化简逻辑函数 $Y = \sum m(0,1,2,3,4,5,7,8,9,10,11,12,13,15)$。

解：① 由表达式画出卡诺图，如图 2-5-11 所示。

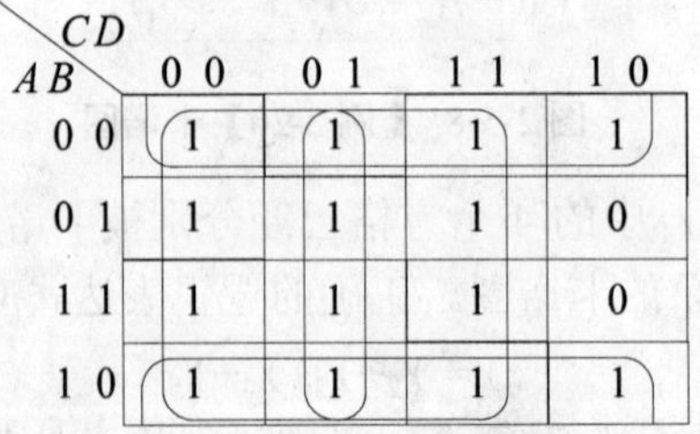

AB \ CD	00	01	11	10
00	1	1	1	1
01	1	1	1	0
11	1	1	1	0
10	1	1	1	1

图 2-5-11 【例 2-23】卡诺图

② 画卡诺圈合并与项并相加，得最简的与或表达式：

$$Y = \overline{B} + \overline{C} + D$$

【例 2-24】 用卡诺图化简逻辑函数 $Y = \sum m(2,3,6,7,8,10,12)$。

解：方法一

① 由表达式画出卡诺图，如图 2-5-12 所示。

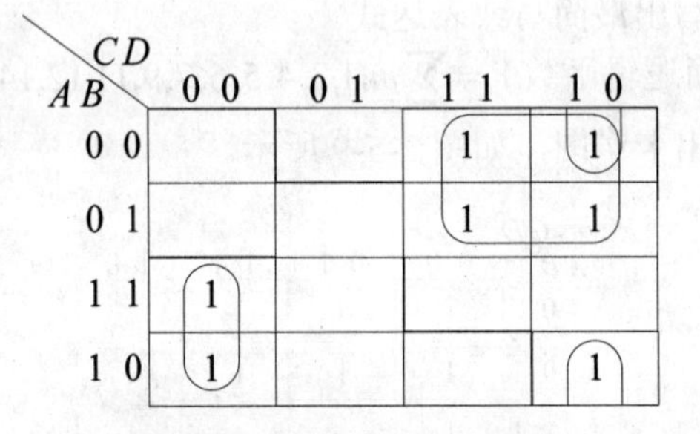

图 2-5-12 【例 2-24】卡诺图

② 画卡诺圈合并与项并相加，得最简的与或表达式：

$$Y = \overline{A}C + A\overline{C}\overline{D} + \overline{B}C\overline{D}$$

方法二

① 由表达式画出卡诺图，如图 2-5-13 所示。

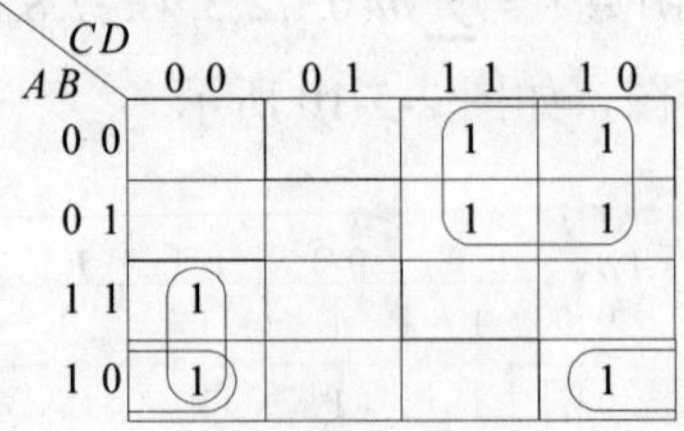

AB \ CD	00	01	11	10
00			1	1
01			1	1
11	1			
10	1			1

图 2-5-13 【例 2-24】卡诺图

② 画卡诺圈合并与项并相加，得最简的与或表达式：

$$Y = \overline{A}C + A\overline{C}\overline{D} + A\overline{B}\overline{D}$$

通过【例 2-24】可以看出，同一个逻辑函数，化简的结果有时不是唯一的。两个结果虽然形式不同，但与项数及各个与项中变量的个数都是相同的，因此两个结果都是最简与或式。可以用代数公式法或通过对比两个逻辑函数的真值表来证明两个函数相等，证明过程请读者自行进行，本书不再赘述。

2.5.5　具有无关项的逻辑函数的化简

1. 约束项、任意项和无关项

在有些逻辑函数中，输入变量的某些取值组合不会出现，或者一旦出现，逻辑值可以是任意的。这样的取值组合所对应的最小项称为无关项、任意项或约束项，在卡诺图中用符号×来表示其逻辑值。无关项的意义在于，它的值可以取 0 或取 1，具体取什么值以使函数尽量得到简化为原则。

【例 2-25】 某品牌家用油烟机有三个指示灯白、黄、红，分别代表电机的低速、中速和高速运行，试分析电机中速运行与三色信号灯之间逻辑关系。

解： 设白、黄、红灯分别用 A、B、C 表示，且灯亮为 1，灯灭为 0。电机中速运行用 Y 表示，Y=1 表示电机中速运行，Y=0 表示电机非中速运行。列出该函数的真值表如表 2-5-2 所示。

表 2-5-2 【例 2-25】真值表

白灯 A	黄灯 B	红灯 C	电机中速运行 Y
0	0	0	×
0	0	1	0
0	1	0	1
0	1	1	×
1	0	0	0
1	0	1	×
1	1	0	×
1	1	1	×

显而易见，在这个函数中，有五个最小项是不会出现的，如 $\overline{ABC}$（三个灯都不亮）、ABC（三个灯同时亮）等。因为一个正常油烟机指示系统不可能出现这些情况（即逻辑值任意）。

带有无关项的逻辑函数的最小项表达式为：$Y=\sum m$（　）$+\sum d$（　）。

如本例函数可写成 $Y=\sum m$（2）$+\sum d$（0,3,5,6,7）。

2. 具有无关项的逻辑函数的化简

化简具有无关项的逻辑函数时，要充分利用无关项可以当 0 也可以当 1 处理的特点，尽量扩大卡诺圈，使逻辑函数更简。

画出【例 2-25】的卡诺图，如图 2-5-14 所示，如果不考虑无关项，卡诺圈只能包含一个最小项，如图 2-5-15（a）所示，写出表达式为 $Y=\overline{A}B\overline{C}$。

如果把与它相邻的三个无关项当作 1，则卡诺圈可包含四个最小项，如图 2-5-15（b）

所示，写出表达式为 $Y = B$ 。

由此例可知在考虑无关项时，哪些无关项当作 1，哪些无关项当作 0，要以尽量扩大卡诺圈、减少圈的个数，使逻辑函数更简为原则。

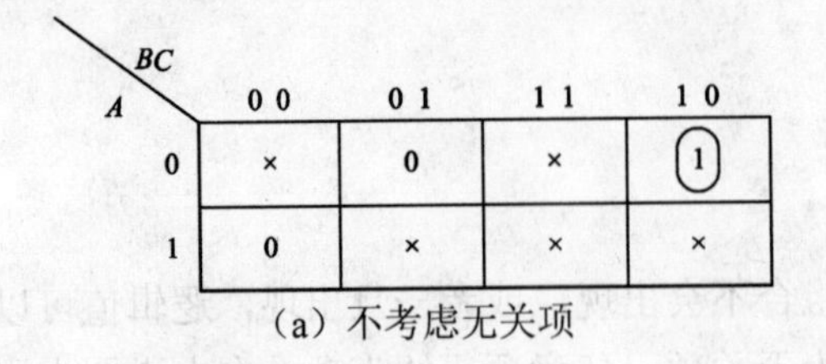

（a）不考虑无关项

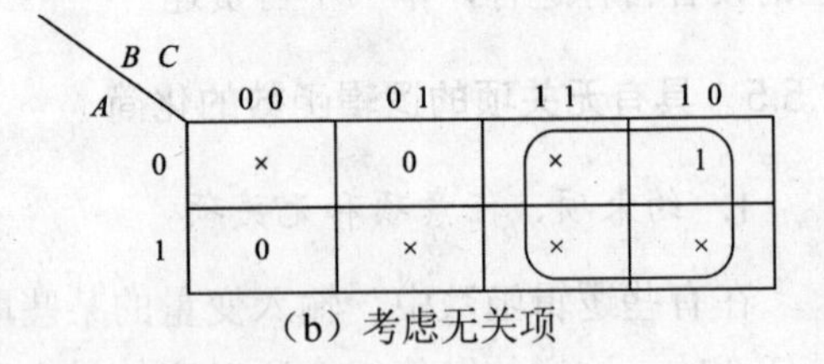

（b）考虑无关项

图 2-5-14 【例 2-26】的卡诺图

【例 2-26】 已知逻辑函数 $Y = \overline{\overline{A}CD} + \overline{A}\overline{C}D + \overline{\overline{A}BCD} + \overline{A}BC\overline{D}$，约束条件为 $\overline{A}BD + CD = 0$，求最简的逻辑表达式。

解：① 将逻辑函数和约束条件转移到一个卡诺图中，画卡诺圈，如图 2-5-15 所示。

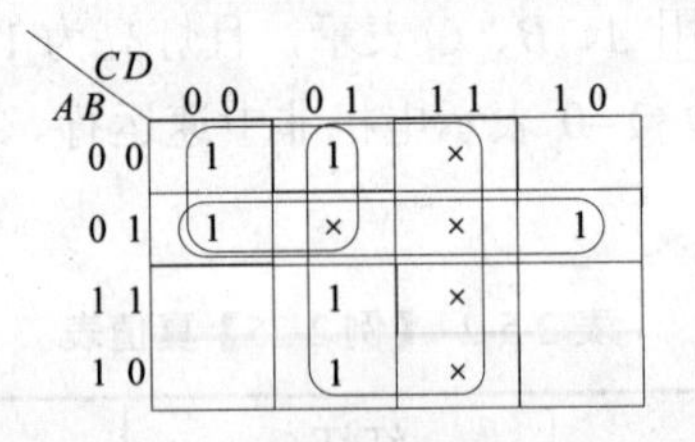

图 2-5-15 【例 2-26】卡诺图

② 写出最简与或表达式。

$$Y = \overline{AC} + \overline{A}B + D$$

$$\overline{A}BD + CD = 0 \text{（约束条件）}$$

实验 2-1 分立元件实现门电路

一、实验目的

1. 熟悉与门、或门、非门、与非门、或非门的逻辑功能。
2. 熟悉 EWB 仿真软件操作方法。
3. 通过对理论和软件的认识培养独立仿真实验的能力。

二、实验内容和步骤

1. 用二极管实现与逻辑门

用二极管实现与逻辑门原理图如实验图 2-1-1（a）所示，仿照原理图从 Sources 器件库中调用电源 V_{cc}，从 Basic 器件库中调用电阻和开关，从 Dildes 器件库中调用二极管。按实验图 2-1-1（b）所示组成电路可验证其功能。A、B 当中只要有一个低电平，则必有一个二

极管导通，使 Y 为低电平（灯灭），只有 A、B 同时为高电平时，输出才是高电平（灯亮）。Y 和 A、B 间是逻辑与的关系。

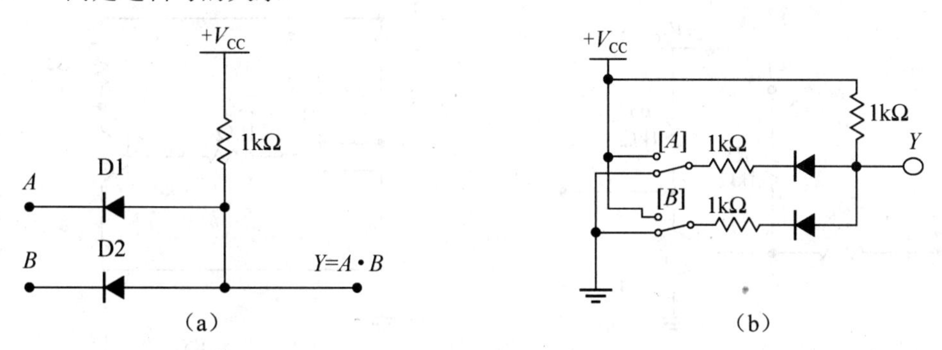

实验图 2-1-1　用二极管实现与逻辑门

2. 用二极管实现或逻辑门

用二极管实现或逻辑门原理图如实验图 2-1-2（a）所示，仿照原理图从器件库中寻找所需器件，并按实验图 2-1-2（b）所示连接好电路图可仿真或逻辑门功能（指示灯通过其属性选 TTL 库中的 LS 型）。由于两个二极管的负极同时经电阻 R 接到了负电源 V_{BB} 上，所以只要 A、B 中有一个是高电平，二极管 D1 或 D2 就导通（灯亮）；只有 A、B 同时为低电平时，Y 才是低电平（灯灭）。因此，Y 和 A、B 间是或的逻辑关系。

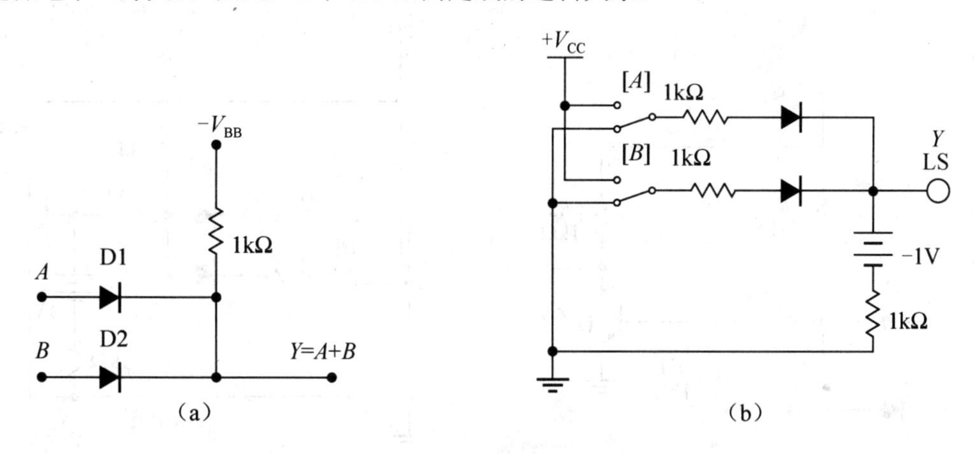

实验图 2-1-2　用二极管实现或逻辑门

3. 用三极管实现非逻辑门

用三极管实现非逻辑门的原理图如实验图 2-1-3（a）所示，从器件库中寻找所需器件，并按实验图 2-1-3（b）所示连接好电路图可仿真非逻辑功能。由图可知，当输入 A 为低电平 0 时，$u_{BE}<0V$，三极管截止，输出 Y 为高电平 1（灯亮）；当输入 A 为高电平 1 时，使三极管工作在饱和状态，输出 Y 为低电平 0（灯灭）。

在实用的反相器电路中，为了保证输入低电平时三极管能可靠的截止，增加了电阻 R3 和负电源 V_{BB}，当输入低电平信号为零时，三极管的基极将为负电位，发射结反向偏置，保证了三极管的可靠截止。

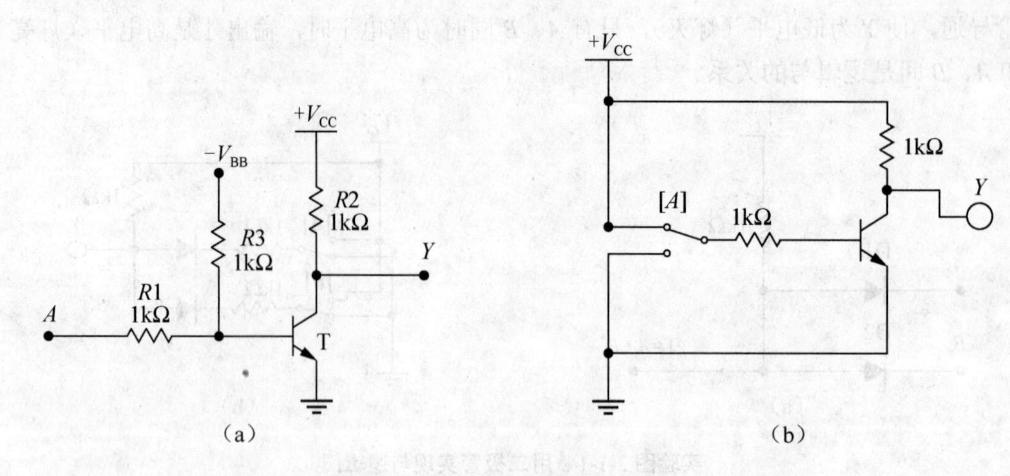

实验图 2-1-3 用三极管实现非逻辑门

4. 二极管、三极管实现与非门电路

二极管、三极管实现与非门电路的原理图如实验图 2-1-4（a）所示，仿照原理图从器件库中寻找所需器件，并按实验图 2-1-4（b）所示连接好电路图可仿真其功能。与非门电路是在二极管与非的输出端级连一个三极管组成的非门后组成的，它的逻辑功能是依靠与门的输出信号控制非门后实现的。

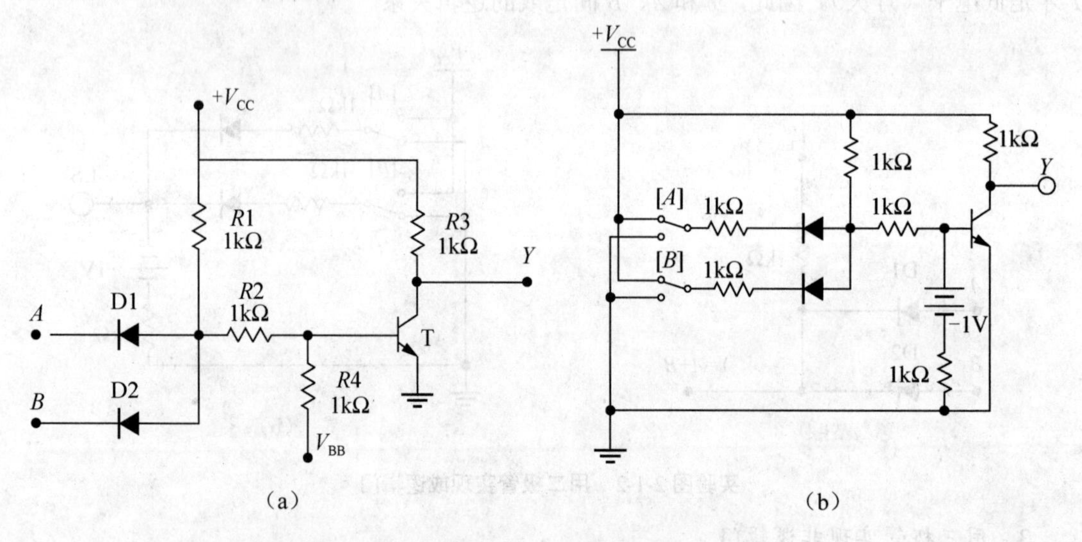

实验图 2-1-4 二极管、三极管实现与非门电路

5. 二极管、三极管实现或非门电路

二极管、三极管实现或非门电路原理图如实验图 2-1-5（a）所示，如果将二极管或门和三极管反相器连接起来，如实验图 2-1-5（b）所示，就组成了或非门功能测试图。

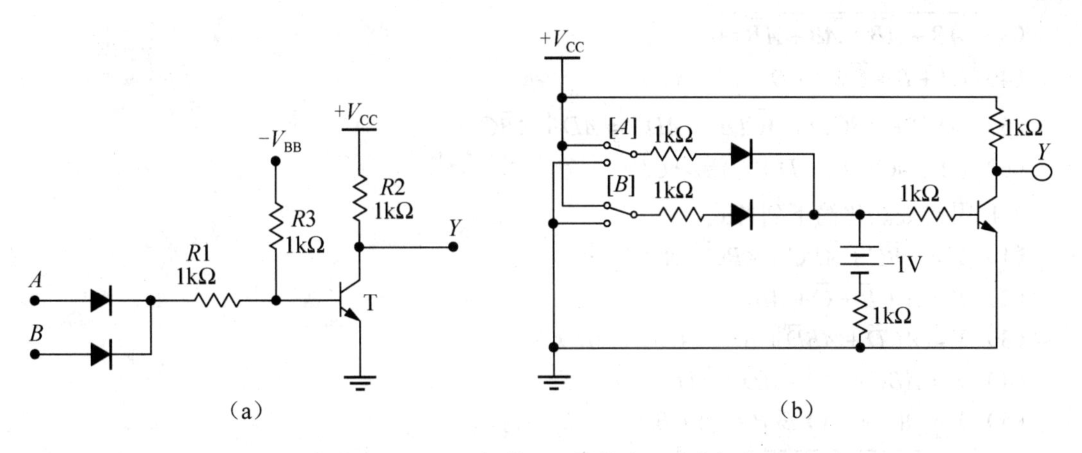

实验图 2-1-5　二极管、三极管实现或非门电路

三、实验要求

1．根据实验结果写出各电路的真值表和逻辑表达式。

2．认识 EWB 中 logic gates 库中的基本逻辑门电路如实验图 2-1-6 所示，通过帮助了解其真值表和逻辑功能。

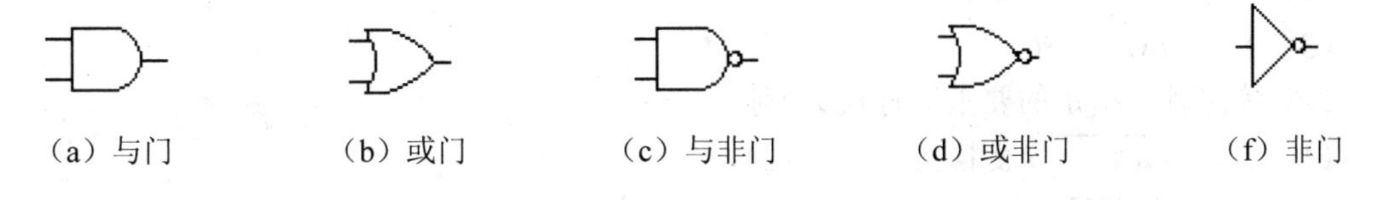

实验图 2-1-6　基本逻辑门电路

习题二

2-1 用真值表和逻辑代数两种方法证明下列恒等式。

（1）$A+\overline{A}B=A+B$

（2）$\overline{A}+AB=\overline{A}+B$

（3）$(A\oplus B)\oplus C=A\oplus(B\oplus C)$

（4）$A(\overline{A}+B)+B(B+C)+B=B$

2-2 写出下列各式对偶式和反演式。

（1）$Y=\overline{A}B+A\overline{B}$

（2）$Y=ABC\overline{D}+ABD+BC\overline{D}+B\overline{C}$

（3）$Y=(\overline{A}\overline{B}+\overline{C})(A+D)(B+C)+BD$

（4）$Y=AB+\overline{B}C+A(C+D)+\overline{B}CD$

2-3 用逻辑代数基本公式证明下列各式。

（1）AB（$BC+A$）$=AB$

（2）$\overline{\overline{A}BC}(B+\overline{C})=AB+\overline{C}$

（3）$\overline{AB+\bar{A}\bar{B}+\bar{A}B+A\bar{B}}=0$

（4）$(A+B+\bar{C})(A+B+C)=A+B$

（5）$ABD+A\bar{B}C\bar{D}+A\bar{C}DE+AD=AD+A\bar{B}C$

（6）$(A+\bar{A}C)(A+CD+D)=A+CD$

2-4 用代数法化简下列各式。

（1）$Y=\bar{A}\bar{B}C+\bar{A}BC+AB\bar{C}+ABC$

（2）$Y=\bar{A}+\bar{B}+\bar{C}+ABC$

（3）$Y=AC\bar{D}+AB\bar{D}+BC+\bar{A}CD+ABD$

（4）$Y=A\bar{B}C+A\bar{B}+A\bar{D}+\bar{A}\bar{D}$

（5）$Y=A(\bar{A}+B)+B(B+C)+B$

（6）$Y=\overline{\overline{ABC+\bar{A}\bar{B}}+BC}$

（7）$Y=\overline{\overline{A\bar{B}+ABC}+A(B+A\bar{B})}$

（8）$Y=(AB+A\bar{B}+\bar{A}B)(A+B+D+\bar{A}\bar{B}\bar{D})$

2-5 下列逻辑式中，变量 A、B、C 取哪些值时，Y 的值为 1？

（1）$Y=(A+B)+ABC$

（2）$Y=ABC+\bar{A}C+\bar{B}C$

（3）$Y=A\overline{BC}+\bar{A}BC$

2-6 按照题目指定的要求进行代数变换。

（1）$L=\overline{D(A+C)}$（变换为与非形式）

（2）$L=\overline{A\bar{B}+\bar{A}C}$（变换为或非形式）

（3）$L=\overline{\overline{A+B}+\overline{C+D}}+\overline{\overline{A+D}+\overline{C+D}}$（变换为与或形式）

（4）$L=\bar{A}B+BC\bar{D}$（变换为 2 输入与非形式）

2-7 求下列逻辑函数的最小项表达式。

（1）$F=A\bar{B}+B\bar{C}+\bar{A}C$

（2）$F=\bar{A}C+AB\bar{C}+\bar{A}BD+\bar{A}BC\bar{D}$

（3）$F=\overline{A\bar{B}C+\bar{A}CD+B\bar{C}}$

（4）$F=B\bar{C}+\overline{(A+\bar{B})(AB\bar{C}+D)}$

2-8 用卡诺图法将下列各逻辑函数化简成为最简与或表达式。

（1）$Y=AB\bar{C}D+A\bar{B}CD+A\bar{B}+A\bar{D}+A\bar{B}C$

（2）$Y=A\bar{B}+B\bar{C}\bar{D}+ABD+\bar{A}B\bar{C}D$

（3）$Y=A\bar{B}CD+\bar{B}\bar{C}D+AB\bar{D}+BC\bar{D}+\bar{A}B\bar{C}$

（4）$Y=\bar{A}\bar{B}\bar{C}\bar{D}+\bar{A}\bar{B}C\bar{D}+A\bar{B}\bar{C}\bar{D}+A\bar{B}C\bar{D}$

（5）$Y=AB\bar{C}+\overline{AC+\bar{A}BC+\bar{B}C}$

（6）$Y=(\bar{A}\bar{B}+B\bar{D})\bar{C}+BD\overline{\bar{A}\bar{C}}+\bar{D}\overline{(\bar{A}+B)}$

（7）$Y=\overline{ABC+BD(\bar{A}+C)+(B+D)AC}$

（8）$Y=\overline{\bar{A}\bar{B}\bar{C}+\bar{A}\bar{B}C+\bar{A}BC+A\bar{B}C}$

2-9 用卡诺图法化简下列各逻辑函数。

（1） $Y=\sum m(2,4,6,7,8,11,13,15)$

（2） $Y=\sum m(0,4,5,7,8,11,12,13,14,15)$

（3） $Y=\sum m(2,3,6,7,8,10,11)$

（4） $Y=\sum m(0,1,2,5,6,7,8,9,13,14)$

（5） $Y=\sum m(0,4,5,8)+\sum d(9,10,11,13,14,15)$

（6） $Y=\sum m(4,5,7,8,13,15)+\sum d(0,1,6,12)$

（7） $Y=\sum m(3,4,5,10,11,12)+\sum d(0,1,2,3,14,15)$

（8） $Y=\sum m(2,3,5,6,7,9)+\sum d(1,8,10,11,13,15)$

2-10 某逻辑函数的真值表如习题表 2-1 所示，试用其他四种方法表示该逻辑函数。

习题表 2-1　习题 2-10 的真值表

A	B	C	Y
0	0	0	0
0	0	1	1
0	1	0	0
0	1	1	1
1	0	0	0
1	0	1	1
1	1	0	1
1	1	1	0

2-11 某逻辑函数 F 的最小项表达式 $F(A,B,C)=\sum m(1,3,4,5)$，试用其他四种方法表示该逻辑函数。

2-12 写出如习题图 2-1 所示各个电路输出信号 Y 的逻辑表达式、真值表、卡诺图。

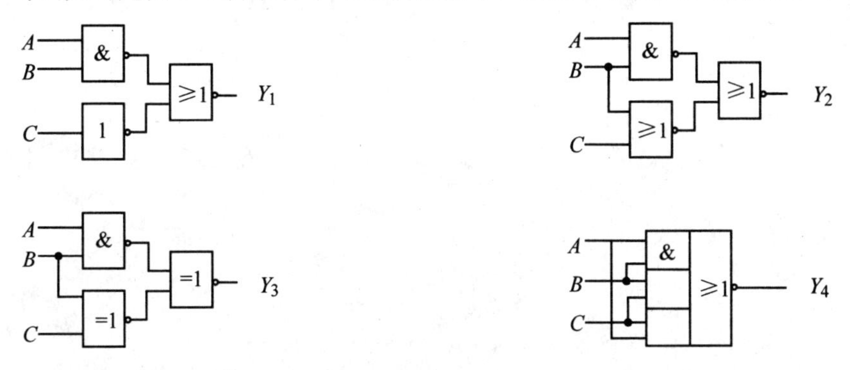

习题图 2-1

2-13 用卡诺图化简下列具有约束条件的逻辑函数，下列函数的约束条件 $AB+AC=0$。

（1） $Y=\overline{AC}+\overline{A}B$

（2） $Y=\overline{ABC}+\overline{A}BD+\overline{A}B\overline{D}+A\overline{BCD}$

（3） $Y=\overline{ACD}+\overline{A}BCD+\overline{AB}D$

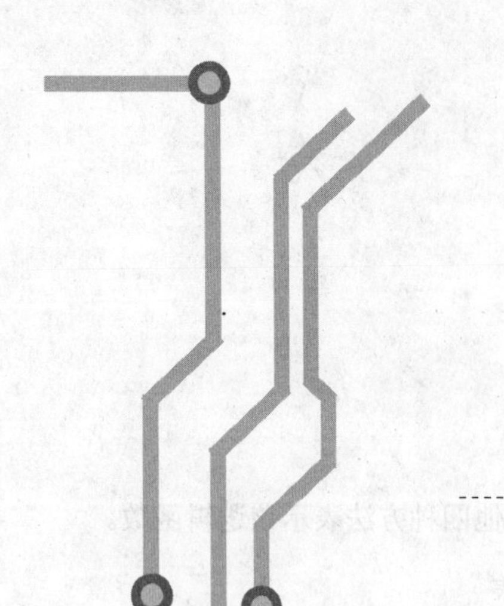

第 3 章
逻辑门电路

逻辑门电路是构成数字逻辑电路的基本单元。本章首先介绍半导体器件的开关特性，然后介绍由分立元件构成的逻辑门电路，在此基础上，重点介绍集成门电路，讨论 TTL 和 CMOS 集成逻辑门电路的逻辑功能、外部特性和应用。

3.1 二极管、三极管和 MOS 管的开关特性

在数字电路中，二极管、三极管和 MOS 管都仅工作在开关状态，是各种集成逻辑门电路的基本电路单元，决定着集成逻辑门的整体特性。对电路来讲，所谓开关状态，就是或导通或截止，导通时的开关相当于短路，截止时的开关相当于断路。日常生活中的开关是由人为控制使其导通或截止的，而二极管、三极管和 MOS 管的开关条件是由外部输入的电压值决定的，不同型号的管子具体的电压值不同，要理解的是用逻辑“0”和逻辑“1”去代表低电平或高电平。管子在“0”或“1”输入电压的作用下开关，而外部电路响应开关需要一定的延时，此延时时间是由管子结构决定的，称作管子的开关特性。本节主要理解和掌握的就是二极管、三极管和 MOS 管的开关条件和开关特性。

3.1.1 二极管的开关特性

半导体二极管具有单向导电性，即外加正向电压时导通，外加反向电压时截止，所以它相当于一个受外加电压极性控制的开关。其电路符号和伏安特性曲线如图 3-1-1 所示。

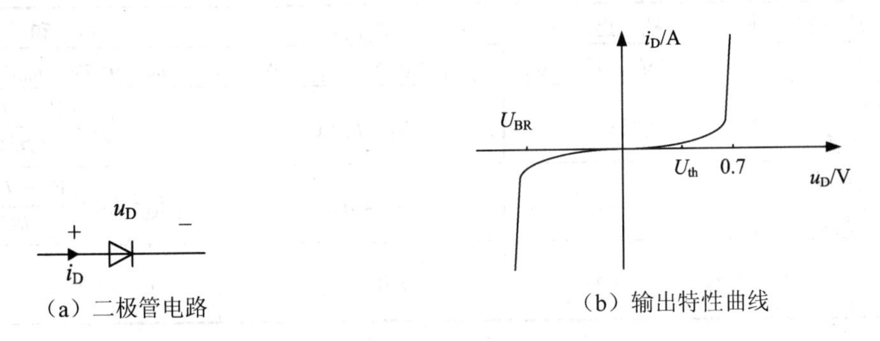

图 3-1-1 二极管的电路符号和伏安特性曲线

由二极管的伏安特性可知：当外加正向电压 u_D 大于门限电压 U_{th}（硅二极管约为 0.5V），管子导通。i_D 随 u_D 的增加而急剧增加，在 $u_D=0.7V$ 时，特性已经很陡，i_D 相对稳定，即可把 $u_D \geqslant 0.7V$ 看做硅二极管的导通条件，而管子一旦导通，u_D 保持 0.7V 不变。当 $u_D < U_{th}$ 时，硅二极管截止，可把 $u_D < U_{th}$ 看成硅二极管的截止条件。当二极管两端加反向电压时，会有微弱的反向电流流过二极管，称为漏电流。当反向电压增大到 $|U_{BR}|$（U_{BR} 为二极管反向击穿电压），反向电流会急剧增大，一般会造成“热击穿”，从而不能恢复原来的特性，二极管也失去了单向导电性。若二极管的正向电压过大也会造成二极管的击穿从而失去单向导电性。

3.1.2 三极管的开关特性

半导体三极管可以工作在截止、放大和饱和三个状态，作为开关电路要求三极管仅工作在截止或饱和状态。其电路和输出伏安特性曲线如图 3-1-2 所示。

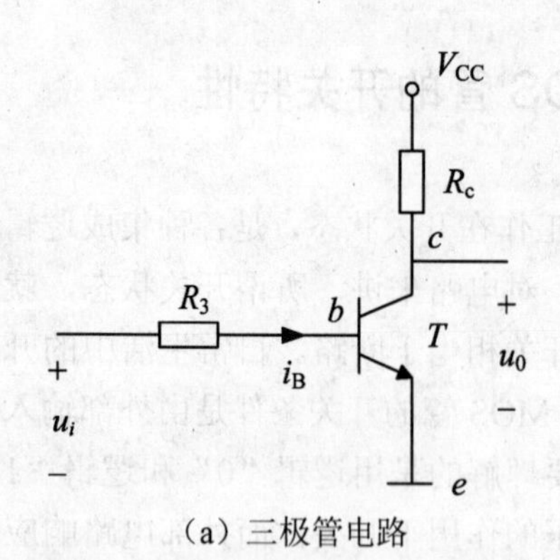

（a）三极管电路

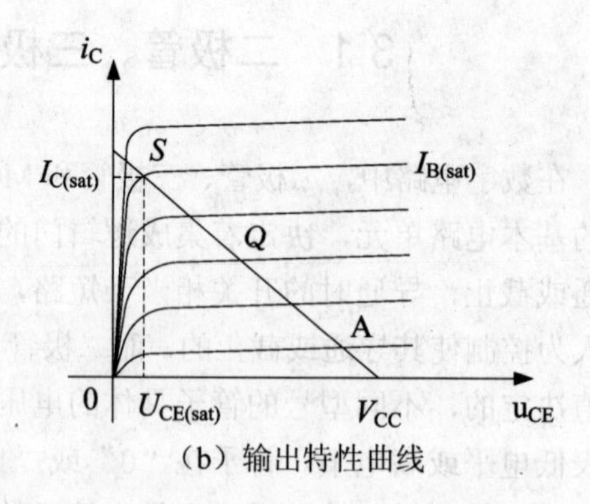

（b）输出特性曲线

图 3-1-2　三极管电路和输出特性曲线

三极管可以看做两个二极管靠在一起形成的，在三极管电路中，b 端称为基极，c 端称为集电极，e 端称为发射极。

表 3-1-1 列出了 NPN 型硅三极管开关条件和开关特性。

表 3-1-1　NPN 型硅三极管开关条件和特点

	工作状态	截　止	放　大	饱　和
条件	偏置	$u_{BE}<0.5V$，$u_{BC}<0V$	$u_{BE}\geqslant0.5V$，$u_{BC}<0V$	$u_{BE}\geqslant0.7V$，$u_{BC}>0V$
	基极电流	$I_B\leqslant0$	$I_{BS}>I_B>0$	$I_B\geqslant I_{BS}=\dfrac{V_{CC}-U_{CES}}{\beta RC}$
特点	集电极电流	$I_C\approx0$	$I_C=\beta I_B$	$I_C=I_{CS}=\dfrac{V_{CC}-U_{CES}}{RC}$
	$c-e$ 间导通电阻	很大（开关断开）	受控电流源内阻	很小（开关闭合）

3.1.3　MOS 管的开关特性

在数字逻辑电路中，金属氧化物绝缘栅增强型场效应（MOS）管也是作为开关元件来使用。MOS 管有 N 沟道和 P 沟道之分，其电路符号如图 3-1-3 所示。不同于三极管，MOS 管是一种电压控制器件，改变输入电压 u_{GS}，可以改变管子的工作状态。MOS 管栅极与其他各极之间有一层绝缘性能很好的 SiO_2 隔开，所以输入电阻很大，静态情况下输入端几乎不取电流。但是输入端栅极有电容，其值可达几皮法，影响开关速度，而且栅极感应电荷不易泄放，容易引起栅极击穿。MOS 管利用一种极性的载流子导电，故有单极型三极管之称。它与双极型二极管、三极管比，具有噪声小、温度稳定性好的优点。MOS 管结构对称，漏极和源极可以互换使用，不影响其性能指标，因此应用时比较灵活、方便。一般采用增强型 MOS 管组成开关电路，并由栅源电压 u_{GS} 控制 MOS 管的截止或导通。

如图 3-1-4 所示为由 N 沟道增强型 MOS 管（NMOS 管）组成的开关电路，其开启电压为 $U_{GS(th)N}$ 为正值。其静态开关特性如表 3-1-2 所示。

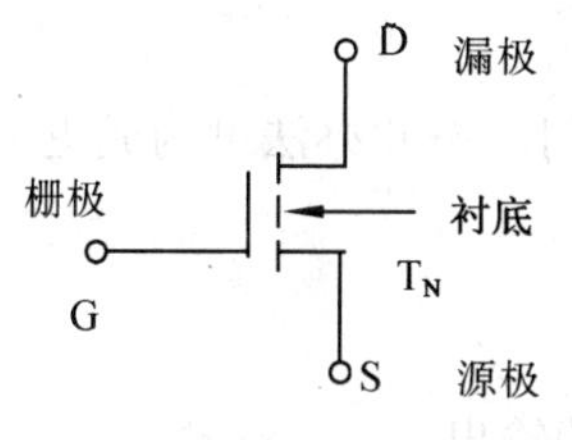

（a）N 沟道增强型 MOS 管

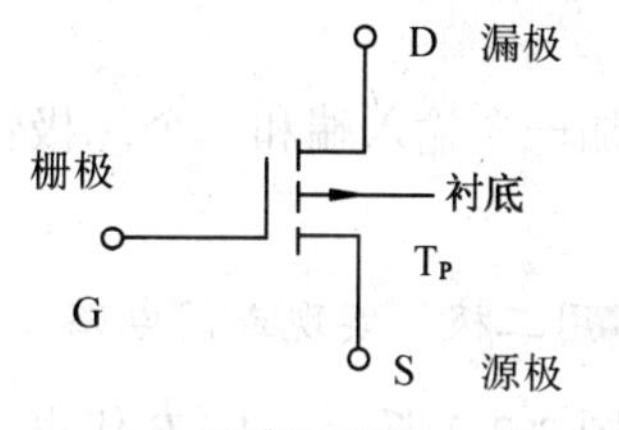

（b）P 沟道增强型 MOS 管

图 3-1-3 MOS 管电路图

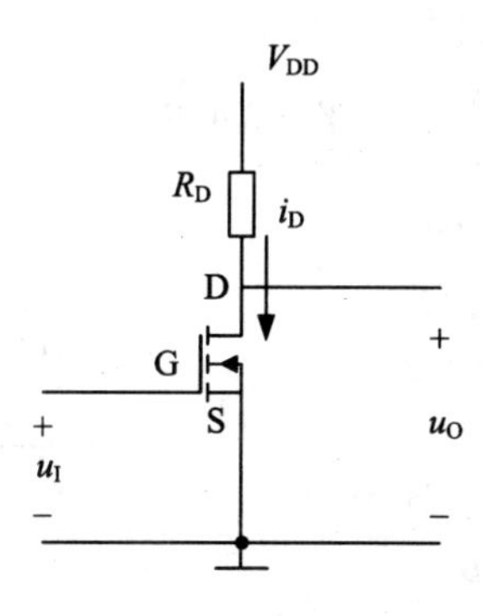

图 3-1-4 NMOS 管组成的开关电路

表 3-1-2 NMOS 管开关条件及特点

	截 止	导 通
条 件	$u_{GS}<U_{GS(th)N}$	$u_{GS}\geqslant U_{GS(th)N}$
	$i_D=0$	$i_D=\dfrac{V_{DD}}{R_D+R_{ON}}$
输出电压	$u_0=V_{DD}$	$u_0=i_D R_{ON}=\dfrac{V_{DD}}{R_D+R_{ON}}R_{ON}$ 如 $R_D>>R_{ON}$，则 $u_0\approx 0$ V

3.2 分立元件构成的逻辑门电路

能够实现逻辑运算的电路称为逻辑门电路。利用电路实现逻辑运算时，用输入端的电压或电平表示自变量，用输出端的电压或电平表示因变量。对于数字电路的初学者来说，从分立元件的角度来认识门电路实现逻辑运算的原理是直观而易于理解的。

3.2.1 基本逻辑门电路

1. 用二极管实现与门电路

如图 3-2-1 所示，A、B 代表与门的输入，Y 代表与门的输出。

假定二极管工作在理想开关状态，那么 A、B 当中只要有一个低电平，则必有一个二极管导通，使 Y 为低电平，只有 A、B 同时为高电平时，输出才是高电平，因此 Y 和 A、B 间是逻辑与的关系：

$$Y = A \cdot B$$

增加一个输入端和一个二极管，就可变成三输入端与门。按此办法可构成更多输入端的与门。

2. 用二极管实现或门电路

如图 3-2-2 所示，A、B 代表或门的输入，Y 代表或门的输出。

由于两个二极管的负极同时经电阻 R 接地，所以只要 A、B 中有一个是高电平，二极管 D_1 或 D_2 就导通；只有 A、B 同时为低电平时，Y 才是低电平。因此，Y 和 A、B 间是或的逻辑关系。

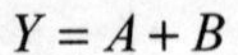

$$Y = A + B$$

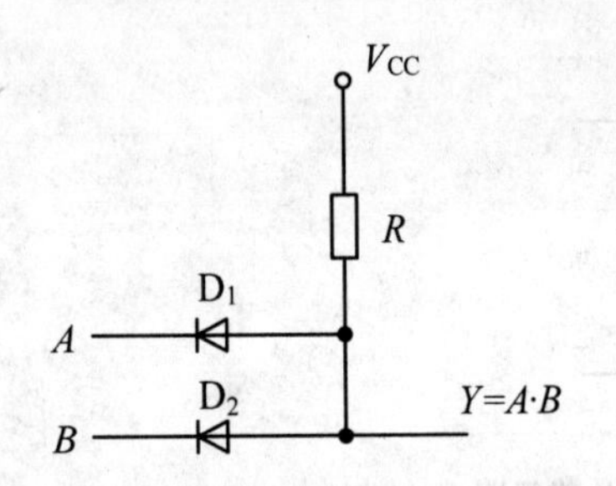

图 3-2-1　用二极管实现与逻辑门

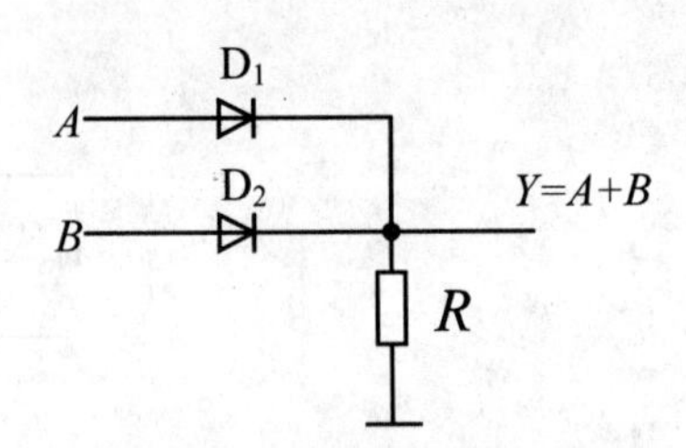

图 3-2-2　用二极管实现或逻辑门

3. 用三极管实现非门电路

图 3-2-3 所示为由分立元件单个三极管组成的非门电路。由图可知，当输入 A 为低电平 0 时，$u_{BE} < 0V$，三极管截止，输出 Y 为高电平 1；当输入 A 为高电平 1 时，电路参数合理，使三极管工作在饱和状态，输出 Y 为低电平 0。因此，Y 和 A 间是非逻辑关系。

在实用的反相器电路中，为了保证输入低电平时三极管能可靠的截止，增加了电阻 R_3 和旁路负电源 $-V_{BB}$，当输入低电平信号为零时，三极管的基极将为负电位，发射结反向偏置，保证了三极管的可靠截止。

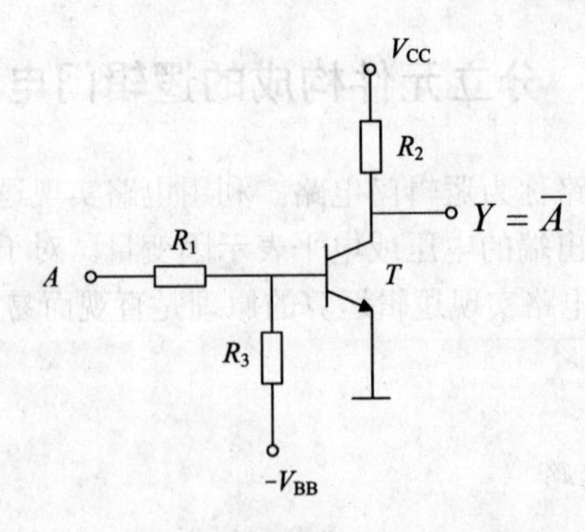

图 3-2-3　用三极管实现非逻辑门

3.2.2　组合逻辑门电路

1. 二极管与三极管实现与非门电路

图 3-2-4 所示与非门电路是在二极管与非的输出端级连一个三极管组成的非门后组成的，它的逻辑功能是依靠与门的输出信号控制非门后实现的。

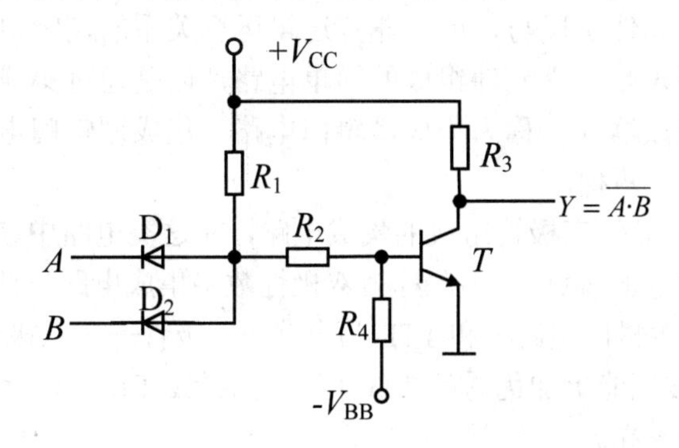

图 3-2-4　二极管、三极管实现与非门电路

2. 二极管、三极管实现或非门电路

如果将二极管或门和三极管反相器连接起来，如图 3-2-5 所示，就组成了或非门。

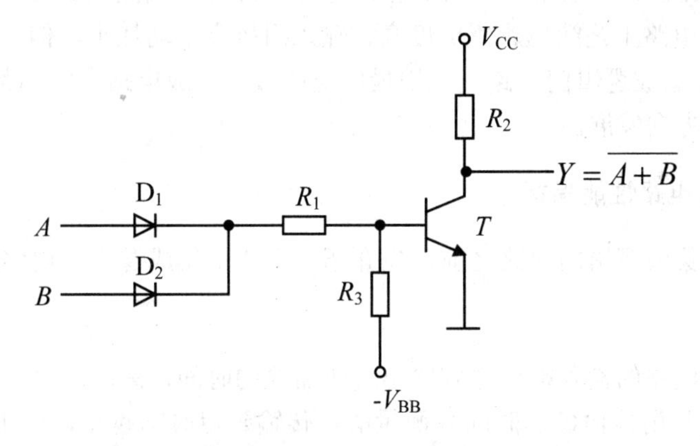

图 3-2-5　二极管、三极管实现或非门电路

以上介绍的几种数字电路，分别用二极管、晶体管实现了基本及复合逻辑运算，实际上实现这些逻辑运算的电路可以是多种多样的，这里不一一介绍。

在以上各种电路中，都是用电平的高低代表逻辑值，即用高电平表示 1，用低电平表示 0，在数字电路中称为正逻辑。反之，用高电平表示 0，用低电平表示 1，则称为负逻辑。习惯上，采用正逻辑。本书也只使用正逻辑。

需要指出的是，高电平和低电平不是一个固定的数值，都允许有一定的变化范围。如在 TTL 门电路中，在 2.4～3.6V 范围内的电压都称为高电平，标准高电平 U_{SH} 常取 3V；在 0～0.8V 范围内的电压都称为低电平，标准低电平 U_{SL} 常取 0.3V。

3.3 集成逻辑门电路简介

3.3.1 数字集成逻辑门电路

前面介绍了用分立元件实现与、或、非等逻辑运算关系的逻辑电路。实际上在工程中每个逻辑符号表示的不再是分立元件组成的简单电路，而是通过集成工艺制作在一块单晶基片上，封装起来的集成器件，称为集成逻辑门电路。集成逻辑门电路按组成的晶体管性质可分为双极性和单极性两种。

1. 双极性主要是由晶体三极管组成的集成电路，在这类电路中参与导电的载流子为极性不同的空穴（正）和电子（负），因此称为双极性数字集成电路。此类电路有 DTL 门电路（二极管——三极管逻辑门电路）和 TTL 门电路（三极管——三极管逻辑门电路）两种。现如今 DTL 门电路已被性能更加优秀的 TTL 门电路取代。TTL 门电路工作速度较高，但功率消耗也较大，集成度不高。

2. 单极型主要是由金属氧化物绝缘栅型场效应管（MOSFET）构成的集成电路，简称 MOS 电路，在这类电路中只有电子或空穴一种载流子参与导电，因此称为单极性数字集成电路。此类电路有 N 沟道 MOS 器件构成的 NMOS 集成电路和 P 沟道 MOS 器件构成的 PMOS 集成电路两种。NMOS 集成电路和 PMOS 集成电路互补可构成性能更加优秀的 CMOS 集成电路。CMOS 集成电路工艺简单、集成度高、输入阻抗高、功耗小，但工作速度较低。

TTL 和 CMOS 集成逻辑门电路是应用最广泛的数字集成电路。它们都朝着高速度、低功耗、高集成度的方向发展。

3.3.2 集成逻辑门电路性能指标

在介绍具体的集成逻辑门电路之前，先介绍一下衡量集成逻辑门电路的性能指标。

1. 工作速度

逻辑状态从门电路的输入端传送到输出端所需要的时间，称作门电路的传输延迟时间，门电路的工作速度是用传输延迟时间来衡量的，传输延迟时间越小，门电路的工作速度就越快。

2. 功耗

门电路的电源电压与电源供给电路的平均电流的乘积称为功耗。功耗随门电路种类的不同而有所区别。随门电路工作速度的增加，功耗随之增加。通常定义工作速度与功耗的乘积为数字电路的品质因素，该值越小表明门电路在较高的工作速度下，仍能保持较小的功耗。

3. 逻辑电平

逻辑电平是指对应于 0 和 1 的电平值。经常用到的是输入高电平 U_{IH}，输入低电平 U_{IL}，输出高电平 U_{OH}、输出低电平 U_{OL}。为保证逻辑电平的一致性，在一个系统中，应采用同一种逻辑门系列。当逻辑电平取不同电压值的两种门电路连接时，应考虑在其中加接口电路。

4. 阈值电压

电路从一种状态转换到另一种状态的输入电压叫做门电路的阈值电压，是高低电位的中点电压值。

5. 噪声容限

噪声容限是指电路的输入电平能够承受的噪声干扰电压的最大值。在此干扰电压的影响下，输入信号仍能不偏离正常的逻辑电平值。当输入高、低电平时，噪声容限越大，说明电路抗干扰能力越强。

6. 扇入，扇出

扇入是指一个门电路具有的独立输入端个数。扇出是指一个门电路能够驱动同系列逻辑门的数量。

7. 工作温度范围

工作温度范围是指集成电路能够正常工作的温度范围。随门电路种类的不同而有所区别。

3.4　TTL 集成逻辑门电路

TTL 集成电路是双极型集成电路的典型代表，其生产工艺成熟，产品参数稳定，工作稳定可靠，开关速度高，有着广泛应用。

3.4.1　TTL 与非门

1. 电路结构

典型 TTL 与非门电路如图 3-4-1 所示。

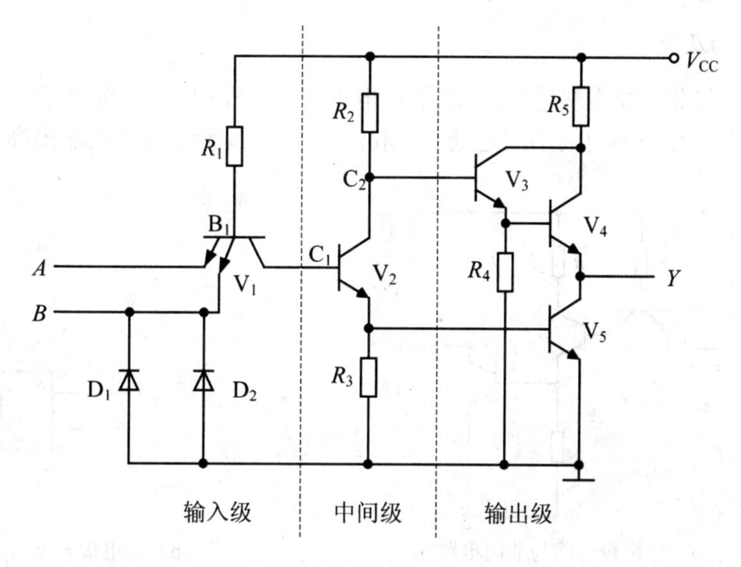

图 3-4-1　典型 TTL 与非门电路电路图

该电路由输入级、中间级、输出级三部分组成。第一部分输入级由多发射极晶体管 V_1 和电阻 R_1 组成，实现与的功能；第二部分中间极由三极管 V_2 和电阻 R_2、R_3 组成，V_2 集电极和发射极分别输出不同的逻辑电平信号，用以驱动输出级的三极管 V_4 和 V_5；第三部分输出级由三极管 V_3、V_4、V_5 和电阻 R_4、R_5 组成，用来驱动负载。

2. 工作原理

当输入信号 A、B 全为高电平（3.6V）时，V_{CC} 通过 R_1、V_1 的集电结向 V_2、V_5 的发射结提供足够大的电流，使 V_2 和 V_5 处于饱和状态，此时 V_3、V_4 截止，电路输出 Y 为低电平（0.3V）。当输入端有低电平（0.3V）时，V_1 导通，V_2、V_5 截止，此时 V_3、V_4 导通，电路输出 Y 为高电平（3.6V）。

所以，TTL 与非门电路电平关系的真值表为表 3-4-1 所示。

表 3-4-1　TTL 与非门电路真值表

输　入		输　出
A（U_A）	B（U_B）	Y（U_Y）
0（0.3 V）	0（0.3 V）	1（3.6 V）
0（0.3 V）	1（3.6 V）	1（3.6 V）
1（3.6 V）	0（0.3 V）	1（3.6 V）
1（3.6 V）	1（3.6 V）	0（0.3 V）

由此表可得出这是一个与非关系。

3.4.2　集电极开路门（OC 门）

两个逻辑门的输出相连，实现两个输出相与的关系，称为线与。但普通 TTL 门电路采用了推拉式输出电路，不管输出是高电平还是低电平，其输出电阻都很小，不允许将两个门的输出直接相连，即不能实现线与，否则容易损坏器件。

1. 电路结构及原理

为了使 TTL 与非门能实现线与，出现了集电极开路与非门，其电路和逻辑符号如图 3-4-2 所示。它与普通 TTL 与非门的不同之处，是取消了 V_3、V_4 组成的提供输出高电平的射极输

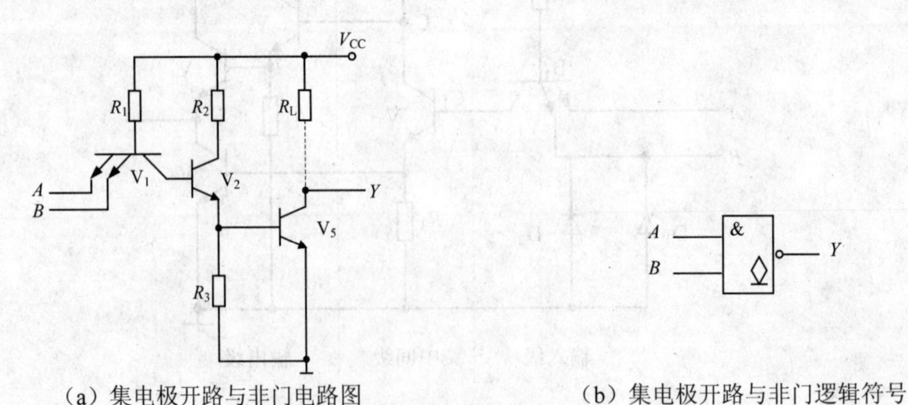

（a）集电极开路与非门电路图　　（b）集电极开路与非门逻辑符号

图 3-4-2　集电极开路与非门

出电路。若在电路输出端外接一个电阻 R_L（如图 3-4-2（a）中虚线所示），则电路也同样能实现与非功能。集电极开路与非门很容易实现线与，因而扩展了 TTL 与非门的功能。

集电极开路门简称 OC 门。OC 门的品种有与门、非门、与非门、或非门等。

2. 集电极开路门的应用

（1）实现线与

两个 OC 门实现线与时的电路如图 3-4-3 所示。此时的逻辑关系为：

$$Y = Y_1 \cdot Y_2 = \overline{AB} \cdot \overline{CD} = \overline{AB + CD}$$

即在输出线上实现了与运算，通过逻辑变换可转换为与或非运算。

在使用 OC 门进行线与时，外接上拉电阻 R_L 的选择非常重要，只有 R_L 选择得当，才能保证 OC 门输出满足要求的高电平和低电平。

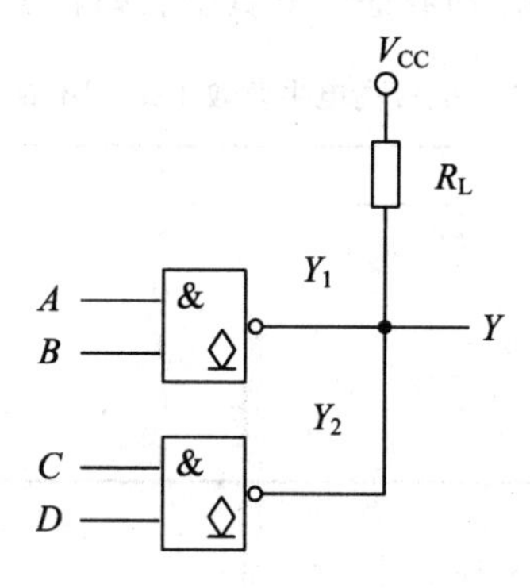

图 3-4-3　2 个 OC 门实现线与时的电路

（2）实现电平转换

在数字系统的接口部分（与外部设备相连接的地方）需要有电平转换的时候，常用 OC 门来完成。如图 3-4-4 把上拉电阻接到 10V 电源上，这样在 OC 门输入普通的 TTL 电平，而输出高电平就可以变为 10V。

（3）用做驱动器

可用 OC 门来驱动发光二极管、电容、指示灯、继电器和脉冲变压器等负载。图 3-4-5 是用来驱动发光二极管的电路。

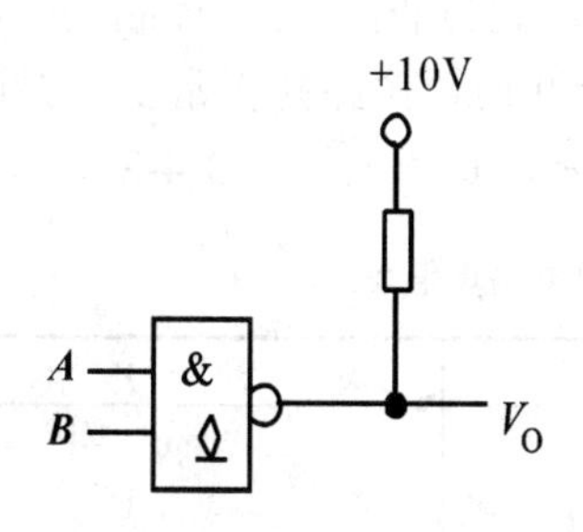

图 3-4-4　实现电平转换

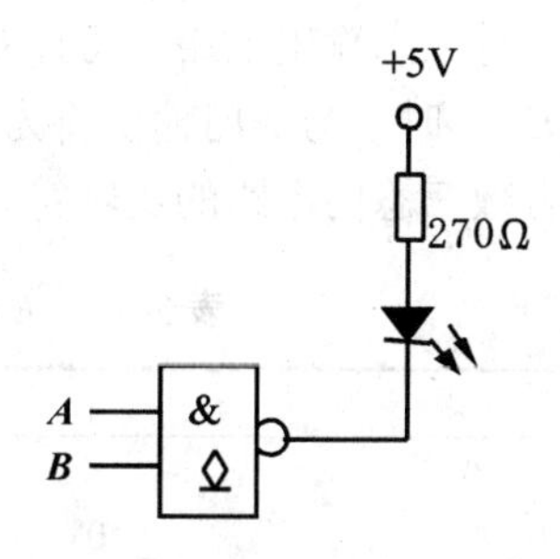

图 3-4-5　驱动发光二极管

3.4.3 TTL 三态输出门（TSL 门）

普通门电路的输出只有高电平或低电平（即 0 或 1）两种状态，所谓三态门，简称 TSL 门，就是具有高电平、低电平和高阻态三种输出状态的门电路。其中高阻态时在门电路输出端呈现出极大的电阻，也叫悬浮态。

1. TSL 门原理

如图 3-4-6 所示为一种三态输出 TTL 与非门电路，图 3-4-6（b）为 E 端接高电平有效的逻辑符号。它和普通 TTL 与非门不同的地方是输入级多了一个控制端 E。当 E=1 时，使与非门能正常工作，即输出 $Z=\overline{AB}$，故 E 端又称使能端；当 E=0 时，V_3、V_4 截止，同时 E=0 还经过二极管 D 将 u_{C2} 钳位在 1V 左右，使 V_5 截止。由于 V_3 及 V_5 都截止，所以输出端呈高阻抗，或者说电路处于高阻抗状态。其真值表如表 3-4-2 所示。

表 3-4-2　E 端接高电平有效 TSL 门电路真值表

E	A	B	Y
0	×	×	高　阻
1	0	0	1
1	0	1	1
1	1	0	1
1	1	1	0

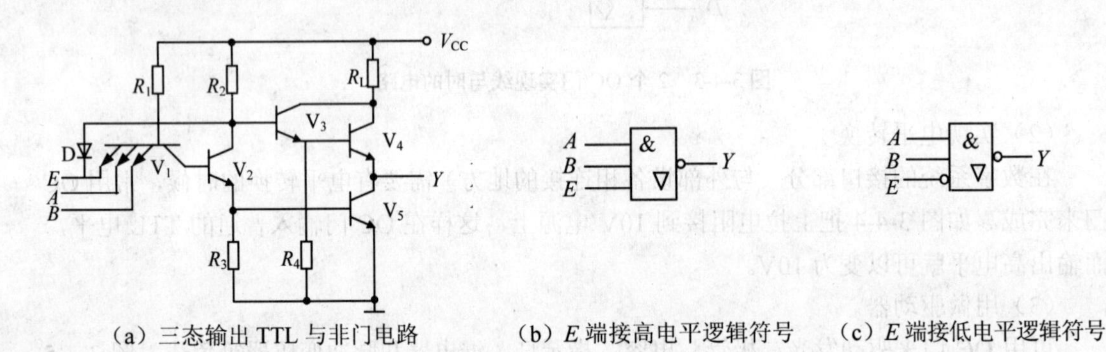

（a）三态输出 TTL 与非门电路　　（b）E 端接高电平逻辑符号　　（c）E 端接低电平逻辑符号

图 3-4-6　三态输出 TTL 与非门电路及其逻辑符号

还有一种三态输出电路，将控制信号经一级非门再送到与非门 V_1 的控制端。显然，非门输入端 $\overline{E}$=1 时，与非门输出将为高阻抗状态；当 $\overline{E}$=0 时，电路能正常工作。这种 $\overline{E}$ 端接低电平有效三态门电路的逻辑符号如图 3-4-6（c）所示，真值表见表 3-4-3。

表 3-4-3　E 端接低电平有效 TSL 门电路真值表

$\overline{E}$	A	B	Y
1	×	×	高　阻
0	0	0	1
0	0	1	1
0	1	0	1
0	1	1	0

2. 三态门的主要应用

当三高阻态输出端处于高阻态时，该门电路表面上仍与整个电路系统相连，但实际上整个电路系统是断开的，如同没把它们接入一样。利用三态门的这种特性可以实现用同一根导线轮流传送几个不同的数据或控制信号，如图 3-4-7 所示。当各个门的控制端 E_1、E_2、E_3 为低电平时，输出呈高阻抗状态，相当于门与总线 CD 断开。将 E_1、E_2、E_3 轮流接高电平时，则 A_1、B_1、A_2、B_2、A_3、B_3 三组数据，就会轮流按与非关系送到总线上去。

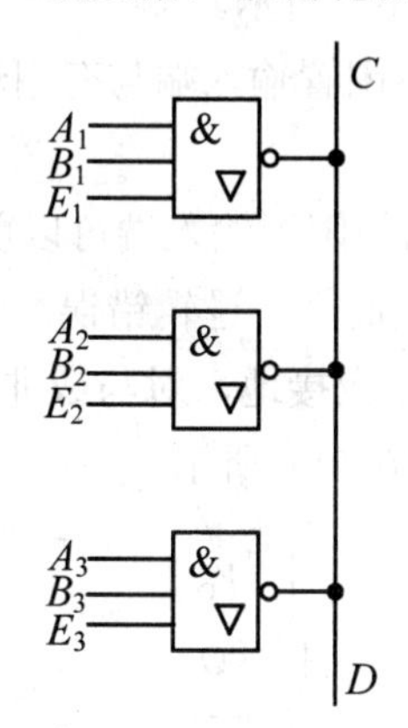

图 3-4-7　三态输出与非门的应用举例

3.4.4　集成 TTL 与非门举例——5400TTL/7400TTL

5400/7400 是一种典型的 TTL 与非门器件，内部含有四个二输入端与非门，共有 14 个引脚，引脚排列如图 3-4-8 所示，内部逻辑结构如图 3-4-9 所示。

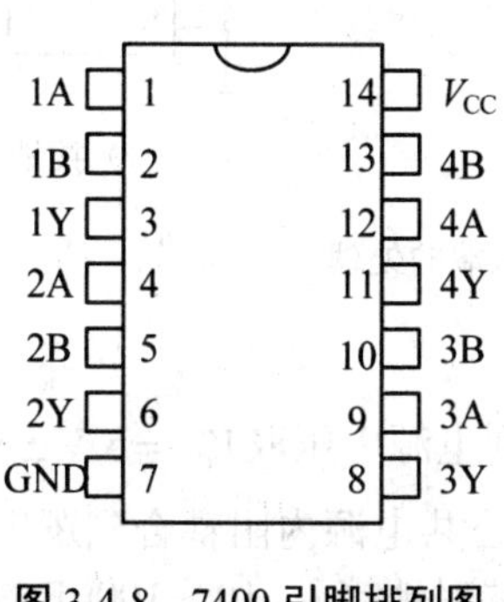

图 3-4-8　7400 引脚排列图

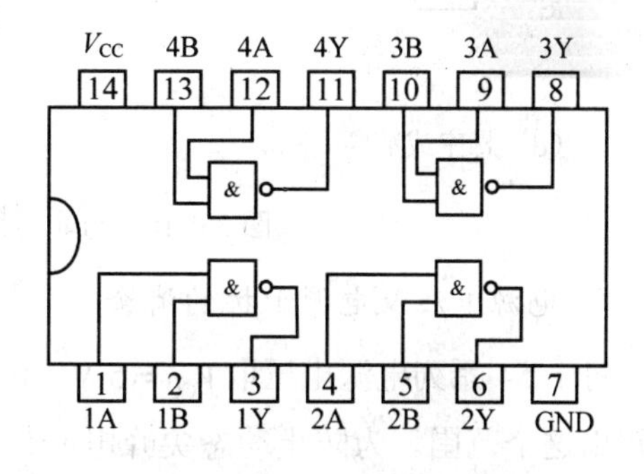

图 3-4-9　7400 内部逻辑结构图

3.4.5　TTL 集成逻辑门电路的使用注意事项

1. 输出端的连接

具有推拉输出结构的 TTL 门电路的输出端不允许直接并联使用，也不允许直接接电源 V_{CC} 或直接接地。使用时，输出电流应小于产品手册上规定的最大电流值。三态输出门的输出端可并联使用，但在同一时刻只能有一个门工作，其他门输出都处于高阻状态。集电极开路门输出端可并联使用，但公共输出端和电源 V_{CC} 之间应接负载电阻 R_L。

2. 闲置输入端的处理

TTL 集成门电路使用时，对于闲置输入端（不用的输入端）一般不悬空，主要是防止干扰信号从悬空输入端上引入电路。对于闲置输入端的处理以不改变电路逻辑状态及工作稳定性为原则。常用的方法有以下几种。

（1）对于与非门的闲置输入端可直接接电源电压 V_{CC}，或通过 1～10 kΩ 的电阻接电源 V_{CC}，如图 3-4-10（a）和图 3-4-10（b）所示。

（2）如前级驱动能力允许，可将闲置输入端与有用输入端并联使用，如图 3-4-10（c）所示。

（3）在外界干扰很小时，与非门的闲置输入端可以剪断或悬空，如图 3-4-10（d）所示。但不允许接开路长线，以免引入干扰而产生逻辑错误。

（4）或非门不使用的闲置输入端应接地，对与或非门中不使用的与门至少有一个输入端接地，如图 3-4-10（e）和图 3-4-10（f）所示。

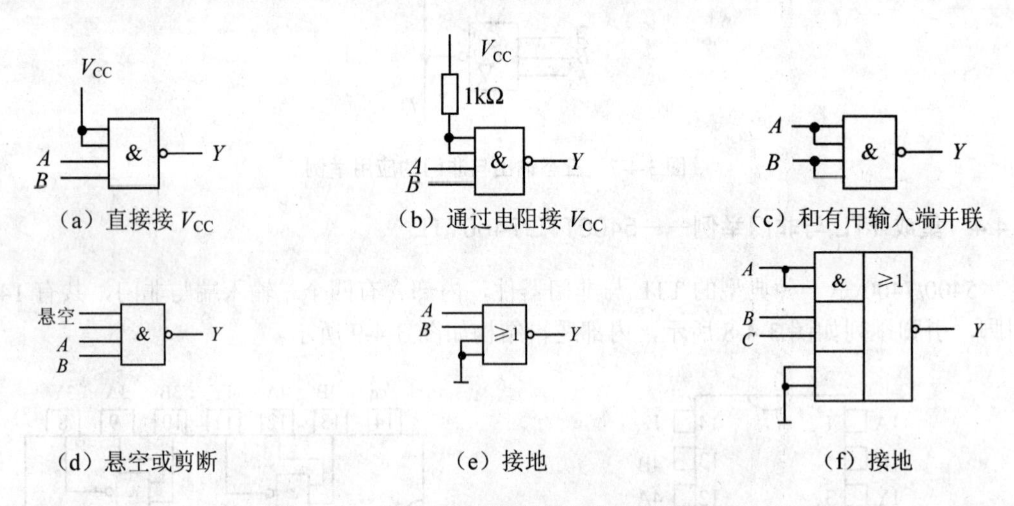

图 3-4-10 与非门和或非门多余输入端的处理

3. 电源电压及电源干扰的消除

对于 54 系列电源电压取 $V_{CC}=5\ \text{V}\pm10\%$，对 74 系列电源电压取 $V_{CC}=5\ \text{V}\pm5\%$，不允许超出这个范围。为防止动态尖峰电流或脉冲电流通过公共电源内阻耦合到逻辑电路造成的干扰，需对电源进行滤波。通常在印刷电路板的电源端对地接入 10～100μF 的电容对低频进行滤波。由于大电容存在一定的电感，它不能滤除高频干扰，在印刷电路板上，每隔 6～8 个门电路需在电源端对地加接一个 0.01～0.1μF 的电容对高频进行滤波。

4. 电路安装接线和焊接应注意的问题

连线要尽量短，最好用胶合线。整体接地要好，地线要粗而短。焊接用的电烙铁不大于 25W，焊接时间要短。使用中性焊剂，如松香酒精溶液，不可使用焊油。印刷电路板焊接完毕后，不得浸泡在有机溶液中清洗，只能用少量酒精擦去外引线焊接点上的焊剂和污垢。

3.5　CMOS 集成门电路

CMOS 电路是 MOS 门电路的一种类型，是由 PMOS 管和 NMOS 管组成的互补电路，比单纯由 PMOS 或 NMOS 管构成的门电路性能要好得多。1967 年美国 RCA 无线电公司首先推出了 4000 系列产品，其特点是微功耗及抗干扰性强，但工作速度较低。20 世纪 80 年代各集成电路厂家又推出了 54/74HL 系列，即二代高速 CMOS 电路。在保持低功耗的前提下，工作速度达到了 LSTTL 水平；与 ASTTL 系列性能相当的 54/74AL 系列投入使用，标志着 CMOS 产品数字集成电路已占主导地位。超高速集成 CMOS 是 CMOS 集成数字电路的第三代。1985 年，美国仙童公司预告推出 FACT 系列。接着，其他半导体公司（如国家半导体、GE/RCA、德州仪器、飞利浦、东芝等）也推出了它们的超高速集成 CMOS 系列——ACL（Advanced CMOS Logic）超高速 CMOS 电路以 54AC/74AC 型号命名。国产 CMOS 集成电路主要有 4000 系列和应用广泛的高速系列（CC54HC/CC74HC、CC54HCT/CC74HCT 两个系列）。

3.5.1　CMOS 反相器

1．电路组成

CMOS 反相器由增强型 NMOS 管和增强型 PMOS 管组成。CMOS 反相器电路如图 3-5-1 所示，它是由一对特性相近的增强型 NMOS 管 T_N 和增强型 PMOS 管 T_P 按互补对称形式连接而成，导通电阻较小。T_N、T_P 两管栅极相连作为输入端；漏极相连作为输出端；T_N 源极接地，T_P 源极接 V_{DD}。一般选 $V_{DD} > U_{GS(th)N} + |U_{GS(th)P}|$。$V_{DD}$ 取值范围在 3～18V。

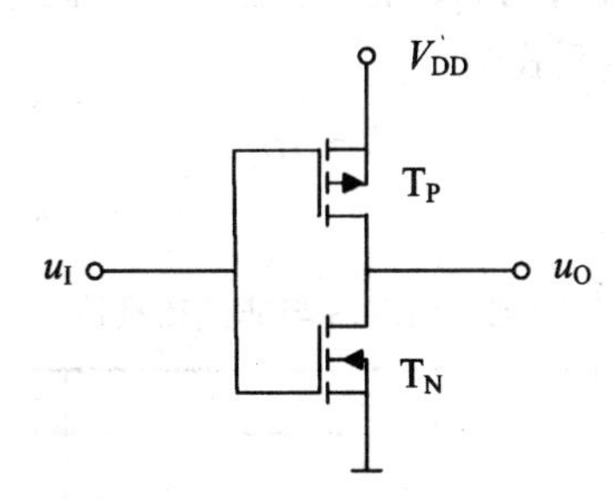

图 3-5-1　CMOS 反相器电路

2．工作原理

当输入为高电平 $u_{IH} \approx V_{DD}$ 时，T_N 导通，T_P 截止，输出低电平 $u_{OL} \approx 0$ V。当输入为低电平 $u_{IL} \approx 0$ V 时，T_N 截止，T_P 导通，输出高电平 $u_{OH} \approx V_{DD}$。

3．CMOS 反相器的特点

（1）电路具有反相器的功能，其电源电压利用率很高，真值表见表 3-5-1。

表 3-5-1　CMOS 反相器电路真值表

u_I	u_O
V_{DD}	0
0	V_{DD}

A	Y
0	1
1	0

（2）静态功耗小。因为在稳态时，总有一个管子截止，静态电流近似为 0，静态功耗非常小。只是在动态工作时，动态功耗增加，CMOS 反相器在低频工作时，功耗也很小。

（3）电路无论输出高电平还是低电平，T_N 或 T_P 导通时，导通电阻都很小，对容性负载的充电或放电都较快，故工作速度较高。

另外，CMOS 电路还具有抗干扰能力强，电源电压允许变化范围大等特点。

3.5.2 CMOS 与非门电路

CMOS 与非门电路结构如图 3-5-2 所示。

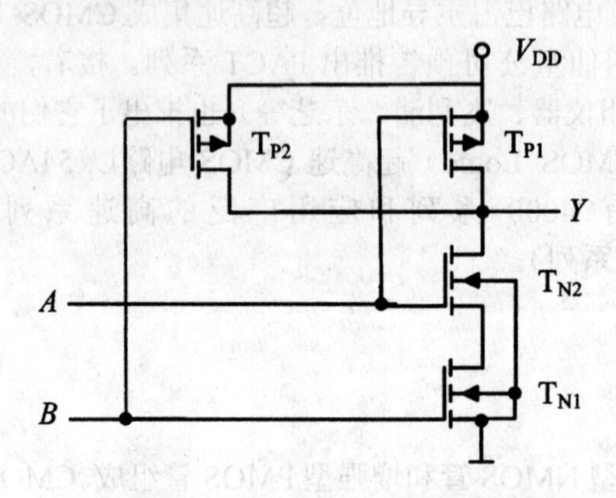

图 3-5-2 CMOS 与非门电路原理图

当输入 A、B 均为高电平时，T_{N1} 和 T_{N2} 导通；T_{P1} 和 T_{P2} 截止，输出 Y 为低电平。当输入 A、B 中只要有一个为低电平时，T_{N1}、T_{N2} 中必有一个截止，T_{P1}、T_{P2} 中必有一个导通，使输出为高电平。电路的逻辑关系式为：

$$Y = \overline{AB}$$

其真值表如表 3-5-2 所示。

表 3-5-2 CMOS 与非逻辑真值表

A	B	Y
0	0	1
0	1	1
1	0	1
1	1	0

3.5.3 CMOS 或非门电路

CMOS 或非门电路原理如图 3-5-3 所示。

当输入 A、B 均为低电平时，T_{N1} 和 T_{N2} 均截止；T_{P1} 和 T_{P2} 均导通，输出 Y 为高电平。

当输入 A、B 中只要有一个为高电平时，T_{N1}、T_{N2} 中必有一个导通，T_{P1}、T_{P2} 中必有一个截止，使输出为低电平。电路的逻辑关系式为：

$$Y = \overline{A+B}$$

其真值表如表 3-5-3 所示。

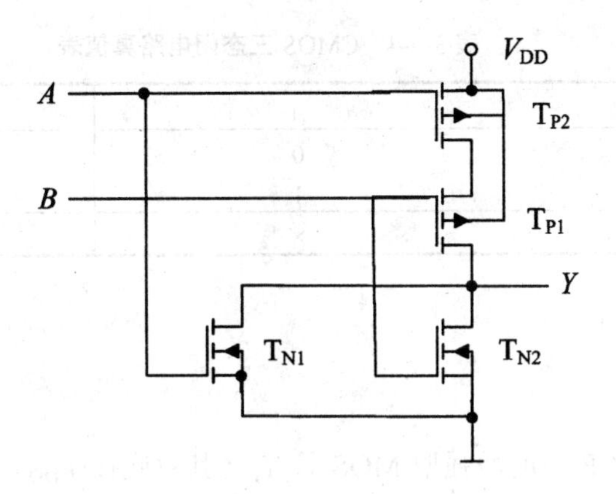

图 3-5-3 CMOS 或非门电路原理图

表 3-5-3 CMOS 或非门电路真值表

A	B	Y
0	0	1
0	1	0
1	0	0
1	1	0

3.5.4 CMOS 三态门电路

三态输出 CMOS 门是在普通 CMOS 非门电路上，增加了控制端和控制电路构成的。CMOS 三态门有多种形式。

低电平有效的CMOS三态门如图3-5-4所示。它是在反相器基础上增加一对P沟道T'_P和N 沟道T'_N的 MOS 管。当控制端$\overline{EN}=1$时，T'_P和T'_N同时截止，输出呈高阻态；当控制端$\overline{EN}=0$时，T'_P和T'_N同时导通，反相器正常工作。所以这是$\overline{EN}$低电平有效的三态输出门。其真值表如表 3-5-4 所示。

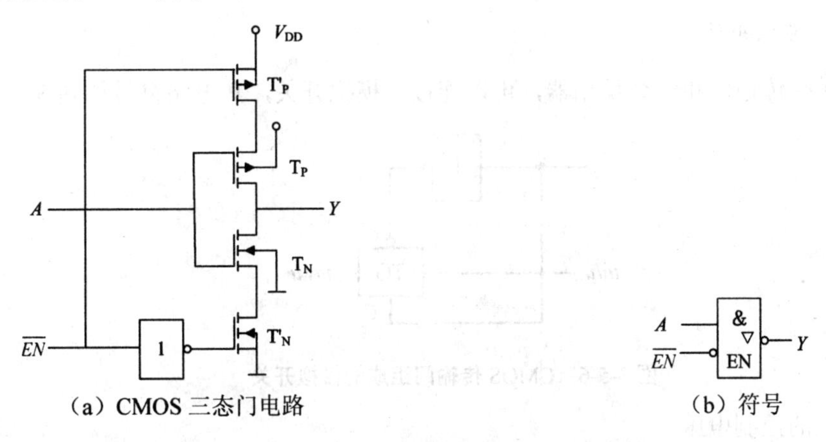

（a）CMOS 三态门电路　　（b）符号

图 3-5-4 低电平有效的 CMOS 三态门

表 3-5-4　CMOS 三态门电路真值表

$\overline{EN}$	A	Y
0	0	1
0	1	0
1	×	高　阻

3.5.5　CMOS 传输门

1. 原理

CMOS 传输门由 P 沟道增强型 MOS 管 T_P（其衬底接 V_{DD}）和 N 沟道增强型 MOS 管 T_N（其衬底接地），源极和漏极互相连接而组成，如图 3-5-5 所示。由于 MOS 管的结构对称，所以信号可以双向传输。C 和 $\overline{C}$ 是互补的控制信号，u_I 是被传输的模拟电压信号。

（1）当 $C=0$、$\overline{C}=1$，即 C 端为低电平 0V、$\overline{C}$ 端为高电平 V_{DD} 时，T_P、T_N 两管均截止；输出和输入之间呈现高阻抗，一般大于 $10^9\Omega$，所以输出和输入之间等效于断开。

（2）当 $C=1$、$\overline{C}=0$，即 C 端为高电平 V_{DD}，$\overline{C}$ 端为低电平 0 V 时，只要 u_I 在 0 到 V_{DD} 之间变化，T_P 和 T_N 两 MOS 管总有一个管子导通，所以输入和输出之间呈低阻抗，即传输门导通。

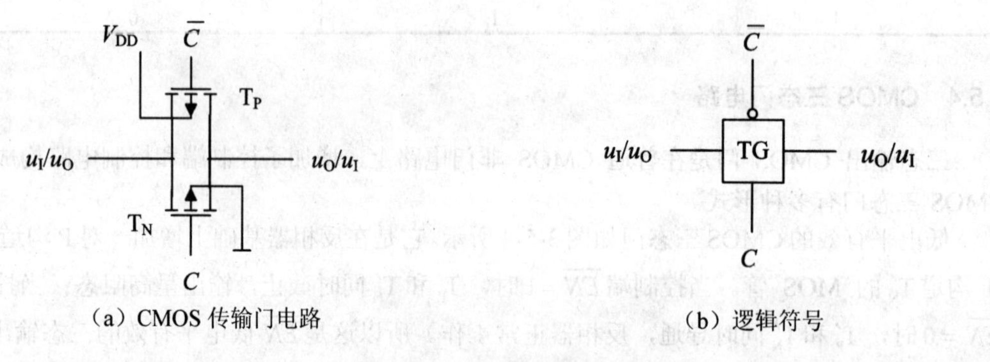

（a）CMOS 传输门电路　　（b）逻辑符号

图 3-5-5　CMOS 传输门

2. 应用：模拟开关

一个 CMOS 传输门和一个反相器，可以连接成模拟开关，其电路符号如图 3-5-6 所示。

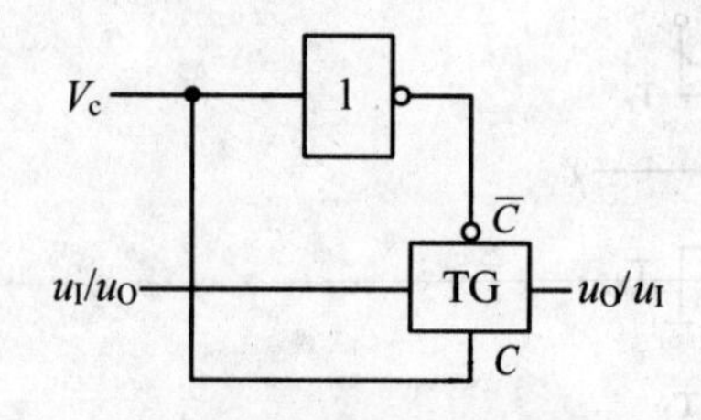

图 3-5-6　CMOS 传输门组成的模拟开关

V_C 为 C 点的控制电压。

当 $V_C=V_{DD}$ 时，反相器输出 $\overline{V}_C=0$ V，控制 CMOS 传输门导通，使 $u_O\approx u_I$。

当 $V_C = 0$ V 时，反相器输出 $\overline{V}_C = V_{DD}$，控制 CMOS 传输门截止，使输出和输入断开。

可见，只要控制反相器的输入电平，即可控制模拟开关的通与断，而且在导通时，能够传输 0～V_{DD}之间的任意电压值。并且是一种双向开关。

3.5.6 MOS 电路的使用注意事项

（1）MOS 电路的输入端绝对不允许悬空。多余输入端要根据电路功能分别处理，如与非门和与门的多余输入端应接到高 V_{DD}；而或门和或非门的多余输入端则要接 V_{SS}(即接地)。若电路工作速度不高时，也可以接多余输入端并联使用。在进行 CMOS 电路实验，或对 CMOS 数字系统进行调试、测量时，应先接入直流电源，后接信号源；使用结束时，应先关信号源，后关直流电源。

（2）MOS 电路的安装、测试工作台应当用金属材料覆盖，并良好接地。测试仪表和被测试电路也应有良好的地线。焊接使用的电烙铁外壳要接地，焊接时烙铁不要带电。

（3）不要超过电子器件使用手册上所列出的极限工作条件的限制。CC4000 系列的电源电压可在 3～15V 的范围内选用，但最大不允许超过极限值 18V。电源电压选择得越高，抗干扰能力也越强。高速 CMOS 电路，HC 系列的电源电压可在 2～6V 的范围选用，HCT 系列的电源电压在 4.5～5.5V 的范围内选用。但最大不允许超过极限值 7V。

3.6 国内外集成电路的命名方法

3.6.1 我国现行国家标准规定的命名方法（见表 3-6-1）

表 3-6-1 我国现行国家标准规定的命名方法

C	C	7400	C	F
中国国标产品	器件类型 T：TTL 电路 H：HTTL 电路 E：ECL 电路 C：CMOS 电路 M：存储器 μ：微型机电路 F：线性放大器 W：稳压器 D：音响、电视电路 B：非线性电路 J：接口电路 AD：A/D 转换器 DA：D/A 转换器 SC：通信专用电路 SS：敏感电路 SW：钟表电路 SJ：机电仪电路 SF：复印机电路 ⋮	用阿拉伯数字和字母表示器件系列品种 其中 TTL 分为： 54/74××× 54/74H××× 54/74L××× 54/74S××× 54/74LS××× 54/74AS××× 54/74ALS××× 54/74FS××× CMOS 分为： 4000 系列： 54/74HC××× 54/74HCT××× ⋮	工作温度范围 C：（0～70）℃ G：（-25～70）℃ L：（-25～85）℃ E：（-40～85）℃ R：（-55～85）℃ M：（-55～125）℃ ⋮	F：多层陶瓷扁平 B：塑料扁平 H：黑瓷扁平 D：多层陶瓷双列直插 J：黑瓷双列直插 P：塑料双列直插 S：塑料单列直插 T：金属圆壳 K：金属菱形 C：陶瓷芯片载体 G：网格针栅阵列 ⋮

3.6.2 以荷兰飞利浦公司为例介绍国外集成电路的命名方法（见表 3-6-2）

表 3-6-2 荷兰飞利浦公司器件型号举例说明

MA	B	8400	-A	-DP
系列 （用两位符号表示） 1．数字电路用两符号区别系列。 2．单片电路用两符号表示。 第一符号： S：数字电路 T：模拟电路 U：模拟/数字电路混合电路 第二符号： 除“H”表示混合电路外，其他无规定 3．微机电路用两位符号表示。 MA：微计算机和 CPU MB：位片式处理器 MD：存储器有关电路 ME：其他有关电路（接口、时钟、外围控制、传感器等）	温度范围 A：没规定范围 B：（0～70）℃ C：（−55～125）℃ D：（−25～70）℃ E：（−25～85）℃ F：（−40～85）℃ G：（−55～85）℃ 如果器件是在别的温度范围，可不标，亦可标“A”	器件编号	表示两层意思 第一层表示改进型 第二层表示封装 C：圆壳 D：陶瓷双列 F：扁平封装 P：塑料双列 Q：四列封装 U：芯片	封装 （用两位符号表示） C：圆壳封装 D：双列直插 E：功率双列（带散热片） F：扁平（两边引线） G：扁平（四边引线） K：菱形（TO-3 系列） M：多列引线（双、三、四列除外） Q：四列直插 R：功率四列（外散热片） S：单列直插 T：三列直插 第二位表示封装材料 C：金属-陶瓷 G：玻璃-陶瓷（陶瓷浸渍） M：金属 P：塑料 （半字符，以防与前符号混淆）

实验 3-1 TTL 和 CMOS 逻辑功能测试

一、实验目的

1．熟悉 TTL 与非门和 CMOS 或非门逻辑功能的测试方法。

2．熟悉用 EWB 测试门电路的各种方法。

二、实验内容和步骤

1．用 EWB 仿真测试 TTL 与非门 7410 逻辑功能

分别按照图示方式测试，并列出真值表。从数字集成电路库（Logic Gates）中调用 74××系列中的 7410TTL 与非门集成块。按照实验图 3-1-1 所示连接，通过开关[1]～[3]选择输入高电平（$+V_{cc}$）或低电平（地）。输出端由指示灯的亮、灭表示高低电平。

调用仪器库（Instruments）中的逻辑转换仪（第七个）按实验图 3-1-2 连接好电路。双击逻辑转换仪打开控制面板，按第一个按钮（逻辑电路图→真值表），便可得到门电路真值表。

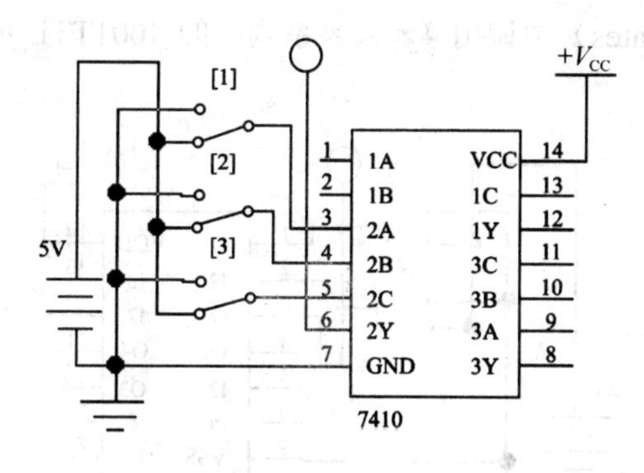

实验图 3-1-1　用指示器测试 TTL 与非门 7410 逻辑功能

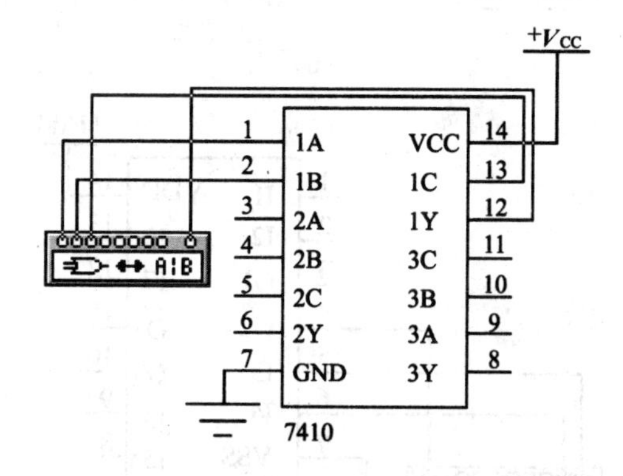

实验图 3-1-2　用逻辑转换仪测试 TTL 与非门 7410 逻辑功能

调用仪器库（Instruments）中的示波器（第三个）按实验图 3-1-3 所示连接好电路。通过开关[1]－[3]选择输入高电平（+*V*cc）或低电平（地）。打开示波器控制面板，观察变换开关的高低电平时示波器的波形变化。

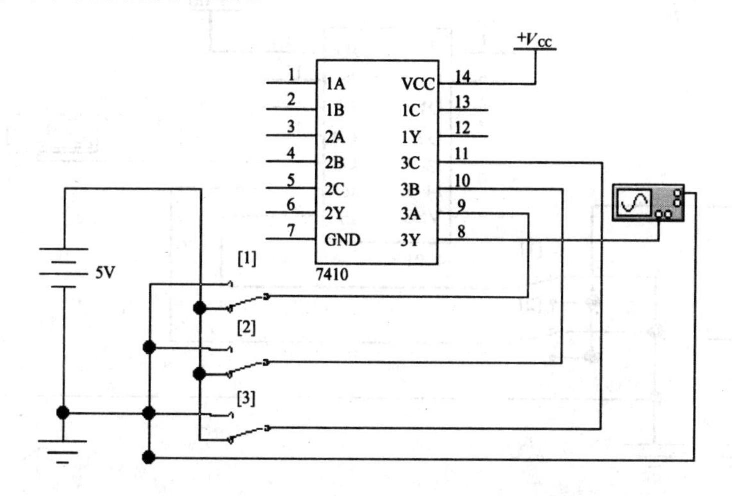

实验图 3-1-3　用示波器测试变换开关高低电平时 7410 的波形变化

2. 用 EWB 仿真测试 CMOS 或非门 4001 逻辑功能

分别按照实验图 3-1-4 中的（a)、（b)、（c）三图所示方式测试，并列出真值表。从数字集成电路库（Logic Gates）中调用 4×××系列中的 4001TTL 或非门集成块。操作方法参照上面实验。

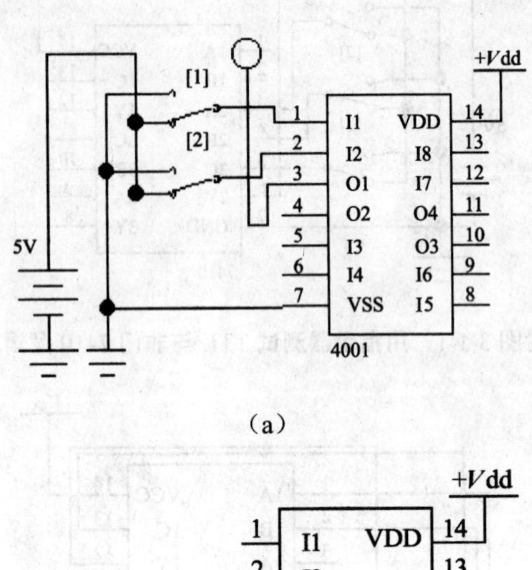

（a）

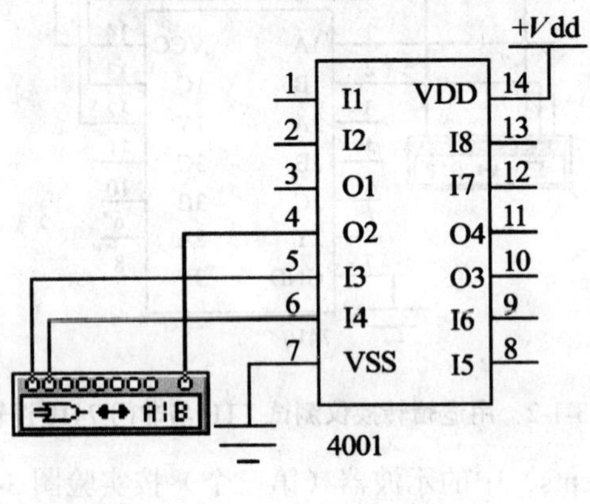

（b）

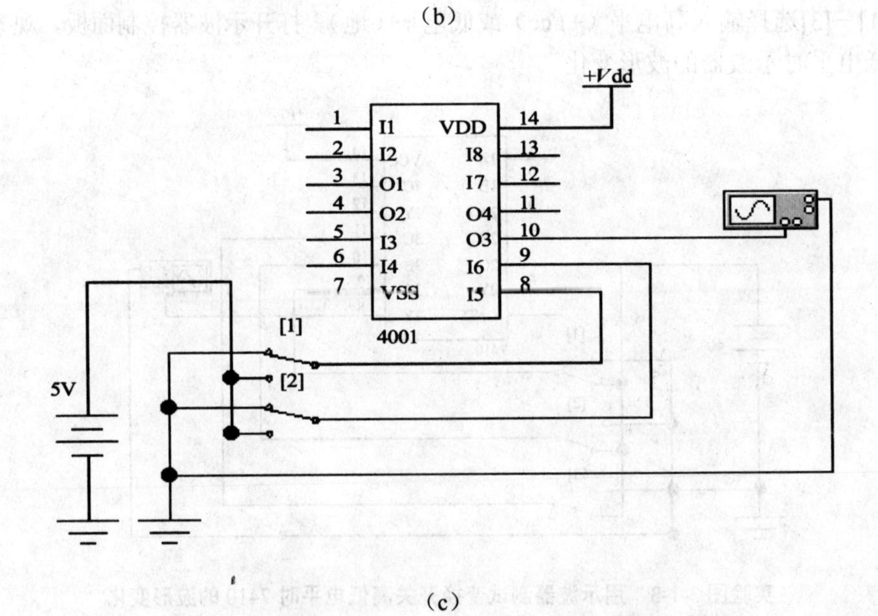

（c）

实验图 3-1-4　测试 CMOS 或非门 4001 逻辑功能

三、实验要求

1．独立查找实验过程中出现的故障并排除。

2．熟练掌握使用 EWB 仿真测试门电路逻辑功能。

3．熟悉器件管脚和功能表。

实验 3-2　门电路多余输入端的处理

一、实验目的

1．掌握门电路的多余输入端接地的处理方法。

2．掌握门电路的多余输入端接电源端的处理方法。

二、实验内容与步骤

1．通过接地方式解决门电路多余输入端的处理问题

将与非门、或非门按实验图 3-2-1（a）和实验图 3-2-1（b）所示连接电路，*B* 输入端接地，*A* 信号接逻辑开关，观察当 *A* 端输入信号分别为高、低电平指示器的状态，实验结果填入实验表 3-2-1 中。

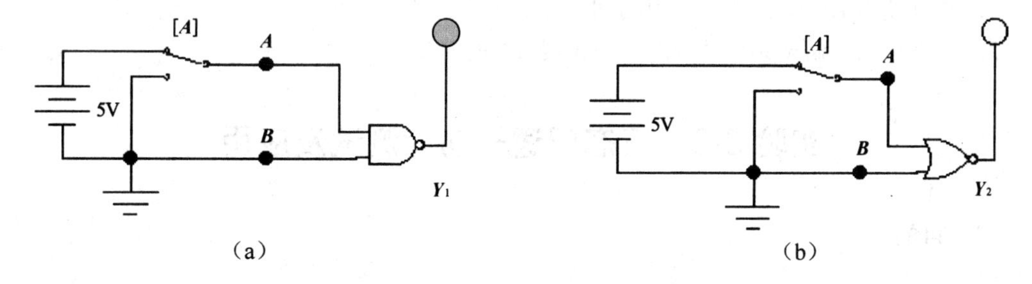

实验图 3-2-1　通过接地方式解决门电路多余输入端的处理问题

实验验证结果表示多余输入端接地相当于接入“0”信号。

实验表 3-2-1　与非门、或非门通过接地方式解决门电路多余输入端的处理

输　入		输　出	
A	*B*	Y_1（与非门）	Y_2（或非门）
0	接地		
1	接地		

2．通过接电源端解决门电路多余输入端的处理问题

将与非门、或非门按实验图 3-2-2（a）、（b）连接电路，*B* 输入端接电源端，*A* 信号接逻辑开关 *A*，观察当 *A* 端输入信号分别为高、低电平指示器的状态，实验结果填入实验表 3-2-2 中。

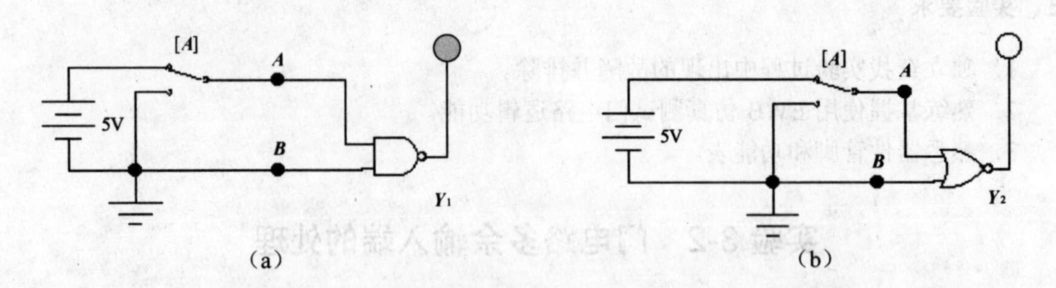

实验图 3-2-2　通过接电源端解决门电路多余输入端的处理问题

实验表 3-2-2　通过接电源端解决门电路多余输入端的处理问题

输　入		输　出	
A	*B*	Y_1（与非门）	Y_2（或非门）
0	接电源		
1	接电源		

实验验证结果表示多余输入端接地相当于接入“1”信号。

三、实验要求

1．熟练使用 EWB 仿真软件中的门电路、开关元件。

2．在理论上理解多余输入端的处理问题解决方法。

实验 3-3　三态门逻辑功能测试及应用

一、实验目的

1．掌握“三态门”逻辑功能。

2．三态门在计算机中应用非常广泛，较典型的应用是在总线结构中。本实验测试三态门在单向输入、输出时作总线输入、与控制功能。

3．测试三态门在数据双向传输的双总线结构中，作总线输入/输出信号的驱动与控制的功能。

二、实验内容与步骤

1．三态门逻辑功能测试

按实验图 3-3-1 所示要求连接逻辑电路，信号输入端 *A*、*B* 和控制端 *G* 分别接逻辑开关 [*A*]、[*B*]、[*G*]，输出端 *Y* 接指示器。改变接到 *A*、*B* 的高低电平，观察输出端电平指示器的输出状态，并填写实验结果。实验结果填入实验表 3-3-1 中，并写出输出逻辑表达式。

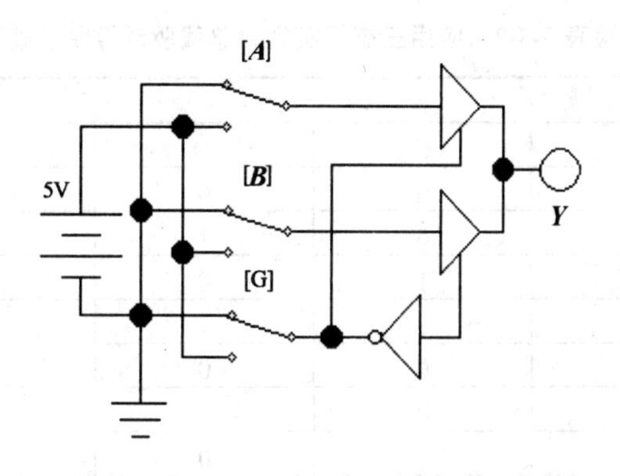

实验图 3-3-1　三态门逻辑功能测试

实验表 3-3-1　三态门逻辑功能表

G	A	B	Y
0	0	0	
0	0	1	
0	1	0	
0	1	1	
1	0	0	
1	0	1	
1	1	0	
1	1	1	
逻辑表达式			

2. 应用三态门实现单总线驱动控制

将三态门、非门、发光二极管按实验图 3-3-2 所示连接，控制端 *A* 与 *B*、输入端 *C* 与 *D* 分别接逻辑开关[*A*]、[*B*]、[*C*]、[*D*]，输出分别接指示器，分别改变控制端 *A*、*B* 和输入端 *C*、*D* 的状态，实验结果填入实验表 3-3-2 中，说明电路功能。

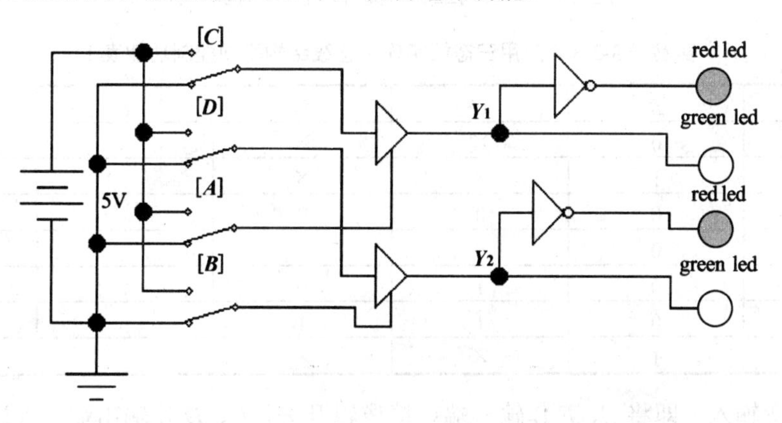

实验图 3-3-2　应用三态门实现单总线驱动控制

实验表 3-3-2　应用三态门实现单总线驱动控制功能表

控制端		输入		输出	
A	B	C	D	Y_1	Y_2
0	1	0	0		
0	1	0	1		
0	1	1	0		
0	1	1	1		
1	0	0	0		
1	0	0	1		
1	0	1	0		
1	0	1	1		

3. 应用三态门实现双总线结构驱动控制

（1）按实验图 3-3-3 所示连线，控制端 A 与 B 接逻辑开关[A]、[B]，信号输入端 C 与 D 接逻辑开关[C]、[D]，输出端 E、F 接电平指示器，改变 C、D 的状态，观察输出端 E、F 所接指示器的状态，结果填入实验表 3-3-3 中。

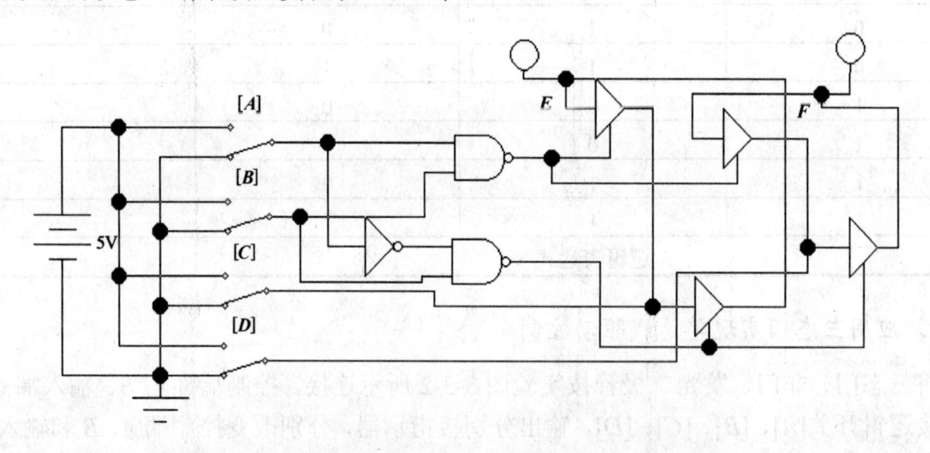

实验图 3-3-3　应用三态门实现双总线结构驱动控制

实验表 3-3-3　应用三态门实现双总线结构驱动控制功能表 1

A	B	C	D	E	F
0	0	×	×		
0	1	×	×		
1	0	0	0		
1	0	0	1		
1	0	1	0		
1	0	1	1		
1	1	×	×		

（2）改变输入，即将 E、F 作输入端连接逻辑开关，C、D 作输出端。置控端 A、B 为 0—0，改变 E、F 的状态，观察输出端状态，实验结果填入实验表 3-3-4 中。

实验表 3-3-4　应用三态门实现双总线结构驱动控制功能表 2

A	B	E	F	C	D
0	0	0	0		
0	0	0	1		
0	0	1	0		
0	0	1	1		
0	1	×	×		
1	0	×	×		
1	1	×	×		

当控制端 A、B 分别置 0—1 或 1—1 时，重做（1）、（2）项内容。

三、实验要求

1. 综合以上测试情况，总结并说明三个实验电路的功能。
2. 说明三态门中高阻态的含义。
3. 结合计算机知识理解总线控制的含义。

习题三

3-1 描述 TTL 与非门的工作原理、性能指标。

3-2 说明什么是线与，比较普通 TTL 门电路和 OC 门电路的区别。

3-3 比较 TTL 门电路和 COMS 门电路的特点。

3-4 描述三态门的特点。

3-5 用 OC 门组成的逻辑电路如习题图 3-1 所示，写出 Y 的逻辑表达式。

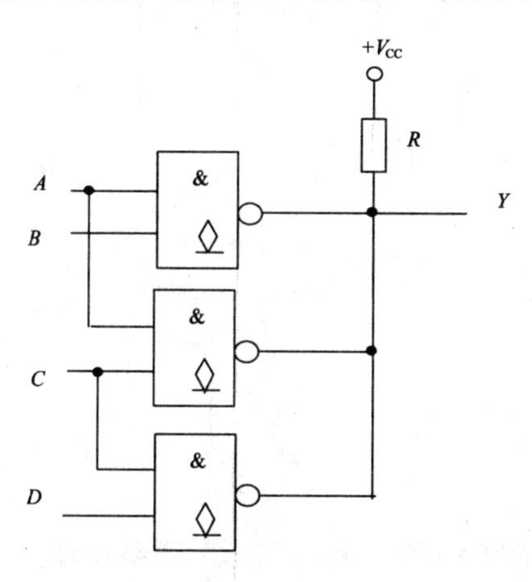

习题图 3-1

3-6 描述 CMOS 传输门的原理及用途。

3-7 说明 TTL 和 CMOS 门电路的使用注意事项。

第 4 章 组合逻辑电路

数字逻辑电路分为组合逻辑电路和时序逻辑电路两类。组合逻辑电路任何时刻的输出只与该时刻的输入状态有关。时序逻辑电路不同，时序逻辑电路在任何时刻的输出不仅与该时刻的输入状态有关，还与电路先前的状态有关。本章将介绍组合逻辑电路的分析、设计方法以及常见的中规模集成组合逻辑器件的功能及其应用。

4.1　组合逻辑电路的分析

4.1.1　组合逻辑电路的结构组成

在结构上，组合逻辑电路仅由各种门电路组成，输出、输入之间没有反馈延迟通路，电路中没有记忆单元。如图 4-1-1 所示为组合逻辑电路的一般框图，它可以用以下的逻辑函数来描述，即：

$$Y_i = F(A_1, A_2, \cdots, A_n) \qquad (i = 1, 2, \cdots, m)$$

其中 $A_1, A_2, \cdots, A_n$ 为输入变量，$Y_1, Y_2, \cdots, Y_m$ 为输出变量，也称输出函数。

图 4-1-1　组合逻辑电路的一般框图

4.1.2　组合逻辑电路的分析方法

对一个组合逻辑电路，找出其输出与输入之间的逻辑关系，用逻辑函数描述它的工作，评定它的逻辑功能，这是组合逻辑电路分析的目的。

组合逻辑电路分析的步骤大致如下。

1. 写出输出端逻辑表达式

根据给定的逻辑电路图，一般从输入端向输出端逐级写出各个门输出对其输入的逻辑表达式，从而写出整个逻辑电路输出端对输入变量的逻辑表达式。

2. 化简与变换

依题目要求对逻辑函数表达式进行化简和变换。

3. 列真值表

根据第 2 步的结果列出真值表。

4. 归纳逻辑功能

根据真值表和逻辑表达式的特征确定该电路所具有的逻辑功能。

第 1 步写出逻辑表达式是组合逻辑电路分析的关键，第 3 步得出真值表是分析的核心。在化简逻辑表达式时可以使用代数化简法或卡诺图法。在实际分析时不一定都要按照上述步骤进行，对于一些简单的电路，一般只要列出逻辑表达式，便可以得出该电路的逻辑功能。

4.1.3　组合逻辑电路分析实例

【例 4-1】 电路如图 4-1-2 所示，分析电路的逻辑功能。

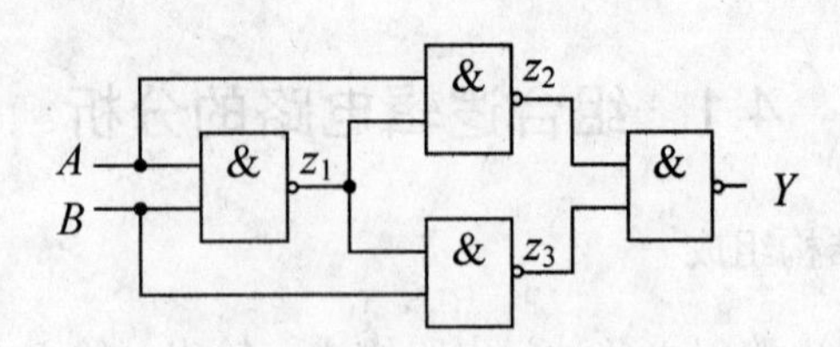

图 4-1-2 【例 4-1】逻辑电路图

解：① 写出输出端逻辑表达式。为了便于分析，可将电路自左至右分三级（如图 4-1-2 所示），逐级写出 Z_1、Z_2、Z_3 和 Y 的逻辑表达式，即：

$$Z_1 = \overline{AB}$$
$$Z_2 = \overline{AZ_1}$$
$$Z_3 = \overline{BZ_1}$$
$$Y = \overline{Z_2 Z_3}$$

② 化简与变换。将 Z_1 代入 Z_2、Z_3，再将 Z_2 和 Z_3 代入到公式 Y 中，然后进行公式法化简得：

$$Y = \overline{Z_2 Z_3} = \overline{Z_2} + \overline{Z_3} = \overline{\overline{AZ_1}} + \overline{\overline{BZ_1}} = AZ_1 + BZ_1 = A\overline{B} + \overline{A}B$$

③ 列真值表。根据化简以后的逻辑表达式列出真值表如表 4-1-1 所示。

表 4-1-1 【例 4-1】真值表

A	B	Y
0	0	0
0	1	1
1	0	1
1	1	0

④ 归纳逻辑功能。由公式的化简结果和真值表可以看出该电路输入信号 A 和 B 之间是异或的关系，因此，该电路是一个 A、B 两输入端的异或电路。

【例 4-2】 试分析如图 4-1-3 所示组合电路的逻辑功能。

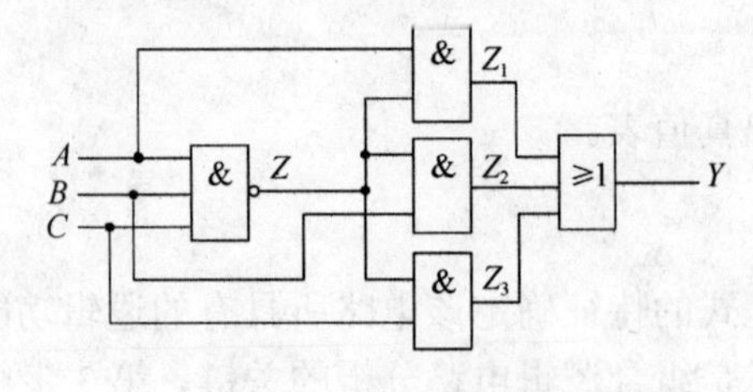

图 4-1-3 【例 4-2】逻辑电路图

解：① 写出输出端逻辑表达式。将电路自左至右分三级（如图 4-1-3 所示），逐级写出各级的逻辑表达式：

$$Z = \overline{ABC}$$
$$Z_1 = AZ \qquad Z_2 = BZ \qquad Z_3 = CZ$$

$$Y = Z_1 + Z_2 + Z_3 = AZ + BZ + CZ$$
$$= A\overline{ABC} + B\overline{ABC} + C\overline{ABC}$$

② 化简与变换。通过公式法化简得：

$$Y = \overline{ABC}(A+B+C) = \overline{\overline{ABC} + \overline{A+B+C}} = \overline{ABC + \overline{ABC}}$$

③ 列真值表。如表 4-1-2 所示。

表 4-1-2 【例 4-2】真值表

A B C	Y
0 0 0	0
0 0 1	1
0 1 0	1
0 1 1	1
1 0 0	1
1 0 1	1
1 1 0	1
1 1 1	0

④ 归纳逻辑功能。由真值表可知，当 A、B、C 三个变量不一致时，电路输出为“1”；一致时，电路输出为“0”。因此，该电路可以检测输入信号的“一致性”，称为“一致性”判断电路。

以上两例中输出端只有一个，对于多输出端的组合逻辑电路，可按上述方法与步骤对每个输出端依次分析，最后总结出各输出端功能。

4.2　组合逻辑电路的设计

4.2.1　组合逻辑电路设计的方法

组合逻辑电路的设计是根据给定的实际逻辑问题，设计出能实现其逻辑功能的电路，要求设计出来的逻辑电路，器件的个数少，可靠性高。

组合逻辑电路分析的步骤大致如下。

1. 分析逻辑功能

分析给定的逻辑功能，确定输入、输出变量的符号、个数以及 0、1 所代表的含义。

2. 列出真值表

根据题意给定的逻辑关系和第 1 步确定的变量，写出真值表。

3. 写出逻辑表达式

根据真值表写出输出端的逻辑表达式。

4. 化简与变换逻辑表达式

对输出逻辑表达式进行化简，并将最简逻辑表达式变换为符合门器件要求的表达式形式。

5. 画出逻辑电路图

根据最简逻辑表达式或变换后的特定逻辑表达式，画出逻辑电路图。

在实际设计时，也可以根据具体情况灵活采用上述几步。第 1 步功能分析是组合逻辑电路设计的关键，可借助功能框图确定输入变量和输出函数。第 2 步列出真值表是组合逻辑电路设计的核心。

4.2.2 组合逻辑电路设计举例

【例 4-3】 旅客列车分为特快、普快和慢车，它们发车的优先顺序由高到低为特快、普快、慢车。在同一时刻，只允许一辆列车从车站开出，即只能给出一个开车信号灯。试设计一个满足上述要求的发车信号灯排队电路。

解： ① 分析逻辑功能。

根据题目要求设该排队电路有三个输入端 A、B、C 和三个输出端 X、Y、Z，用 A、B、C 分别代表特快、普快、慢车，三种车的开出信号灯分别为 X、Y、Z 表示。输入变量中，“1”表示该车要求开出，“0”表示该车不要求开出；输出变量中，“1”表示列车可以开出，灯亮，“0”表示不准列车开出，灯灭。

② 列真值表。

列出该题真值表如表 4-2-1 所示。

表 4-2-1 【例 4-3】真值表

A	B	C	X	Y	Z
0	0	0	0	0	0
0	0	1	0	0	1
0	1	0	0	1	0
0	1	1	0	1	0
1	0	0	1	0	0
1	0	1	1	0	0
1	1	0	1	0	0
1	1	1	1	0	0

③ 写出逻辑表达式。

$$X = A\overline{B}\overline{C} + A\overline{B}C + AB\overline{C} + ABC$$

$$Y = \overline{A}B\overline{C} + \overline{A}BC$$

$$Z = \overline{A}\overline{B}C$$

④ 化简逻辑表达式。

如图 4-2-1 所示用卡诺图法化简，得最简逻辑函数表达式为：

$$X = A \qquad Y = \overline{A}B \qquad Z = \overline{A}\overline{B}C$$

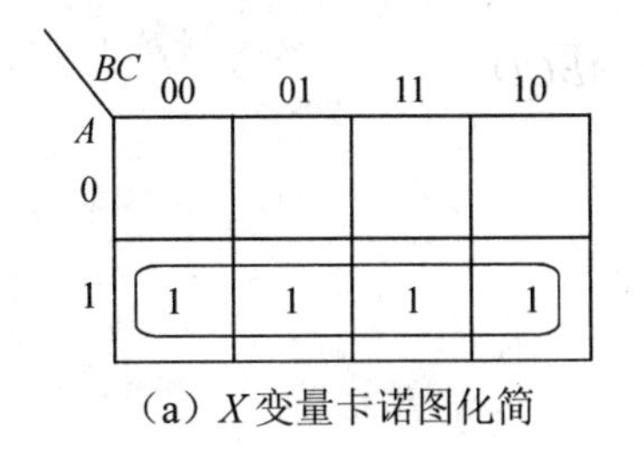

（a）X 变量卡诺图化简

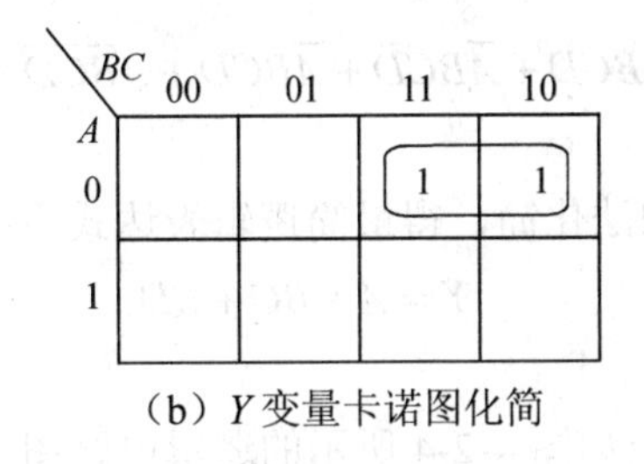

（b）Y 变量卡诺图化简

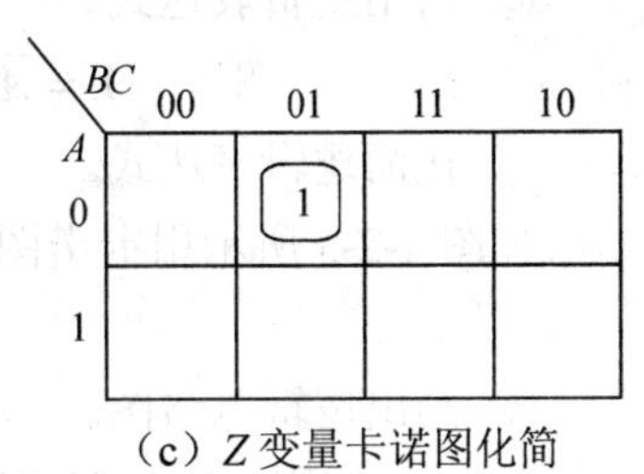

（c）Z 变量卡诺图化简

图 4-2-1　【例 4-3】卡诺图化简

⑤ 画出逻辑电路图。

根据最简逻辑表达式画出逻辑电路图如图 4-2-2 所示。

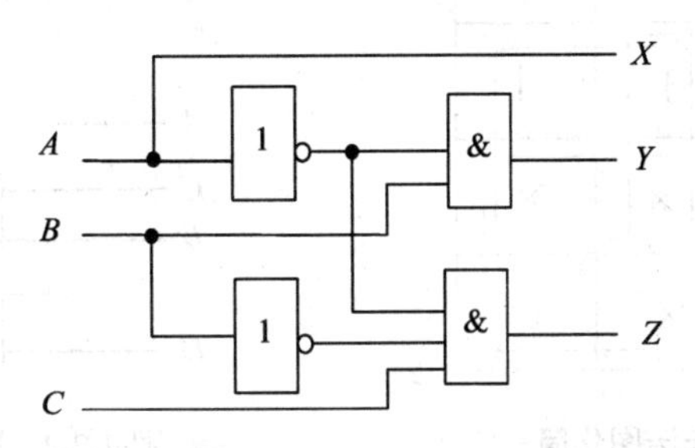

图 4-2-2　【例 4-3】逻辑电路图

【例 4-4】 设计一个组合逻辑电路，该电路用来判断输入的四位 8421BCD 码所代表的 1 位十进制数值大于或等于 5 时，输出为 1，反之输出为 0。

解：① 分析逻辑功能。

根据题目要求电路的 4 个输入端分别用变量 *A*、*B*、*C*、*D* 表示；*Y* 表示判断结果，1 表示数字大于或等于 5，0 表示数字不超过 5。由于电路要对 1 位十进制数值的范围进行判断，所以四位 8421BCD 的输入组合 1010～1111 作为约束项来处理。

② 列真值表。

根据逻辑要求列出真值表如表 4-2-2 所示。

表 4-2-2　【例 4-4】真值表

A B C D	*Y*	*A B C D*	*Y*
0 0 0 0	0	1 0 0 0	1
0 0 0 1	0	1 0 0 1	1
0 0 1 0	0	1 0 1 0	×
0 0 1 1	0	1 0 1 1	×
0 1 0 0	0	1 1 0 0	×
0 1 0 1	1	1 1 0 1	×
0 1 1 0	1	1 1 1 0	×
0 1 1 1	1	1 1 1 1	×

③ 写出逻辑表达式。

$$Y=\overline{A}B\overline{C}D+\overline{A}BC\overline{D}+\overline{A}BCD+A\overline{B}\overline{C}\overline{D}+A\overline{B}\overline{C}D$$

④ 化简逻辑表达式。

如图 4-2-3 所示用卡诺图法化简，得最简逻辑表达式为：

$$Y=A+BC+BD$$

⑤ 画出逻辑电路图。

依据最简逻辑表达式画出如图 4-2-4 所示的逻辑电路图。

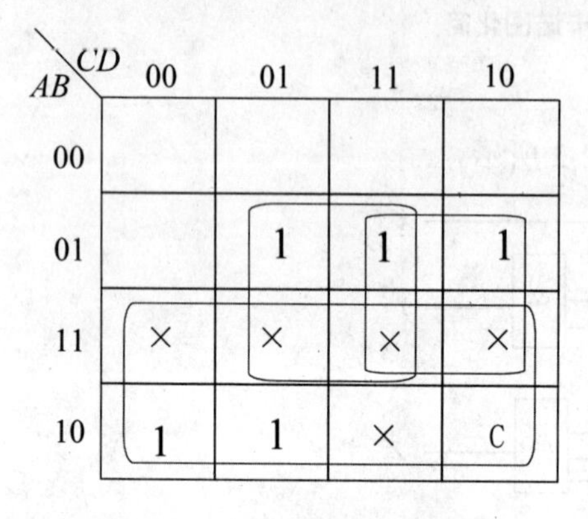

图 4-2-3 【例 4-4】卡诺图化简

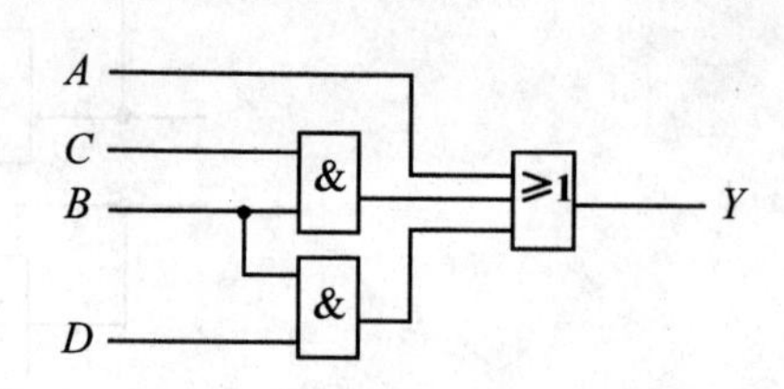

图 4-2-4 【例 4-4】逻辑电路图

【例 4-5】 人类有四种基本血型 A、B、AB、O 型，在进行输血时，供血者和受血者的血型必须符合输血规则。该输血规则如图 4-2-5 所示，图中箭头表示供血者和受血者的血型匹配，输血允许进行，如 A 型血可以输给 A 型血或 AB 型血，以此类推图中列举了所有的血型匹配关系。试用与非门设计一个检验供血者和受血者的血型是否符合输血规则的电路。

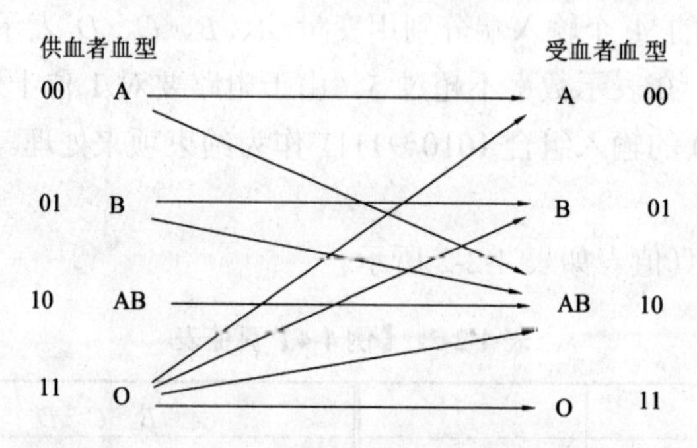

图 4-2-5 【例 4-5】中供血者和受血者血型匹配对应关系

解：① 分析逻辑功能。

供血者的血型用 *ab* 表示，受血者的血型用 *cd* 表示。现定义下列逻辑关系：00 表示 A 型、01 表示 B 型、10 表示 AB 型、11 表示 O 型；检验结果由 *Z* 来表示，符合输血规则用“1”来表示，不符合输血规则用“0”来表示。

② 列真值表。

列出真值表如表 4-2-3 所示。

表 4-2-3 【例 4-5】真值表

ab	cd	Z	ab	cd	Z
00	00	1	10	00	0
00	01	0	10	01	0
00	10	1	10	10	1
00	11	0	10	11	0
01	00	0	11	00	1
01	01	1	11	01	1
01	10	1	11	10	1
01	11	0	11	11	1

③ 写出逻辑表达式。

由真值表列出逻辑表达式：

$$Z=\bar{a}\bar{b}\bar{c}\bar{d}+\bar{a}\bar{b}c\bar{d}+\bar{a}b\bar{c}d+\bar{a}bc\bar{d}+a\bar{b}c\bar{d}+ab\bar{c}\bar{d}+ab\bar{c}d+abc\bar{d}+abcd$$

④ 化简与变换逻辑表达式。

如图 4-2-6 所示由卡诺图法化简，得最简的逻辑表达式为：

$$Z=ab+c\bar{d}+b\bar{c}d+\bar{a}\overline{bd}$$

由于题目要求用与非门设计该逻辑电路，所以将得到的化简结果变换为与非的形式：

$$Z=\overline{\overline{ab}\cdot\overline{c\bar{d}}\cdot\overline{b\bar{c}d}\cdot\overline{\bar{a}\overline{bd}}}$$

⑤ 画出逻辑电路图。

依据最简逻辑表达式画出逻辑电路图如图 4-2-7 所示。

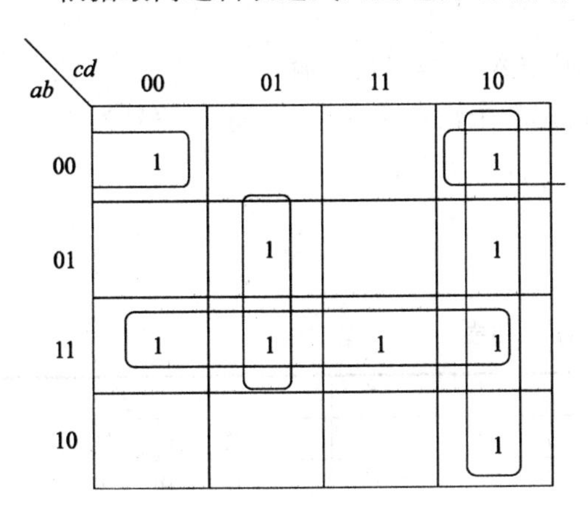

图 4-2-6 【例 4-5】卡诺图化简

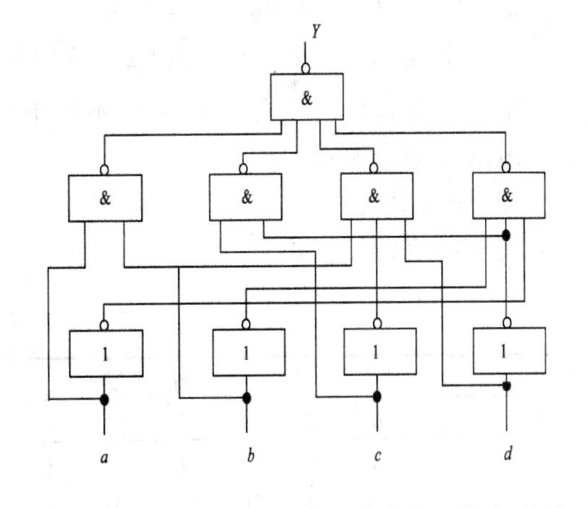

图 4-2-7 【例 4-5】血型检测电路的逻辑电路图

4.3 编　码　器

在数字系统中各种信息的都是以二进制代码的形式来表示的，采用二进制代码来表示特定的文字、符号和数值等信息的过程称为编码。能够实现编码的电路称为编码器。编码器输入的是人为规定的信号，输出的是信号量对应的一组二进制代码。虽然从输入到输出的过程是自动完成的，但是输入信号和输出代码之间一一对应的关系是在电路设计之初由设计者人为规定的。

图 4-3-1 所示为 N 线-n 线编码器的一般结构。其中 N 为待编码对象的个数，n 为输出编码的位数。由于 n 位二进制数可以表示 2^n 个信号，一般 $N \leqslant 2^n$。或者说对 N 个待编码的对象编码需要 n 位编码，则 $n \geqslant \log 2^N$。

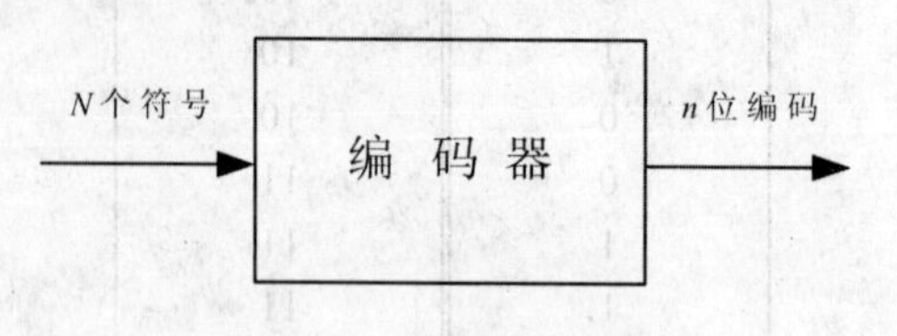

图 4-3-1　编码器框图

编码器是一种常见的组合逻辑器件，主要有二进制编码器、二-十进制编码器和优先编码器等多种类型。

4.3.1　二进制编码器

一位二进制数有 0、1 两种取值，当有四个输入信号需要不重复编码时，由 $4=2^2$ 的关系决定可用两位二进制数的四种组合 00、01、10、11 来表示四种信息。由此可得待编码信号的个数 N 与二进制编码的位数 n 之间存在 $N \leqslant 2^n$ 的关系。用 n 位二进制代码对 N 个信号进行编码的电路称为二进制编码器。

【例 4-6】 试用非门和与非门，设计一个能将 I_0、I_1、……、I_7，八个输入信号转换为二进制代码输出的编码器。

解： ① 分析逻辑功能。

对八个输入信号编码需要 $\log 2^8 = 3$ 位编码，则该编码器有八个输入端用 I_0、I_1、……、I_7 表示，三个输出端用 Y_0、Y_1、Y_2 来表示。现规定各个输入端有编码请求时信号为 1，无编码请求时信号为 0。

② 列真值表。

列出真值表如表 4-3-1 所示。

表 4-3-1　【例 4-6】真值表

输入								输出		
I_0	I_1	I_2	I_3	I_4	I_5	I_6	I_7	Y_2	Y_1	Y_0
1	0	0	0	0	0	0	0	0	0	0
0	1	0	0	0	0	0	0	0	0	1
0	0	1	0	0	0	0	0	0	1	0
0	0	0	1	0	0	0	0	0	1	1
0	0	0	0	1	0	0	0	1	0	0
0	0	0	0	0	1	0	0	1	0	1
0	0	0	0	0	0	1	0	1	1	0
0	0	0	0	0	0	0	1	1	1	1

③ 写出逻辑表达式。

由真值表列出逻辑表达式：

$$Y_0 = I_1 + I_3 + I_5 + I_7$$
$$Y_1 = I_2 + I_3 + I_6 + I_7$$
$$Y_2 = I_4 + I_5 + I_6 + I_7$$

④ 化简与变换逻辑表达式。

步骤③所列逻辑表达式已为最简，根据题目要求将其转换为与非形式，得：

$$Y_0 = I_1 + I_3 + I_5 + I_7 = \overline{\overline{I_1}\,\overline{I_3}\,\overline{I_5}\,\overline{I_7}}$$
$$Y_1 = I_2 + I_3 + I_6 + I_7 = \overline{\overline{I_2}\,\overline{I_3}\,\overline{I_6}\,\overline{I_7}}$$
$$Y_2 = I_4 + I_5 + I_6 + I_7 = \overline{\overline{I_4}\,\overline{I_5}\,\overline{I_6}\,\overline{I_7}}$$

⑤ 画出逻辑电路图。

依据最简逻辑表达式画出逻辑电路图，如图 4-3-2 所示。

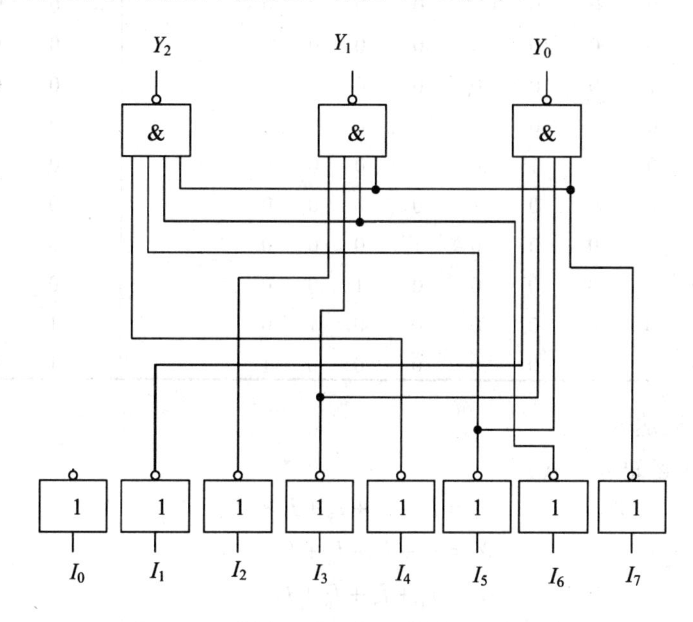

图 4-3-2 【例 4-6】8 线-3 线编码器电路图

从图 4-3-2 中可以看出 I_0 只有输入端没有输出端，但通过电路可以实现对 I_0 编码。因为当 $I_0 = 1$ 时 $I_1 \sim I_7$ 的输入信号都为 0，此时 Y_2、Y_1、Y_0 的输出是 000，正好为 I_0 的编码。

编码器的命名方法是由电路的输入端和输出端的个数来确定的。例如当编码器有八个输入端、三个输出端时，称为 8 线-3 线编码器，同理当电路有 16 个输入端、四个输出端时，称为 16 线-4 线编码器。

4.3.2　二-十进制编码器

二-十进制编码器简称 BCD 代码，是以二进制数码表示十进制数，它兼顾了人们十进制的计数习惯和数字逻辑部件易于处理二进制数的特点。

【例 4-7】 试用非门和与非门设计一个二-十进制编码器，它能将 I_0、I_1、……、I_9 十个输入信号编成 8421BCD 码输出。

解：① 分析逻辑功能。

由题意可知，该编码器有十个输入端用 I_0、I_1、……、I_9 表示，根据公式根据 $n \geqslant \log 2^N$ 可以求得 n=4，因此有 4 个输出端，用 Y_0、Y_1、Y_2、Y_3 表示。现规定各个输入端有编码请求信号为 1，没有时信号为 0。

② 列真值表。

列出真值表如表 4-3-2 所示。

表 4-3-2 【例 4-7】真值表

输入										输出			
I_0	I_1	I_2	I_3	I_4	I_5	I_6	I_7	I_8	I_9	Y_3	Y_2	Y_1	Y_0
1	0	0	0	0	0	0	0	0	0	0	0	0	0
0	1	0	0	0	0	0	0	0	0	0	0	0	1
0	0	1	0	0	0	0	0	0	0	0	0	1	0
0	0	0	1	0	0	0	0	0	0	0	0	1	1
0	0	0	0	1	0	0	0	0	0	0	1	0	0
0	0	0	0	0	1	0	0	0	0	0	1	0	1
0	0	0	0	0	0	1	0	0	0	0	1	1	0
0	0	0	0	0	0	0	1	0	0	0	1	1	1
0	0	0	0	0	0	0	0	1	0	1	0	0	0
0	0	0	0	0	0	0	0	0	1	1	0	0	1

③ 写出逻辑表达式。

由真值表列出逻辑表达式：

$$Y_0 = I_1 + I_3 + I_5 + I_7 + I_9$$
$$Y_1 = I_2 + I_3 + I_6 + I_7$$
$$Y_2 = I_4 + I_5 + I_6 + I_7$$
$$Y_3 = I_8 + I_9$$

④ 化简与变换逻辑表达式。

步骤②所列逻辑表达式已为最简，根据题目要求将其转换为与非形式，得：

$$Y_0 = I_1 + I_3 + I_5 + I_7 + I_9 = \overline{\overline{I_1}\,\overline{I_3}\,\overline{I_5}\,\overline{I_7}\,\overline{I_9}}$$
$$Y_1 = I_2 + I_3 + I_6 + I_7 = \overline{\overline{I_2}\,\overline{I_3}\,\overline{I_6}\,\overline{I_7}}$$
$$Y_2 = I_4 + I_5 + I_6 + I_7 = \overline{\overline{I_4}\,\overline{I_5}\,\overline{I_6}\,\overline{I_7}}$$
$$Y_3 = I_8 + I_9 = \overline{\overline{I_8}\,\overline{I_9}}$$

⑤ 画出逻辑电路图。

依据最简逻辑表达式画出逻辑电路图，如图 4-3-3 所示。

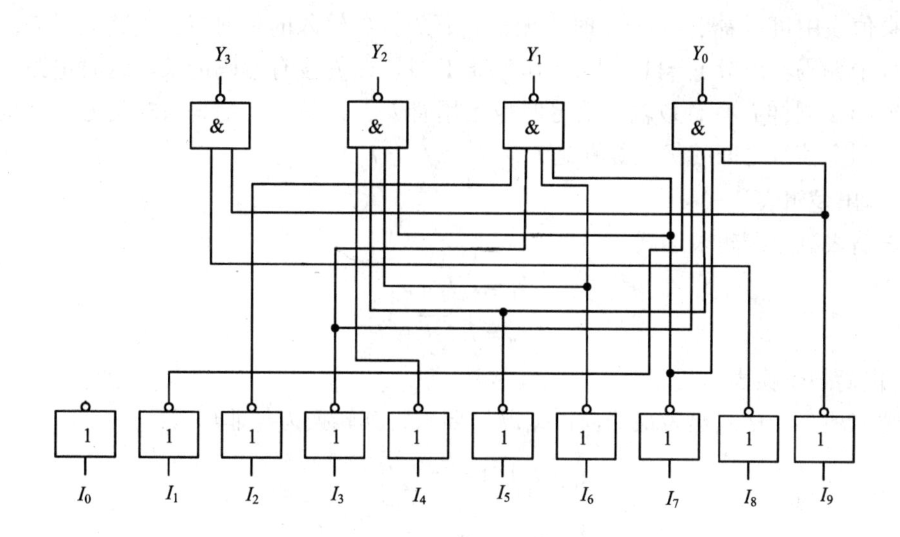

图 4-3-3 【例 4-7】8421BCD 编码器电路图

4.3.3 优先编码器

前面讨论的两种编码器在任意时刻只允许一个输入端有编码请求信号，电路一次也只能对一个信号进行编码输出。输入信号之间是相互排斥的，如果电路中同时有多个输入端有编码请求信号时，编码器的输出就会产生混乱。

为了解决以上的问题，在二进制编码器的基础上产生了优先编码器。优先编码器给所有的输入信号规定了优先顺序，当电路中同时有多个有效输入信号出现时，只对其中优先级最高的一个进行编码输出。在优先编码器中优先级别高的输入信号可以屏蔽掉优先级别低的输入信号，输入信号之间的优先级别是由设计者根据实际的需要人为规定的。

【例 4-8】 试用非门和与非门设计一个能将 I_0、I_1、I_2、I_3（优先级由低到高）四个输入信号编成二进制码的优先编码器。

解：① 分析逻辑功能。

对四个输入信号编码需要 $\log 2^4 = 2$ 位编码，则该编码器有四个输入端用 I_0、I_1、I_2、I_3 表示，两个输出端用 Y_0，Y_1 来表示。现规定各个输入端有编码请求时信号为 1，无编码请求时信号为 0。

② 列真值表。

列出真值表如表 4-3-3 所示。

表 4-3-3 【例 4-8】真值表

输入				输出	
I_3	I_2	I_1	I_0	Y_1	Y_0
1	×	×	×	1	1
0	1	×	×	1	0
0	0	1	×	0	1
0	0	0	1	0	0

注：表中“×”表示任意值，既可为 0，也可为 1。

从真值表中可以看出当I_3=1 时，无论I_0、I_1、I_2输入的是何值，电路只对I_3端的编码请求进行了编码输出$Y_1\ Y_0$=11。当I_3=0，I_2=1 时，即I_3没有编码请求，这时电路才对I_2进行编码输出。同样I_2有有效输入信号时也不用管I_1、I_0是否有编码请求信号。以此类推，可以看出四个信号之间的优先级别是$I_3 > I_2 > I_1 > I_0$。

③ 写出逻辑表达式。

由真值表列出逻辑表达式：

$$Y_1 = I_2\overline{I_3} + I_3$$
$$Y_0 = I_1\overline{I_2}\,\overline{I_3} + I_3$$

④ 化简与变换表达式。

步骤③所列表达式已为最简，根据题目要求将其转换为与非形式：

$$Y_1 = I_2\overline{I_3} + I_3 = \overline{\overline{I_2\overline{I_3}}\;\overline{I_3}}$$
$$Y_0 = I_1\overline{I_2}\,\overline{I_3} + I_3 = \overline{\overline{I_1\overline{I_2}\,\overline{I_3}}\;\overline{I_3}}$$

⑤ 画出逻辑电路图。

依据逻辑表达式画出电路图如图 4-3-4 所示。

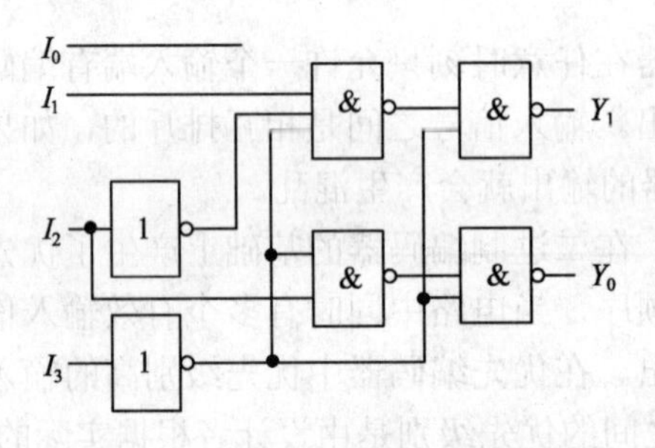

图 4-3-4 【例 4-8】4 线-2 线优先编码器逻辑电路图

综上所述，优先编码器允许同时有多个输入端有编码请求信号，此时优先编码器首先响应优先级最高的输入端的编码请求并输出编码结果，而优先级别低的输入信号只有在优先级别高的输入信号没有编码请求时才会被电路识别并输出编码结果。

4.3.4 集成优先编码器 74148

74148 是一种常用的 8 线-3 线二进制优先编码器。

1. 逻辑符号图和引脚图如图 4-3-5 所示

2. 逻辑符号图中各 I/O 端功能说明

（1）$I_0 \sim I_7$为编码请求输入端，低电平有效，这时表示有编码请求；高电平无效，表示没有编码请求。优先顺序依次为$I_7 \rightarrow I_0$，其中I_7的优先级最高，然后是I_6、I_5、…、I_0。

（2）$Y_0 \sim Y_2$为编码输出端，低电平有效，输出为 8421BCD 码的反码。

（3）EI为使能输入端，低电平有效。当EI=0 时芯片工作可以进行编码；当EI=1 时芯片不工作，此时$Y_0 \sim Y_2$、GS、EO输出均为高电平 1。

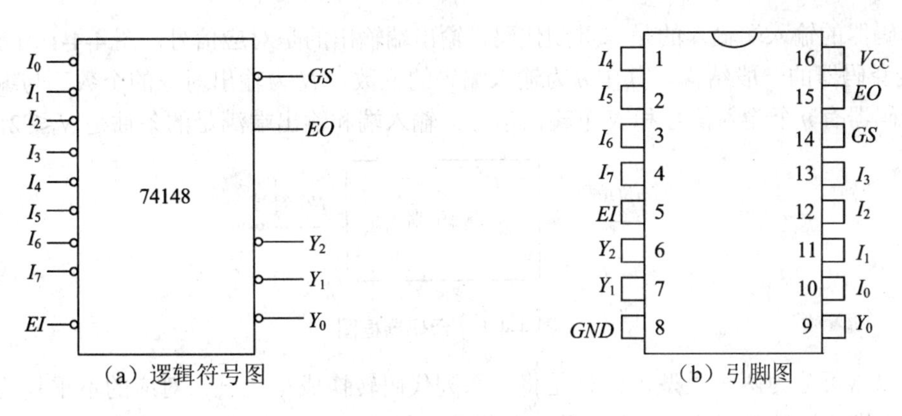

(a) 逻辑符号图　(b) 引脚图

图 4-3-5　芯片 74148

(4) GS 为编码器的工作标志，低电平有效。当芯片工作并有编码请求信号时 $GS=0$。当芯片不工作或工作但输入端没有编码请求信号时 $GS=1$。

(5) EO 为使能输出端，高电平有效。当芯片工作但输入端没有编码请求信号时 $EO=0$。其他情况时 $EO=1$。

其中 EI 、 GS 、 EO 三个端口常被用于多个 74148 芯片进行级联扩展。

在逻辑符号图中端口上的小圆圈表示该端口为低电平有效，一般用逻辑 0 来表示。

3. 74148 芯片的功能表（见表 4-3-4）

表 4-3-4　74148 功能真值表

输入									输出				
EI	I_0	I_1	I_2	I_3	I_4	I_5	I_6	I_7	Y_2	Y_1	Y_0	GS	EO
1	×	×	×	×	×	×	×	×	1	1	1	1	1
0	1	1	1	1	1	1	1	1	1	1	1	1	0
0	×	×	×	×	×	×	×	0	0	0	0	0	1
0	×	×	×	×	×	×	0	1	0	0	1	0	1
0	×	×	×	×	×	0	1	1	0	1	0	0	1
0	×	×	×	×	0	1	1	1	0	1	1	0	1
0	×	×	×	0	1	1	1	1	1	0	0	0	1
0	×	×	0	1	1	1	1	1	1	0	1	0	1
0	×	0	1	1	1	1	1	1	1	1	0	0	1
0	0	1	1	1	1	1	1	1	1	1	1	0	1

注：在表中输出信号是以反码的形式给出的。

4.4　译　码　器

译码是编码的逆过程，它是将具有特定含义的二进制代码翻译成对应的输出信号。能够实现译码功能的逻辑电路称为译码器。译码器是数字系统和计算机中常用的一种逻辑部件。

译码器的输入端输入的是二进制代码，输出端输出的是对应信号。图 4-4-1 所示为 n 线—N 线译码器的一般结构。其中 n 为输入编码的位数，N 为输出对象的个数。与编码器类似，译码器有 n 个输入信号和 N 个输出信号，输入端和输出端满足的条件是 $N \leqslant 2^n$。

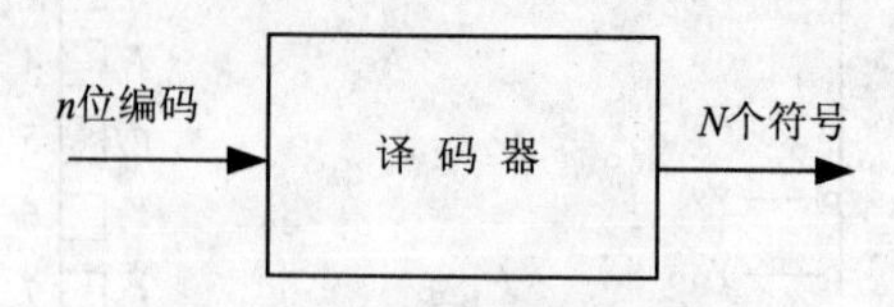

图 4-4-1 译码器框图

译码器可分为两种类型，一种是将一系列代码转换成与之一一对应的不重复的有效信号，称为惟一地址译码器。常见的惟一地址译码器有二进制译码器、二-十译码器等，其命名方法由输入端、输出端的个数来决定。如 2 线-4 线译码器、3 线-8 线译码器、4 线-10 线译码器等。另一种是将一种代码形式转换为另一种代码形式，称为代码转换器。如显示译码器等。

4.4.1 二进制译码器

1. 二进制译码器设计举例

将输入二进制代码的多种组合转换成特定的输出信号的电路，称为二进制译码器。

【例 4-9】 试设计一个 2 位二进制译码器。

解：① 分析逻辑功能。

根据公式 $N \leqslant 2^n$ 得 $N=4$，则设该译码器要有两个二进制代码输入端，用 A、B 来表示；有四个译码信号输出端，用 Y_3、Y_2、Y_1、Y_0 来表示。

② 列真值表。

现以高电平有效列出真值表如表 4-4-1 所示。

表 4-4-1 【例 4-9】真值表

输入		输出			
A	B	Y_3	Y_2	Y_1	Y_0
0	0	0	0	0	1
0	1	0	0	1	0
1	0	0	1	0	0
1	1	1	0	0	0

③ 写出逻辑表达式。

由真值表列出逻辑函数表达式：

$$Y_0 = \overline{A}\overline{B}$$
$$Y_1 = \overline{A}B$$
$$Y_2 = A\overline{B}$$
$$Y_3 = AB$$

④ 化简逻辑表达式。

可以看出，步骤③所示逻辑式为最简逻辑式。

⑤ 画出逻辑电路图。

根据逻辑函数式用与门设计出电路图，如图 4-4-2 所示。

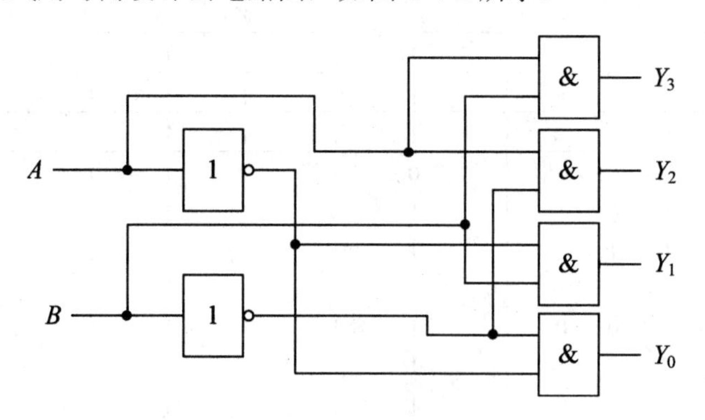

图 4-4-2 【例 4-10】逻辑电路图即 2 位二进制数译码电路

该电路实际上就是一个简单的 2 线-4 线译码器。从题解中的公式可以看出该译码器的四个输出逻辑表达式，就是 2 位二进制数的全部四个最小项，因此二进制译码器又称为最小项译码器或全译码器。

2. 集成二进制译码器 74138

74138 是一种常见的通用译码器。它有三个数据输入端，八个数据输出端，又称作 3 线-8 线二进制译码器。

（1）逻辑符号和引脚图如图 4-4-3 所示

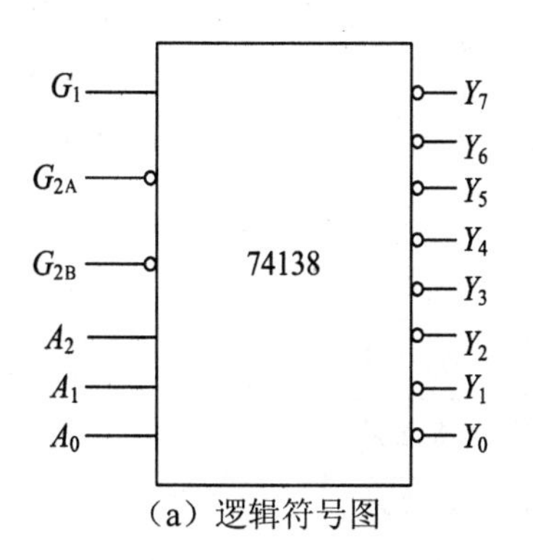

（a）逻辑符号图

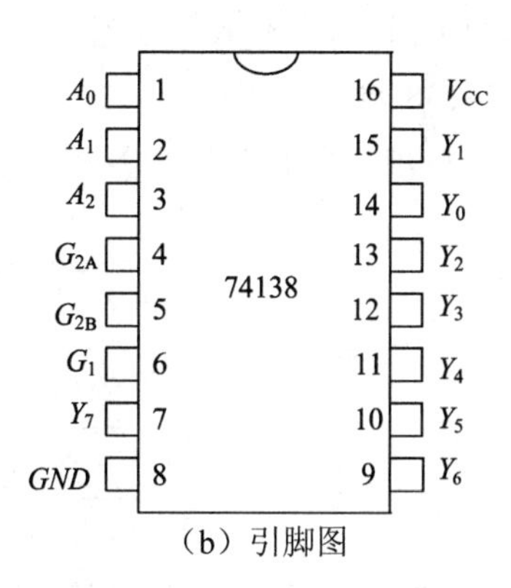

（b）引脚图

图 4-4-3　芯片 74138

（2）逻辑符号图中各 I/O 端功能说明如下

A_0、A_1、A_2 是三个二进制代码输入端，高电平有效。

Y_0～Y_7 是八个译码输出端，低电平有效。每一个输出端对应一个 3 位二进制代码组合，也就是一个三变量最小项。

G_1、G_{2A} 和 G_{2B} 为使能输入端。当 G_1=1 且 G_{2A}=G_{2B}=0 时，芯片处于工作状态，此时译码器正常工作。否则，译码器不工作，所有的输出端均输出高电平（无效信号）。

（3）74138 芯片的功能真值表如表 4-4-2 所示。

表 4-4-2　74138 芯片的功能真值表

输入						输出							
G_1	G_{2A}	G_{2B}	A_2	A_1	A_0	Y_0	Y_1	Y_2	Y_3	Y_4	Y_5	Y_6	Y_7
×	1	×	×	×	×	1	1	1	1	1	1	1	1
×	×	1	×	×	×	1	1	1	1	1	1	1	1
0	×	×	×	×	×	1	1	1	1	1	1	1	1
1	0	0	0	0	0	0	1	1	1	1	1	1	1
1	0	0	0	0	1	1	0	1	1	1	1	1	1
1	0	0	0	1	0	1	1	0	1	1	1	1	1
1	0	0	0	1	1	1	1	1	0	1	1	1	1
1	0	0	1	0	0	1	1	1	1	0	1	1	1
1	0	0	1	0	1	1	1	1	1	1	0	1	1
1	0	0	1	1	0	1	1	1	1	1	1	0	1
1	0	0	1	1	1	1	1	1	1	1	1	1	0

（4）由真值表得到各输出端的逻辑表达式

$$S = G_1\overline{G_{2A}\,G_{2B}}$$

$$Y_0 = \overline{\overline{A_2}\,\overline{A_1}\,\overline{A_0}\cdot S} \qquad Y_4 = \overline{A_2\,\overline{A_1}\,\overline{A_0}\cdot S}$$

$$Y_1 = \overline{\overline{A_2}\,\overline{A_1}\,A_0\cdot S} \qquad Y_5 = \overline{A_2\,\overline{A_1}\,A_0\cdot S}$$

$$Y_2 = \overline{\overline{A_2}\,A_1\,\overline{A_0}\cdot S} \qquad Y_6 = \overline{A_2\,A_1\,\overline{A_0}\cdot S}$$

$$Y_3 = \overline{\overline{A_2}\,A_1\,A_0\cdot S} \qquad Y_7 = \overline{A_2\,A_1\,A_0\cdot S}$$

（5）用 74138 实现逻辑函数发生器

由 74138 输出端逻辑表达式可知，若使 $S = G_1\overline{G_{2A}\,G_{2B}} = 1$（在硬件上可将 74138 芯片的 G_{2A}、G_{2B} 接地；G_1 接高电平），则 8 个输出端输出的是 3 变量二进制代码最小项的反函数，即：

$$Y_0 = \overline{\overline{A_2}\,\overline{A_1}\,\overline{A_0}} \qquad Y_4 = \overline{A_2\,\overline{A_1}\,\overline{A_0}}$$

$$Y_1 = \overline{\overline{A_2}\,\overline{A_1}\,A_0} \qquad Y_5 = \overline{A_2\,\overline{A_1}\,A_0}$$

$$Y_2 = \overline{\overline{A_2}\,A_1\,\overline{A_0}} \qquad Y_6 = \overline{A_2\,A_1\,\overline{A_0}}$$

$$Y_3 = \overline{\overline{A_2}\,A_1\,A_0} \qquad Y_7 = \overline{A_2\,A_1\,A_0}$$

利用该特点则可以实现逻辑函数输出。

利用集成译码器实现逻辑函数可以采用以下步骤。

① 转换：将逻辑表达式化为最小项表达式。

② 对应：将最小项表达式的各最小项与集成译码器输出逻辑式相对应，确定译码器输入接法及输出项。

③ 设计实现：按最小项表达式用门电路连接译码器输出端。

【例 4-10】 用 74138 和门电路实现组合逻辑函数 $Y' = AB + BC$。

解：① 将逻辑表达式变换为最小项表达式：

$$Y' = AB + BC = AB(C + \overline{C}) + (A + \overline{A})BC = ABC + AB\overline{C} + \overline{A}BC$$

② 将 74138 输出端的输出表达式与得到的最小项表达式进行对应，现令。

$$A = A_2\text{，}\quad B = A_1\text{，}\quad C = A_0$$

则可以得到：

$$\begin{aligned} ABC + AB\overline{C} + \overline{A}BC &= A_2A_1A_0 + A_2A_1\overline{A_0} + \overline{A_2}A_1A_0 \\ &= \overline{\overline{Y_7}} + \overline{\overline{Y_6}} + \overline{\overline{Y_3}} = \overline{Y_7Y_6Y_3} \end{aligned}$$

③ 设计实现：根据得到的表达式画出电路图，如图 4-4-4 所示。

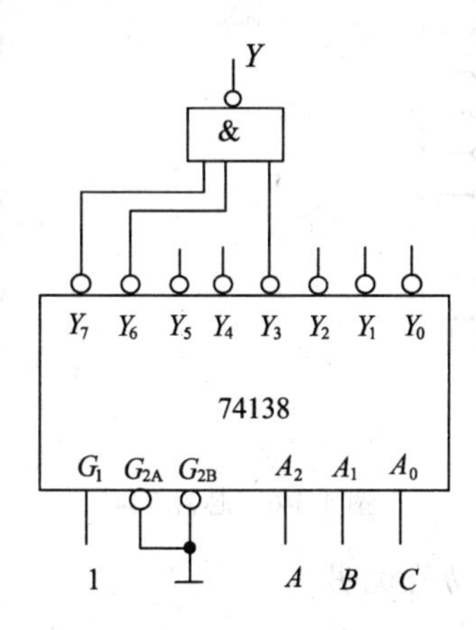

图 4-4-4　【例 4-10】74138 用于逻辑函数输出的电路图

【例 4-11】 用 74138 和门电路实现组合逻辑函数 $Y' = A\overline{B}C + \overline{A}B\overline{C} + \overline{ABC}$。

解：① 将 74138 输出端的输出表达式与最小项表达式进行对应，现令：

$$A = A_2\text{，}\quad B = A_1\text{，}\quad C = A_0$$

则可以得到：

$$\begin{aligned} Y' = A\overline{B}C + \overline{A}B\overline{C} + \overline{ABC} &= A_2\overline{A_1}A_0 + \overline{A_2}A_1\overline{A_0} + \overline{A_2A_1A_0} \\ &= \overline{\overline{Y_5}} + \overline{\overline{Y_2}} + \overline{\overline{Y_0}} \\ &= \overline{Y_5Y_2Y_0} \end{aligned}$$

② 设计实现：根据得到的表达式画出电路图，如图 4-4-5 所示。

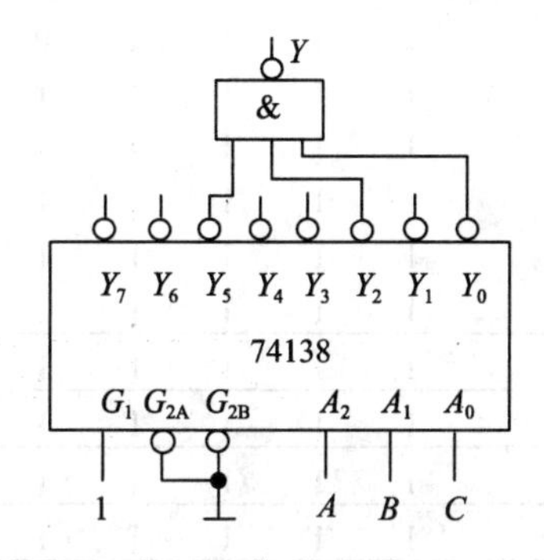

图 4-4-5 【例 4-11】74138 用于逻辑函数输出的电路图

4.4.2 二-十进制译码器

将输入的十组 4 位 BCD 码翻译成 0～9 十个对应输出信号的逻辑电路，称为二-十进制译码器。由于它有四个输入端，十个输出端，所以又称 4 线-10 线译码器。下面以 7442 为例介绍集成的二-十进制译码器。

1. 7442 的逻辑符号图和引脚图（见图 4-4-6）

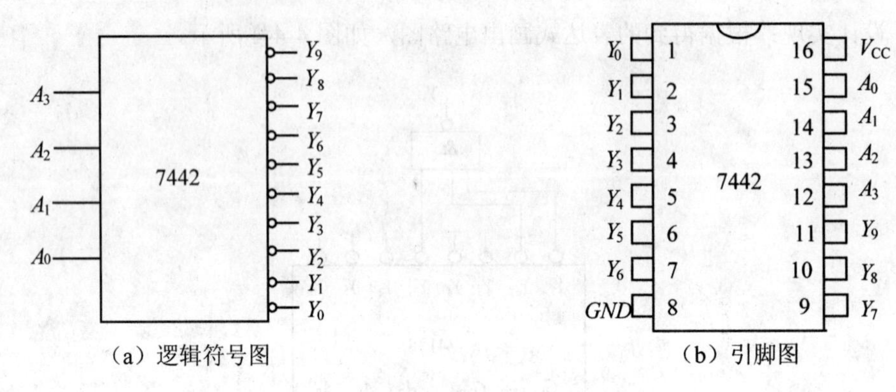

（a）逻辑符号图　　（b）引脚图

图 4-4-6　芯片 7442

2. 逻辑符号图中各 I/O 端功能说明

（1）A_3、A_2、A_1、A_0 为输入端，输入 8421BCD 码。

（2）Y_0 ～ Y_9 为输出端，低电平有效。

3. 7442 芯片的逻辑功能真值表如表 4-4-3 所示

表 4-4-3　芯片 7442 逻辑功能真值表

序号		输入				输出									
		A_3	A_2	A_1	A_0	Y_0	Y_1	Y_2	Y_3	Y_4	Y_5	Y_6	Y_7	Y_8	Y_9
0		0	0	0	0	0	1	1	1	1	1	1	1	1	1
1		0	0	0	1	1	0	1	1	1	1	1	1	1	1
2		0	0	1	0	1	1	0	1	1	1	1	1	1	1
3		0	0	1	1	1	1	1	0	1	1	1	1	1	1
4		0	1	0	0	1	1	1	1	0	1	1	1	1	1
5		0	1	0	1	1	1	1	1	1	0	1	1	1	1
6		0	1	1	0	1	1	1	1	1	1	0	1	1	1
7		0	1	1	1	1	1	1	1	1	1	1	0	1	1
8		1	0	0	0	1	1	1	1	1	1	1	1	0	1
9		1	0	0	1	1	1	1	1	1	1	1	1	1	0
伪码	10	1	0	1	0	1	1	1	1	1	1	1	1	1	1
	11	1	0	1	1	1	1	1	1	1	1	1	1	1	1
	12	1	1	0	0	1	1	1	1	1	1	1	1	1	1
	13	1	1	0	1	1	1	1	1	1	1	1	1	1	1
	14	1	1	1	0	1	1	1	1	1	1	1	1	1	1
	15	1	1	1	1	1	1	1	1	1	1	1	1	1	1

由该表可知 $A_3A_2A_1A_0$ 输入的为 8421BCD 码，只用到二进制代码的前十种组合 0000～1001 表示 0～9 十个二进制数，而后六种组合 1010～1111 没有使用，称为伪码（无效编码）。当输入伪码时 Y_0～Y_9 都输出高电平 1，不会输出低电平 0。因此译码器不会出现误译码。

4. 由真值表得到各输出端的逻辑表达式

$$Y_0=\overline{\overline{A_3}\,\overline{A_2}\,\overline{A_1}\,\overline{A_0}} \qquad Y_5=\overline{\overline{A_3}A_2\overline{A_1}A_0}$$

$$Y_1=\overline{\overline{A_3}\,\overline{A_2}\,\overline{A_1}A_0} \qquad Y_6=\overline{\overline{A_3}A_2A_1\overline{A_0}}$$

$$Y_2=\overline{\overline{A_3}\,\overline{A_2}A_1\overline{A_0}} \qquad Y_7=\overline{\overline{A_3}A_2A_1A_0}$$

$$Y_3=\overline{\overline{A_3}\,\overline{A_2}A_1A_0} \qquad Y_8=\overline{A_3\overline{A_2}\,\overline{A_1}\,\overline{A_0}}$$

$$Y_4=\overline{\overline{A_3}A_2\overline{A_1}\,\overline{A_0}} \qquad Y_9=\overline{A_3\overline{A_2}\,\overline{A_1}A_0}$$

为提高电路的工作可靠性，译码器没有进行化简，而采用了全译码。因此每个译码输出与非门都有四个输入端。当译码器输入 $A_3\ A_2\ A_1\ A_0$ 出现 1010～1111 任一组伪码时，设计人员将芯片内部电路设计为 Y_0～Y_9 都输出高电平 1，不会输出低电平 0。

4.4.3　显示译码器

在数字系统中，常常需要将电路输出的信息以数字、字母、符号等方式直观地显示出来，供使用者进行阅读，因此常会用到数字显示器。数字显示电路组成如图 4-4-7 所示。

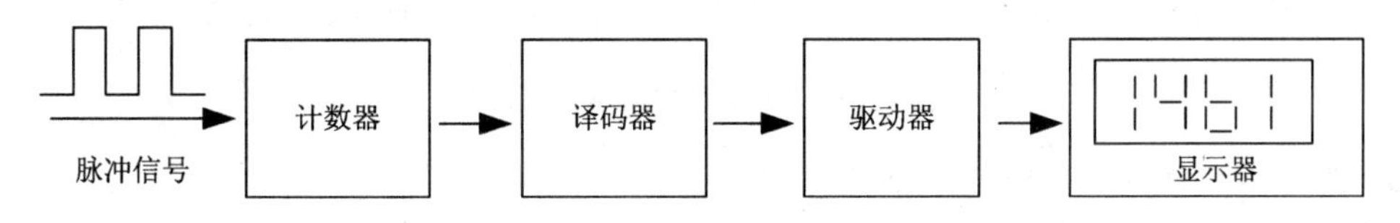

图 4-4-7　数字显示电路组成方块图

要实现显示的功能一般有两个器件：显示器件和显示译码器。能够显示数字、字母或符号的器件称为显示器件。把电路输出的数字信号翻译成显示器所能识别的信号的译码器称为显示译码器。

1. 显示器件

显示器件按发光物质分：有半导体显示器，如发光二极管（LED）显示器；荧光数字显示器，如荧光数码管；液体数字显示器，如液晶显示器和电泳显示器；气体放电管显示器，如辉光数码管和等离子体显示板等。

目前应用最广泛的是由半导体发光二极管构成的七段显示器。该显示器是将七个发光二极管（加小数点为八个）按一定的方式排列起来，其中 *a*、*b*、*c*、*d*、*e*、*f*、*g*（小数点 DP）各对应一个发光二极管，利用发光段的不同组合，显示不同的信息。逻辑符号图和显示效果如图 4-4-8 所示。

LED 七段显示器按照其二极管正负极接法的不同又分为共阳极和共阴极两种，如图 4-4-9 所示。两者的不同在于发光管的工作电压不同。在共阳极接法中是将七个二极管的正极接在一起，负极用于接收信号。哪个二极管收到了低电平，哪个管发光，共阴极接法的工作方式与之相反。

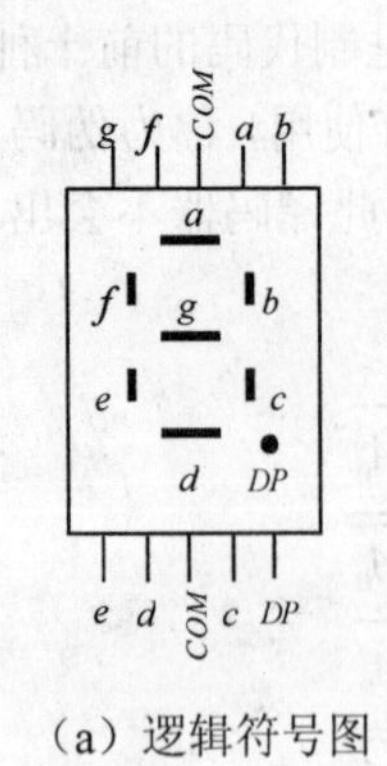

（a）逻辑符号图

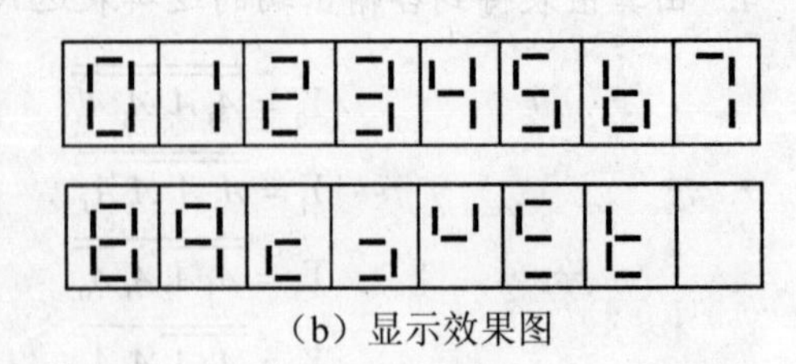
（b）显示效果图

图 4-4-8 七段显示器

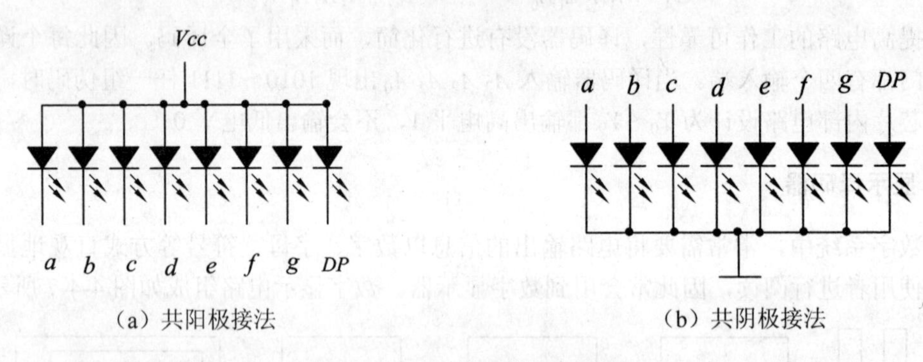

（a）共阳极接法　　（b）共阴极接法

图 4-4-9 LED 七段显示器接法

2. 显示译码器

显示译码器是与显示器件配合使用的译码电路，它为显示器件提供显示信号。不同型号的显示器件需要不同的显示译码器提供信息支持。

为 LED 七段显示器提供译码支持的电路称为七段显示译码器。常用的集成器件有 7448（共阴极）和 7447（共阳极）两种。

3. 集成显示译码器 7448

（1）功能介绍：7448 是一种与共阴极数字显示器配合使用的集成显示译码器，它的功能是将输入的 4 位二进制代码转换成对应的十进制数字 0～9 的七段显示信号。7448 的逻辑符号图如图 4-4-10 所示。

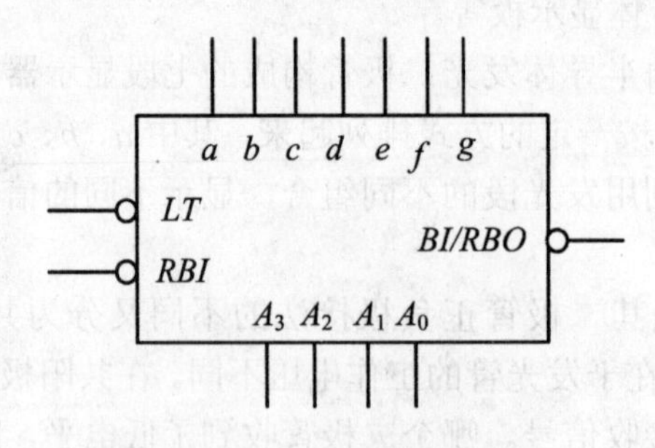

图 4-4-10 7448 的逻辑符号图

（2）逻辑符号图中各 I/O 端功能说明如下。

A_0～A_3 是二进制编码的输入端，A_3 是最高位，高电平有效。

a～g 是译码输出端，高电平有效。直接与七段显示器连接，用于输出待显示数字的七段显示编码信号。

LT 是试灯控制输入端，低电平有效。当 *LT* =0 时，*BI* / *RBO* 为输出端且 *RBO* =1，此时无论输入端输入是何值，a～g 输出全为 1，数码管七段全亮。由此可以检测显示器七个发光段的工作是否正常。

RBI 是动态灭零控制输入端，低电平有效。当 *RBI* =0 且 *LT* =1 时，如果输入端输入十进制数 0 的二进制码 0000 时，译码器的 a～g 输出全为 0，使显示器全灭，此时 *BI* / *RBO* 为输出端且 *RBO* =0。利用 *RBI* =0 和 *LT* =1 可以实现多位数显示时的“无效 0 消隐”功能。所谓的“无效 0”是指，在多位十进制数码显示时，整数前和小数后无意义的 0。

BI / *RBO* 是特殊控制端。*BI* / *RBO* 可以作输入端，也可以作输出端。

作输入端使用时是 *BI*，此时 *BI* 称为灭灯输入端，低电平有效。如果 *BI* =0 时，不管其他输入端输入为何值，a～g 输出均为 0，显示器全灭。

作输出端使用时是 *RBO*，此时 *RBO* 称为灭零输出端，低电平有效，受控于 *LT* 和 *RBI*。当 *LT* =1 且 *RBI* =0 时，如果输入端输入的是十进制数 0 的二进制码 0000，则 *RBO* =0，用以指示该片正处于灭零状态；当 *LT* =0 或 *LT* =1 且 *RBI* =1 时，则 *RBO* =1，此时 *RBO* 常用于显示多位数字时，多个译码器之前的连接。

正常译码显示时 *LT* =1，*BI* / *RBO* =1，芯片对输入端输入的十进制数 0～15 的二进制码（0000～1111）进行译码，产生对应的七段显示码。

（3）七段显示译码器 7448 的逻辑功能真值表如表 4-4-4 所示。

表 4-4-4　七段显示译码器 7448 的逻辑功能真值表

功　能	输　入			输入/输出	输　出	显示字形
	LT	*RBI*	A_3 A_2 A_1 A_0	*BI*/*RBO*	*a b c d e f g*	
0	1	1	0 0 0 0	1	1 1 1 1 1 1 0	0
1	1	×	0 0 0 1	1	0 1 1 0 0 0 0	1
2	1	×	0 0 1 0	1	1 1 0 1 1 0 1	2
3	1	×	0 0 1 1	1	1 1 1 1 0 0 1	3
4	1	×	0 1 0 0	1	0 1 1 0 0 1 1	4
5	1	×	0 1 0 1	1	1 0 1 1 0 1 1	5
6	1	×	0 1 1 0	1	0 0 1 1 1 1 1	6
7	1	×	0 1 1 1	1	1 1 1 0 0 0 0	7
8	1	×	1 0 0 0	1	1 1 1 1 1 1 1	8
9	1	×	1 0 0 1	1	1 1 1 0 0 1 1	9
10	1	×	1 0 1 0	1	0 0 0 1 1 0 1	
11	1	×	1 0 1 1	1	0 0 1 1 0 0 1	
12	1	×	1 1 0 0	1	0 1 0 0 0 1 1	
13	1	×	1 1 0 1	1	1 0 0 1 0 1 1	
14	1	×	1 1 1 0	1	0 0 0 1 1 1 1	
15	1	×	1 1 1 1	1	0 0 0 0 0 0 0	
灭灯	×	×	× × × ×	0	0 0 0 0 0 0 0	
灭零	1	0	0 0 0 0	0	0 0 0 0 0 0 0	
试灯	0	×	× × × ×	1	1 1 1 1 1 1 1	8

（4）用 7448 实现数字显示。

实现数字显示需要有数字显示器件和显示译码器件配合使用才能完成，这里用 7448 实现数字的显示。根据 7448 的功能真值表设定 *LT* 端输入 1，左侧 *RBI* 接 0，右侧 *RBO* 接 1。如果输入端输入十进制数 0 的二进制码 0100 时，则显示器显示结果如图 4-4-11 所示。

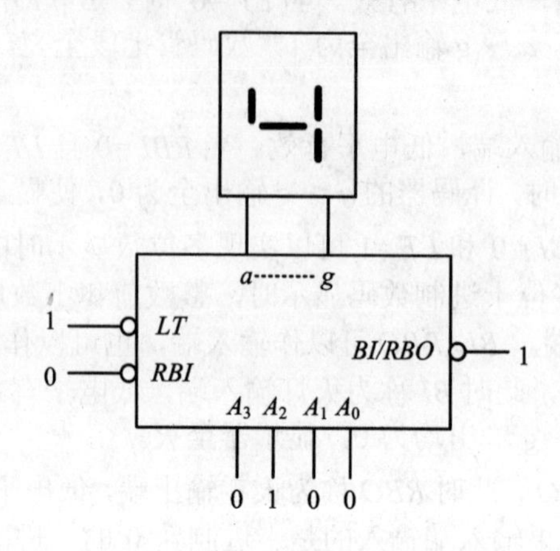

图 4-4-11　7448 与 LED 显示器组合实现数字显示

4.5　数据分配器

根据地址信号的要求将一路输入数据分配到指定输出通道上去的逻辑电路称为数据分配器，又叫多路分配器。它的作用相当于多输出的单刀多掷开关，其示意图如图 4-5-1 所示。

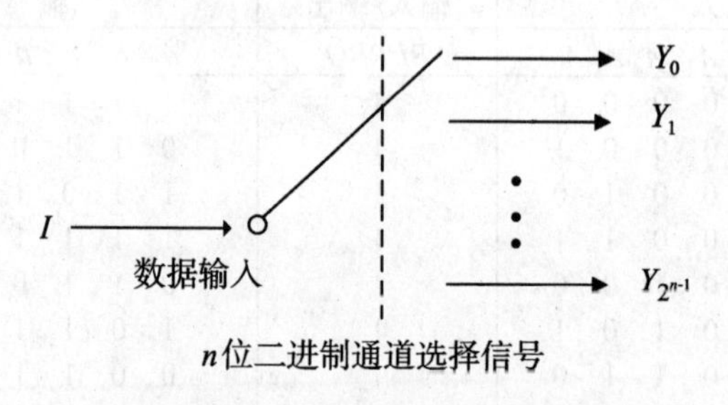

图 4-5-1　数据分配器逻辑功能示意图

数据分配器通常有一个数据输入端，*n* 个地址输入端，*N* 个数据输出端。其中数据输出端的个数是由地址输入端的个数来确定的，它们之间满足的条件是 $N=2^n$。数据分配器的名称也是由输出通道的个数来确定的，如有八个输出数据输出端的数据分配器被称为 8 路数据分配器。

根据数据分配器的逻辑功能可写出 8 路数据分配器的真值表，如表 4-5-1 所示。

表 4-5-1　8 路数据分配器逻辑功能真值表

输　入		输　出
数据输入	地址选择信号	
I	A_2　A_1　A_0	
D	0　0　0	$Y_0=D$
D	0　0　1	$Y_1=D$
D	0　1　0	$Y_2=D$
D	0　1　1	$Y_3=D$
D	1　0　0	$Y_4=D$
D	1　0　1	$Y_5=D$
D	1　1　0	$Y_6=D$
D	1　1　1	$Y_7=D$

由真值表可以得出 8 路数据分配器使用时的逻辑表达式：

$$Y_0=\overline{A_2 A_1 A_0}\cdot D \qquad Y_4=A_2\overline{A_1 A_0}\cdot D$$

$$Y_1=\overline{A_2 A_1}A_0\cdot D \qquad Y_5=A_2\overline{A_1}A_0\cdot D$$

$$Y_2=\overline{A_2}A_1\overline{A_0}\cdot D \qquad Y_6=A_2A_1\overline{A_0}\cdot D$$

$$Y_3=\overline{A_2}A_1A_0\cdot D \qquad Y_7=A_2A_1A_0\cdot D$$

不难发现，8 路数据分配器的逻辑表达式与 3 线-8 线译码器 74138 的逻辑表达式非常相似，因此对译码器 74138 稍加改接，就可以实现数据分配器的功能。实际上，市场上确实是没有数据分配器的，可以通过译码器改接来实现数据分配器的逻辑功能。

如图 4-5-2 所示为 3 线-8 线译码器 74138 构成的 8 路数据分配器，图中 A_2～A_0 为地址信号输入端，Y_0～Y_7 为数据输出端，可以从使能端 G_1、G_{2A}、G_{2B} 中选择一个作为数据输入端。如图 4-5-2（a）所示，将 G_{2B} 接低电平，将 G_1 接高电平，G_{2A} 作为数据输入端接 D，则输出为原码。例如，当 $A_2A_1A_0$=010 时，对照 74138 的逻辑表达式可知只有 $Y_2=\overline{\overline{A_2}A_1\overline{A_0}\cdot G_1\overline{G_{2A}G_{2B}}}=G_{2A}=D$，而其余输出端均为高电平，这说明当地址信号为 010 时，$Y_2=D$。如图 4-5-2（b）所示，将 G_{2A}、G_{2B} 接低电平，将 G_1 作为数据输入端接 D，则输出为反码。例如，当 $A_2A_1A_0$=010 时，对照 74138 的逻辑表达式可知 $Y_2=\overline{\overline{A_2}A_1\overline{A_0}\cdot G_1\overline{G_{2A}G_{2B}}}=\overline{G_1}=\overline{D}$，而其余输出端均为高电平，这说明当地址信号为 010 时，$Y_2=\overline{D}$。由此可知图 4-5-2（a）和图 4-5-2（b）均可实现数据分配的功能。

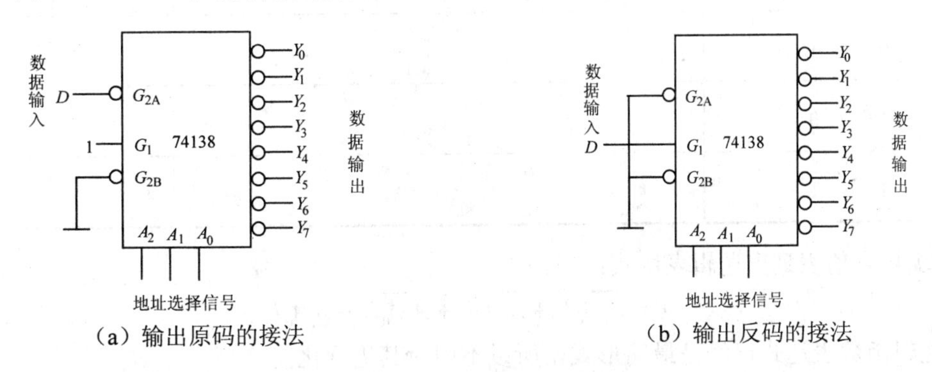

（a）输出原码的接法　　（b）输出反码的接法

图 4-5-2　74138 实现数据分配器

4.6 数据选择器

数据选择器的功能和数据分配器正好相反，它是指从多个输入端输入的信号中，根据地址端的信号选择一个数据输出的逻辑电路。它的作用相当于多输入的单刀多掷开关，又叫多路选择器，其示意图如图 4-6-1 所示。

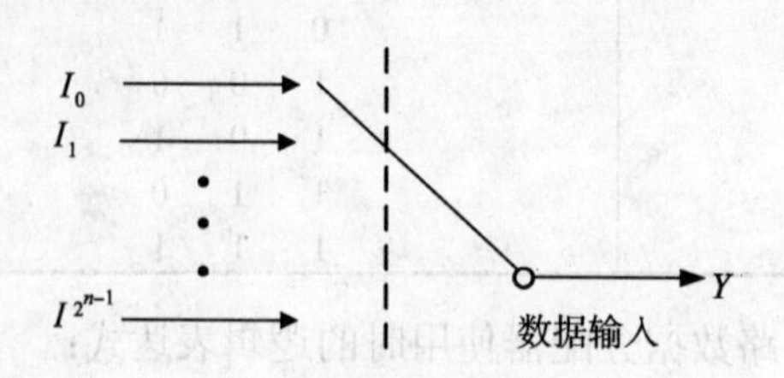

图 4-6-1 数据选择器逻辑功能示意图

数据选择器有 n 个地址输入端，N 个数据输入端，一个数据输出端。数据输入端与地址输入端之间满足的条件是 $N=2^n$。数据选择器的名称是由数据输入端的个数来确定的，如有八个输入端的数据选择器被称为 8 选 1 数据选择器。

4.6.1 4 选 1 数据选择器

【例 4-12】 利用逻辑门器件设计一个 4 选 1 数据选择器。

解：① 4 选 1 数据选择器是在四个输入信号中选择一个进行输出的电路。根据 $N=2^n$ 可知电路中要有四个信号输入端分别用 I_3、I_2、I_1、I_0 表示，两个地址输入端用 A_1、A_0 表示。一个选通数据输出端用 Y 表示。则 4 选 1 数据选择器的逻辑功能真值表如表 4-6-1 所示。

表 4-6-1 【例 4-12】4 选 1 数据选择器的逻辑功能真值表

输入						输出
A_1	A_0	I_3	I_2	I_1	I_0	Y
0	0	×	×	×	0	0
		×	×	×	1	1
0	1	×	×	0	×	0
		×	×	1	×	1
1	0	×	0	×	×	0
		×	1	×	×	1
1	1	0	×	×	×	0
		1	×	×	×	1

② 由真值表列出逻辑表达式：

$$Y=\overline{A_1}\,\overline{A_0}I_0+\overline{A_1}A_0I_1+A_1\overline{A_0}I_2+A_1A_0I_3$$

逻辑函数表达式已经是最简形式，所以不用对其进行化简。

③ 由逻辑表达式画出逻辑图，如图 4-6-2 所示。

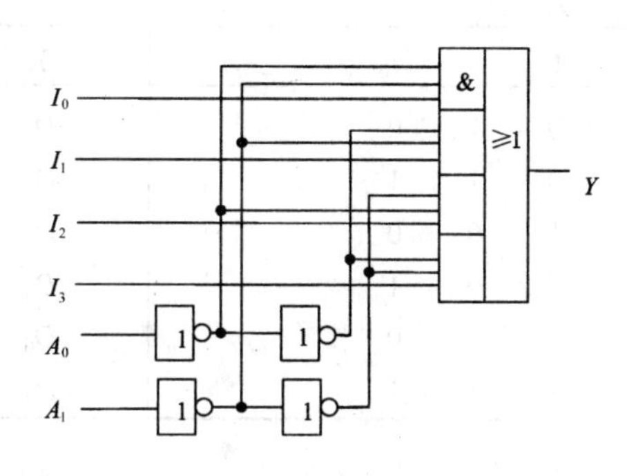

图 4-6-2 【例 4-12】4 选 1 数据选择器逻辑电路图

4.6.2　8 选 1 集成数据选择器 74151

74151 是一种典型的 8 选 1 集成数据选择器。

1. 逻辑符号图和引脚图如图 4-6-3 所示

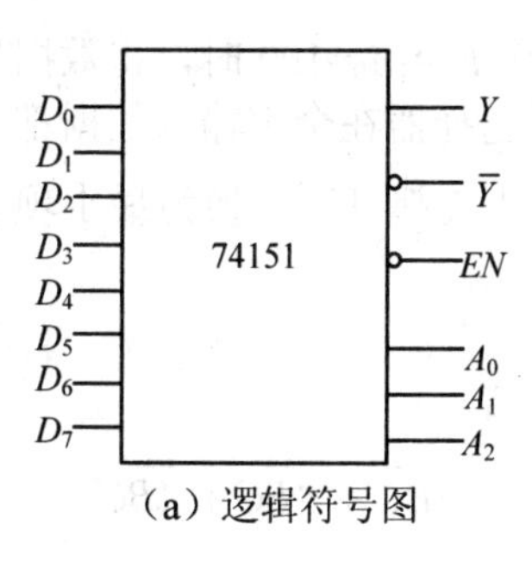

（a）逻辑符号图

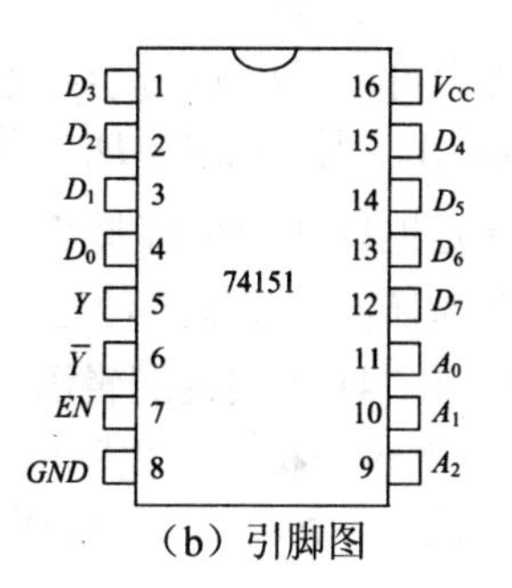

（b）引脚图

图 4-6-3　芯片 74151

2. 逻辑符号图中各 I/O 端功能说明如下

D_0～D_7 是 8 个数据输入端，0 和 1 均是有效的输入信号。

A_2～A_0 是 3 个地址输入端，用于确定输入端口。

Y 和 $\overline{Y}$ 是 2 个互补的数据输出端。

EN 是控制输入端，低电平有效。当 EN =1 时该芯片被禁止工作，此时 Y =0。当 EN =0 时芯片正常工作。

3. 74151 芯片逻辑功能真值表如表 4-6-2 所示

表 4-6-2　74151 芯片逻辑功能真值表

输　入				输　出	
EN	A_2	A_1	A_0	Y	$\overline{Y}$
1	×	×	×	0	1
0	0	0	0	D_0	$\overline{D}_0$
0	0	0	1	D_1	$\overline{D}_1$

续表

输入		输出	
EN	A_2 A_1 A_0	Y	$\overline{Y}$
0	0 1 0	D_2	$\overline{D}_2$
0	0 1 1	D_3	$\overline{D}_3$
0	1 0 0	D_4	$\overline{D}_4$
0	1 0 1	D_5	$\overline{D}_5$
0	1 1 0	D_6	$\overline{D}_6$
0	1 1 1	D_7	$\overline{D}_7$

4. 令 EN =0，由真值表写出 74151 正常工作时 Y 的逻辑表达式

$$\begin{aligned}Y &= \overline{A_2}\,\overline{A_1}\,\overline{A_0}D_0 + \overline{A_2}\,\overline{A_1}A_0D_1 + \overline{A_2}A_1\overline{A_0}D_2 + \overline{A_2}A_1A_0D_3 \\ &\quad + A_2\overline{A_1}\,\overline{A_0}D_4 + A_2\overline{A_1}A_0D_5 + A_2A_1\overline{A_0}D_6 + A_2A_1A_0D_7 \\ &= m_0D_0 + m_1D_1 + m_2D_2 + m_3D_3 + m_4D_4 + m_5D_5 + m_6D_6 + m_7D_7 \\ &= \sum_{i=0}^{7} m_i p_i\end{aligned}$$

从公式中可以看出 m_i 是 $A_2A_1A_0$ 的最小项。例如：当 $A_2A_1A_0$=100 时，将数据代入公式后，只有 m_4=1，则此时 $Y = D_4$。利用这个特性，当数据选择器在全部输入数据都为 1 时，输出信号就是地址变量全部最小项的和，而任一逻辑表达式都可以转换为最小项表达式，因此用数据选择器可以很方便地实现逻辑函数输出。

【例 4-13】 用 74151 实现逻辑函数 $L = AB + \overline{B}C$。

解： ① 题目分析。首先写出逻辑函数 L 的最小项表达式：

$$\begin{aligned}L &= AB + \overline{B}C = AB(C+\overline{C}) + (A+\overline{A})\overline{B}C = ABC + AB\overline{C} + A\overline{B}C + \overline{A}\overline{B}C \\ &= m_7 + m_6 + m_5 + m_1\end{aligned}$$

当 EN=0 时，74151 的逻辑表达式为：

$$Y = m_0D_0 + m_1D_1 + m_2D_2 + m_3D_3 + m_4D_4 + m_5D_5 + m_6D_6 + m_7D_7$$

为了实现逻辑函数 L 将两个逻辑表达式进行对比，令 L=Y，则得到以下结果：

$$\begin{cases} D_1 = D_5 = D_6 = D_7 = 1 \\ D_0 = D_2 = D_3 = D_4 = 0 \end{cases}$$

② 设计实现：由以上的结果，令 EN 接地，A=A_2、B=A_1、C=A_0，D_1、D_5、D_6、D_7 接高电平，D_0、D_2、D_3、D_4 接低电平，可以画出电路图如图 4-6-4 所示。

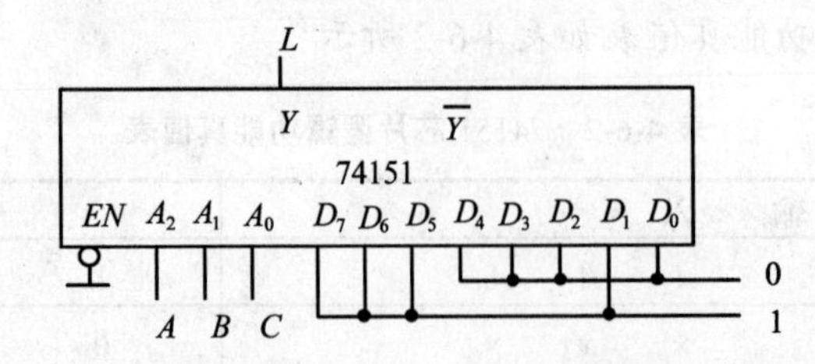

图 4-6-4 【例 4-13】芯片 74151 用于逻辑函数输出电路

4.7　数值比较器

在计算机中常常需要比较两个二进制数的大小。数值比较器的功能就是用来比较两个相同位数的二进制数的大小。数值比较器分同比较器和大小比较器两种，其中，同比较器的结果有两种情况，即 $A=B$，$A\neq B$；而大小比较器的结果有三种情况，即：$A>B$，$A<B$，$A=B$。

4.7.1　1 位数值同比较器

1 位数值同比较器的功能是比较两个 1 位二进制数 A 和 B 是否相等。比较的位数虽然少，但是 1 位数值同比较器是数值同比较器的基础，是组成多位数值同比较器的基本单元。

【例 4-14】 利用门电路，设计一个 1 位二进制数的数值同比较器。

解： ① 分析逻辑功能并列出真值表。

假设 A、B 是两个待比较的 1 位二进制数，其比较的结果用 $F_{\mathrm{A=B}}$ 表示，比较结果为 1 表示 $A=B$，为 0 表示 $A\neq B$，由此列出真值表如表 4-7-1 所示。

表 4-7-1　【例 4-14】1 位二进制数数值同比较器真值表

输　入		输　出
A	B	$F_{\mathrm{A=B}}$
0	0	1
0	1	0
1	0	0
1	1	1

② 由真值表列出逻辑表达式：

$$F_{\mathrm{A=B}}=\overline{A}\overline{B}+AB=A\odot B$$

③ 由逻辑表达式画出逻辑电路图，如图 4-7-1 所示。

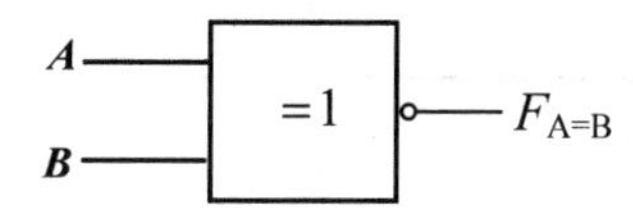

图 4-7-1　【例 4-14】1 位二进制数数值同比较器逻辑电路图

4.7.2　多位数值同比较器

两个位数相同的多位二进制数在比较是否相等时需要将各对应位分别进行比较，当所有对应位都相等时，两个数相等；否则两个数不相等。

以 4 位二进制数值同比较器为例，设两个待比较数为 $A=A_3A_2A_1A_0$、$B=B_3B_2B_1B_0$，比较结果用 $F_{\mathrm{A=B}}$ 表示，比较结果为 1 表示 $A=B$，为 0 表示 $A\neq B$。根据同比较器的设计原理，只需将两数的对应位送入 1 位二进制数的同比较器，然后将各位同比较器的比较结果送入与门，与门的输出就是整个同比较器的输出，该输出为 1 表示 $A=B$，为 0 表示 $A\neq B$。这样 4 位二进制数值同比较器使用四个异或门加上一个与门即可实现。其逻辑结构图如图 4-7-2 所示。

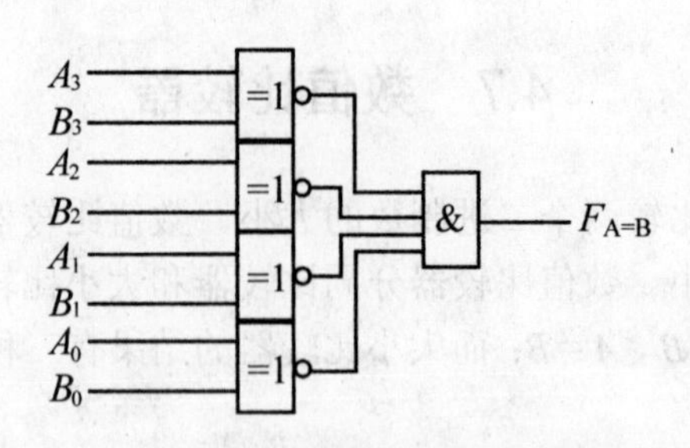

图 4-7-2　4 位二进制数数值同比较器逻辑电路图

综上所述，N 位数的同比较器是由 N 个异或门加上一个与门采用两级级连方式构成的，该连接方式电路简单，易理解，但只能比较两个数是否相等。如需进一步比较两个不相等的数的大小关系则需用数值大小比较器来解决。

4.7.3　1 位数值大小比较器

1 位数值大小比较器的功能是比较两个 1 位二进制数 A 和 B 的大小。比较的位数虽然少但是 1 位数值大小比较器是数值比较器的基础，是组成多位数值大小比较器的基本单元。

【例 4-15】 利用门电路，设计一个 1 位二进制数的数值大小比较器。

解：① 分析逻辑功能并列真值表：假设 A、B 是两个待比较的 1 位二进制数，其比较的结果有三种情况，分别设为 $F_{A>B}$、$F_{A<B}$、$F_{A=B}$，比较结果中有一个发生即为 1，不发生为 0，则列出真值表如表 4-7-2 所示。

表 4-7-2 【例 4-15】1 位二进制数数值大小比较器真值表

输入		输出		
A	B	$F_{A>B}$	$F_{A<B}$	$F_{A=B}$
0	0	0	0	1
0	1	0	1	0
1	0	1	0	0
1	1	0	0	1

② 由真值表列出逻辑表达式：

$$F_{A>B} = A\overline{B}$$

$$F_{A<B} = \overline{A}B$$

$$F_{A=B} = \overline{A}\overline{B} + AB = \overline{\overline{A}B + A\overline{B}}$$

③ 由逻辑表达式画出逻辑电路图，如图 4-7-3 所示。

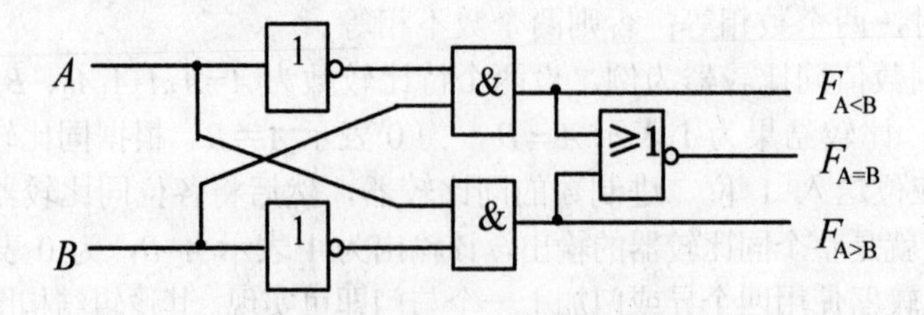

图 4-7-3 【例 4-15】1 位二进制数数值比较器逻辑电路图

4.7.4　多位数值大小比较器

两个位数相同的多位二进制数在比较大小时一般的原则是先比较高位，当高位相等时才比较低位。例如，两个 3 位二进制数 $A=A_2A_1A_0$，$B=B_2B_1B_0$。在比较大小时，若 $A_2>B_2$ 则 $A>B$；若 $A_2<B_2$ 则 $A<B$；如果 $A_2=B_2$ 则应比较低位 A_1 和 B_1，比较的方法是相同的。

多位数值大小比较器是由多个 1 位数值大小比较器组成的，在逻辑关系上，如果要比较出结果，那么在高位的比较结果相同的情况下，低位的比较结果要向高位传递。

4.7.5　集成数值比较器 7485

集成数值比较器 7485 是 4 位二进制数值大小比较器，它可以实现两个 4 位二进制数的大小比较。

1．7485 的逻辑图和引脚图（如图 4-7-4 所示）

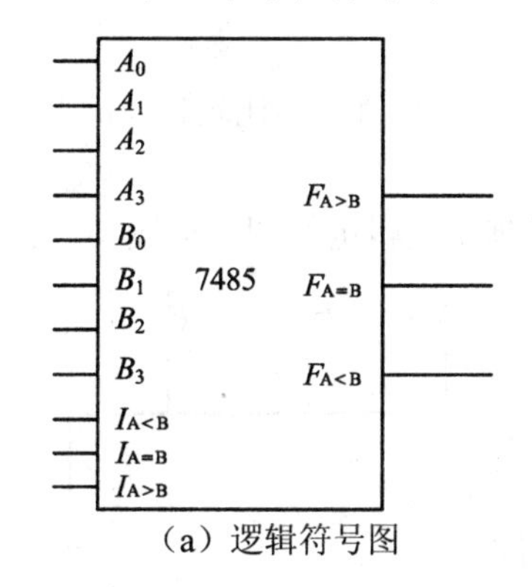

（a）逻辑符号图

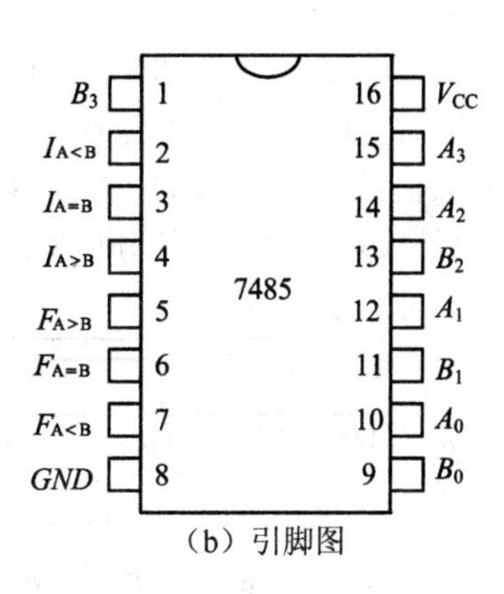

（b）引脚图

图 4-7-4　芯片 7485

2．逻辑符号图中各 I/O 端功能说明如下

$A_0 \sim A_3$ 和 $B_0 \sim B_3$ 是待比较的两个 4 位二进制数的按位输入端。

$F_{A>B}$ 、$F_{A<B}$、$F_{A=B}$ 是比较结果输出端。

$I_{A>B}$、$I_{A<B}$、$I_{A=B}$ 是低位比较结果输入端，用于多个 7485 级联时使用。当 7485 芯片单独使用时应保证输入信号是 $I_{A>B}=I_{A<B}=0$、$I_{A=B}=1$。

3．7485 芯片的逻辑功能真值表（如表 4-7-3 所示）

表 4-7-3　7485 芯片的逻辑功能真值表

数值输入				级联输入			输　出		
$A_3\ B_3$	$A_2\ B_2$	$A_1\ B_1$	$A_0\ B_0$	$I_{A>B}$	$I_{A=B}$	$I_{A<B}$	$F_{A>B}$	$F_{A=B}$	$F_{A<B}$
$A_3>B_3$	×	×	×	×	×	×	1	0	0
$A_3<B_3$	×	×	×	×	×	×	0	0	1
$A_3=B_3$	$A_2>B_2$	×	×	×	×	×	1	0	0
$A_3=B_3$	$A_2<B_2$	×	×	×	×	×	0	0	1
$A_3=B_3$	$A_2=B_2$	$A_1>B_1$	×	×	×	×	1	0	0
$A_3=B_3$	$A_2=B_2$	$A_1<B_1$	×	×	×	×	0	0	1
$A_3=B_3$	$A_2=B_2$	$A_1=B_1$	$A_0>B_0$	×	×	×	1	0	0

续 表

数值输入				级联输入			输出		
A_3B_3	A_2B_2	A_1B_1	A_0B_0	$I_{A>B}$	$I_{A=B}$	$I_{A<B}$	$F_{A>B}$	$F_{A=B}$	$F_{A<B}$
$A_3=B_3$	$A_2=B_2$	$A_1=B_1$	$A_0<B_0$	×	×	×	0	0	1
$A_3=B_3$	$A_2=B_2$	$A_1=B_1$	$A_0=B_0$	1	0	0	1	0	0
$A_3=B_3$	$A_2=B_2$	$A_1=B_1$	$A_0=B_0$	0	1	0	0	1	0
$A_3=B_3$	$A_2=B_2$	$A_1=B_1$	$A_0=B_0$	0	0	1	0	0	1

4.7.6 集成数值比较器 7485 的级联扩展

利用多个 7485 芯片的级联扩展可以实现更多位数的二进制数值比较电路。7485 芯片的级联扩展方法有两种：串联扩展法和并联扩展法。

1. 串联扩展法

【例 4-16】 用 7485 实现 8 位二进制数值比较电路。

解：① 题目分析。集成数值比较器 7485 是 4 位二进制数值大小比较器，因此要实现 8 位二进制数值比较就需要两片 7485 来实现。

② 设计实现。由以上的分析采用串联的形式可以画出逻辑电路图，如图 4-7-5 所示。

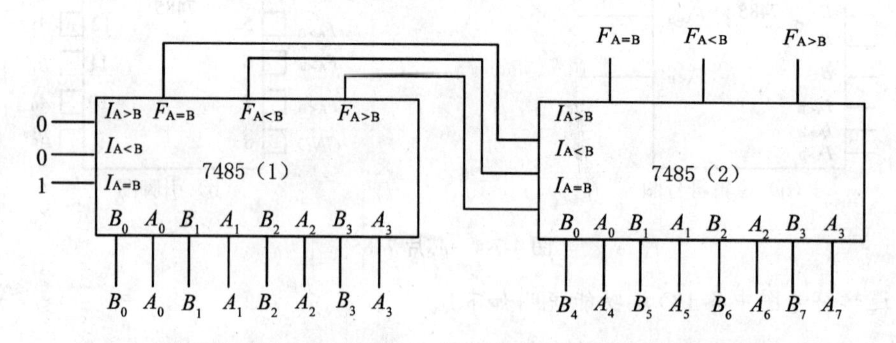

图 4-7-5 【例 4-16】两片 7485 实现 8 位二进制数值比较电路

③ 功能分析。图 4-7-5 中，电路的连接方法是将 1 号片的 $I_{A>B}$、$I_{A<B}$ 接低电平 0，$I_{A=B}$ 接高电平 1；同时 1 号片的输出端 $F_{A>B}$、$F_{A<B}$、$F_{A=B}$ 分别连接到了 2 号片的 $I_{A>B}$、$I_{A<B}$、$I_{A=B}$，总输出端为 2 号片的输出端，这样连接的方式即为串联方式。进行数据比较时，电路将 8 位二进制数分成了高 4 位和低 4 位分别进行比较，1 号片负责低 4 位的比较，2 号片负责高 4 位的比较。两片的工作原理是：高位片（2 号片）先比较如果有结果就直接输出；若高 4 位比较相等，那么比较的结果就由低 4 位比较结果来决定。在串联的连接方式中数值的比较结果由低位向高位串行传输。

2. 并联扩展法

【例 4-17】 用 7485 并联扩展实现 16 位二进制数值大小比较器。

解：① 题目分析。集成数值比较器 7485 是 4 位二进制数值大小比较器，因此要实现并联 16 位二进制数值比较就需要四片 7485 来进行一级比较，一片进行 1 级比较结果的 2 级比较，共需要五片 7485 来实现。

② 设计实现。由以上的分析采用并联的方式可以画出逻辑电路图，如图 4-7-6 所示。

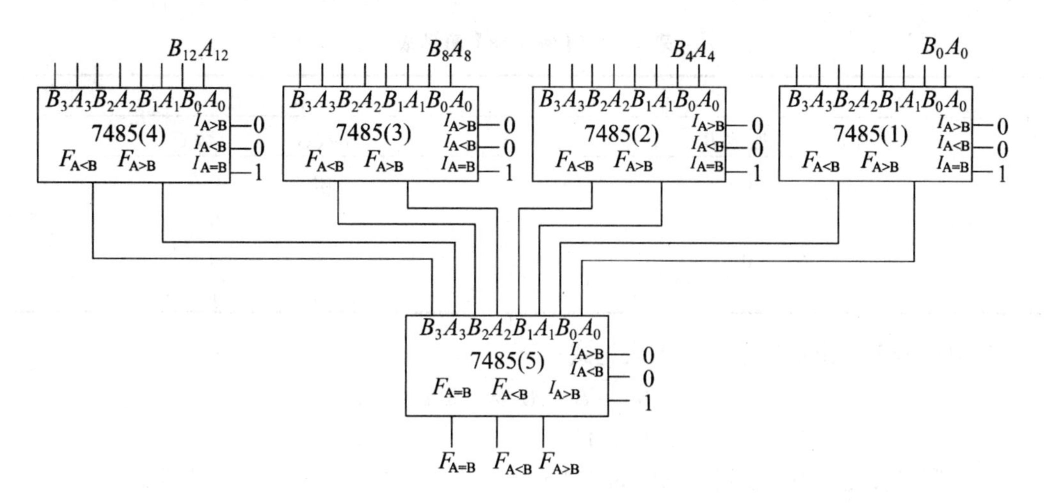

图 4-7-6 【例 4-17】用 7485 并联组成的 16 位二进制数值大小比较器电路图

③ 功能分析。由图 4-7-6 可知，电路将 16 位二进制数由高到低，每 4 位为一组，分成了四组，每一组用一片 7485 来进行比较，各组之间是并联的关系。这样 4 号片比较最高的 4 位，依次是 3 号、2 号，1 号片比较最低的 4 位。1、2、3、4 号芯片的每一片的 $F_{A>B}$、$F_{A<B}$ 比较结果输入到 5 号片的一对比较输入端。现以 4 号片为例进行分析。根据数值比较先高位后低位的原理，4 号片是进行最高位比较的。当 $A_{15}A_{14}A_{13}A_{12} > B_{15}B_{14}B_{13}B_{12}$ 时，4 号片此时的输出是 $F_{A>B}$=1、$F_{A<B}$=0，这两个信号分别输入到 5 号片的最高位的两个比较输入端 A_3B_3 就有 $A_3=1, B_3=0$。则 $A_3>B_3$，那么 5 号片的输出就是 $F_{A>B}$=1。其他的 3 号、2 号、1 号芯片的比较结果同理都是先输入到 5 号片进行处理然后输出的。如果待比较的两个数相等，则 1、2、3、4 号芯片的比较输出都是 0，那么 5 号片的输入就全是 0，这样 5 号片的输出就是 $F_{A=B}$=1。在并联的连接方式中，各组比较同时并行进行，结果同时传入下一级芯片进行比较输出。

由【例 4-16】和【例 4-17】可知，串联的连接方式电路简单，易理解，但进行比较时信号由低位向高位层层传递，比较速度慢。并联的连接方式电路较复杂，不易理解，但进行比较时信号同时进行，比较速度快。

4.8 加 法 器

在计算机中，二进制数的四则运算都可以转换为加法进行，因此加法器是计算机中的基本运算单元。

4.8.1 半加器

只考虑两个 1 位二进制数的相加，而不考虑低位进位数的运算电路，称为半加器。

【例 4-18】 利用组合逻辑门器件，设计一个 1 位二进制数半加器。

解：① 分析功能确定变量：设 A 和 B 分别表示被加数和加数，S 为本位和，C 表示向相邻高位的进位，根据一位二进制数相加的规则，可列出半加器的真值表如表 4-8-1 所示。

表 4-8-1 【例 4-18】真值表

输入		输出	
被加数 A	加数 B	和数 S	进位数 C
0	0	0	0
0	1	1	0
1	0	1	0
1	1	0	1

② 由真值表写出输出逻辑函数表达式如下：

$$S = \overline{A}B + A\overline{B} = A \oplus B$$
$$C = AB$$

③ 由逻辑表达式画出逻辑电路图如图 4-8-1（a）所示，半加器的逻辑符号图如图 4-8-1（b）所示。

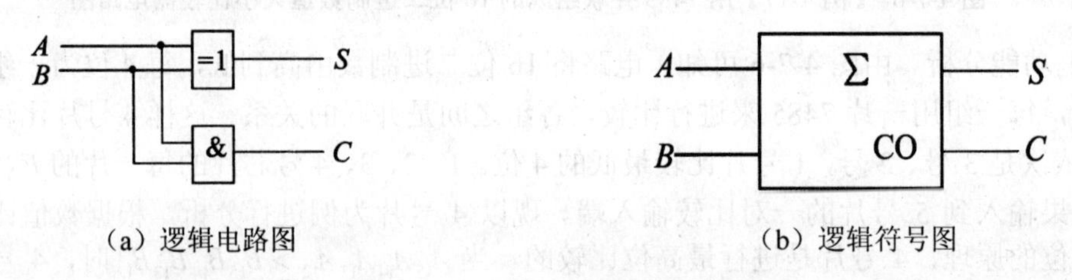

图 4-8-1 【例 4-18】半加器

4.8.2 全加器

将两个多位二进制数相加时，除最低位外，其他各位相加时都需要考虑低位送来的进位，这种运算电路叫全加器。全加器进行相加运算时，应考虑加数、被加数及来自低位的进位数，相加的结果有两个：一个是本位和，另一个是进位数。因此，全加器有三个输入端，两个输出端。

【例 4-19】 利用组合逻辑门器件，设计一个 1 位二进制数全加器。

解：① 分析逻辑功能并列真值表：设 A_i 和 B_i 分别表示第 i 位的被加数和加数，C_{i-1} 表示来自相邻低位的进位。S_i 为本位和，C_i 为向相邻高位的进位。根据全加器的加法规则，可列出如表 4-8-2 所示的全加器真值表。

表 4-8-2 【例 4-19】全加器真值表

输入			输出	
A_i	B_i	C_{i-1}	S_i	C_i
0	0	0	0	0
0	0	1	1	0
0	1	0	1	0
0	1	1	0	1
1	0	0	1	0

续表

输	入		输	出
A_i	B_i	C_{i-1}	S_i	C_i
1	0	1	0	1
1	1	0	0	1
1	1	1	1	1

② 由真值表写出 S_i 和 C_i 的输出逻辑函数表达式：

$$S_i = \overline{A_i}\,\overline{B_i}C_{i-1} + \overline{A_i}B_i\overline{C_{i-1}} + A_i\overline{B_i}\,\overline{C_{i-1}} + A_iB_iC_{i-1}$$
$$= \overline{(A_i \oplus B_i)}C_{i-1} + (A_i \oplus B_i)\overline{C_{i-1}} = A_i \oplus B_i \oplus C_{i-1}$$
$$C_i = \overline{A_i}B_iC_{i-1} + A_i\overline{B_i}C_{i-1} + A_iB_i\overline{C_{i-1}} + A_iB_iC_{i-1}$$
$$= A_iB_i + (A_i \oplus B_i)\mathrm{C}_{i-1}$$

③ 通过公式法变换逻辑表达式后，得：

$$S_i = A_i \oplus B_i \oplus C_{i-1}$$
$$C_i = A_iB_i + (A_i \oplus B_i)\mathrm{C}_{i-1}$$

④ 由逻辑表达式画出全加器逻辑电路图，如图 4-8-2 所示。

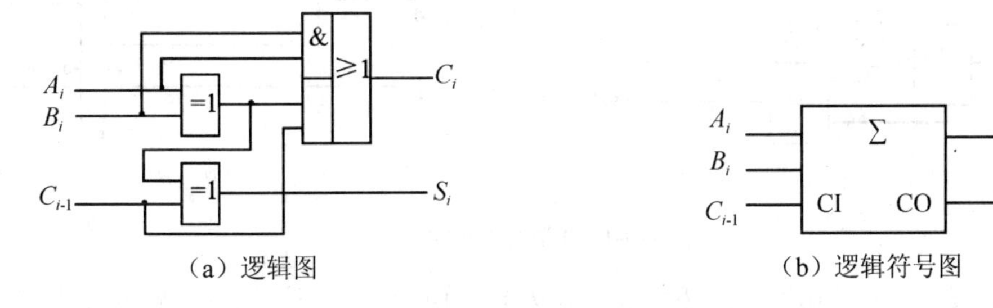

（a）逻辑图　　　（b）逻辑符号图

图 4-8-2 【例 4-19】全加器及其逻辑符号

4.8.3　多位数加法器

若有多位二进制数相加，则可采用并行相加串行进位的方式来完成。例如，有两个 4 位二进制数 $A=A_3A_2A_1A_0$ 与 $B=B_3B_2B_1B_0$ 相加，可以采用 1 片内含 4 个 1 位二进制数全加器的集成电路实现，其原理图如图 4-8-3 所示。由图可以看出，每一位的进位信号送给下一位作为输入信号，因此，任一位的加法运算必须在低一位的运算完成之后才能进行，这种进位方式称为串行进位。该加法器的逻辑电路比较简单，但运算速度不高。

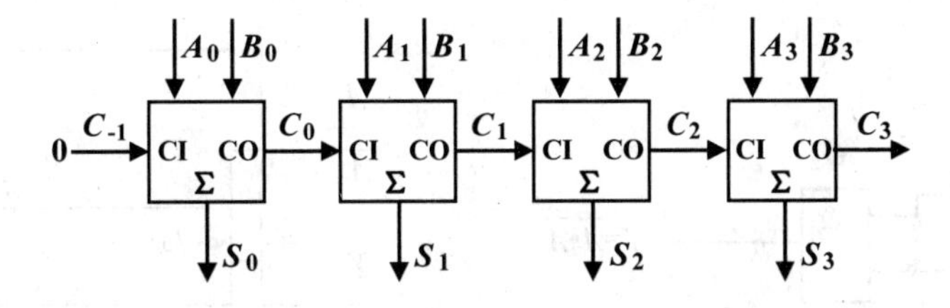

图 4-8-3　4 位串行进位加法器

4.9 组合逻辑电路中的竞争冒险

前面对组合逻辑电路的讨论，都是在理想状态下进行的。在理想状态中没有考虑门电路延迟时间对电路的影响。但在实际环境里，由于电路传输延迟时间的存在，当一个输入信号进入某个电路并在该电路中分为多个分支，各个分支经过多条路径传送后又重新会合到某个逻辑门上时，由于不同路径上逻辑门的个数不同，以及门电路延迟时间的差异，导致相同信号的多路分支到达会合点的时间有先有后，这种现象叫做竞争，由于竞争电路产生输出干扰信号的现象叫冒险。但有竞争存在时不一定产生冒险。

4.9.1 冒险的分类

冒险分为0型冒险和1型冒险两类。

1. 0型冒险

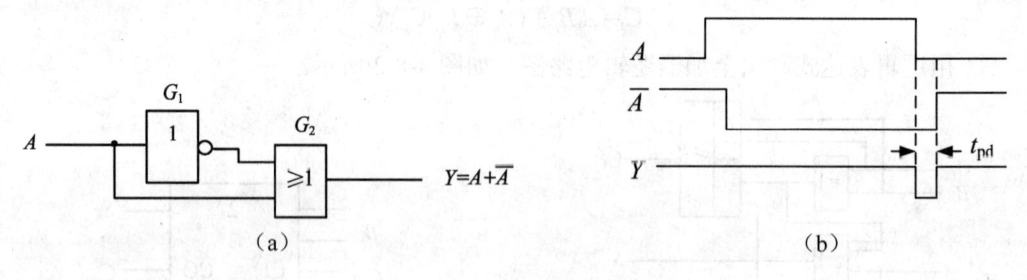

图 4-9-1 0型冒险现象

图 4-9-1（a）所示的电路中，逻辑表达式为$Y = A+\overline{A}$，理想情况下，Y 的输出应该恒等于 1。但实际情况下，由于 G_1门的延迟时间 t_{pd}，如图 4-9-1（b）所示，A 信号下降沿到达 G_2门的时间比$\overline{A}$信号上升沿要早 t_{pd}时间，从而使得 G_2输出端出现了一个负向窄脉冲，这种情况通常称之为“0 型冒险”。

2. 1型冒险

图 4-9-2（a）所示的电路中，逻辑表达式为$Y = A\overline{A}$，理想情况下，输出应恒等于 0。但实际情况下，由于 G_1门的延迟时间 t_{pd}，如图 4-9-2（b）所示，$\overline{A}$信号下降沿到达 G_2门的时间比 A 信号上升沿晚 t_{pd}时间，从而使 G_2输出端出现了一个正向窄脉冲，这种情况通常称之为“1 型冒险”。

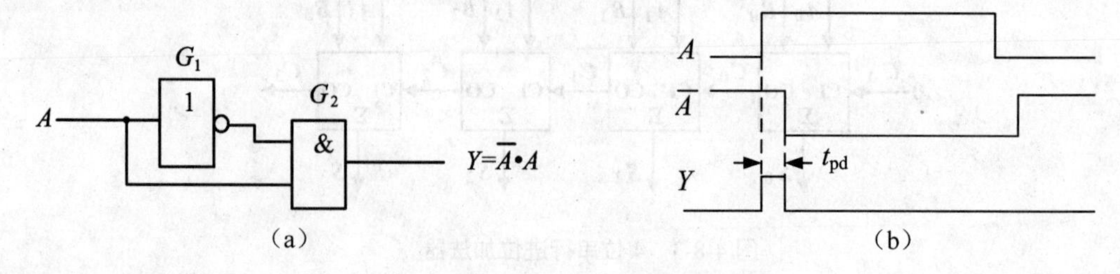

图 4-9-2 1型冒险现象

4.9.2　0 型冒险和 1 型冒险的判断

在一个逻辑函数式 Y 中，如果某个变量以原变量和反变量的形式在式中同时出现，那么该变量就是具有竞争条件的变量。

如果令其他变量为 0 或 1 消去后式子中出现类似下式形式：

$$Y = A + \overline{A}$$

则电路中就会产生 0 型冒险。

如果令其他变量为 0 或 1 消去后式子中出现类似下式形式：

$$Y = A\overline{A}$$

则电路中就会产生 1 型冒险。

一般用以下方法步骤判断逻辑表达式中存在的竞争冒险。

1．找出逻辑表达式中以原、反变量同时出现的变量。

2．以其他变量为自变量列真值表，求 Y 的表达式。

3．Y 中有 $A \cdot \overline{A}$ 则存在 1 型冒险；有 $A + \overline{A}$ 则存在 0 型冒险。

【例 4-20】 判断 $Y = AC + \overline{A}B + \overline{AC}$ 是否存在冒险。

解：① 判断条件：逻辑表达式中变量 A 和 C 以原变量和反变量的形式同时出现，是具有竞争条件的变量。先判断 A，如表 4-9-1 所示。

表 4-9-1 【例 4-20】A 变量判断表

B	C	$Y = AC + \overline{A}B + \overline{AC}$
0	0	$Y = \overline{C}$
0	1	$Y = A$
1	0	$Y = \overline{A}$
1	1	$Y = A + \overline{A}$

② 判断结果：从表 4-9-1 中可以看出，当 $B = C = 1$ 时，有 $Y = A + \overline{A}$，则电路中 A 信号存在 0 型冒险。

同理判断变量 C，会发现变量 C 不存在冒险。

4.9.3　竞争冒险的消除

1．修改逻辑设计

此方法是利用逻辑代数中的公式对存在冒险的逻辑函数式进行变换，增加多余项，来消除冒险。例如 $Y = \overline{A}B + AC$，在 $B = C = 1$ 时有 0 型冒险。如果利用公式将 Y 变换为：$Y = \overline{A}B + AC = \overline{A}B + AC + BC$，则当 $B = C = 1$ 时结果变为 $Y = 1$，从而消除了冒险。

2．增加选通脉冲

在电路中增加一个选通脉冲，接到可能产生冒险的门电路的输入端。当输入信号转换完成，进入稳态后，才引入选通脉冲，将门打开。这样，输出就不会出现冒险脉冲。

3．使用滤波电容

由于竞争冒险产生的干扰脉冲的宽度一般都很窄，在可能产生冒险的门电路输出端并接一个滤波电容（一般为 4～20pF），利用电容两端的电压不能突变的特性，使输出波形上升沿和下降沿都变得比较缓慢，从而起到消除冒险现象的作用。

实验 4-1　组合逻辑电路设计

一、实验目的

1．掌握组合逻辑电路设计的一般方法。

2．熟悉 EWB 中逻辑转换仪的使用。

3．进一步学会检查和排除一般电路故障的方法。

二、实验内容与步骤

1．用 EWB 设计一个 A、B、C 三人表决电路，要求：当表决某个提案时，多数人同意，提案通过，同时 A 具有否决权；用与非门实现。

（1）分析题意，列出真值表，设 A、B、C 三人表决同意时用 1 表示，不同意时用 0 表示；Y 为表决结果，提案通过用 1 表示，通不过用 0 表示，同时还应考虑 A 具有否决权。由此列出真值表。

（2）调用 EWB 仪器库（Instruments）中的逻辑转换仪图标，如实验图 4-1-1（a）所示，打开逻辑转换仪面板，如实验图 4-1-1（b）所示，在真值表区单击 A、B、C 三个逻辑变量建立一个三变量真值表，根据逻辑控制要求在真值表输出变量中填入相应逻辑值。

（3）单击逻辑转换仪面板上“真值表→逻辑表达式”（Conversions 中的第二个）按钮，得到真值表逻辑表达式。求得简化逻辑表达式（单击 Conversions 中的第三个按钮），再单击“表达式→与非门电路”（Conversions 中的第六个按钮）获得与非门逻辑电路图，如实验图 4-1-2 所示。

（4）逻辑功能测试：在通过逻辑转换仪得到的逻辑电路三个输入端接入三个开关，用来选择“+5V”或“地”，接高电平作为逻辑“1”，接低电平作为逻辑“0”。逻辑电路输出端接指示灯，输出高电平（逻辑“1”）时指示灯亮，输出低电平（逻辑“0”）时指示灯灭。按逻辑转换仪面板中真值表的开关状态组合，观察指示灯的亮灭可对真值表的状态逐一验证，如实验图 4-1-3 所示。

2．EWB 仿真设计一个路灯控制逻辑电路，要求在四个不同的地方都能独立的控制路灯的亮灭。

（1）如实验图 4-1-4 所示分析题意，在逻辑转换仪面板上列出真值表。

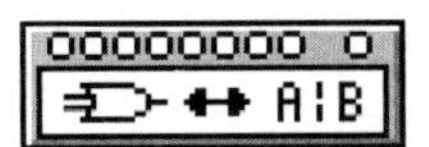

（a）逻辑转换仪图标

（b）逻辑转换仪面板

实验图 4-1-1　逻辑转换仪的使用

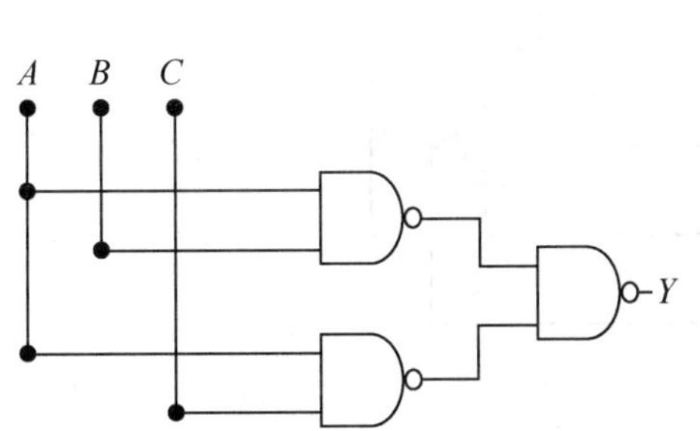

实验图 4-1-2　与非门组成的三人表决电路

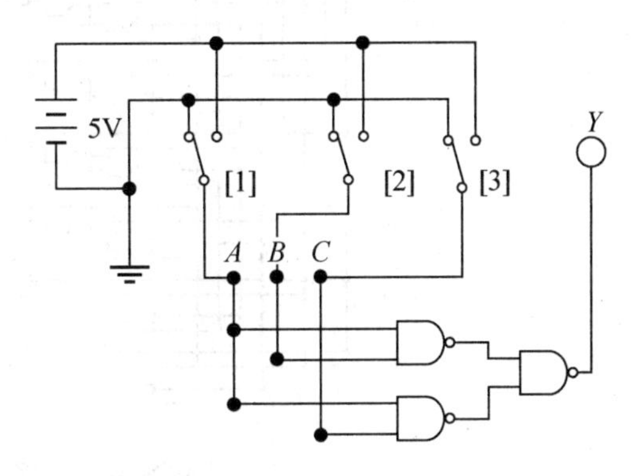

实验图 4-1-3　与非门组成的三人表决电路逻辑功能测试

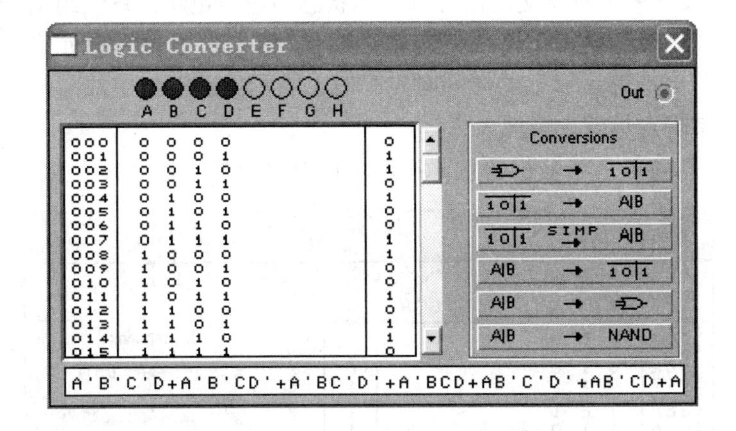

实验图 4-1-4　在逻辑转换仪面板上列出真值表

（2）通过逻辑转换仪得到电路。单击逻辑转换仪面板上“真值表→逻辑表达式”（Conversions 中的第二个）按钮，得到真值表逻辑表达式。求得简化逻辑表达式（单击 Conversions 中的第三个按钮），再点击“表达式→电路”（Conversions 中的第五个按钮）获得逻辑电路图。

（3）逻辑功能测试：通过逻辑转换仪得到的如实验图 4-1-5 所示逻辑电路的四个输入端

接入四个开关，用来选择“+5V”或“地”，接高电平作为逻辑“1”，接低电平作为逻辑“0”。逻辑电路输出端接指示灯，输出高电平（逻辑“1”）时指示灯亮，输出低电平（逻辑“0”）时指示灯灭。按逻辑转换仪面板中真值表的开关状态组合，观察指示灯的亮灭可对真值表的状态逐一验证。

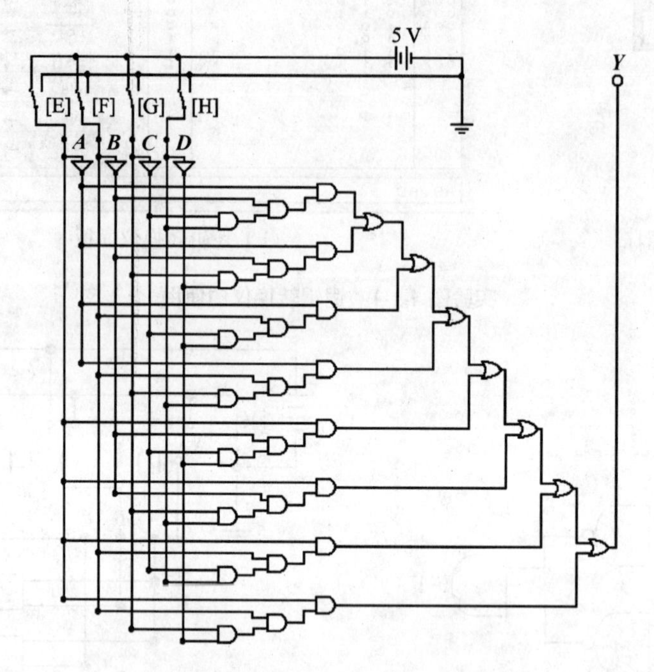

实验图 4-1-5 路灯控制逻辑电路

3．用 EWB 设计一个监视交通信号灯工作状态的逻辑电路。每一组信号灯由红、黄、蓝三盏灯组成。正常工作情况下，任何时刻必须有一盏灯亮，而且只允许一盏灯点亮。若某一时刻无一盏灯亮或两盏以上的灯同时点亮时，表示电路发生了故障，这时要求发出故障信号，以提醒维护人员前去修理。

（1）如实验图 4-1-6 所示分析题意，在逻辑转换仪面板上列出真值表。

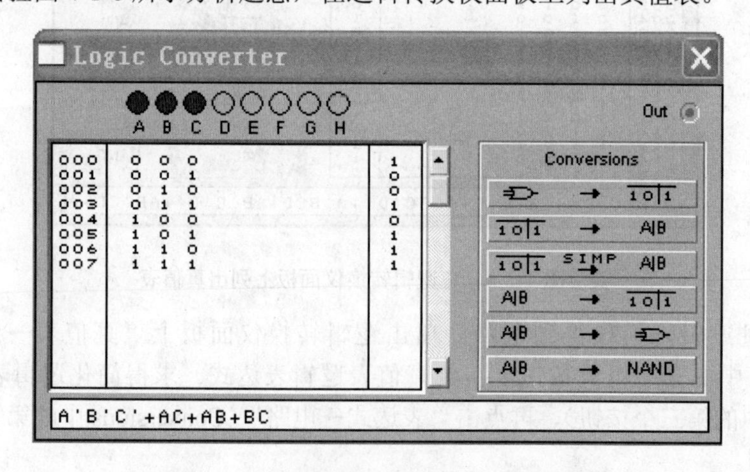

实验图 4-1-6 在逻辑转换仪面板上列出真值表

（2）逻辑电路生成与功能测试：通过逻辑转换仪得到如实验图 4-1-7 所示的逻辑电路，电路中三个输入端接入三个开关，分别代表红、黄、蓝三个灯的工作情况，用来选择“+5”或“地”，接高电平作为逻辑“1”，接低电平作为逻辑“0”。逻辑电路输出端接指示灯，输出高电平（逻辑“1”）时指示灯亮，输出低电平（逻辑“0”）时指示灯灭。按逻辑转换仪面板中真值表的开关状态组合，观察指示灯的亮灭可对真值表的状态逐一验证。

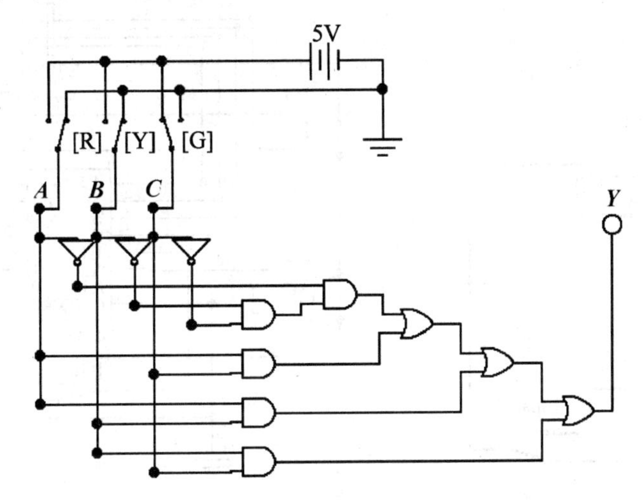

实验图 4-1-7　监视交通信号灯工作状态的逻辑电路

三、实验要求

自行设计实验对本章的组合逻辑电路设计的例题和习题进行仿真并验证结果。

实验 4-2　常用集成组合逻辑电路

一、实验目的

1. 熟悉全加器、集成编码器、译码器和数据选择器逻辑功能的分析方法。
2. 加深对 EWB 仿真软件中开关和逻辑转换仪的使用方法。
3. 通过对理论和软件的认识培养独立设计实验的能力。

二、实验内容和步骤

1. 全加器逻辑功能测试

调用仪器库（Instruments）中的逻辑转换仪（第七个），按实验图 4-2-1 连接好电路。双击逻辑转换仪打开控制面板，按第一个按钮（逻辑电路图→真值表），便可得到门电路真值表。调动开关位置，便可以分别得到两端真值表，与编码器真值表对照是否正确。（可以在 EWB 中选定全加器，再按 F1 键可得到其真值表）

2. 集成编码器 74148 逻辑功能测试

调用仪器库（Instruments）中的逻辑转换仪，按实验图 4-2-2 连接好电路后，开关[K]

在保持闭合与断开时，分别闭合开关[1]、[2]、[3]、[4]、[5]中的一个，参照编码器的真值表在逻辑转换仪中对编码器进行测试。双击逻辑转换仪打开控制面板，按第一个按钮（逻辑电路图→真值表），便可以得到其中一端的真值表，与编码器真值表对照是否正确。

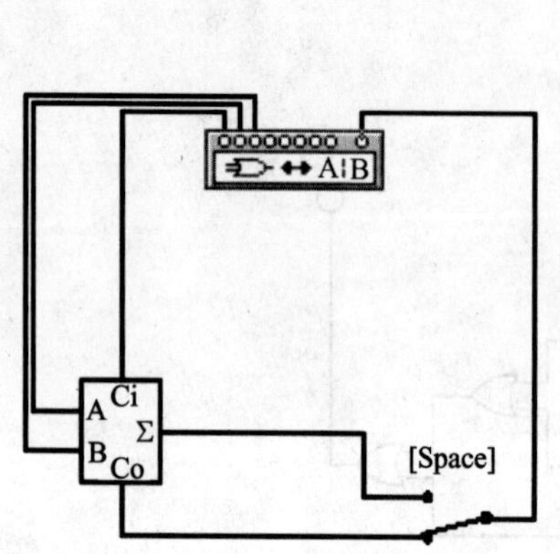

实验图 4-2-1　全加器逻辑功能测试

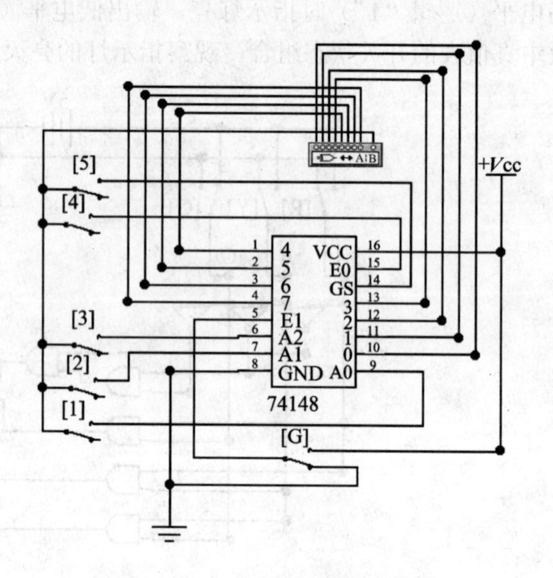

实验图 4-2-2　编码器逻辑功能测试

3. 集成译码器功能测试

（1）集成 2-4 译码器 74139 逻辑功能测试

按实验图 4-2-3 连接好电路。输入端 1A、1B 通过开关[1]、[2]动作可选择输入高电平（+5V）或低电平（地），输出端 Y_0～Y_3 由指示灯的亮、灭表示高低电平。进行测试并与真值表核对。

（2）集成 3-8 译码器 74138 逻辑功能测试

按实验图 4-2-4 连接好电路。输入端 *A*、*B*、*C* 通过开关[A]、[B]、[C]动作可选择输入高电平（+5V）或低电平（地），输出端 Y_0～Y_3 由指示灯的亮、灭表示高低电平。进行测试并与真值表核对。

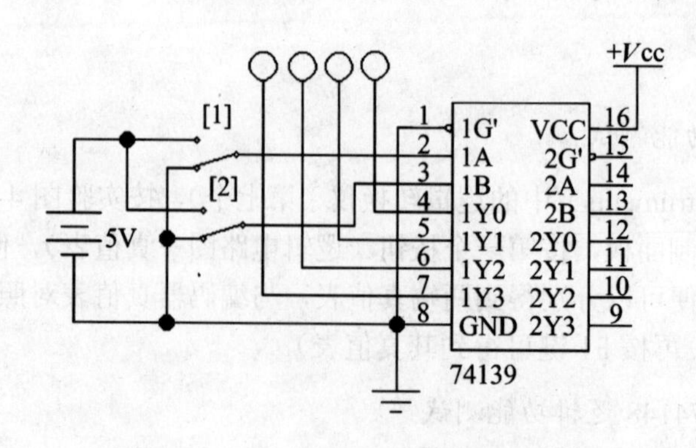

实验图 4-2-3　译码器 74139 逻辑功能测试

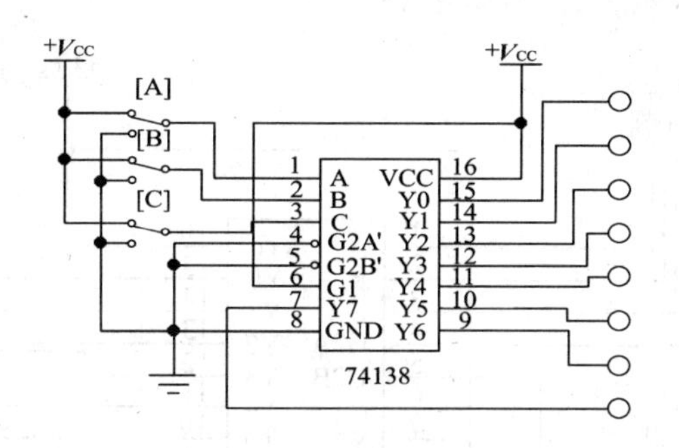

实验图 4-2-4　集成 3-8 译码器 74138 逻辑功能测试

（3）用集成 3-8 译码器 74138 实现逻辑函数发生器

调用仪器库（Instruments）中的逻辑转换仪按实验图 4-2-5（a）和实验图 4-2-5（c）连接好电路。双击逻辑转换仪打开控制面板，按第一个按钮（逻辑电路图→真值表），便可得到门电路真值表；按第二个按钮（真值表→逻辑表达式）可得到门电路的逻辑表达式；按第三个按钮（真值表→最简逻辑表达式）可得到门电路的最简逻辑表达式。结果如实验图 4-2-5（b）和实验图 4-2-5（d）所示。

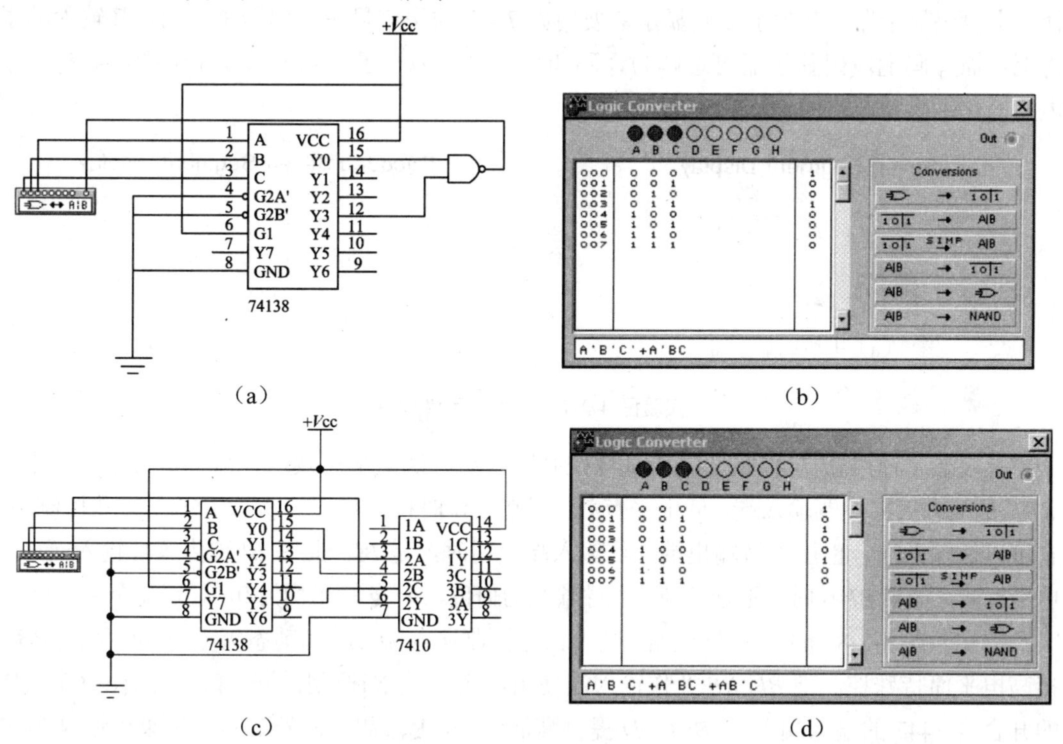

实验图 4-2-5　用集成 3-8 译码器 74138 实现函数发生器

（4）用集成 3-8 译码器 74138 实现数据选择器

分别调用信号源库中的时钟源（频率设置为 1Hz）和仪器库中字信号发生器（频率设置为 1Hz），逻辑分析仪按实验图 4-2-6 连接好电路。启动电路后观察逻辑分析仪中的波形。体会数据选择器的选择过程。

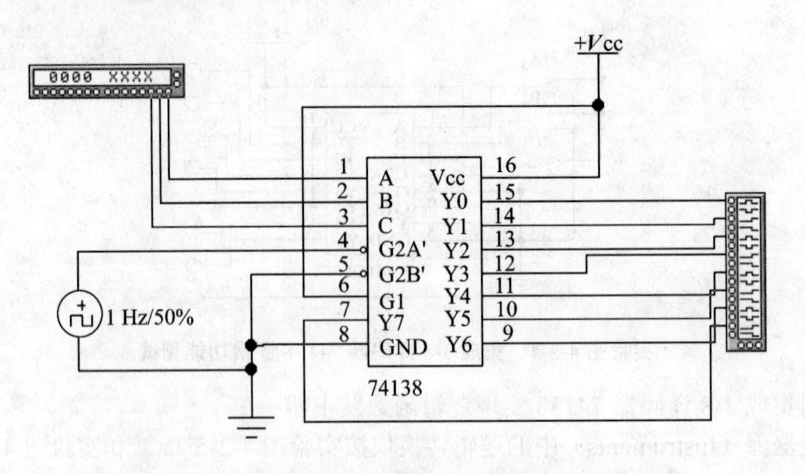

实验图 4-2-6 用集成 3-8 译码器 74138 实现数据选择器

（5）七段显示译码器 7447 逻辑功能测试

如实验图 4-2-7（a）和实验图 4-2-7（b）所示为 EWB 显示器件库中的七段码显示器和译码七段码显示器。其中七段码显示器要用如 7447 的集成显示译码器来驱动，其输入端子为七；而译码七段码显示器可理解为译码和显示合二为一了，其输入端子为四，此种显示电路简化了大型电路的设计和仿真。

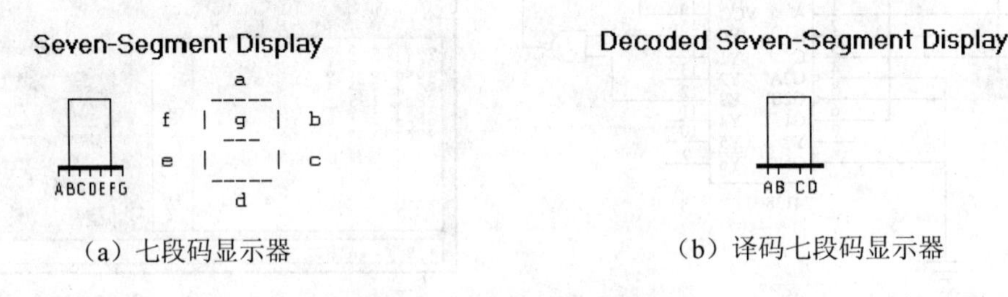

（a）七段码显示器　　（b）译码七段码显示器

实验图 4-2-7 七段显示译码器

七段显示译码器 7447 的 *LT′* 为试灯控制输入端，低电平有效；正常工作时接高电平。*RBI′* 是动态灭零控制输入端，低电平有效；正常工作时接高电平。*BI* / *RBO′* 是特殊控制端，它可以做输入端，也可以做输出端。作输入端使用时，是 *BI*，此时 *BI* 称为灭灯输入端，低电平有效。如果 *BI*=0 时，不管其他输入端输入为何值，*a*～*g* 输出均为 0，显示器全灭。

按实验图 4-2-8（a）连接好电路，其中试灯控制输入端 *LT′* 和动态灭零控制输入端 *RBI′* 接高电平而特殊控制端 *BI* / *RBO′* 作输入端使用，由开关[X]控制；开关[A]、[B]、[C]、[D]的开合给 7447 的输入端子 *A*、*B*、*C*、*D* 提供高低电平，七段码显示器显示的结果可通过 7447 的真值表验证。如实验图 4-2-8（b）所示译码七段码显示器测试电路其功能与 4-2-8（a）相似，只是没有了灭灯的功能。

4. 集成数据选择器 74253 逻辑功能测试

按实验图 4-2-9 连接好电路。参照其真值表进行逻辑功能测试。

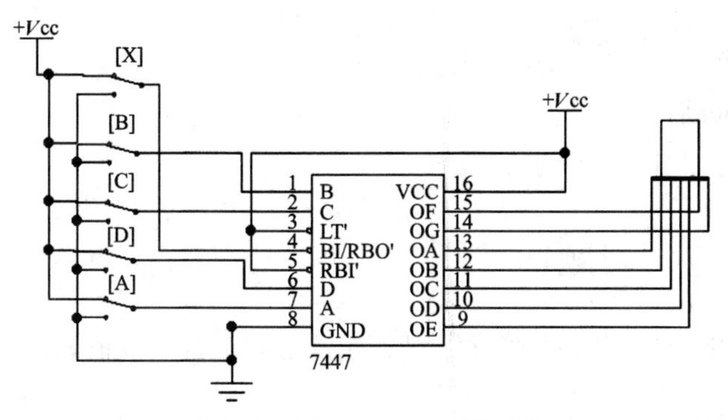

（a）七段显示译码器 7447 逻辑功能测试

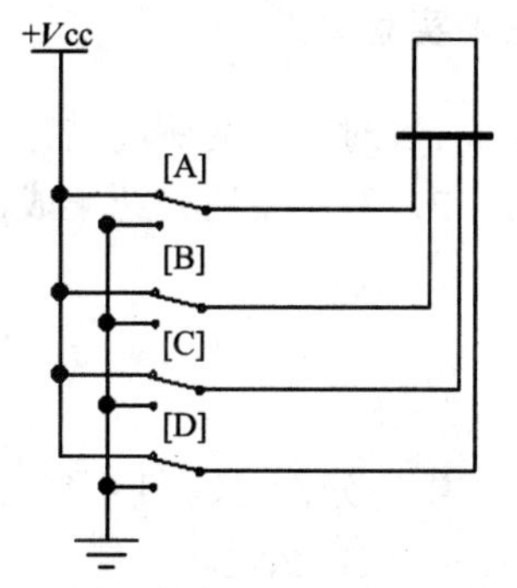

（b）译码七段码显示器测试电路

实验图 4-2-8　显示译码电路

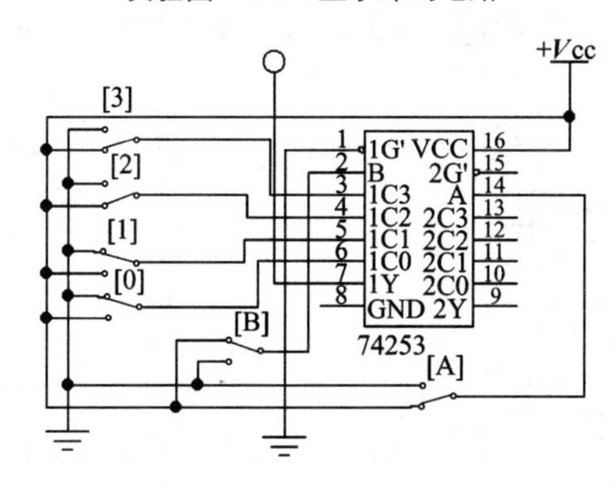

实验图 4-2-9　数据选择器 74253 逻辑功能测试

5．应用集成数据分配器 74151 实现逻辑函数发生器

调用仪器库（Instruments）中的逻辑转换仪，按实验图 4-2-10（a）连接好电路。双击逻辑转换仪打开控制面板，按第一个按钮（逻辑电路图→真值表），便可得到门电路真值表；按第二个按钮（真值表→逻辑表达式）可得到门电路的逻辑表达式；按第三个按钮（真值表→最简逻辑表达式）可得到门电路的最简逻辑表达式。结果如实验图 4-2-10（b）所示。

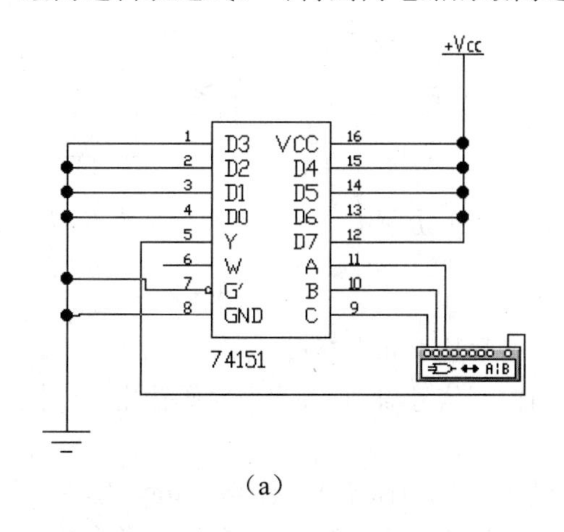

（a）

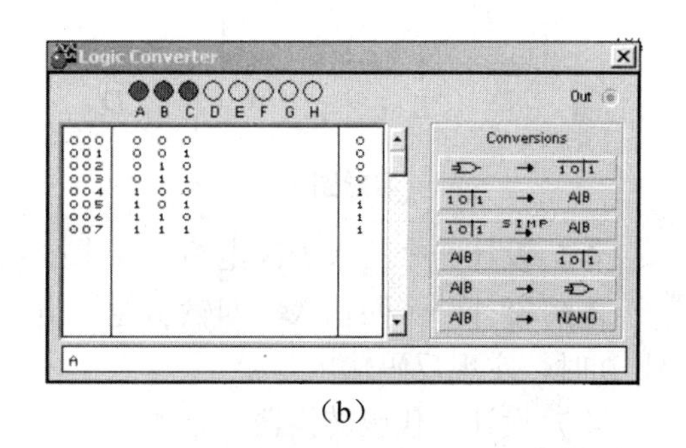

（b）

实验图 4-2-10　应用集成数据分配器 74151 实现逻辑函数发生器

三、实验要求

1．对本章的例题进行仿真验证结果。

2．对本章所介绍集成器件自行设计实验进行仿真。

习题四

4-1 分析习题图 4-1 电路的逻辑功能，写出 S、C_{out} 的逻辑函数式，列出真值表，指出电路完成什么逻辑功能。

4-2 试分析习题图 4-2 电路的逻辑功能，写出函数表达式，列出真值表，指出电路完成什么逻辑功能。

4-3 试分析习题图 4-3 电路的逻辑功能，写出函数表达式，列出真值表，指出电路完成什么逻辑功能。

4-4 分析习题图 4-4 电路，写出函数表达式，并用最少的与非门实现其逻辑功能。

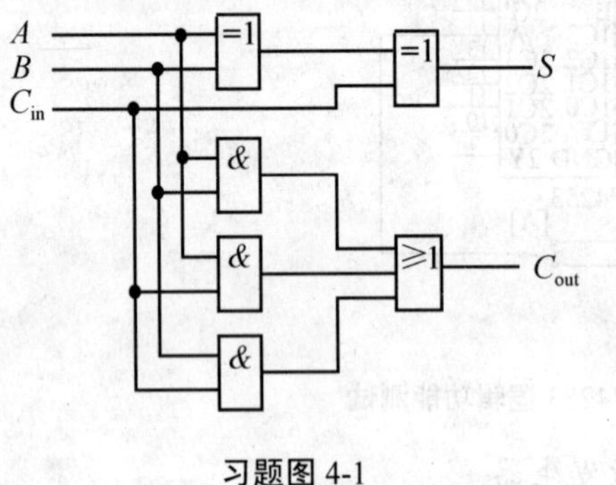

习题图 4-1

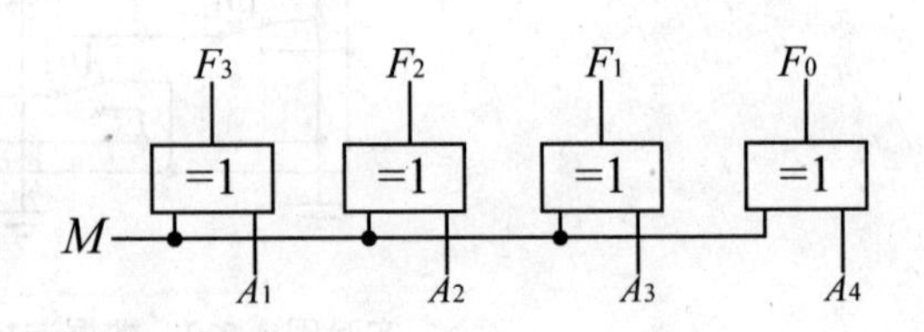

习题图 4-2

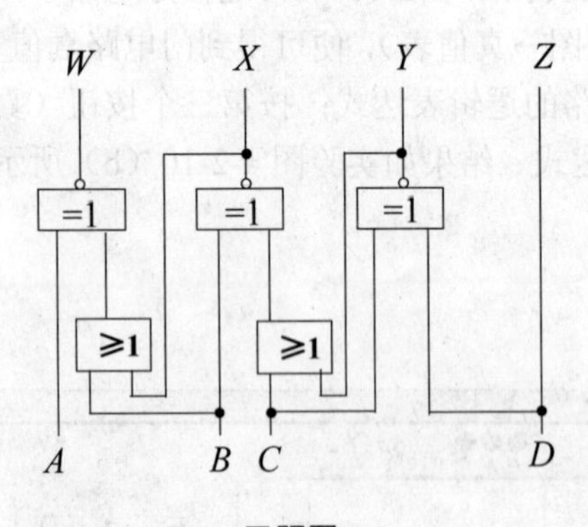

习题图 4-3

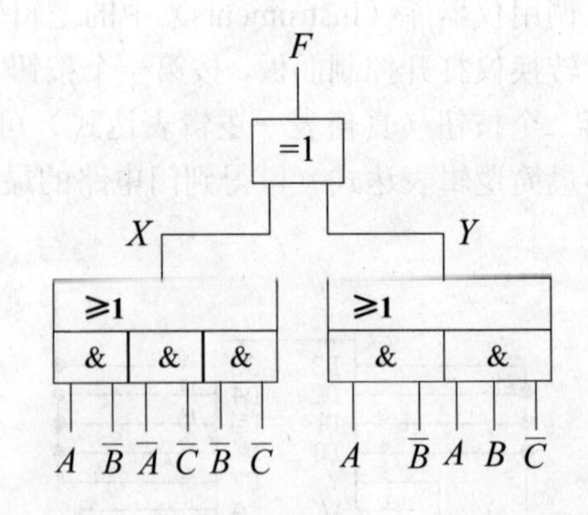

习题图 4-4

4-5 设计一个三人表决电路，要求少数服从多数且不允许弃权。

4-6 设计一个四输入、四输出逻辑电路。当控制信号=1 时，实现原码输出；当控制信号=0 时，实现反码输出。

4-7 设计一代码转换器，该代码转换器可以实现 8421BCD 码转换为 Gray 码。

4-8 某工厂有 A、B、C 三个车间，各需电力 10kW，由厂变电所的 X、Y 两台变压器供电。其中 X 变压器的功率是 13kW，Y 变压器的功率是 25kW。为合理供电，试设计一个送电控制电路。

4-9 判断习题图 4-5 所示电路是否存在险象。如果存在险象，如何克服？

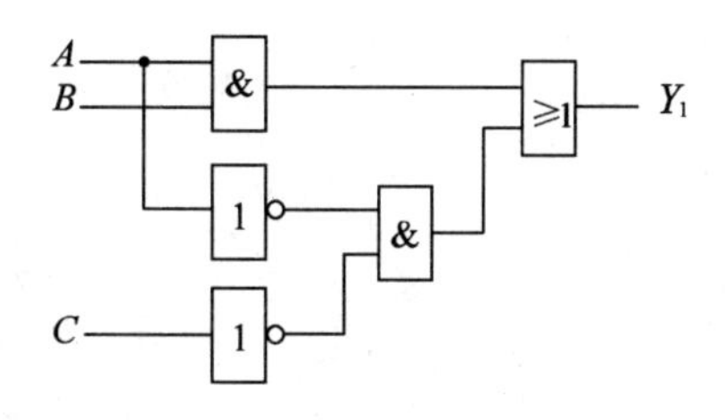

习题图 4-5

4-10 试画出用 8 选 1 数据选择器器 74LS151 实现如下功能的逻辑图。

（1）2 位 8 选 1 数据选择器。

（2）16 选 1 数据选择器。

4-11 用 74151 实现如下逻辑函数。

（1）$Y = A\overline{B}\overline{C} + \overline{A}BC + A\overline{B}C$

（2）$Y = A \odot B \odot C$

4-12 试画出用 3 线-8 线译码器 74LS138 和门电路产生如下多输出逻辑函数的逻辑图。

$$\begin{cases} Y_1 = AC \\ Y_2 = \overline{A}\overline{B}C + A\overline{B}\overline{C} + BC \\ Y_3 = \overline{B}\overline{C} + AB\overline{C} \end{cases}$$

4-13 试用两个半加器和适当门电路实现全加器。

4-14 试用两个 4 位数值比较器 7485 和适当的门电路，组成三个 4 位二进制数的判断电路。要求能够判别三个 4 位二进制数 A（$A_1A_2A_3$）、B（$B_1B_2B_3$）、C（$C_1C_2C_3$）是否相等、A 是否最大、A 是否最小，并分别给出“三个数相等”、“A 最大”、“A 最小”的输出信号。

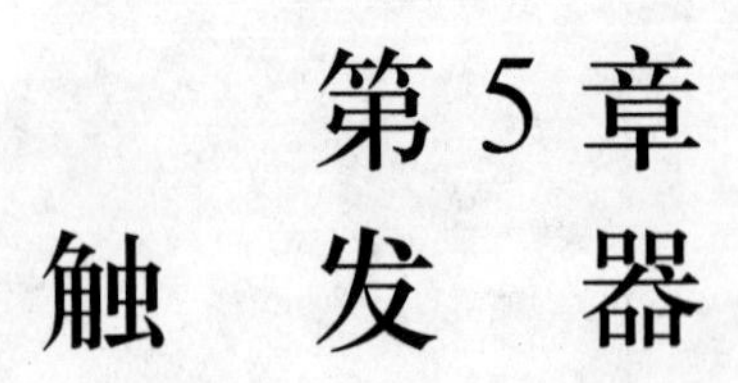

第 5 章 触 发 器

本章主要介绍组成时序逻辑电路的基本电路单元——触发器；首先介绍基本 *RS* 触发器的结构和工作原理；然后介绍各种同步、主从、边沿触发器的逻辑功能；最后介绍集成触发器及其应用。

5.1　概　　述

在组合逻辑电路中，输出信号仅由同时刻输入信号决定，电路由门器件组成，不包含记忆单元，不具备数据保存功能。但在数字系统中常常需要保存某些信息，比如运算的结果，待传输的信息等等。因此就需要一种“新”的电路来完成数据的存储及记忆功能。时序逻辑电路就是这种具有记忆功能的逻辑电路，而触发器是构成时序逻辑电路的基础。

5.1.1　触发器功能和特点

触发器是能够记忆一位二进制信号 0 或 1 的基本逻辑器件，把若干个触发器组合在一起便可以记忆多位二进制信号。为了实现这种记忆的功能，触发器应具有两种能自保持的稳定状态来记忆 0 或 1 两种逻辑状态。如 Q=0、$\overline{Q}$=1 表示 0 状态，记作 Q=0；Q=1、$\overline{Q}$=0 表示 1 状态，记作 Q=1。

所有触发器都具备以下两个工作特性。

1．具有两个稳定状态（1 态或 0 态），在一定的条件下，可保持在一个状态下不变。

2．在一定的外加信号作用下，触发器可从一种稳态转变到另一种稳态。

5.1.2　触发器逻辑功能描述方法

为了便于描述触发器的逻辑功能需要引入两个概念：现态和次态。现态是指触发器在接到输入信号之前所保持的一种稳定状态，用 Q^n 来表示。次态是指触发器在接到输入信号之后重新建立起来的一种新的稳定状态，用 Q^{n+1} 来表示。在现态和次态的基础上对触发器逻辑功能的描述有以下方法。

1．特性表：也称为状态转换真值表，是用类似真值表的表格形式来描述在输入信号作用下，触发器的次态与输入信号和现态之间的逻辑关系。

2．特性方程：也称为特征方程，用逻辑函数表达式的形式描述在输入信号作用下，次态与现态、输入信号之间的逻辑关系。

3．状态转换图：用图的形式来描述触发器在 0 状态和 1 状态之间的转换条件及在不同条件下的状态转换方向。

4．时序图：用时序波形图的方式来描述次态与现态、输入信号之间的逻辑关系。

5.1.3　触发器的类型

根据功能不同，触发器可分为：基本 *RS* 触发器；*RS* 触发器；*JK* 触发器；*D* 触发器；*T* 触发器；*T′* 触发器。根据触发方式不同，触发器可分为：电平触发器；主从触发器和边沿触发器。根据电路结构的不同，触发器可分为：基本 *RS* 触发器；同步触发器；主从触发器和边沿触发器。

5.2　基本 *RS* 触发器

基本 *RS* 触发器是各种触发器中电路结构最简单的一种，也是构成各种功能触发器的最基本单元，也称为基本触发器。

5.2.1 用与非门构成的基本 *RS* 触发器

1. 电路结构及逻辑符号

由图 5-2-1 可以看出，电路是由两个与非门的输入输出端交叉连接构成的。该电路与组合电路的根本区别在于，电路中输出端和输入端之间有反馈线。电路中有两个输入端 $\overline{R}$、$\overline{S}$，它们上面的非号表示低电平有效，有两个互补的输出端 Q、$\overline{Q}$，并规定当 $Q=1$，$\overline{Q}=0$ 时，称为触发器的 1 状态；当 $Q=0$，$\overline{Q}=1$ 时，称为触发器的 0 状态。

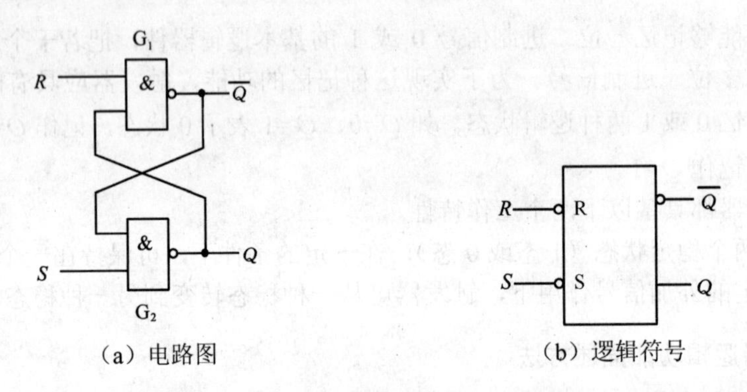

（a）电路图　　（b）逻辑符号

图 5-2-1　用与非门构成的基本 *RS* 触发器

2. 逻辑功能分析

（1）触发器置 0

当 $\overline{R}=0$，$\overline{S}=1$ 时，不管电路原来处于什么状态，G_1 门的输出 $\overline{Q}=1$。此时 G_1 门的两个输入端均为 1，所以 $Q=0$。当输入信号消失后，由于输出和输入之间的反馈作用，仍然有 $Q=0$、$\overline{Q}=1$。因此使触发器处于 0 状态的输入端 $\overline{R}$ 称为置 0 端（复位端），低电平有效。

（2）触发器置 1

当 $\overline{R}=1$，$\overline{S}=0$ 时，不管电路原来处于什么状态，G_1 门的输出 $Q=1$。此时 G_2 门的两个输入端均为 1，所以 $\overline{Q}=0$。当输入信号消失后，由于输出和输入之间的反馈作用，仍然有 $Q=1$、$\overline{Q}=0$。因此使触发器处于 1 状态的输入端 $\overline{S}$ 称为置 1 端（置位端），低电平有效。

（3）触发器保持状态不变

当 $\overline{R}=1$，$\overline{S}=1$ 时，电路中两个与非门的输出均由 Q 和 $\overline{Q}$ 来决定。因此电路的现态是什么状态，电路的次态就是什么状态。

（4）触发器的状态不定

当 $\overline{R}=0$，$\overline{S}=0$ 时，电路中两个与非门均被封锁，从而迫使 $Q=\overline{Q}=1$，两个输出端失去了互补性，这种输出信号没有真正的意义。并且在输入信号消失后，Q 和 $\overline{Q}$ 的输出信号完全取决于 G_1 和 G_2 两个与非门在电气特性上的差别，无法预知电路的次态。这种输入条件下触发器所处的状态叫不定状态。因此在实际应用中这种状态是不允许出现的。为了避免出现这种状态那么触发器的输入端 $\overline{R}$ 和 $\overline{S}$ 必须遵守不能同时 0 的约束条件。

综上所述，由与非门构成的基本 RS 触发器有置 0、置 1 和保持三种功能，电路的信号是低电平有效，也可以称为低电平有效的基本 RS 触发器。

3. 逻辑功能描述

（1）特性表

由与非门构成的基本 RS 触发器的特性表如表 5-2-1 所示。

表 5-2-1　由与非门构成的基本 RS 触发器的特性表

R	S	Q^n	Q^{n+1}	功能说明
0	0	0	×	不稳定状态
0	0	1	×	
0	1	0	0	置 0（复位）
0	1	1	0	
1	0	0	1	置 1（置位）
1	0	1	1	
1	1	0	0	保持状态不变
1	1	1	1	

（2）特性方程

根据特性表画出触发器次态 Q^{n+1} 的卡诺图如图 5-2-2 所示。

由卡诺图化简得出特性方程：

$$\begin{cases} Q^{n+1} = \overline{S} + RQ^n \\ S + R = 1(\text{约束条件}) \end{cases}$$

（3）状态转换图

如图 5-2-3 所示。

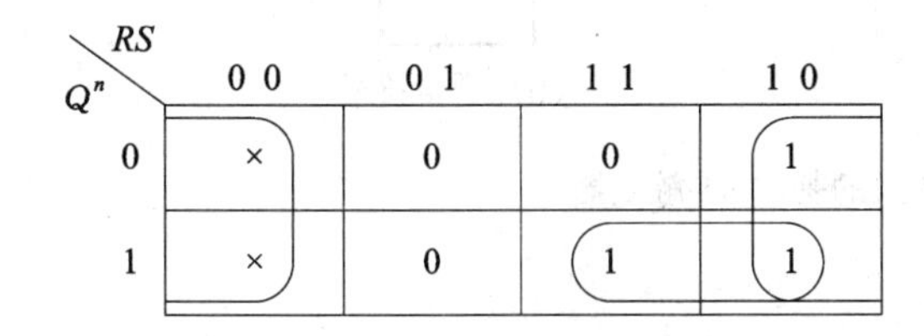

图 5-2-2　与非门构成的基本 RS 触发器卡诺图

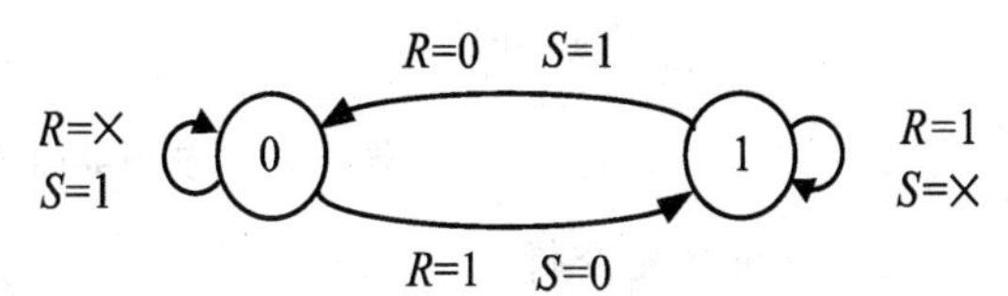

图 5-2-3　与非门构成的基本 RS 触发器状态转换图

（4）时序图

【例 5-1】 设与非门组成的基本 RS 触发器，初始状态为 0，已知输入 R、S 的波形图如图 5-2-4 所示，画出输出 Q、$\overline{Q}$ 的波形图。

解： 将每个时段对应的 R、S 的波形高电平设为 1，低电平设为 0，代入特性方程

$$\begin{cases} Q^{n+1} = \overline{S} + RQ^n \\ S + R = 1(\text{约束条件}) \end{cases}$$

或查询基本 RS 触发器的特性表得到 Q^{n+1} 的值并还原成波形。如在 t_1 时刻 R=1，S=0，Q^n=0，通过特性方程计算或查表可知 Q^{n+1}=1，因此在 t_1 时刻是高电平，同理可画出如图 5-2-4

所示 Q 与 $\overline{Q}$ 的波形图。注意，如果输入的波形信号使基本 *RS* 触发器处于不定态时，Q^{n+1} 的波形可以是高电平也可以是低电平。

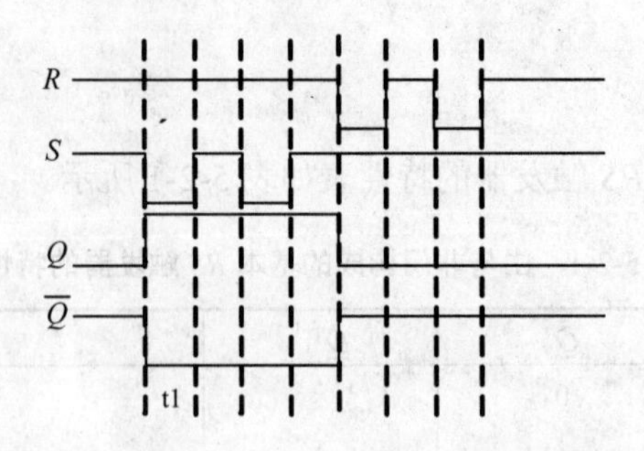

图 5-2-4 【例 5-1】与非门构成的基本 *RS* 触发器波形分析

5.2.2 由或非门构成的基本 *RS* 触发器

1. 电路结构及逻辑符号

由图 5-2-5 可以看出，电路是由两个或非门的输入输出端交叉连接构成的。这种结构的基本 *RS* 触发器的有效信号是高电平。

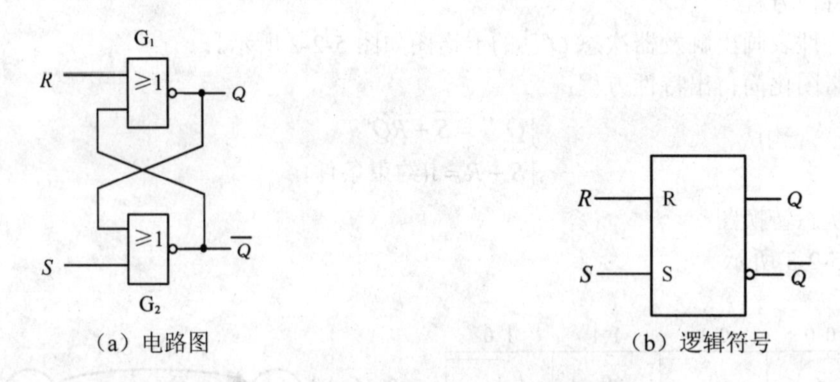

图 5-2-5 用或非门构成的基本 *RS* 触发器

2. 逻辑功能分析

电路的分析过程与用与非门构成的基本 *RS* 触发器的分析过程相同，分析后有以下的结论。

当 S=1，R=0 时，Q^{n+1}=1，触发器置 1。S 为置位端，高电平有效。

当 R=1，S=0 时，Q^{n+1}=0，触发器置 0。R 为复位端，高电平有效。

当 R=S=0 时，Q^{n+1}=Q^n，触发器保持原状态不变。

当 R=S=1 时，触发器状态不定。这种情况是不允许出现的，所以 R 和 S 要满足不同时为 1 的约束条件。

综上所述，由或非门构成的基本 *RS* 触发器同样具有置 0、置 1 和保持三种功能，电路的信号是高电平有效，也可以称为高电平有效的基本 *RS* 触发器。

3. 逻辑功能描述

（1）特性表

由或非门构成的基本 *RS* 触发器的特性表如表 5-2-2 所示。

表 5-2-2　由或非门构成的基本 *RS* 触发器的特性表

R	S	Q^n	Q^{n+1}	功能说明
0	0	0	0	保持状态不变
0	0	1	1	
0	1	0	1	置 1（置位）
0	1	1	1	
1	0	0	0	置 0（复位）
1	0	1	0	
1	1	0	×	不定状态
1	1	1	×	

（2）特性方程

结合特性表和卡诺图化简写出触发器的特性方程：

$$\begin{cases} Q^{n+1} = S + \overline{R}Q^n \\ SR = 0(\text{约束条件}) \end{cases}$$

（3）状态转换图

由或非门构成的基本 *RS* 触发器状态转换图如图 5-2-6 所示。

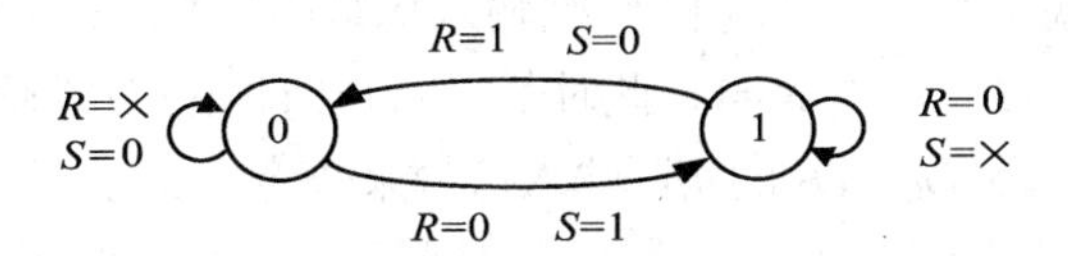

图 5-2-6　与或门构成的基本 *RS* 触发器状态转换图

基本 *RS* 触发器可以用来“记忆”一位二进制信息，是最基本的记忆电路。基本 *RS* 触发器次态的产生均是由输入信号的电平来控制的，因此该触发器又被称为电平触发器。但是无论是由与非门构成还是由或非门构成，该触发器都存在约束条件。这给基本 *RS* 触发器的实际使用带来了一定的限制。

5.2.3　基本 *RS* 触发器应用

【例 5-2】 用由与非门构成的基本 *RS* 触发器和与非门构成 4 位二进制数码寄存器。

解： ① 题目分析

在数字系统中常会用到可以存放数据信息的部件，这种部件称为数据寄存器。触发器就是这种可以存储 1 位二进制数据的单元电路。如果要存储多位二进制数据，可以用多个触发器完成。题目要求存储 4 位二进制数码，因此需要四个触发器来构成。

② 设计实现

为了实现 4 位二进制数的存储，电路中需要有四个待存储数据输入端 D_0～D_3，四个读

取数据输出端 $Q_0 \sim Q_3$；并且在电路中加入了两个控制端，清零信号端 $\overline{CR}$ 和置数信号端 LD，设计的电路图如图 5-2-7 所示。

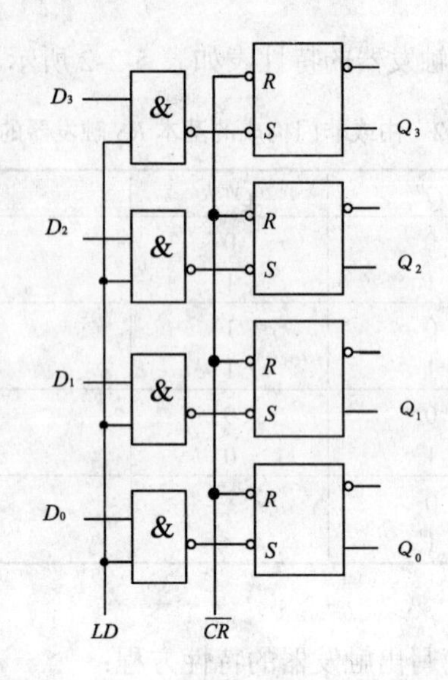

图 5-2-7 【例 5-2】*RS* 触发器构成的 4 位寄存器电路图

③ 功能分析

a．清零功能：当 $\overline{CR}$=0、LD=0 时，四个与非门的输出均是高电平，因此四个触发器的 S 端为高电平，而 R 端均为低电平。触发器的输入信号是 S=1、R=0，使得各触发器均为“0”状态。当 $\overline{CR}$ 信号回到高电平后，R 端和 S 端输入均是高电平，触发器进入保持状态。

b．置数功能：在清零之后，$\overline{CR}$=1，此时若有 LD=1 即在 LD 端输入高电平，则四个与非门的输出就是由数据输入端 $D_0 \sim D_3$ 的实际输入信号来决定。由于存在与非门，所以 $D_0 \sim D_3$ 的信号会以反码的形式输入到对应的 S 端上，根据基本 *RS* 触发器的逻辑功能可知，触发器进入的新状态将与 $D_0 \sim D_3$ 的输入信号量相一致。当 LD 端信号回到低电平后，R 端和 S 端输入均是高电平，触发器又进入保持状态。

c．说明：置数需要在清零之后进行，否则触发器可能会出错。例如，触发器原来的状态为 1，如果不清零直接进入置数状态，若数据输入端 D=0，则 S=1、R=1 时，触发器处于保持状态，结果触发器到达的次状态就是 1 而不是 0。

5.3 同步触发器

前面介绍的基本 *RS* 触发器是在输入信号的控制下工作的。而在数字系统中为了协调各个部件有节拍的工作，需要一些触发器在特定的时刻工作。为了实现这个需要，在触发器的输入端增加了一个同步信号来控制触发器的工作，使触发器只有在同步信号的作用下才能工作。这个同步信号称为时钟脉冲 *CP*（Clock Pulse）。具有时钟脉冲控制的触发器，其状态的改变与时钟脉冲同步，所以称为同步触发器。同步触发器有两种触发信号：一种是高电平触发，如图 5-3-1（a）所示，工作信号为 CP=1；另一种是低电平触发，如图 5-3-1（b）所示，工作信号是 CP=0。

（a）高电平触发　　（b）低电平触发

图 5-3-1　电平触发方式

5.3.1　同步 RS 触发器

1．电路结构及逻辑符号

同步 *RS* 触发器的电路结构如图 5-3-2（a）所示，从图中可以看出同步 *RS* 触发器在基本 *RS* 触发器电路的基础上增加了一组与非门和一个 *CP* 脉冲输入端。图 5-3-2（b）是其逻辑符号。

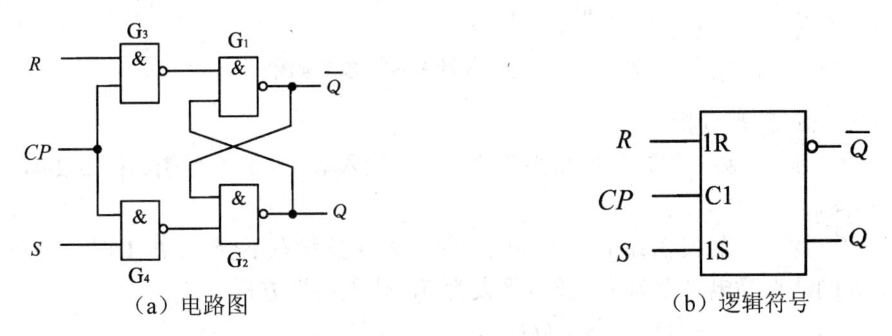

（a）电路图　　（b）逻辑符号

图 5-3-2　同步 *RS* 触发器

2．逻辑功能分析

（1）当 *CP*=0 时，G_3、G_4 两个与非门被封锁，*R*、*S* 信号不起作用，G_3、G_4 两个与非门均输出 1，触发器的状态保持不变。

（2）当 *CP*=1 时，G_3、G_4 两个与非门被打开，*R*、*S* 信号起作用，此时触发器的逻辑功能与高电平有效的基本 *RS* 触发器的逻辑功能相同。

3．逻辑功能描述

（1）特性表

同步 *RS* 触发器的特性表如表 5-3-1 所示。

表 5-3-1　同步 *RS* 触发器的特性表

CP	*R*	*S*	Q^n	Q^{n+1}	功能说明
1	0	0	0	0	保持原状态
	0	0	1	1	
1	0	1	0	1	触发器置 1
	0	1	1	1	
1	1	0	0	0	触发器置 0
	1	0	1	0	
1	1	1	0	×	输出状态不定
	1	1	1	×	
0	×	×	×	×	电路不工作保持原状态

注：由特性表可以看出，电路的工作与否受 *CP* 信号的控制。

（2）特性方程

同步 *RS* 触发器的特性方程与高电平有效的基本 *RS* 触发器的特性方程相同，只是工作条件不同。方程如下：

$$\begin{cases} Q^{n+1} = S + \overline{R}Q^n \\ SR = 0(\text{约束条件}) \end{cases} \quad (\text{当 } CP=1 \text{ 时有效})$$

（3）状态转换图

同步 *RS* 触发器状态转换图如图 5-3-3 所示。

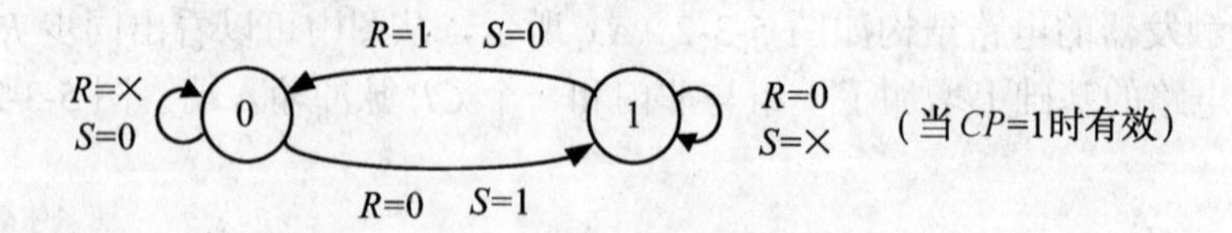

图 5-3-3 同步 *RS* 触发器状态转换图

（4）时序图：波形分析

【例 5-3】 设同步 *RS* 触发器，初始状态为 0，已知输入 *R*、*S* 的波形图如图 5-2-4，画出输出 *Q* 的波形图。

解：对于同步 *RS* 触发器在 *CP*=0 期间，触发器保持状态不变；*CP*=1 时，将每个时段对应的 *R*、*S* 的波形高电平设为 1，低电平设为 0，代入特性方程

$$\begin{cases} Q^{n+1} = S + \overline{R}Q^n \\ SR = 0(\text{约束条件}) \end{cases} \quad (\text{当 } CP=1 \text{ 时有效})$$

或查其特性表得出 Q^{n+1} 的的值并还原成波形。

在 t_1～t_2 时段 *CP*=1，此时触发器处于工作状态，此时 *R*=0，*S*=1，Q^n=0，可得 Q^{n+1}=1。

在 t_2～t_3 时段，触发器仍处于工作状态，此时 *R*=1，*S*=0，Q^n=1，可得 Q^{n+1}=0。

在 t_3～t_4 时段 *CP*=0，电路处于非工作状态，输出信号保持不变。

同理可画出如图 5-3-4 所示的 *Q* 的波形图。

注意，如果在 *CP*=1 期间输入的波形信号使基本 *RS* 触发器处于不定态时，Q^{n+1} 的波形可以是高电平也可以是低电平。

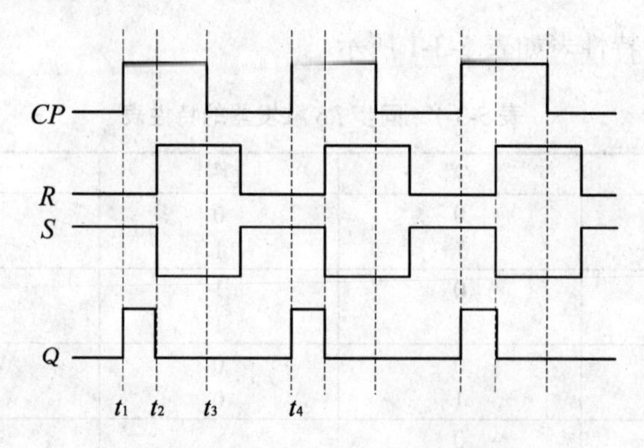

图 5-3-4 【例 5-3】同步 *RS* 触发器波形分析

5.3.2 同步 *D* 触发器

通过上面的讨论可知，无论哪一种 *RS* 触发器都存在约束条件，这使得 *RS* 触发器的使用受到了限制。为了解决 *RS* 触发器存在的约束条件问题，出现了一种改进型的触发器——*D* 触发器。

1. 电路结构及逻辑符号

同步 *D* 触发器的电路图和逻辑符号如图 5-3-5 所示。

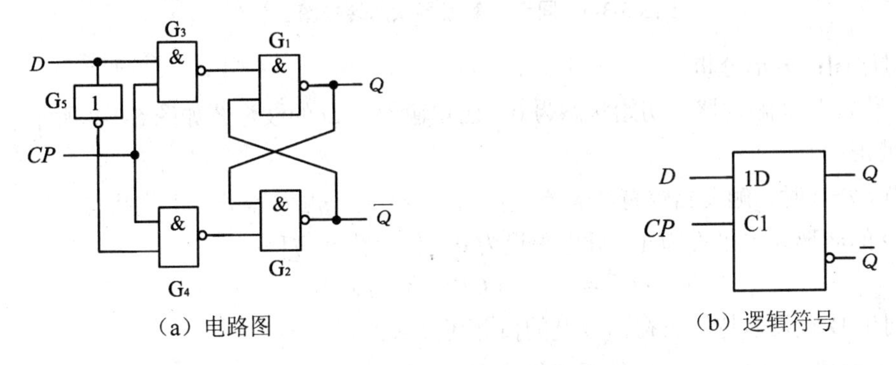

（a）电路图　　　　（b）逻辑符号

图 5-3-5　同步 *D* 触发器

由逻辑图可知，同步 *D* 触发器是将同步 *RS* 触发器的信号输入端 *R*、*S* 接在了一起并加入了一个非门 G_5，使得输入到 G_3、G_4 的信号始终保持互补的状态，实现了约束条件的 $R+S=1$ 或 $RS=0$，从而避免了基本 *RS* 触发器中不稳定状态的产生。

2. 逻辑功能分析

（1）当 $CP=0$ 时，G_3、G_4 两个与非门被封锁，*D* 信号不起作用，G_3、G_4 两个与非门输出均为 1，触发器的状态保持不变即 $Q^{n+1}=Q^n$。

（2）当 $CP=1$ 时，G_3、G_4 两个与非门被打开，*D* 信号起作用。

若 $D=1$，则相当于同步 *RS* 触发器的信号输入端 $R=0$、$S=1$，$Q^{n+1}=1$ 触发器置 1。

若 $D=0$，则相当于同步 *RS* 触发器的信号输入端 $R=1$、$S=0$，$Q^{n+1}=0$ 触发器置 0。

综上所述，在 *CP* 信号起作用的情况下，触发器的次态 Q^{n+1} 与 *D* 端输入信号相同。

3. 逻辑功能描述

（1）特性表（见表 5-3-2）

表 5-3-2　同步 *D* 触发器特性表

CP	*D*	Q^n	Q^{n+1}	功能说明
1	0	0	0	输出状态与 *D* 状态相同
1	0	1	0	
1	1	0	1	
1	1	1	1	
0	×	×	Q^n	保持状态不变

（2）特性方程

$$Q^{n+1}=D\text{（当 }CP=1\text{ 时有效）}$$

（3）状态转换图（见图 5-3-6）

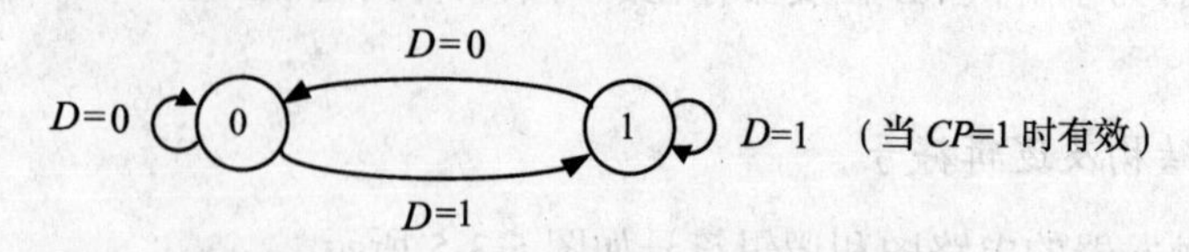

图 5-3-6　同步 D 触发器状态转换图

（4）时序图：波形分析

【例 5-4】 设同步 D 触发器，初始状态为 0，已知输入端 D 的波形图如图 5-3-7 所示，画出输出 Q 的波形图。

解：当 CP=0 时，触发器保持状态不变；当 CP=1 时，触发器处于工作状态，将每个时段对应的 D 的波形高电平设为 1，低电平设为 0，代入特性方程：

$$Q^{n+1}=D\text{（当 }CP=1\text{ 时有效）}$$

或查同步 D 触发器特性表得出 Q^{n+1} 的值并还原成波形。

在 t_1～t_2 时段 CP=1，触发器处于工作状态，此时 D=0，可得 $Q^{n+1}=0$。

在 t_2～t_3 时段 CP=1，触发器仍处于工作状态，此时 D=1，可得 $Q^{n+1}=1$。

在 t_3～t_4 时段 CP=0，电路处于非工作状态，触发器的状态保持不变。

同理可画出如图 5-3-7 所示的 Q 的波形图。

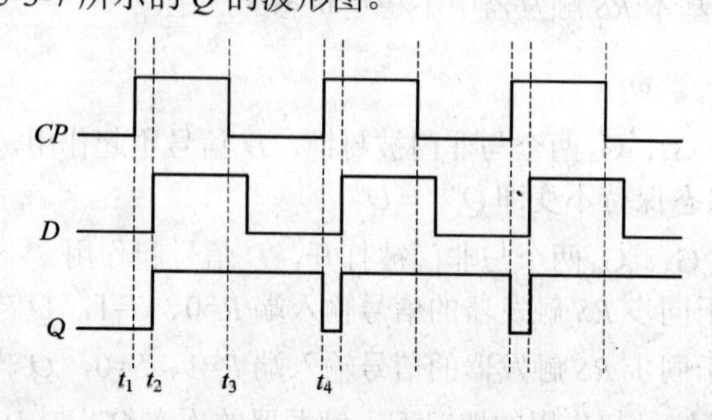

图 5 3 7 【例 5-4】同步 D 触发器波形分析

5.3.3 同步 *JK* 触发器

同步 JK 触发器同样是为了解决同步 RS 触发器中不稳定状态的问题而产生的改进型触发器。

1. 电路结构

同步 JK 触发器电路图和逻辑符号如图 5-3-8 所示。由图可知，在同步 RS 触发器的基础上增加了两条反馈线，由输出端交叉引入到输入端的与非门上，并将 S 改为 J，将 R 改为 K，从而就形成了同步 JK 触发器。

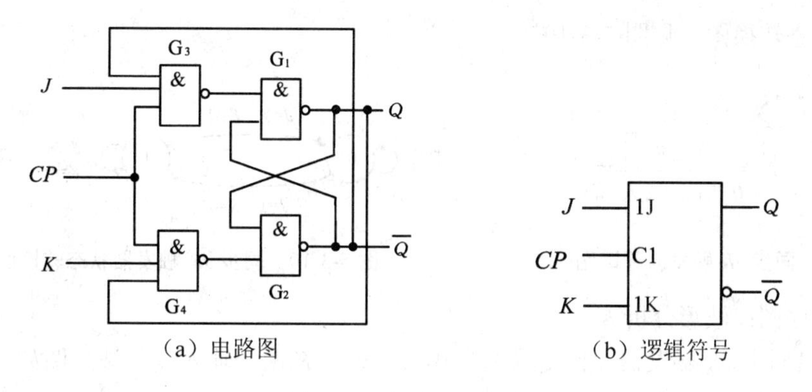

（a）电路图　　（b）逻辑符号

图 5-3-8　同步 *JK* 触发器

2. 逻辑功能分析

当 *CP*=0 时，G_3、G_4 两个与非门被封锁，输入信号不起作用，G_3、G_4 两个与非门输出均为 1，触发器的状态保持不变即 $Q^{n+1}=Q^n$。

当 *CP*=1 时，G_3、G_4 两个与非门被打开，输入信号起作用。触发器有以下四种情况。

（1）当 *J*=0，*K*=0 时，G_3=G_4=1，因此 $Q^{n+1}=Q^n$，触发器状态保持不变。

（2）当 *J*=1，*K*=1 时，若 Q^n=0，则由电路分析可知，G_3=0，G_4=1 触发器发生翻转，即 Q^{n+1}=1；若 Q^n=1，则由电路分析可知，G_3=1，G_4=0 触发器也发生翻转，即 Q^{n+1}=0。所以当 *J*=1，*K*=1 时，$Q^{n+1}=\overline{Q^n}$。

（3）当 *J*=0，*K*=1 时，Q^{n+1}=0，触发器置 0。

（4）当 *J*=1，*K*=0 时，Q^{n+1}=1，触发器置 1。

3. 逻辑功能描述

（1）特性表（见表 5-3-3）

表 5-3-3　同步 *JK* 触发器特性表

CP	*J*	*K*	Q^n	Q^{n+1}	功能说明
1	0	0	0	0	保持原状态
	0	0	1	1	
1	0	1	0	0	输出状态与 *J* 状态相同
	0	1	1	0	
1	1	0	0	1	输出状态与 *J* 状态相同
	1	0	1	1	
1	1	1	0	1	每输入一个脉冲 *CP* 信号输出状态改变一次
	1	1	1	0	
0	×	×	×	Q^n	触发器不工作，保持原状态

（2）特性方程

由特性表可以画出 Q^{n+1} 的卡诺图，如图 5-3-9 所示。化简得到特性方程：

$$Q^{n+1}=J\overline{Q^n}+\overline{K}Q^n \quad (CP=1\text{ 时有效})$$

（3）状态转换图（见图 5-3-10）

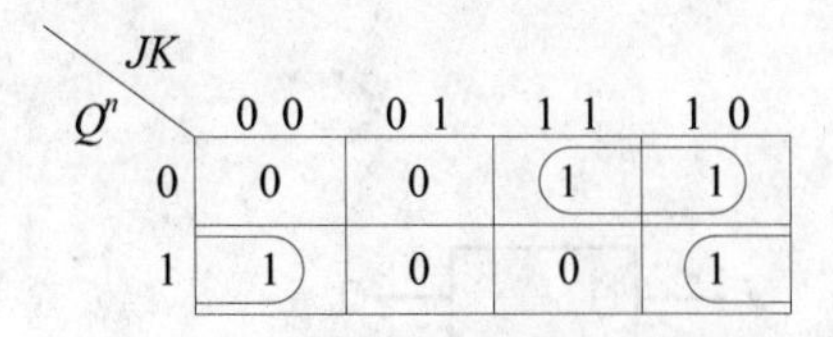

图 5-3-9　同步 *JK* 触发器卡诺图

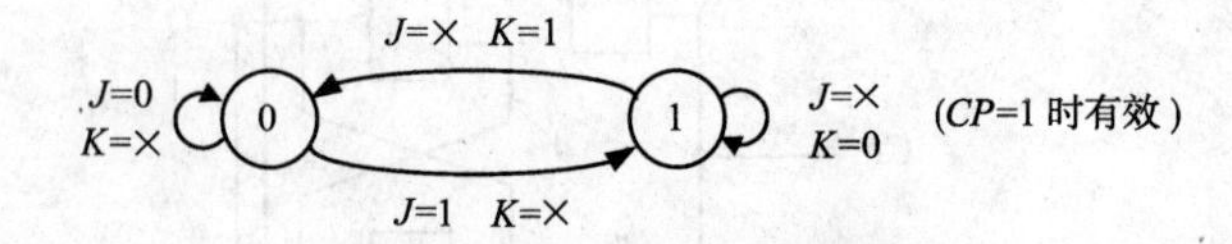

图 5-3-10　同步 *JK* 触发器状态转换图

（4）时序图：波形分析

【例 5-5】 设同步 *JK* 触发器，初始状态为 0，已知 *J*、*K* 两个输入端的波形图如图 5-3-11 所示，画出输出 *Q* 的波形图。

解： 当 *CP*=0 时，触发器保持状态不变；当 *CP*=1 时，触发器处于工作状态，将每个时段对应的 *J*、*K* 的波形高电平设为 1，低电平设为 0，代入特性方程：

$$Q^{n+1} = J\overline{Q^n} + \overline{K}Q^n \text{（}CP\text{=1 时有效）}$$

或查 *JK* 触发器特性表得出 Q^{n+1} 的值并还原成波形。

在 t_1～t_2 时段 *CP*=1，触发器处于工作状态，此时 *J*=1，*K*=0，Q^n=0，因此 Q^{n+1}=1。

在 t_2～t_3 时段 *CP*=1，触发器仍处于工作状态，此时 *J*=0，*K*=0，Q^n=1，因此 Q^{n+1}=1。

在 t_3～t_4 时段 *CP*=0，电路处于非工作状态，触发器的状态保持不变。

依此类推，可画出如图 5-3-11 所示的 *Q* 的波形图。

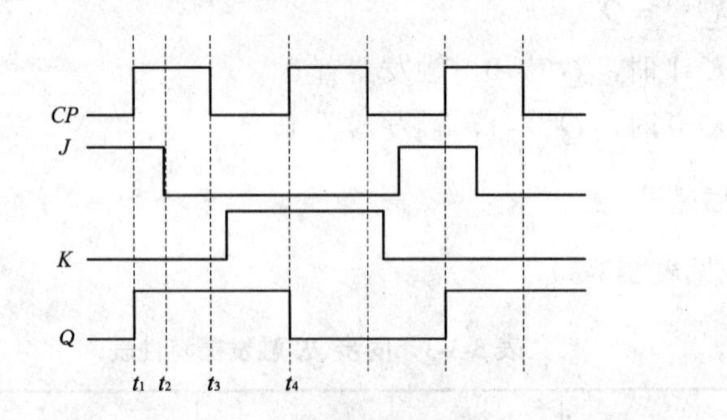

图 5-3-11　【例 5-5】同步 *JK* 触发器波形分析

5.3.4　同步触发器的空翻现象

在一个时钟周期的整个高电平期间或整个低电平期间同步触发器都能接收输入信号并改变状态的触发方式称为电平触发。假定同步触发器在 *CP*=1 期间接受输入信号，若输入信号在此期间发生多次变化，其输出状态也会随之发生翻转。这种在一个时钟脉冲周期中，触发器发生多次翻转的现象叫做空翻。如图 5-3-12 所示，就是同步 *RS* 触发器的空翻现象。

从图中可以看出，在有效翻转之后，电路中发生了三次空翻。空翻是一种有害的现象，它使得时序电路不能按时钟节拍工作，造成系统的误动作；同时空翻还降低了系统的抗干扰能力。因此同步触发器也存在一定的缺陷。

为了克服同步触发器的空翻现象，又产生了主从、边沿等多种无空翻现象的触发器，应用较多的是性能较好的边沿触发器。

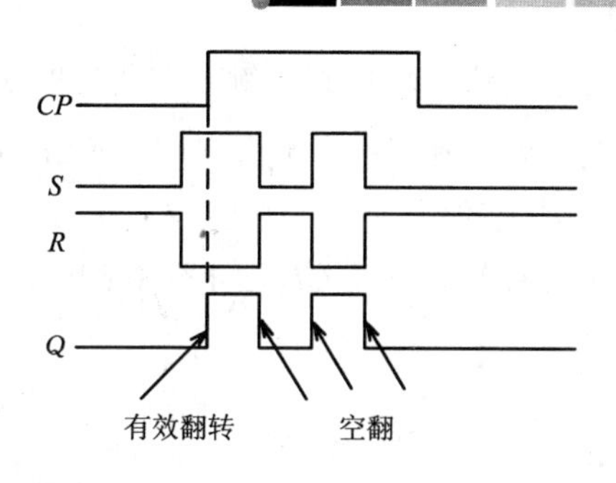

图 5-3-12　同步 *RS* 触发器的空翻

5.4　主从触发器

主从结构触发器的触发器是在同步触发器的基础上发展起来的一种改进型触发器。主从结构触发器较好地解决了同步触发器的空翻问题，比同步触发器有更高的稳定性。

5.4.1　主从 *RS* 触发器

1. 电路结构及逻辑符号

主从 *RS* 触发器的电路图如图 5-4-1 所示。从电路图中可以看出，该触发器是由两个同步 *RS* 触发器串联组成的。电路的特点就是主触发器的 *CP* 信号经过一个非门后输入到了从触发器的同步信号输入端，使得两个触发器的时钟同步信号始终保持互补。因此两个触发器工作在不同的时钟区域。

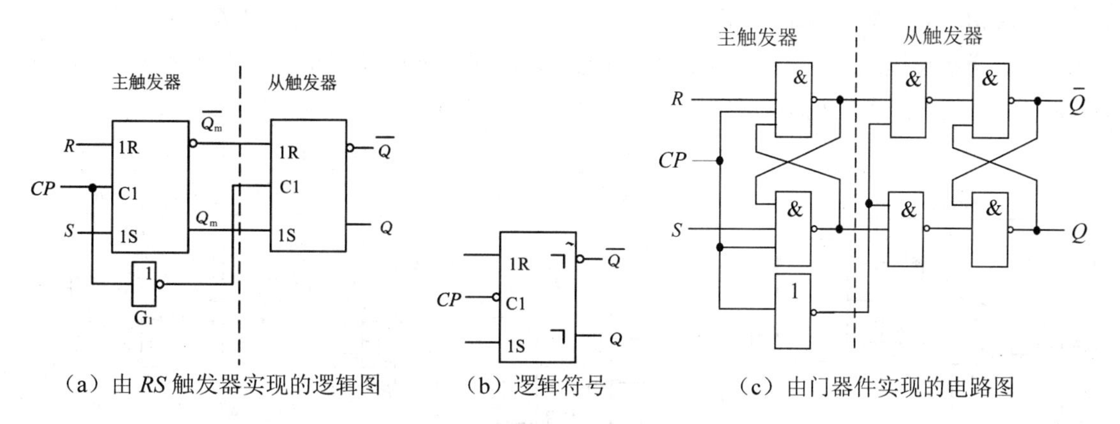

图 5-4-1　主从 *RS* 触发器

2. 逻辑功能分析

主从 *RS* 触发器的触发翻转分为两个节拍。

（1）当 *CP*=1 时，$\overline{CP}=0$，这时主触发器工作，接收 *R* 和 *S* 端的输入信号；从触发器被封锁，保持原状态不变。

（2）当 *CP* 由 1 下降到 0 时，即 *CP*=0、$\overline{CP}=1$。主触发器被封锁，输入信号 *R*、*S* 不再影响主触发器的状态。而这时从触发器工作，接收主触发器输出端的状态：即 $Q^{n+1}=Q_m^{n+1}$、

$\overline{Q^{n+1}}=\overline{Q_m^{n+1}}$。由此可见从触发器的状态转换到主触发器所处的状态。

分析可知，主从触发器的翻转是在 *CP* 由 1 变 0 时刻（*CP* 下降沿）发生的，*CP* 一旦变为 0 后，主触发器被封锁，其状态保持不变，从触发器状态也跟着保持不变。因此主从触发器对输入信号的响应时间大大缩短，只在 *CP* 由 1 变 0 的时刻触发翻转，所以不会有空翻现象。

3．逻辑功能描述

除工作时钟条件不同，主从 *RS* 触发器的逻辑功能与同步 *RS* 触发器的逻辑功能相同，并且也有约束条件。其特性方程为：

$$\begin{cases}Q^{n+1}=S+\overline{R}Q^n \\ SR=0(\text{约束条件})\end{cases}\text{（}CP\text{下降沿到来时有效）}$$

在逻辑符号图中的“┐”表示输出延迟符号，它表示主从触发器输出状态的变化迟后于主触发器。主触发器状态的变化发生在 *CP* 上升沿，而主从触发器输出状态的变化发生在 *CP* 下降沿。

5.4.2 主从 *JK* 触发器

主从 *RS* 触发器虽然解决了空翻问题，但是其本身仍然存在约束条件。为了解决约束条件的问题，产生了主从 *JK* 触发器。

1．电路结构及逻辑符号

主从 *JK* 触发器电路图和逻辑符号如图 5-4-2 所示。由图可知，在主从 *RS* 触发器的基础上增加了两条反馈线，由输出端交叉引入到输入端的两个与非门上，并将 *S* 改为 *J*，将 *R* 改为 *K*，从而就形成了主从 *JK* 触发器。

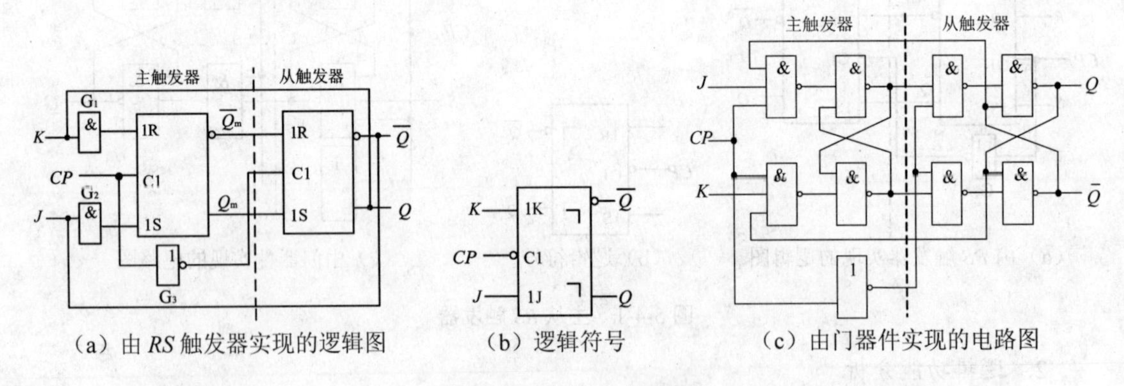

（a）由 *RS* 触发器实现的逻辑图　（b）逻辑符号　（c）由门器件实现的电路图

图 5-4-2 主从 *JK* 触发器

2．逻辑功能分析

主从 *JK* 触发器的触发翻转分为两个节拍。

（1）当 *CP*＝1 时，$\overline{CP}$＝0，这时主触发器工作，接收 *J* 和 *K* 端的输入信号；从触发器被封锁，保持原状态不变。

（2）当 CP 由 1 下降到 0 时，即 CP=0、$\overline{CP}=1$。主触发器被封锁，输入信号 J、K 不再影响主触发器的状态。而这时从触发器工作，接收主触发器输出端的状态：即 $Q^{n+1}=Q_m^{n+1}$、$\overline{Q^{n+1}}=\overline{Q_m^{n+1}}$，由此可见从触发器的状态转换到主触发器所处的状态。

由于两个互补反馈信号的引入使得两个与非门 G_1、G_2 输出端的信号始终保持互补，避免了不定状态的产生，从而解决了主从 RS 触发器存在约束条件的问题。

3. 逻辑功能描述

除工作时钟条件不同，主从 JK 触发器的逻辑功能与同步 JK 触发器的逻辑功能相同。其特性方程为：

$$Q^{n+1}=J\overline{Q^n}+\overline{K}Q^n \text{（}CP\text{ 下降沿到来时有效）}$$

4. 波形分析

【例 5-6】 设主从 JK 触发器，初始状态为 0，已知 J、K 两个输入端的波形图如图 5-4-3 所示，画出输出端 Q 的波形图。

解：在画主从触发器的波形图时，应注意以下两点。

① 触发器的触发翻转发生在时钟脉冲的跳变沿（这里是下降沿）。

② 触发器在其要求的时钟脉冲到来前后，触发器的状态保持不变。

将每个有效时刻对应的 J、K 的波形高电平设为 1，低电平设为 0，代入特性方程：

$$Q^{n+1}=J\overline{Q^n}+\overline{K}Q^n \text{（}CP\text{ 下降沿到来时有效）}$$

或查 JK 触发器特性表得出 Q^{n+1} 的值并还原成波形。可画出如图 5-4-3 所示的 Q 的波形图。

5. 主从 JK 触发器的一次翻转现象

如图 5-4-4 可知，主从 JK 触发器在 CP=1 期间，主触发器只对 J 触发端输入的第一次信号进行了响应，即只变化翻转了一次，这种现象称为一次翻转现象。一次翻转现象也是一种有害的现象，如果在 CP=1 期间，输入端在正常输入信号之前出现了干扰信号，那么电路就会响应干扰信号造成正常信号无法输入，从而导致触发器输出错误信息。为了避免发生一次变化现象，在使用主从 JK 触发器时，要保证在 CP=1 期间，J、K 保持状态不变。要解决一次翻转问题，仍应从电路结构上入手，让触发器只接受 CP 触发沿到来前一瞬间的输入信号。这种改进型的触发器称为边沿触发器。

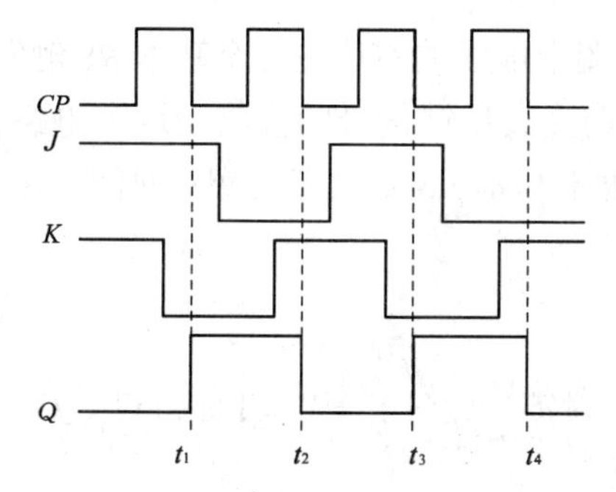

图 5-4-3 【例 5-6】主从 JK 触发器波形分析

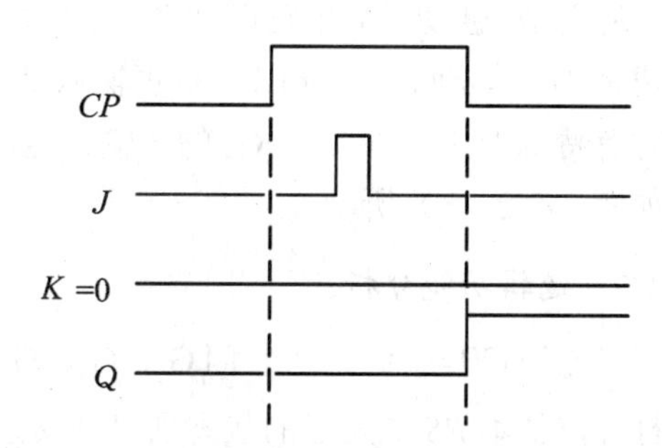

图 5-4-4　主从 JK 触发器的一次翻转现象

5.5 边沿触发器

为了解决主从触发器中的一次变化问题，提高触发器的抗干扰能力，产生了边沿触发器。这种触发器的动作特点是不仅将触发器的触发翻转控制在 *CP* 触发沿到来的一瞬间，而且将接收输入信号的时间也控制在 *CP* 触发沿到来的一瞬间。可以通过设计使得 *CP* 触发信号到来前触发器的输入端输入信号达到稳定状态，最大限度地保证输入信号的正确性，从而提高了触发器的抗干扰能力。边沿触发器既没有空翻现象，也没有一次变化问题，与以上讨论过的触发器比较起来具有高可靠性和抗干扰能力。

边沿触发器的边沿指的是 *CP* 触发信号由高电平变化到低电平的时刻（下降沿）或是由低电平上升到高电平的时刻（上升沿）。边沿触发器的 *CP* 端符号在逻辑图中有两种，如图 5-5-1 所示，（a）图表示触发器上升沿有效，（b）图表示触发器下降沿有效。

图 5-5-1　边沿触发器的 *CP* 端符号

边沿触发器和本章第四节讨论的主从触发器都是在 *CP* 触发信号发生变化时工作的，二者看似相同，但它们之间是有区别的。由上节的讨论可知，主从触发器如果想在电压下降时有效，就必须在 *CP*=1 期间加入输入信号；并且为了避免一次翻转现象的发生还要求在此期间正常输入信号之前电路中不能有干扰信号。由此可以看出，主从触发器的状态与 *CP* 边沿时刻到来前电路的输入状态有关。而边沿触发器的输出状态仅与 *CP* 边沿时刻到来时电路的输入状态有关，与此时刻之前和之后的的状态都无关，它不要求 *CP*=1 期间输入端的输入信号是否稳定，只要保证 *CP* 边沿时刻到来时电路中输入的是正常信号即可。

5.5.1　利用门电路传输延迟的边沿 *JK* 触发器

1. 电路结构及逻辑符号

边沿 *JK* 触发器的电路图如图 5-5-2（a）所示，图中虚线的右边是一个基本 *RS* 触发器，左边是 G_3、G_4 两个与非门，负责输入信号与输出端交叉反馈信号的接收。这个电路在制造时有特殊要求，即 G_3、G_4 的传输延迟时间必须大于基本 *RS* 触发器的翻转时间。逻辑符号如图 5-5-2（b）所示。

2. 逻辑功能分析

（1）当 $CP=0$ 时，与非门 G_5、G_8、G_3、G_4 均被封锁。此时 $Y_1=Y_2=1$ 使得 G_6、G_7 两个门打开，基本 *RS* 触发器的状态通过交叉连接被保持。

（2）当 *CP* 信号由 0 变为 1 时，G_5、G_8 两个与门被打开，基本 *RS* 触发器的状态同样被保持。

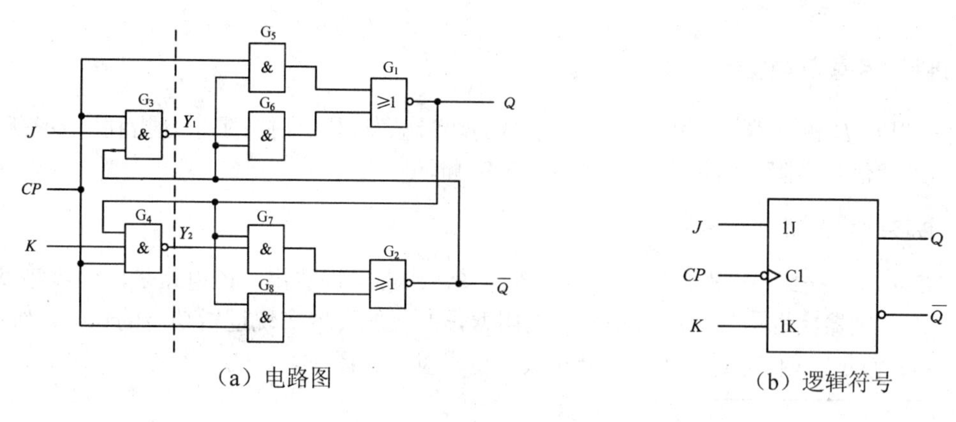

（a）电路图　　（b）逻辑符号

图 5-5-2　边沿 JK 触发器

（3）当 CP 信号由 1 变为 0 时，G_5、G_8 两个与门先被封锁，但由于设计要求 G_3、G_4 的传输延迟时间大于基本 RS 触发器的翻转时间，所以 Y_1、Y_2 的信号暂时不会发生变化，Y_1、Y_2 的信号会在基本 RS 触发器的新状态产生前对触发电路产生影响。当基本 RS 触发器的新状态产生后，G_3、G_4 两个门才会输出封锁之后的新信号。

综上所述，为了保证触发器的工作，G_3、G_4 的传输延迟时间应大于基本 RS 触发器的翻转时间，否则无法实现电路的逻辑要求。

3. 逻辑功能描述

除工作时钟条件不同，边沿 JK 触发器的逻辑功能与同步或主从 JK 触发器的逻辑功能相同。其特性方程为：

$$Q^{n+1}=J\overline{Q^n}+\overline{K}Q^n \quad \text{（CP 下降沿有效）}$$

4. 波形分析

【例 5-7】 设边沿 JK 触发器，初始状态为 1，已知 J、K 两个输入端的波形图如图 5-5-3 所示，画出输出 Q 的波形图。

解：在画边沿触发器的波形图时，应注意以下两点。

① 触发器的触发翻转发生在时钟脉冲的跳变沿（这里是下降沿）。

② 判断触发器次态的依据是时钟脉冲跳变沿前一瞬间（这里是下降沿前一瞬间）的输入状态。

根据边沿 JK 触发器的特性方程或特性表可画出如图 5-5-3 所示的 Q 的波形图。

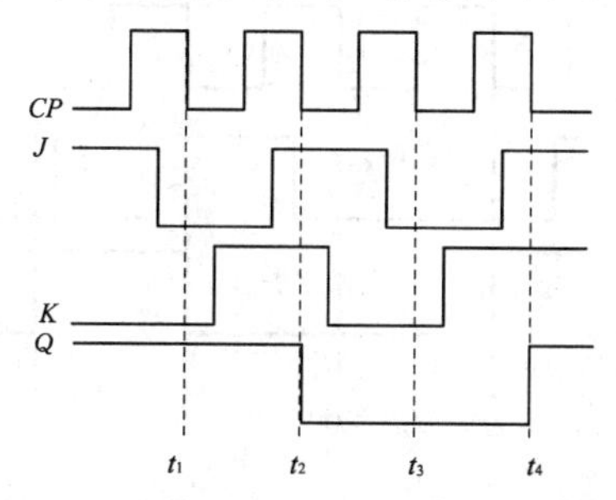

图 5-5-3 【例 5-7】边沿 JK 触发器波形分析

5.5.2 维持-阻塞 *D* 触发器

维持-阻塞 *D* 触发器是一种有效防止空翻的边沿触发器。维持-阻塞是指利用多条反馈线路传输维持信号和阻塞信号，防止电路发生空翻。

1. 电路结构及逻辑符号

图 5-5-4（a）是维持-阻塞 *D* 触发器的电路图。由图可以看出，该电路是由两级触发器组成，一级触发器实现信号的维持与干扰的阻塞，二级触发器实现逻辑功能的输出。维持-阻塞 *D* 触发器的工作信号是 *CP* 上升沿有效，逻辑符号如图 5-4-4（b）所示。

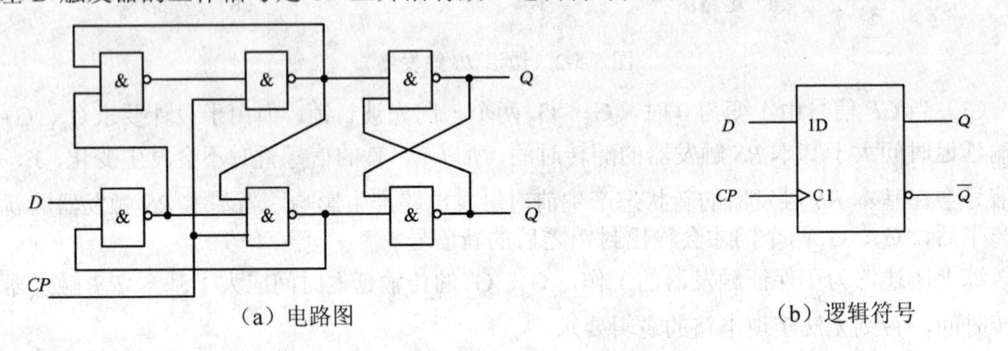

（a）电路图　　（b）逻辑符号

图 5-5-4　维持-阻塞 *D* 触发器

2. 逻辑功能描述

除工作时钟条件不同，维持-阻塞 *D* 触发的逻辑功能与同步 *D* 触发器的逻辑功能相同。其特性方程为：

$$Q^{n+1} = D \text{（}CP\text{ 上升沿有效）}$$

3. 波形分析

【例 5-8】 设维持-阻塞 *D* 触发器的初始状态为 0，已知输入端 *D* 信号的波形图如图 5-5-5 所示，画出输出 *Q* 的波形图。

解：维持-阻塞 *D* 触发器触发翻转发生在时钟脉冲的触发沿（这里是上升沿）。而且判断维持-阻塞 *D* 触发器次态的依据是时钟脉冲触发沿前一瞬间（这里是上升沿前一瞬间）输入端的状态。根据触发器的特性方程或特性表，可画出如图 5-5-5 所示的 *Q* 的波形图。

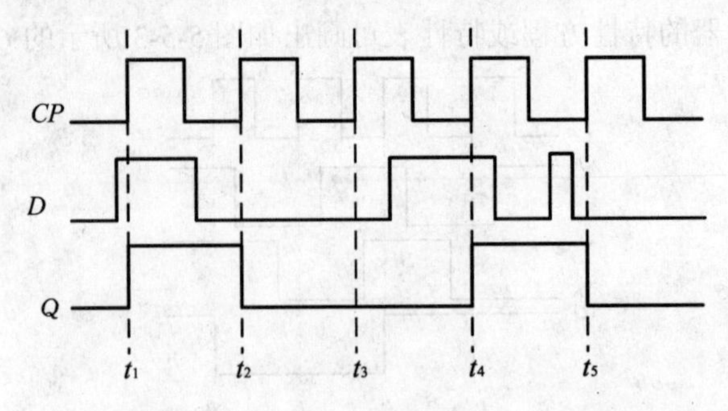

图 5-5-5 【例 5-8】维持-阻塞 *D* 触发器的波形分析

5.5.3 *T*触发器和*T'*触发器

T 触发器和*T'*触发器主要用于计数器，在集成计数器中起到简化电路的作用。在实际产品中没有专门的*T*触发器和*T'*触发器，使用时都是用*JK*触发器或*D*触发器改接构成。

1. 用*JK*触发器构成*T*触发器和*T'*触发器

（1）电路结构及逻辑符号

将*JK*触发器的输入端连接在一起，接收同一个输入信号，这样就构成了*T*触发器。在*T*触发器的基础上，使输入端的信号保持高电平（逻辑1），就构成了*T'*触发器。

（2）逻辑功能分析

① *T*触发器：由图5-5-6（a）可知此时*J*=*K*=*T*，将其代入*JK*触发器的特性方程，得$Q^{n+1}=T\overline{Q^n}+\overline{T}Q^n=T\oplus Q^n$。

由特性方程可以推出以下的结论。

当*T*=1时代入方程可得：$Q^{n+1}=\overline{Q^n}$，在*CP*作用下触发器实现翻转功能。

当*T*=0时代入方程可得：$Q^{n+1}=Q^n$，在*CP*作用下触发器实现保持功能。

② *T'*触发器：由图5-5-6（b）可知此时*J*=*K*=*T'*=1，将其代入*JK*触发器的特性方程，得：$Q^{n+1}=\overline{Q^n}$。

由特性方程可知，在*CP*作用下，*T'*触发器仅实现翻转功能。*T'*触发器是*T*触发器的一个特例。

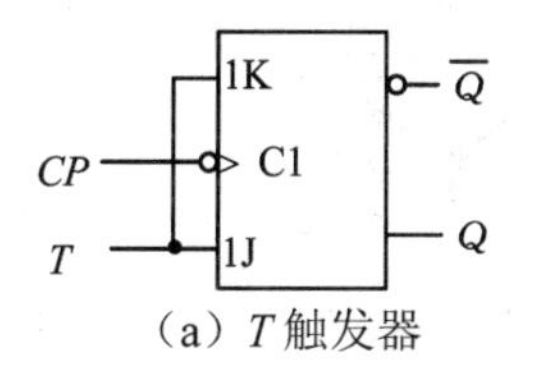

（a）*T*触发器

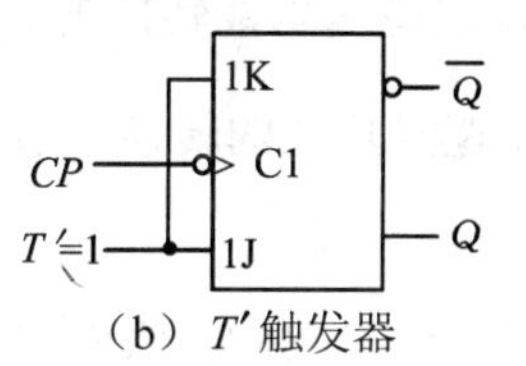

（b）*T'*触发器

图5-5-6　用*JK*触发器构成*T*触发器和*T'*触发器

2. 用*D*触发器构成*T*触发器和*T'*触发器

（1）电路结构

利用*D*触发器输出信号的反馈输入就可以实现用*D*触发器构成*T*触发器和*T'*触发器，如图5-5-7（a）所示为使用*D*触发器构成的*T*触发器的电路图；如图5-5-7（b）所示为使用*D*触发器构成的*T'*触发器的电路图。

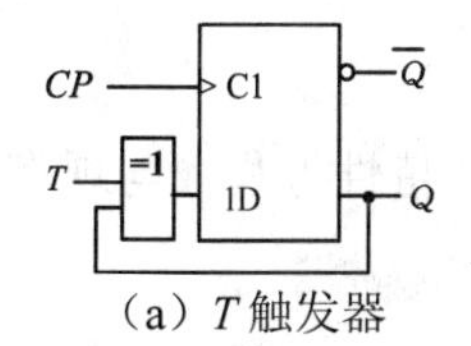

（a）*T*触发器

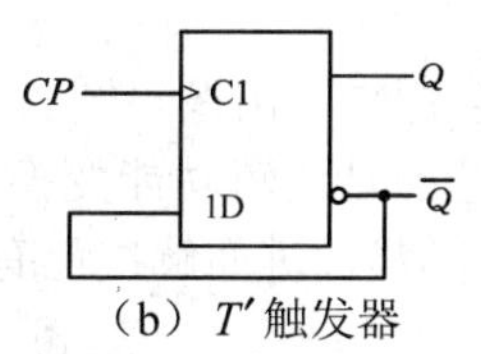

（b）*T'*触发器

图5-5-7　用*D*触发器构成*T*触发器和*T'*触发器

（2）功能分析

① *T*触发器：由图5-5-7（a）可知，输入信号*T*和*Q*端反馈信号同时输入异或门，则$D=T\oplus Q^n$。将等式代入*D*触发器的特性方程得：

$$Q^{n+1}=D=T\oplus Q^n=T\overline{Q^n}+\overline{T}Q^n$$

等式符合 T 触发器的特性方程，说明电路能够实现 T 触发器的逻辑功能。

② T' 触发器：由图 5-5-7（b）可知，$\overline{Q}$ 端反馈信号直接输入到 D 端，则 $D=\overline{Q^n}$。将等式代入 D 触发器的特性方程得：

$$Q^{n+1}=D=\overline{Q^n}$$

等式符合 T' 触发器的特性方程，说明电路能够实现 T' 触发器的逻辑功能。

5.6 触发器逻辑功能的转换

5.6.1 触发器逻辑功能转换的原因

触发器的逻辑功能和电路结构无对应关系。同一功能的触发器可用不同结构实现；同一结构触发器可做成不同的逻辑功能。

前面介绍了 RS、D 和 JK 三种常见触发器。这三种触发器各有特色，如 JK 触发器有两个数据输入端，使用灵活；D 触发器只有一个数据输入端，使用简单等。在实际电路设计中应根据需要选择触发器，另外，目前市面上出售的集成触发器大多数是 JK 和 D 触发器，因此需要掌握触发器逻辑功能的转换方法。掌握好触发器之间的转换方法，可使逻辑电路不受触发器类型的控制，能更好地灵活设计出更简单的逻辑功能电路。

5.6.2 触发器逻辑功能转换的方法

触发器逻辑功能的转换一般采用以下步骤。

1. 写特征方程

写出已有触发器和待求触发器的特征方程。

2. 变换特征方程

变换待求触发器的特征方程，使之形式与已有触发器的特征方程一致。

3. 比较系数

根据方程式变量相同、系数相等则方程一定相等的原则，比较已有和待求触发器的特征方程，求出转换逻辑。

4. 画逻辑图

根据转换逻辑画出逻辑图。

需要注意的是逻辑功能变换的关键是变换待求触发器的特性方程（与现有触发器的特征方程形式类似），进而解决已有触发器的输入端的接法。

5.6.3 触发器逻辑功能转换举例

1. D 触发器转换成 JK 触发器

（1）写特征方程

D 触发器的特征方程：$Q^{n+1}=D$

JK 触发器的特征方程：$Q^{n+1} = J\overline{Q}^n + \overline{K}Q^n$

（2）变换特征方程

变换 JK 触发器的特征方程，使之形式与已有 D 触发器的特征方程一致。

$$Q^{n+1} = J\overline{Q}^n + \overline{K}Q^n = D$$

（3）比较系数，求出转换逻辑

将两个触发器的特征方程进行比较，可见，使 D 触发器的输入为 $D = J\overline{Q^n} + \overline{K}Q^n = \overline{\overline{J\overline{Q^n}}\;\overline{\overline{K}Q^n}}$，则 D 触发器实现 JK 触发器的功能。

（4）画逻辑图

将 D 触发器的输入信号用转换逻辑连接实现 JK 触发器的功能，如图 5-6-1 所示。

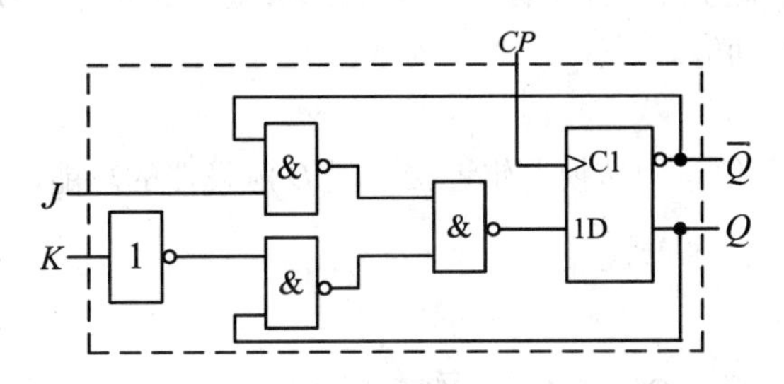

图 5-6-1　D 触发器转换成 JK 触发器

2. D 触发器转换成 RS 触发器

（1）写特征方程

D 触发器的特征方程：$Q^{n+1} = D$

RS 触发器的特征方程：$Q^{n+1} = S + \overline{R}Q^n$

（2）变换特征方程

变换 RS 触发器的特征方程，使之形式与已有 D 触发器的特征方程一致。

$$Q^{n+1} = S + \overline{R}Q^n$$

（3）比较系数，求出转换逻辑

将两个触发器的特征方程进行比较，可见，使 D 触发器的输入为 $D = S + \overline{R}Q^n = \overline{\overline{S}\;\overline{\overline{R}Q^n}}$，则 D 触发器实现 RS 触发器的功能。

（4）画逻辑图

将 D 触发器的输入信号用转换逻辑连接实现 RS 触发器的功能，如图 5-6-2 所示。

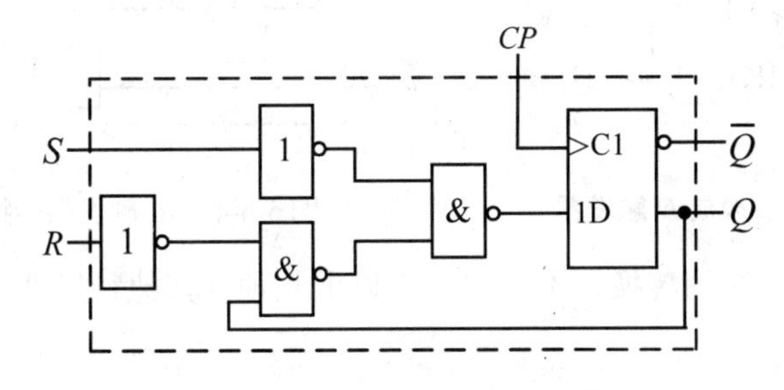

图 5-6-2　D 触发器转换成 RS 触发器

3. *JK* 触发器转换成 *D* 触发器

（1）写特征方程

JK 触发器的特征方程：$Q^{n+1}=J\overline{Q}^n+\overline{K}Q^n$

D 触发器的特征方程：$Q^{n+1}=D$

（2）变换特征方程

变换 *D* 触发器的特征方程，使之形式与已有 *JK* 触发器的特征方程一致。

$$Q^{n+1}=D=D(Q^n+\overline{Q^n})=D\overline{Q^n}+\overline{\overline{D}}Q^n$$

（3）比较系数，求出转换逻辑

将两个触发器的特征方程进行比较，可见，使 *JK* 触发器的输入 $J=D$、$K=\overline{D}$，则 *JK* 触发器实现 *D* 触发器的功能。

（4）画逻辑图

将 *JK* 触发器的输入信号用转换逻辑连接实现 *D* 触发器的功能，如图 5-6-3 所示。

4. *JK* 触发器转换成 *RS* 触发器

（1）写特征方程

JK 触发器的特征方程：$Q^{n+1}=J\overline{Q}^n+\overline{K}Q^n$

RS 触发器的特征方程：$Q^{n+1}=S+\overline{R}Q^n$

（2）变换特征方程

变换 *RS* 触发器的特征方程，使之形式与已有 *JK* 触发器的特征方程一致。

$$Q^{n+1}=S+\overline{R}Q^n=S(Q^n+\overline{Q^n})+\overline{R}Q^n=S\overline{Q^n}+(S+\overline{R})Q^n=S\overline{Q^n}+\overline{\overline{S}R}Q^n$$

（3）比较系数，求出转换逻辑

将两个触发器的特征方程进行比较，可见，使 *JK* 触发器的输入 $J=S$、$K=\overline{S}R$，则 *JK* 触发器实现 *RS* 触发器的功能。

（4）画逻辑图

将 *JK* 触发器的输入信号用转换逻辑连接实现 *RS* 触发器的功能，如图 5-6-4 所示。

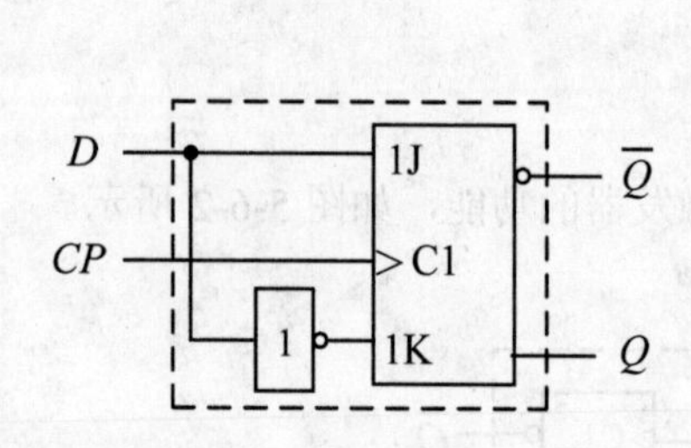

图 5-6-3　*JK* 触发器转换成 *D* 触发器

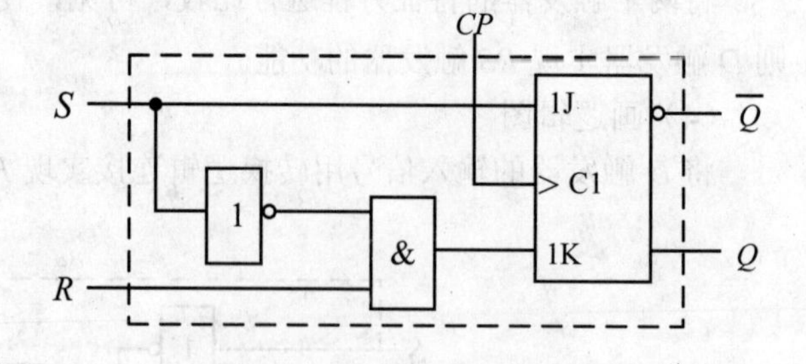

图 5-6-4　*JK* 触发器转换成 *RS* 触发器

触发器之间逻辑功能的转换，不仅局限于以上几种，其他触发器逻辑功能之间同样可以互相转换。

5.7　触发器集成逻辑器件

5.7.1　集成边沿 JK 触发器 74LS112

1. 逻辑符号

74LS112 是由两个独立的下降沿触发的边沿 JK 触发器组成，逻辑符号图如图 5-7-1 所示。

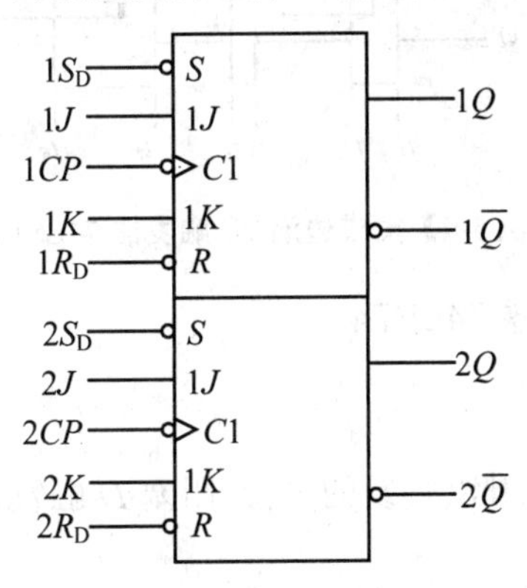

图 5-7-1　集成边沿 JK 触发器 74LS112 逻辑符号

2. 特性表（见表 5-7-1）

表 5-7-1　集成边沿 JK 触发器 74LS112 特性表

输入					输出		功能说明
R_D	S_D	CP	1J	1K	Q^{n+1}	$\overline{Q^{n+1}}$	
0	1	×	×	×	0	1	异步置 0
1	0	×	×	×	1	0	异步置 1
1	1	↓	0	0	Q^n	$\overline{Q^n}$	保持
1	1	↓	0	1	0	1	置 0
1	1	↓	1	0	1	0	置 1
1	1	↓	1	1	$\overline{Q^n}$	Q^n	翻转

3. 波形分析

【例 5-9】 集成边沿 JK 触发器 74LS112，设初始状态为 1，已知 J、K、R_D 和 S_D 四个输入端，J、K、R_D 和 S_D 的波形图如图 5-7-2 所示，画出输出 Q 的波形图。

解： 集成边沿 JK 触发器 74LS112 波形图的画法与下降沿有效的 JK 触发器相同。如在 t_1 时刻 R_D=0，S_D=1，则 Q^{n+1}=0，触发器异步置 0；在 t_2 时刻 R_D=S_D=1，J=1，K=0，则 Q^{n+1}=1，触发器置 1。在画图时应注意 R_D 与 S_D 异步端 0 和置 1 的功能。根据集成边沿 JK 触发器 74LS112 的特性表，如表 5-7-1 所示，可画出如图 5-7-2 所示的 Q 的波形图。

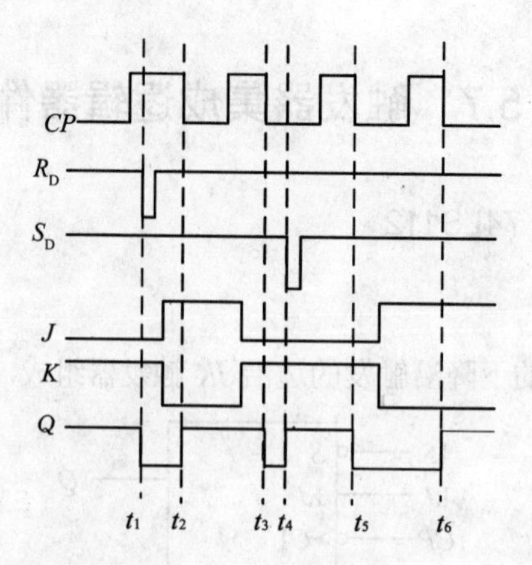

图 5-7-2 【例 5-9】集成边沿 *JK* 触发器 74LS112 波形分析

5.7.2 集成维持-阻塞 *D* 触发器 74LS74

1. 逻辑符号

74LS74 是由两个独立的上升沿触发的维持-阻塞 *D* 触发器构成。逻辑符号图如图 5-7-3 所示。

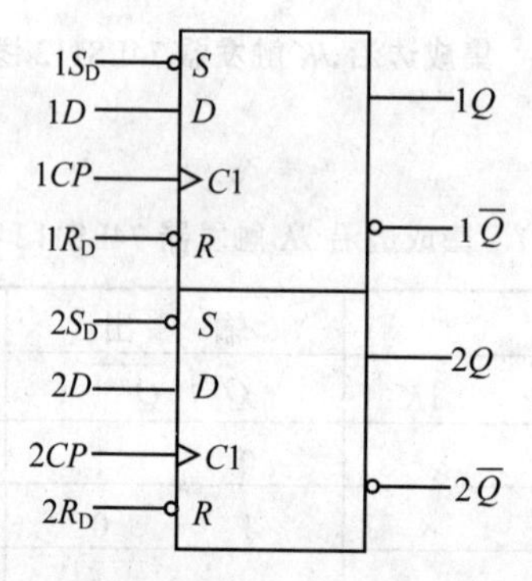

图 5-7-3 集成维持-阻塞 *D* 触发器 74LS74

2. 特性表（见表 5-7-2）

表 5-7-2 集成维持-阻塞 *D* 触发器 74LS74 特性表

输入				输出		功能说明
R_D	S_D	CP	D	Q^{n+1}	$\overline{Q^{n+1}}$	
0	1	×	×	0	1	异步置 0
1	0	×	×	1	0	异步置 1
1	1	↑	0	0	1	置 0
1	1	↑	1	1	0	置 1
1	1	0	×	Q^n	$\overline{Q^n}$	保持

3. 波形分析

【例 5-10】 集成维持-阻塞 *D* 触发器 74LS74，设初始状态为 0，已知 *D*、R_D 和 S_D 三个输入

端，D、R_D和 S_D的波形图如图 5-7-4 所示，画出输出 Q 的波形图。

解：画图时注意 R_D与 S_D的异步置 0 置 1 功能，根据维持-阻塞 D 触发器 74LS74 的特性表，如表 5-7-2 所示，可画出如图 5-7-4 所示的 Q 的波形图。

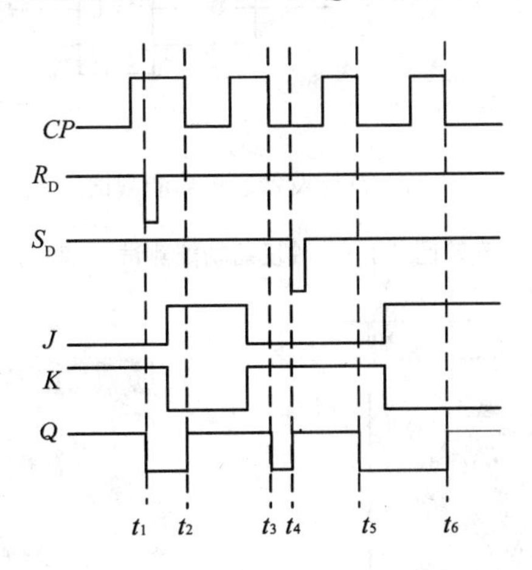

图 5-7-4 【例 5-10】集成维持-阻塞 D 触发器 74LS74 波形分析

实验 5-1　触发器功能测试及应用

一、实验目的

1．了解触发器的工作原理。

2．掌握基本 RS、JK 和 D 触发器的逻辑功能和性能。

3．掌握分频电路的特点及测试方法。

4．熟练掌握 EWB 软件中字信号发生器和逻辑分析仪的使用方法。

二、实验内容和步骤

1．测试基本 RS、JK 触发器、D 触发器的逻辑功能

调用 EWB 仪器库（Instruments）中的字信号发生器（第四个）和逻辑分析仪。按照实验图 5-1-1 中各图所示分别连接好电路图。打开字信号发生器控制面板，如图 5-1-2（a）所示，对输出的字信号进行设置，如图 5-1-2（b）所示，并将运行方式设置为“Cycle”；频率为 1HZ，最终地址（Final）为 0003。然后对逻辑分析仪进行设计，如图 5-1-3 所示，最后进行电路仿真，打开逻辑分析仪的面板观察输出波形。

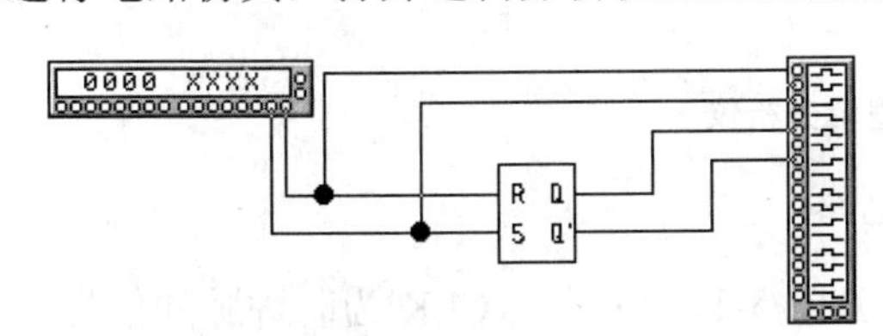

（a）基本 RS 逻辑功能测试

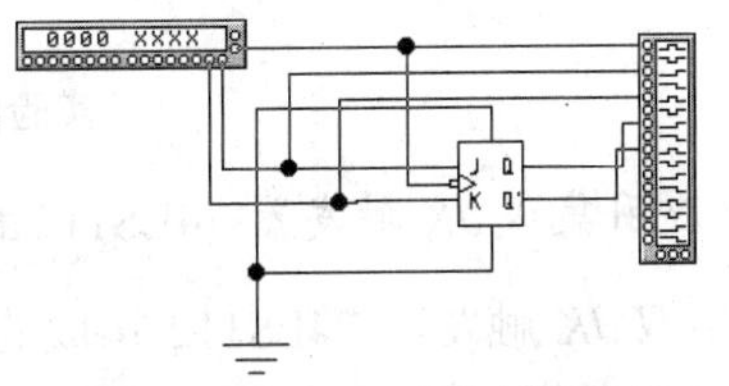

（b）JK 触发器逻辑功能测试

实验图 5-1-1　触发器功能测试

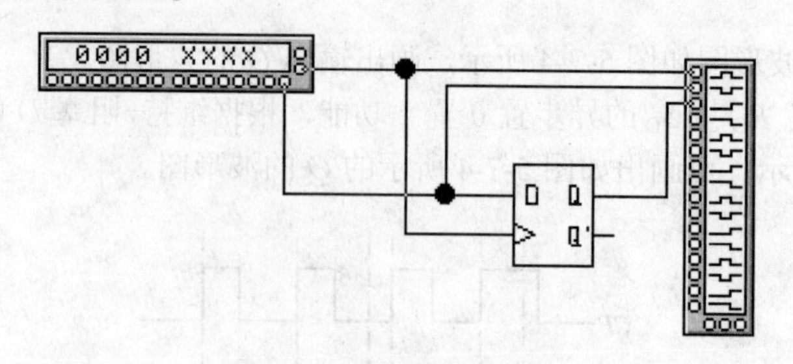

（c）*D* 触发器逻辑功能测试

实验图 5-1-1　触发器功能测试（续）

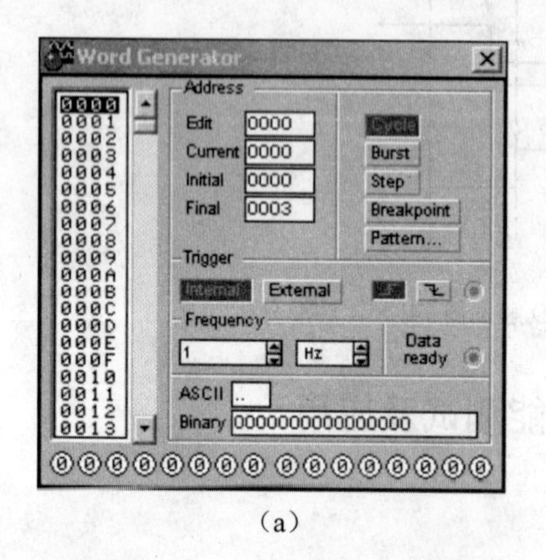

（a）

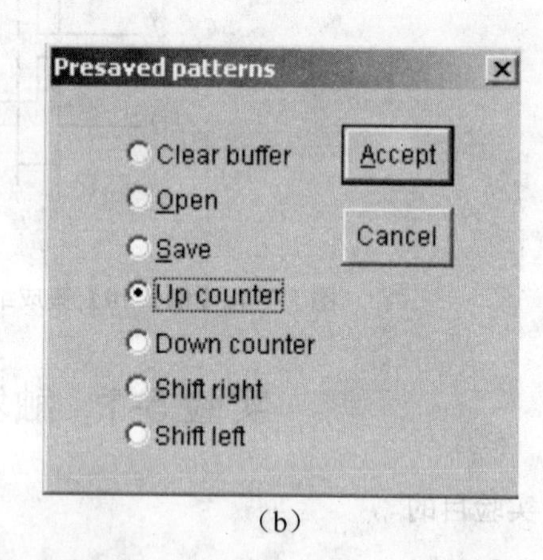

（b）

实验图 5-1-2　字信号发生器设置

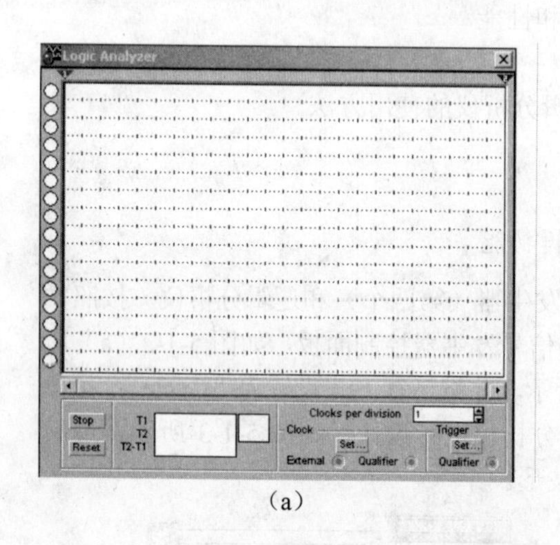

（a）

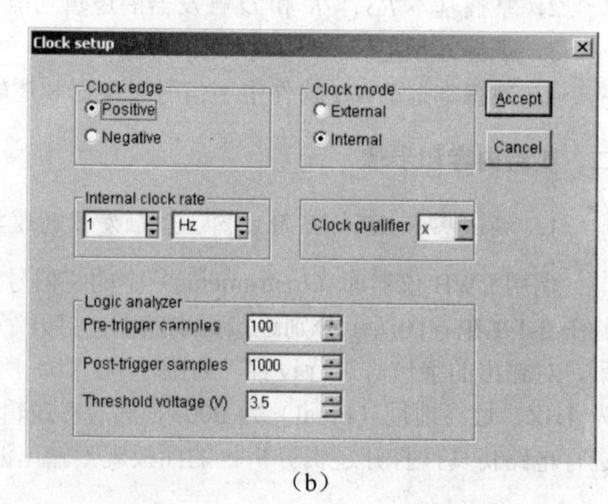

（b）

实验图 5-1-3　逻辑分析仪

2. 应用集成 *JK* 触发器 74LS112 构成分频电路

应用双 *JK* 触发器 74LS112 构成的电路如实验图 5-1-4 所示，1CLK 为时钟脉冲信号，与 1*Q*、2*Q* 共同接波形测试仪。观察在 1CLK 作用下，触发器的输出波形，画出状态转换图，对照比较，并说明功能。

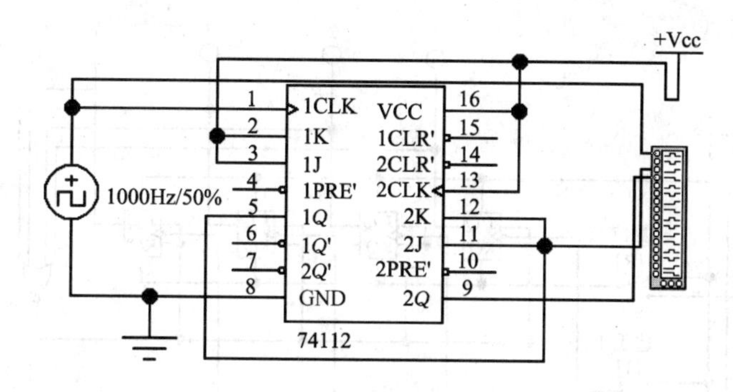

实验图 5-1-4 应用集成 *JK* 触发器 74LS112 构成分频电路

3. 应用 *JK* 触发器构成移位寄存器

按实验图 5-1-5 所示连接电路，画出状态转换图，说明功能。

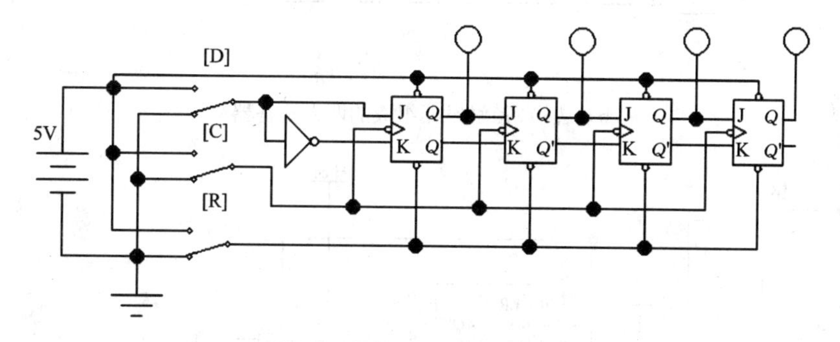

实验图 5-1-5 应用 *JK* 触发器构成移位寄存器

4. 应用触发器实现四人抢答器电路

按实验图 5-1-6 中所示的各图连线，对由基本 *RS* 触发器、边沿 *JK* 触发器和集成 *D* 触发器 74175 组成的四人抢答器电路进行 EWB 仿真。

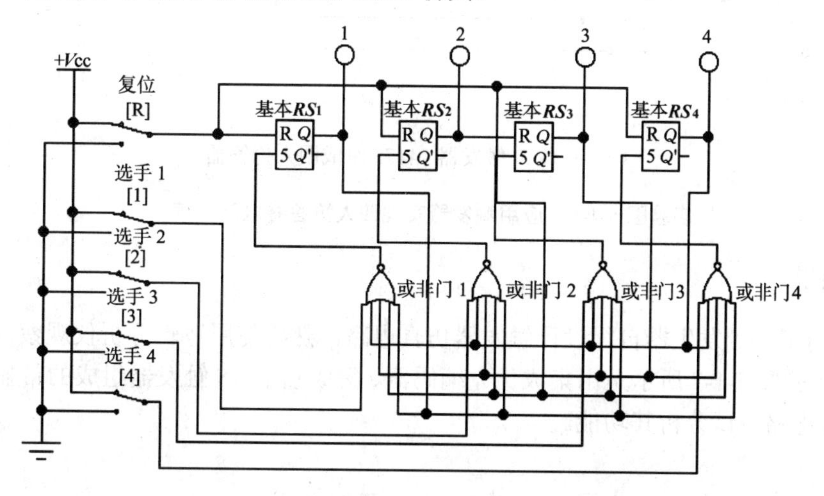

（a）基本 *RS* 触发器组成的四人抢答器

实验图 5-1-6 应用触发器实现四人抢答器电路

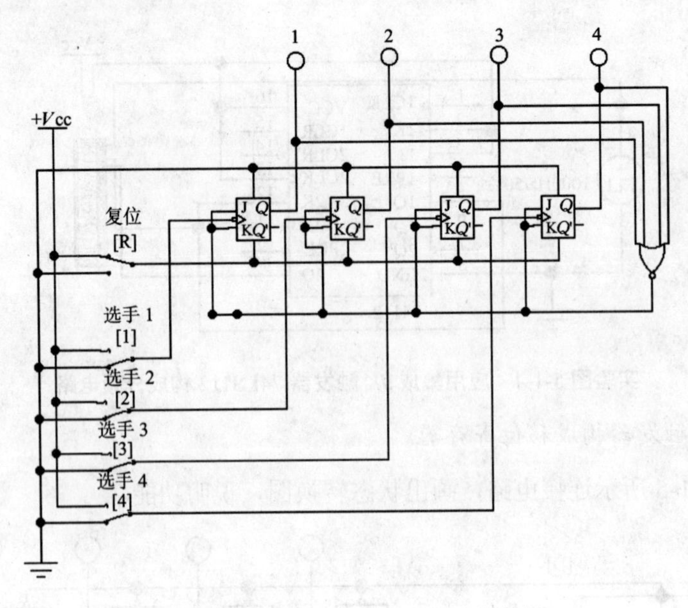

（b）边沿 *JK* 触发器组成的四人抢答器

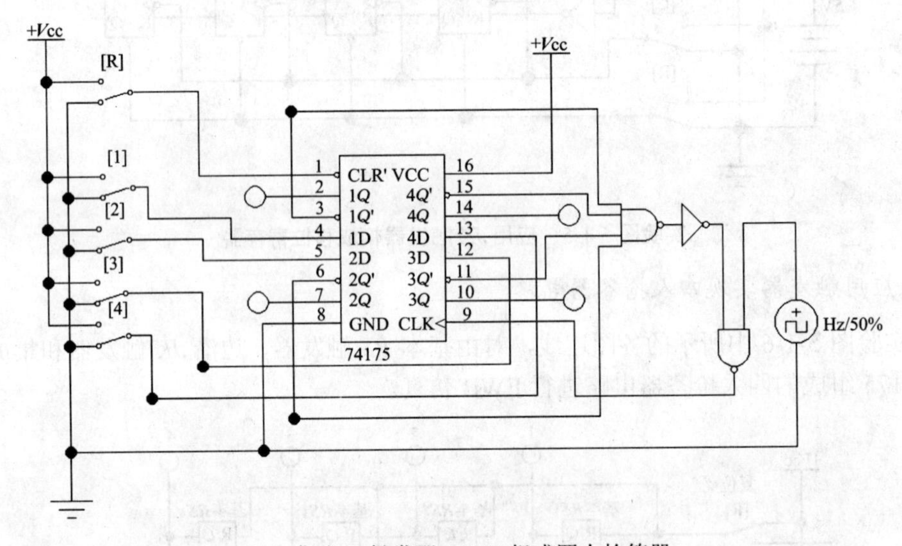

（c）集成 *D* 触发器 74175 组成四人抢答器

实验图 5-1-6　应用触发器实现四人抢答器电路（续）

三、实验要求

1. 应用字信号发生器自行设计触发器仿真电路，熟练使用逻辑分析仪观察波形。

2. 如实验图 5-1-7 所示是由集成优先编码器、集成基本 *RS* 触发器组成的带显示功能的八人抢答器电路，试分析其功能。

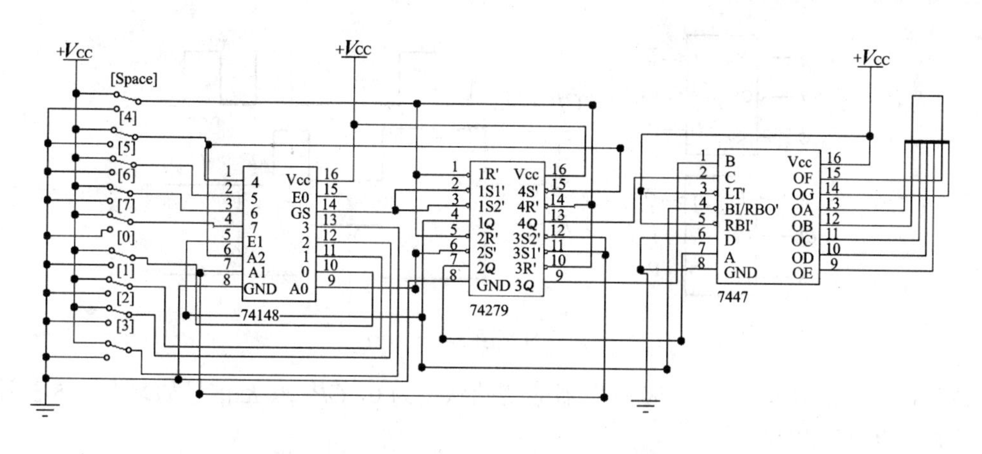

实验图 5-1-7　带显示功能的八人抢答器电路

3．通过查找相关资料自行设计和仿真带显示、提示音、定时等功能的抢答器。

习题五

5-1 将习题图 5-1 所示的输入波形加在由与非门构成的基本 *RS* 触发器上，试画出输出 Q 和 $\overline{Q}$ 端的波形（设初始状态为 $Q=0$）。

5-2 将习题图 5-2 所示的输入波形加在由或非门构成的基本 *RS* 触发器上，试画出输出 Q 和 $\overline{Q}$ 端的波形（设初始状态为 $Q=0$）。

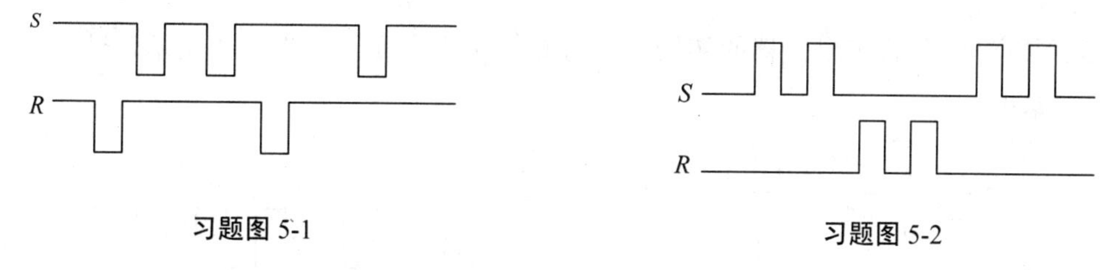

习题图 5-1　　　　习题图 5-2

5-3 将习题图 5-3 所示的输入波形加在同步 *RS* 触发器上，试画出该同步 *RS* 触发器相应的 Q 和 $\overline{Q}$ 端的波形（设初始状态为 $Q=0$）。

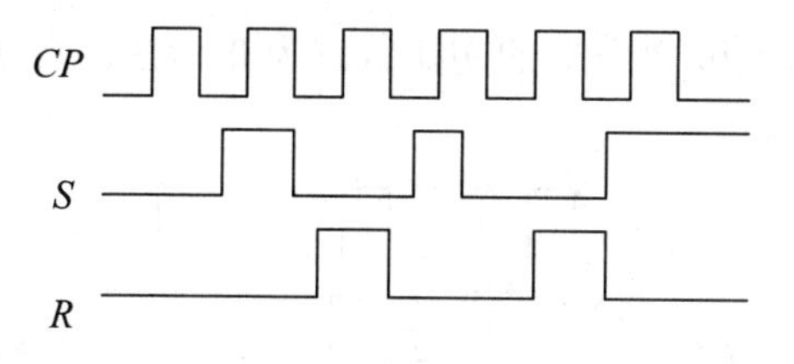

习题图 5-3

5-4 下降沿触发和上升沿触发两种触发方式的主从 *RS* 触发器的逻辑符号及 *CP*、*S*、*R* 的波形如习题图 5-4 所示，分别画出它们的 Q 端的波形（设初始状态为 $Q=0$）。

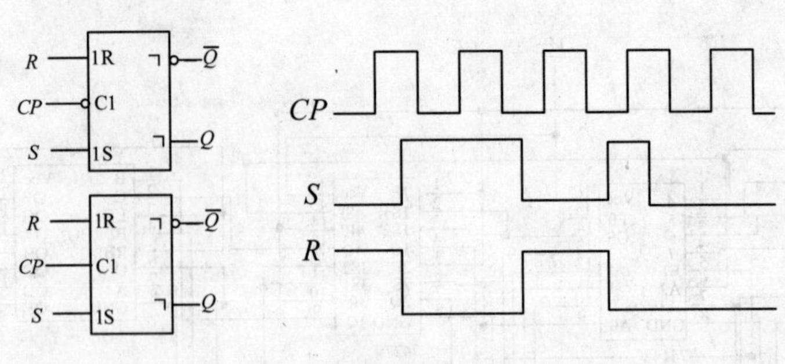

习题图 5-4

5-5 设下降沿触发的主从 *JK* 触发器的初始状态为 0，*CP*、*J*、*K* 信号如习题图 5-5 所示，试画出触发器 *Q* 端的波形。

5-6 设下降沿触发的维持-阻塞 *D* 触发器的初始状态为 0，*CP*、*D* 信号如习题图 5-6 所示，试画出触发器 *Q* 端的波形。

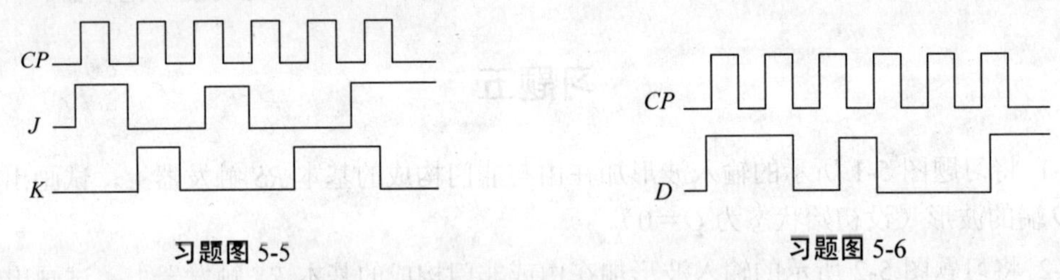

习题图 5-5　　习题图 5-6

5-7 下降沿触发的 *T* 触发器的初始状态为 0，*CP*、*T* 信号如习题图 5-7 所示，试画出触发器 *Q* 端的波形。

5-8 下降沿触发的 *T* 触发器的初始状态为 0，*CP* 信号如习题图 5-8 所示，试画出触发器 *Q* 端的波形。

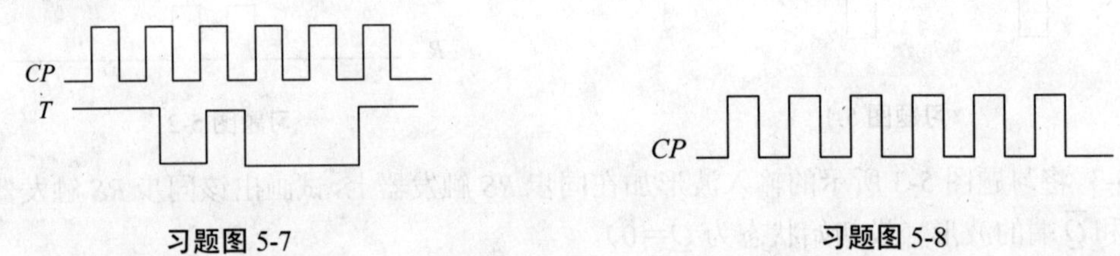

习题图 5-7　　习题图 5-8

5-9 下降沿触发的边沿 *JK* 触发器的初始状态为 0，*CP*、*J*、*K* 信号如习题图 5-9 所示，试画出触发器 *Q* 端的波形。

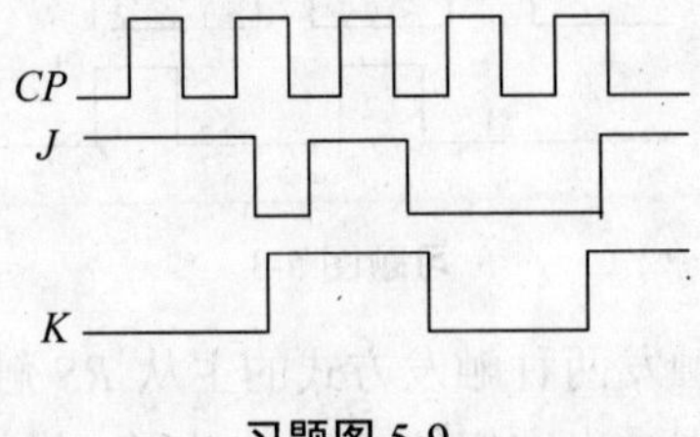

习题图 5-9

5-10 说明基本 *RS* 触发器、同步触发器、主从触发器和边沿触发器在电路结构、工作原理等方面的异同。

5-11 说明边沿触发器工作速度高于主从触发器的原因。

5-12 利用适当的门电路，实现如下触发器的转换。

（1）JK 触发器转换为 D 触发器、RS 触发器、T 触发器、T' 触发器。

（2）D 触发器转换为 JK 触发器、RS 触发器、T 触发器、T' 触发器。

5-13 如习题图 5-10 所示，设触发器初始状态为 0，试对应 A、B 及 CP 波形图画出输出端 Q_1 和 Q_2 波形图。

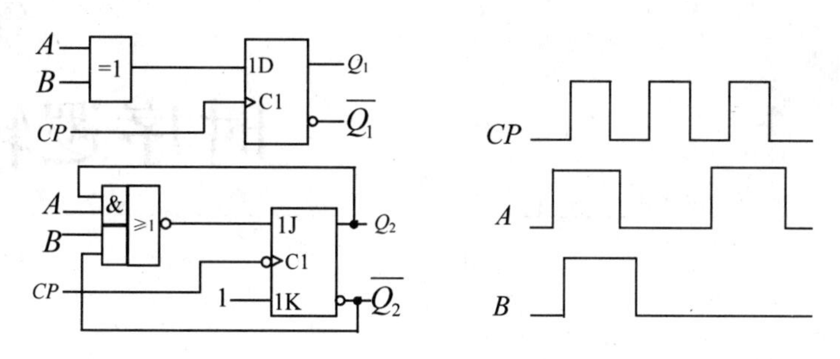

习题图 5-10

5-14 如习题图 5-11 所示，设触发器初始状态为 0，试对应 A 及 CP 波形图画出输出端 Q_1 和 Q_2 波形图。

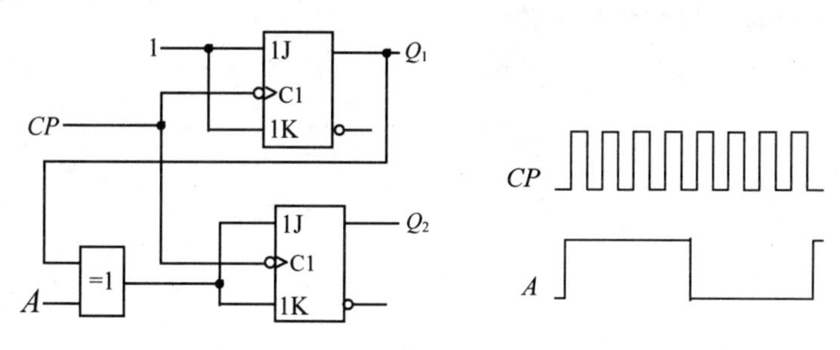

习题图 5-11

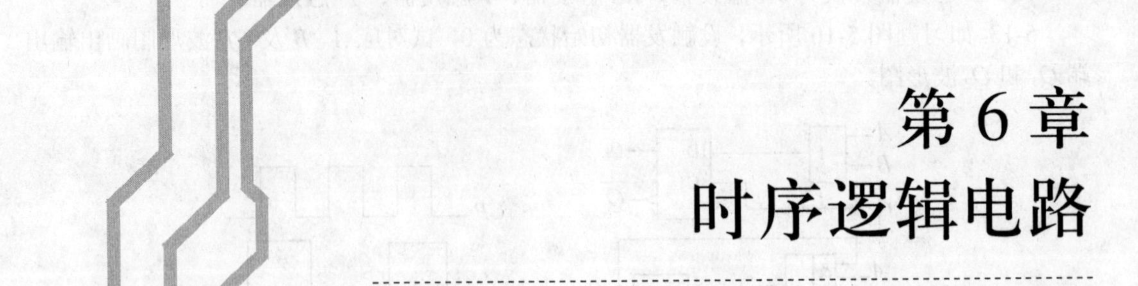

第 6 章 时序逻辑电路

本章首先介绍了时序逻辑电路的特点、分类及分析方法，接着分别介绍二进制计数器、十进制计数器、集成计数器芯片以及 N 进制计数器的分析与设计方法，然后介绍寄存器和移位寄存器，最后介绍同步时序逻辑电器的设计方法。

6.1　概　　述

6.1.1　时序逻辑电路的特点

时序逻辑电路简称时序电路，它主要是由存储电路和组合逻辑电路两部分组成。与组合逻辑电路不同，时序电路在任何一个时刻的输出状态不仅取决于当时的输入信号，而且还取决于电路的原来状态。时序电路的现态和次态是由组成时序电路的触发器的现态和次态来表示的，其时序波形也是根据各个触发器的状态变化情况来描述的。因此，在时序电路中，触发器是必不可少的，而组合逻辑电路在有些时序电路中可以没有。

6.1.2　时序逻辑电路的组成

时序电路的结构框图如图 6-1-1 所示。其中 $X\left(X_1,X_2,\cdots,X_i\right)$ 是时序电路的输入信号；$Q\left(Q_1,Q_2,\cdots,Q_l\right)$ 是存储电路的输出信号，它被反馈到组合电路的输入端，与输入信号共同决定时序电路的输出状态；$Z\left(Z_1,Z_2,\cdots,Z_j\right)$ 是时序电路的输出信号；$Y\left(Y_1,Y_2,\cdots,Y_r\right)$ 是存储电路的输入信号。这些信号之间的逻辑关系可以表示为：

$$Z=F_1\left(X,Q^n\right) \qquad (6\text{-}1\text{-}1)$$

$$Y=F_2\left(X,Q^n\right) \qquad (6\text{-}1\text{-}2)$$

$$Q^{n+1}=F_3\left(Y,Q^n\right) \qquad (6\text{-}1\text{-}3)$$

其中，式（6-1-1）称为输出方程，式（6-1-2）称为驱动方程，式（6-1-3）称为状态方程，Q^{n+1} 代表次态，Q^n 代表现态。

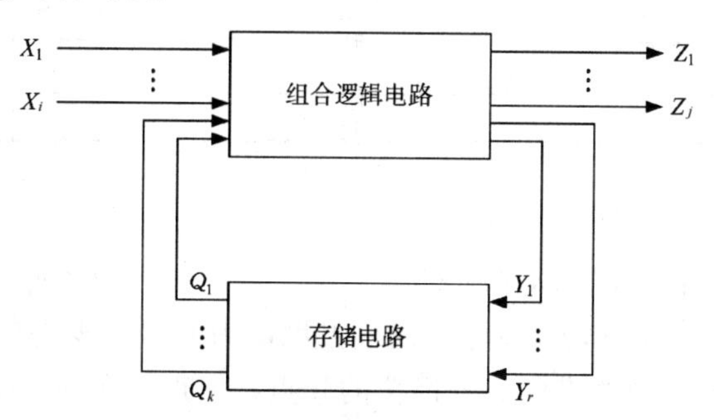

图 6-1-1　时序逻辑电路的结构框图

6.1.3　时序逻辑电路的分类

1．按照逻辑功能划分，有计数器、寄存器、移位寄存器等。

2．按照电路中触发器状态变化是否同步，可分为同步时序逻辑电路和异步时序逻辑电路。

6.1.4　时序逻辑电路功能的描述方法

1．逻辑方程式

根据时序电路的电路图，写出时序电路的各个信号的逻辑表达式（逻辑方程式），从而全面描述时序电路的逻辑功能。常用的逻辑方程式有以下几种。

（1）时钟方程：各触发器时钟信号的逻辑表达式。

$$CP_n = F(X, Q^n)$$

（2）输出方程：时序电路输出信号的逻辑表达式。

$$Z = F_1\left(X, Q^n\right)$$

（3）驱动方程：各触发器输入端的逻辑表达式。

$$Y = F_2(X, Q^n)$$

（4）状态方程：驱动方程代入相应触发器特性方程得出的逻辑表达式。

$$Q^{n+1} = F_3\left(Y, Q^n\right)$$

从理论上讲，有了上述方程式，时序电路的逻辑功能就被唯一地确定了。但是对许多时序电路而言，这四组逻辑方程式还不能直观地得出时序电路的逻辑功能。因此，下面再介绍几种能够反映时序电路状态变化全过程的描述方法。

2. 状态表（状态转换表）

反映时序电路的输出 Z、次态 Q^{n+1} 和电路的输入 X、现态 Q^n 之间对应取值关系的表格称为状态转换表。如表 6-1-1 所示，时序电路的全部输入信号列在状态表的顶部，表的左边列出现态，表的内部列出次态和输出。表的读法是：处在现态 Q^n 的时序电路，当输入为 X 时，该电路将进入输出 Z 的次态 Q^{n+1}。

表 6-1-1 时序电路的状态转换表

输入 / 次态/输出 / 现态	X		
Q^n			Q^{n+1}/Z

3. 状态图（状态转换图）

反映时序电路状态转换规律及相应输入、输出取值关系的图形称为状态图（状态转换图）。如图 6-1-2 所示，在状态转换图中以圆圈及圆圈内的字母或数字表示电路的各个状态，以带箭头的线表示状态转换的方向。当箭头的起点和终点都在同一个圆圈上时，则表示状态不变。同时，还在箭头旁注明状态转换前输入变量的值和输出值，通常将输入变量的取值写在斜线以上，将输出值写在斜线以下。

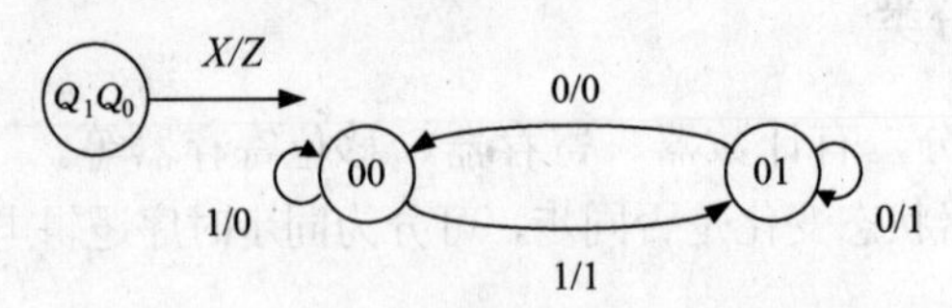

图 6-1-2 时序电路的状态转换图

4. 时序图

时序图即时序电路的工作波形图。它能直观地描述时序电路的输入信号、输出信号、

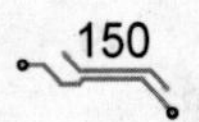

时钟脉冲信号及电路的状态转换等在时间上的对应关系。

6.2　时序逻辑电路的分析

时序电路的种类很多，它们的逻辑功能各异，只要掌握了它的分析方法，就能比较方便地分析出时序电路的逻辑功能。

6.2.1　基本分析步骤

1. 写方程式

仔细观察给定的时序电路图，然后再逐一写出下列方程。

（1）时钟方程：各个触发器时钟信号的逻辑表达式。

（2）驱动方程：各触发器输入端的逻辑表达式。如 *JK* 触发器 *J* 和 *K* 的逻辑表达式。

（3）输出方程：时序电路输出逻辑表达式。

（4）状态方程：把驱动方程代入相应触发器的特性方程，即可求出各个触发器次态输出的逻辑表达式，即时序电路的状态方程。

注意写方程式，尤其状态方程时，要明确有效时钟脉冲 *CP*。

2. 列状态转换表

把电路输入初态代入状态方程和输出方程进行计算，求出相应的次态和输出，然后将计算结果作为下次状态的现态，再次代入状态方程和输出方程进行计算。需要注意的是：

（1）状态方程包含时钟条件的，凡不具备时钟条件者，方程式无效，也就是说触发器将保持原来状态不变。

（2）电路的现态就是组成该电路各个触发器现态的组合。现态的起始值如果给定了，则可以由给定值开始依次进行计算，若未给定，那么就可以依自己设定的起始值开始依次计算。

3. 画状态转换图

根据步骤 2 列出的状态转换表画出状态转换图。

4. 画时序图

根据状态表画出时序图。

5. 逻辑功能说明

根据状态图或时序图进行归纳，用文字描述给定的时序电路的逻辑功能。

6. 检查电路能否自启动

电路自启动检查的方法将在下面具体时序电路分析过程中予以介绍。

6.2.2　同步时序逻辑电路的分析举例

1. 电路特点

同步时序电路中，所有触发器状态的改变是受同一个时钟脉冲信号 *CP* 控制，因此电路状态改变时，电路中的触发器是同步翻转的。

【例 6-1】 试分析图 6-2-1 所示的时序电路的逻辑功能。

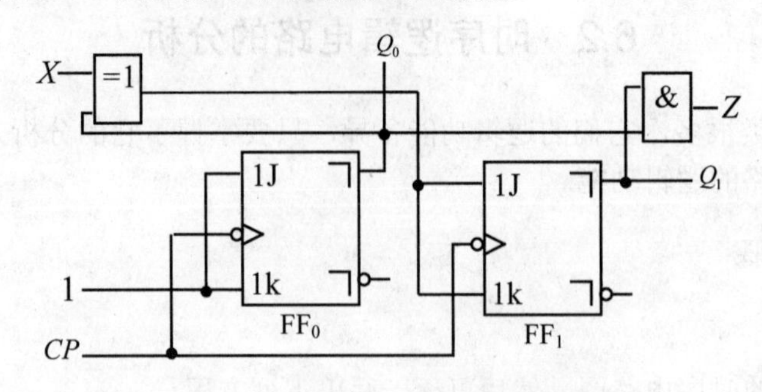

图 6-2-1 【例 6-1】时序电路图

解：① 写方程式

时钟方程： $$CP_0 = CP_1 = CP \tag{6-2-1}$$

驱动方程：
$$J_0 = K_0 = 1$$
$$J_1 = K_1 = X \oplus Q_0^n \tag{6-2-2}$$

输出方程： $$Z = Q_1^n Q_0^n \tag{6-2-3}$$

把驱动方程（6-2-2）分别代入 JK 触发器的特性方程：$Q^{n+1} = J\overline{Q^n} + \overline{K}Q^n$，得各触发器状态方程：

$$Q_0^{n+1} = J_0\overline{Q}_0^n + \overline{K}_0 Q_0^n = \overline{Q}_0^n$$

$$\begin{aligned} Q_1^{n+1} &= J_1\overline{Q}_1^n + \overline{K}_1 Q_1^n \\ &= (X \oplus Q_0^n)\overline{Q}_1^n + (\overline{X \oplus Q_0^n})Q_1^n \\ &= X \oplus Q_0^n \oplus Q_1^n \end{aligned} \tag{6-2-4}$$

② 列状态表

设电路的现态 $Q_1^n Q_0^n$=00，代入状态方程（6-2-4）和输出方程（6-2-3）依次进行计算，求出相应的次态和输出，结果如表 6-2-1 所示。

表 6-2-1 【例 6-1】状态表

$Q_1^n Q_0^n$ \ X \ $Q_1^{n+1}Q_0^{n+1}Z$	0	1
0 0	0 1/0	0 1/0
0 1	1 0/0	1 0/0
1 0	1 1/0	1 1/0
1 1	0 0/1	0 0/1

③ 画出状态图（见图 6-2-2）

④ 设电路的初始状态 $Q_1^n Q_0^n$=00，根据状态表和状态图，可画出在一系列 CP 脉冲作用下电路的时序图（见图 6-2-3）

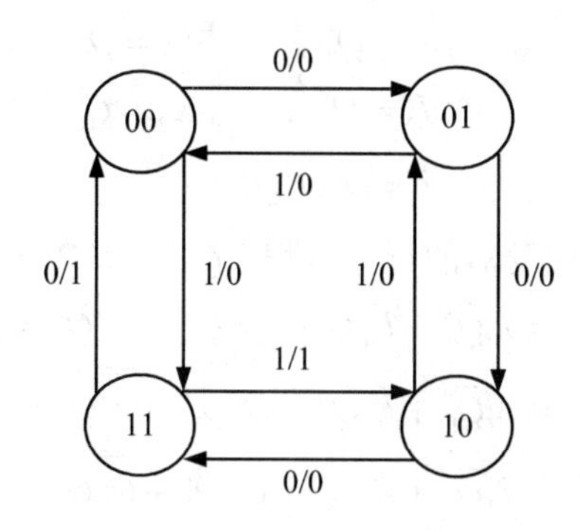

图 6-2-2 【例 6-1】状态图

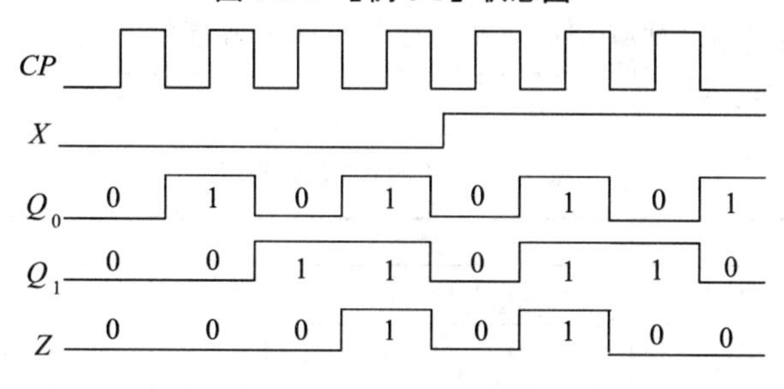

图 6-2-3 【例 6-1】时序图

⑤ 电路功能说明

由状态图和时序图可知，该电路是一个可控制计数器。当 X=0 时，进行加法计数，在时钟脉冲作用下，$Q_1^nQ_0^n$ 的数值从 00 到 11 依次递增，每经过 4 个时钟脉冲作用后，电路的状态循环一次，此时 Z 为进位标志；当 X=1 时，进行减法计数，在时钟脉冲作用下，$Q_1^nQ_0^n$ 的数值从 11 到 00 依次递减，每经过 4 个时钟脉冲作用后，电路的状态循环一次，此时 Z 为错位标志。

⑥ 检查电路能否自启动

由状态图可以看出，本电路的 4 个有效状态形成了有效循环，不存在无效状态。因此图 6-2-1 所示的时序电路是一个能自启动的时序电路。

【例 6-2】 试分析图 6-2-4 所示的时序电路的逻辑功能。

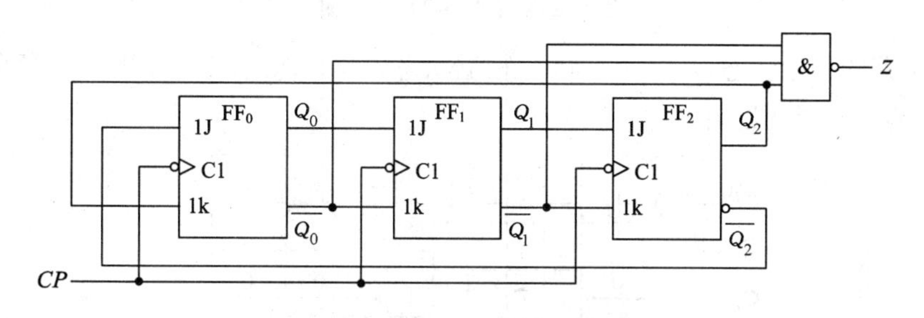

图 6-2-4 【例 6-2】时序电路图

解： ① 写方程式

时钟方程：　　$CP_0 = CP_1 = CP_2 = CP$

驱动方程：　　$J_0 = \bar{Q}_2^n$　　$K_0 = Q_2^n$

$$J_1 = Q_0^n \qquad K_1 = \overline{Q}_0^n$$
$$J_2 = Q_1^n \qquad K_2 = \overline{Q}_1^n$$

输出方程：
$$Z = \overline{Q_2^n \overline{Q}_1^n \overline{Q}_0^n}$$

把驱动方程分别代入 JK 触发器的特性方程：$Q^{n+1} = J\overline{Q^n} + \overline{K}Q^n$，得各触发器状态方程：

$$Q_0^{n+1} = J_0\overline{Q}_0^n + \overline{K}_0 Q_0^n = \overline{Q}_2^n \overline{Q}_0^n + \overline{Q}_2^n Q_0^n = \overline{Q}_2^n$$
$$Q_1^{n+1} = J_1\overline{Q}_1^n + \overline{K}_1 Q_1^n = Q_0^n \overline{Q}_1^n + \overline{\overline{Q_0^n}} Q_1^n = Q_0^n$$
$$Q_2^{n+1} = J_2\overline{Q}_2^n + \overline{K}_2 Q_2^n = Q_1^n \overline{Q}_2^n + \overline{\overline{Q_1^n}} Q_2^n = Q_1^n$$

② 列状态表

设电路的现态 $Q_2^n Q_1^n Q_0^n$=000，代入状态方程和输出方程依次进行计算，求出相应的次态和输出，结果如表 6-2-2 所示。

表 6-2-2 【例 6-2】状态表

现态			次态			输出
Q_2^n	Q_1^n	Q_0^n	Q_2^{n+1}	Q_1^{n+1}	Q_0^{n+1}	Z
0	0	0	0	0	1	1
0	0	1	0	1	1	1
0	1	1	1	1	1	1
1	1	1	1	1	0	1
1	1	0	1	0	0	1
1	0	0	0	0	0	0
0	1	0	1	0	1	1
1	0	1	0	1	0	1

③ 画出状态图（见图 6-2-5）

000 —/1→ 001 —/1→ 011
↑/0 ↓/1
100 ←/1— 110 ←/1— 111

(a) 有效循环

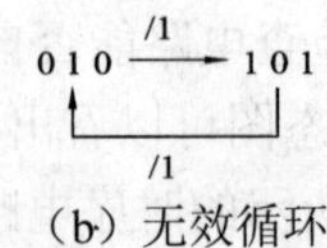

(b) 无效循环

图 6-2-5 【例 6-2】状态图

④ 设电路的初始状态 $Q_2^n Q_1^n Q_0^n$=000，根据状态表和状态图，可画出在一系列 CP 脉冲作用下电路的时序图（见图 6-2-6）

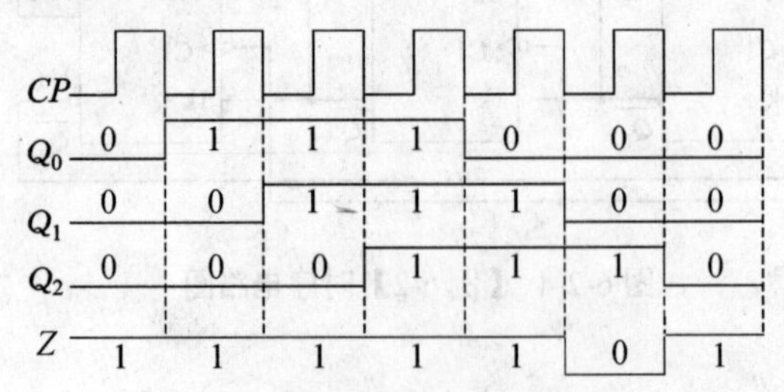

图 6-2-6 【例 6-2】时序图

⑤ 电路功能说明

由状态图和时序图可知，该电路是一个脉宽为 3 个 *CP* 周期，周期为 6 个 *CP* 周期，带标志位 *Z* 的顺序脉冲发生器（节拍脉冲发生器）。

⑥ 检查电路能否自启动

图 6-2-5 所示的状态图中，010、101 两个状态没有被利用，称为无效状态，且形成无效循环。在这种电路中，一旦因某种原因使循环进入无效循环，就再也回不到有效状态了，所以，再要正常工作也就不可能了。因此图 6-2-4 所示的时序电路是一个不能自启动的时序电路。

2. 时序电路中的几个概念说明

（1）有效状态与有效循环

有效状态：在时序电路中，凡是被利用了的状态，都称为有效状态。如图 6-2-5（a）中的 6 个状态。

有效循环：在时序电路中，凡是有效状态形成的循环，都称为有效循环，如图 6-2-5（a）所示。

（2）无效状态与无效循环

无效状态：在时序电路中，凡是没有被利用的状态，都叫无效状态，如图 6-2-5（b）中的两个状态。

无效循环：在时序电路中，凡是因无效状态形成的循环，都称为无效循环，如图 6-2-5（b）所示。

（3）能自启动与不能自启动

能自启动：在时序电路中，若电路由于某种原因进入了无效状态，在 *CP* 脉冲作用下，电路能自动回到有效状态，则这样的时序电路具备自启动能力。

不能自启动：在时序电路中，存在无效状态，且它们之间又形成了无效循环，则这样的时序电路不能自启动。

6.2.3 异步时序逻辑电路的分析举例

异步时序电路中，只有部分触发器由时钟脉冲信号 *CP* 触发，而其他触发器则由电路内部信号触发，因此异步时序电路的状态改变时，电路中要更新状态的触发器，有的先翻转，有的后翻转，不同时进行。

【例 6-3】 试分析图 6-2-7 所示的时序电路的逻辑功能。

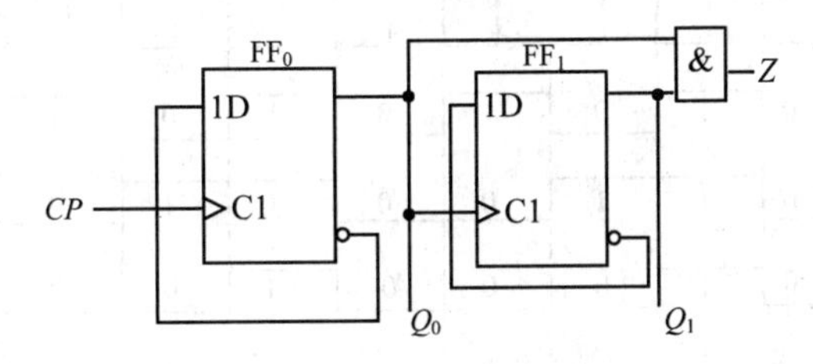

图 6-2-7 【例 6-3】时序电路图

解：① 写方程式

时钟方程：$CP_0 = CP$，$CP_1 = Q_0^n$

驱动方程：$D_0 = \bar{Q}_0^n$，$D_1 = \bar{Q}_1^n$

输出方程：$Z = Q_1^n Q_0^n$

把驱动方程分别代入 JK 触发器的特性方程：$Q^{n+1} = D$，得各触发器状态方程：

$$Q_0^{n+1} = D_0 = \bar{Q}_0^n \text{（}CP\text{ 上升沿有效）}$$

$$Q_1^{n+1} = D_1 = \bar{Q}_1^n \text{（}Q_0\text{ 上升沿有效）}$$

② 列状态表

设电路的现态 $Q_1^n Q_0^n$=00，代入状态方程和输出方程，依次进行计算，求出相应的次态和输出。特别注意的是，只有当每一个方程式的时钟条件具备时，触发器才会按照方程式的计算结果更新状态，否则只有保持原来的状态不变。结果如表 6-2-3 所示。

表 6-2-3　【例 6-3】状态表

$Q_1^n Q_1^n$	CP_0	CP_1	$Q_1^{n+1} Q_1^{n+1} / Z$
0　0	↑	↑	1　1/0
1　1	↑	0	1　0/1
1　0	↑	↑	0　1/0
0　1	↑	0	0　0/0

③ 画出状态图（见图 6-2-8）

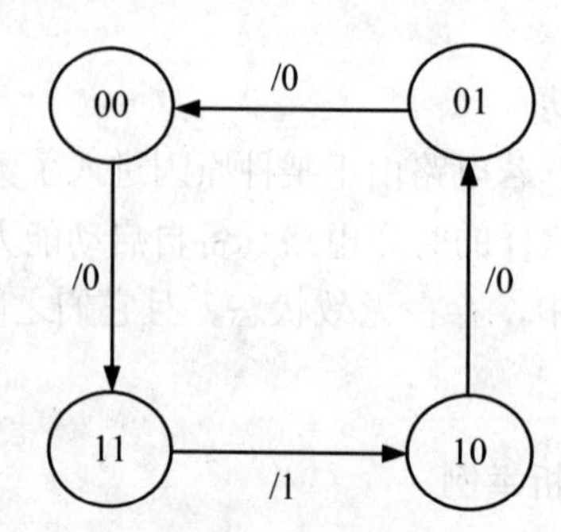

图 6-2-8【例 6-3】状态图

④ 设电路的初始状态 $Q_1^n Q_0^n$=00，根据状态表和状态图，可画出在一系列 CP 脉冲作用下电路的时序图（见图 6-2-9）

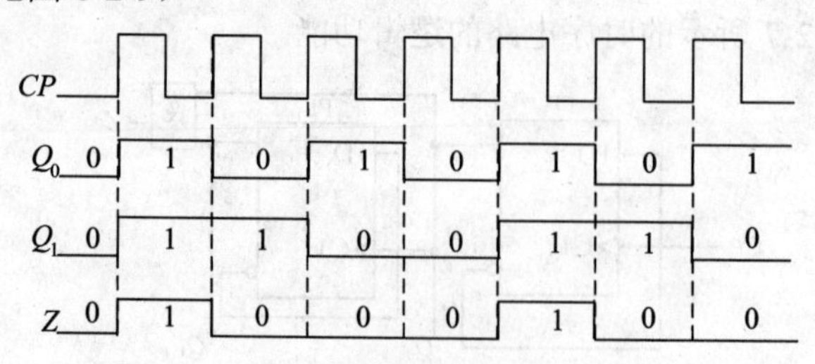

图 6-2-9【例 6-3】时序图

⑤ 电路功能说明

由状态图和时序图可知，该电路是一个异步四进制减法计数器，Z 为错位标志。

⑥ 检查电路能否自启动

由状态图可以看出，本电路的有效状态形成了有效循环，不存在无效状态。因此该电路是一个能自启动的时序电路。

【例 6-4】 试分析图 6-2-10 所示的时序电路的逻辑功能。

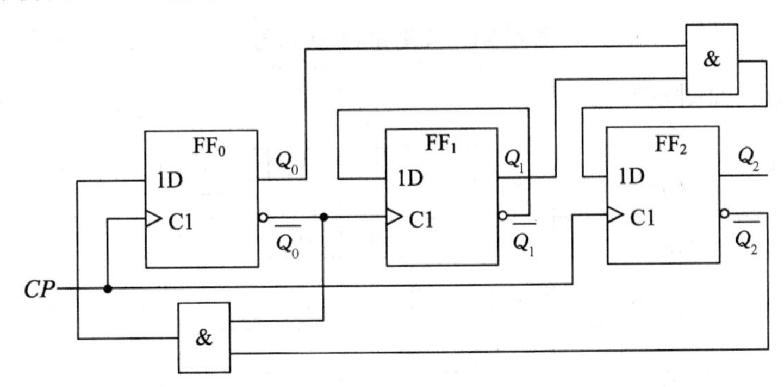

图 6-2-10 【例 6-4】时序电路图

解： ① 写方程式

时钟方程：$CP_0 = CP_2 = CP$， $CP_1 = \bar{Q}_0^n$

驱动方程：$D_0 = \bar{Q}_2^n \bar{Q}_0^n$， $D_1 = \bar{Q}_1^n$， $D_2 = Q_1^n Q_0^n$

D 触发器的特性方程：$Q^{n+1} = D$

把驱动方程代入特性方程，可得状态方程：

$Q_0^{n+1} = \bar{Q}_2^n \bar{Q}_0^n$　　　CP 上升沿有效

$Q_1^{n+1} = \bar{Q}_1^n$　　　$\bar{Q}_0$ 上升沿有效

$Q_2^{n+1} = Q_1^n Q_0^n$　　　CP 上升沿有效

② 列状态表

设电路现态 $Q_2^n Q_1^n Q_0^n$=000，代入状态方程式进行计算，依次求出次态。计算结果如表 6-2-4 所示。

表 6-2-4 【例 6-4】状态表

Q_2^n Q_1^n Q_0^n	CP_2	CP_1	CP_0	Q_2^{n+1} Q_1^{n+1} Q_0^{n+1}
0　0　0	↑	↓	↑	0　0　1
0　0　1	↑	↑	↑	0　1　0
0　1　0	↑	↓	↑	0　1　1
0　1　1	↑	↑	↑	1　0　0
1　0　0	↑	1	↑	0　0　0
1　0　1	↑	↑	↑	0　1　0
1　1　0	↑	1	↑	0　1　0
1　1　1	↑	↑	↑	1　0　0

③ 画状态图（如图 6-2-11 所示）

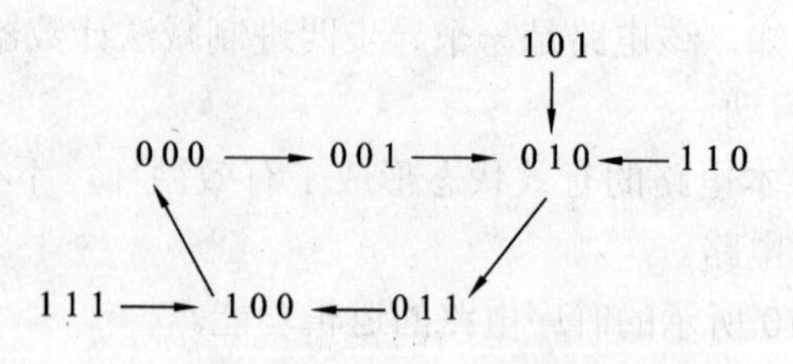

图 6-2-11 【例 6-4】状态图

④ 画时序图（如图 6-2-12 所示）

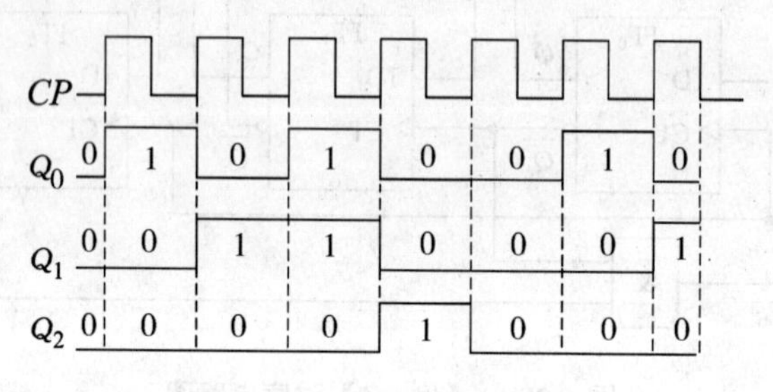

图 6-2-12 【例 6-4】时序图

⑤ 电路功能说明

该电路为一个异步五进制加法计数器。

⑥ 检查电路能否自启动

由状态图可知，该异步时序电路能够自启动。

6.3 计 数 器

用以统计输入计数脉冲 CP 个数的电路，称作计数器。计数器是数字系统中用得较多的基本逻辑部件。它不仅能记录输入时钟脉冲的个数，还可以实现分频、定时、产生节拍脉冲和脉冲序列等。例如计算机中的时序脉冲发生器、分频器、指令计数器等功能部件都需要用到计数器。

计数器累计输入脉冲的最大数目称为计数器的“模”，用 M 表示，如 $M=N$ 的计数器称为 N 进制计数器。

6.3.1 计数器的类型

1. 按照计数进制分

二进制计数器：当输入计数脉冲到来时，按二进制规律进行计数的电路都称为二进制计数器。

十进制计数器：按十进制规律进行计数的电路称为十进制计数器。

N 进制计数器：除了二进制和十进制计数器之外的其他进制的计数器，都称为 N 进制计数器。

2. 按照计数趋势分

加法计数器：当输入计数脉冲到来时，按递增规律进行计数的电路叫做加法计数器。

减法计数器：当输入计数脉冲到来时，按递减规律进行计数的电路叫做减法计数器。

可逆计数器：在加减信号的控制下，既可进行递增计数，也可进行递减计数的电路，叫做可逆计数器。

3. 按照触发器翻转特点分

同步计数器：当输入计数脉冲到来时，要更新状态的触发器都是同时翻转的计数器。从电路结构上看，该类计数器中各个触发器的时钟信号都是输入计数脉冲。

异步计数器：当输入计数脉冲到来时，要更新状态的触发器的翻转有先有后，不同时进行的计数器。

同步计数器的计数速度要比异步计数器快得多，但异步计数器的结构要比同步计数器简单。

6.3.2 二进制计数器

根据计数器中触发器翻转的特点可将二进制计数器分为同步和异步两种，而同步和异步二进制计数器又可分为加法计数器、减法计数器和可逆计数器。

1. 二进制同步计数器

（1）二进制同步加法计数器

【例 6-5】 试分析如图 6-3-1 所示的 3 位二进制加法计数器的逻辑功能。

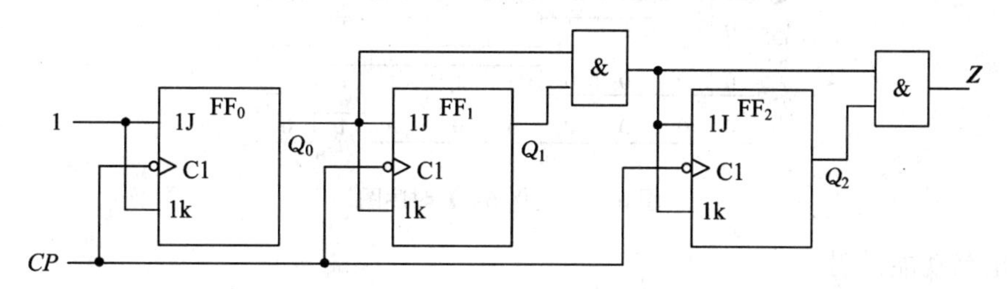

图 6-3-1 【例 6-5】3 位二进制同步加法计数器

解：① 写方程式：

时钟方程：
$$CP_0 = CP_1 = CP_2 = CP$$

驱动方程：
$$J_0 = K_0 = 1$$
$$J_1 = K_1 = Q_0^n \tag{6-3-1}$$
$$J_2 = K_2 = Q_1^n Q_o^n$$

输出方程：
$$Z = Q_2^n Q_1^n Q_0^n \tag{6-3-2}$$

将驱动方程（6-3-1）代入 JK 触发器的特性方程中，得到状态方程：

$$Q_0^{n+1} = J_0\bar{Q}_0^n + \bar{K}_0 Q_0^n = \bar{Q}_0^n$$
$$Q_1^{n+1} = J_1\bar{Q}_1^n + \bar{K}_1 Q_1^n = \bar{Q}_1^n Q_0^n + Q_1^n \bar{Q}_0^n$$
$$Q_2^{n+1} = J_2\bar{Q}_2^n + \bar{K}_2 Q_2^n = \bar{Q}_2^n Q_1^n Q_0^n + Q_2^n \bar{Q}_1^n + Q_2^n \bar{Q}_0^n$$

② 列状态表

进行计算，得状态表如表 6-3-1 所示。

表 6-3-1 【例 6-5】3 位二进制状态转换表

现态			次态			输出
Q_2^n	Q_1^n	Q_0^n	Q_2^{n+1}	Q_1^{n+1}	Q_0^{n+1}	Z
0	0	0	0	0	1	0
0	0	1	0	1	0	0
0	1	0	0	1	1	0
0	1	1	1	0	0	0
1	0	0	1	0	1	0
1	0	1	1	1	0	0
1	1	0	1	1	1	0
1	1	1	0	0	0	1

③ 画状态图（见图 6-3-2）和时序图（见图 6-3-3）

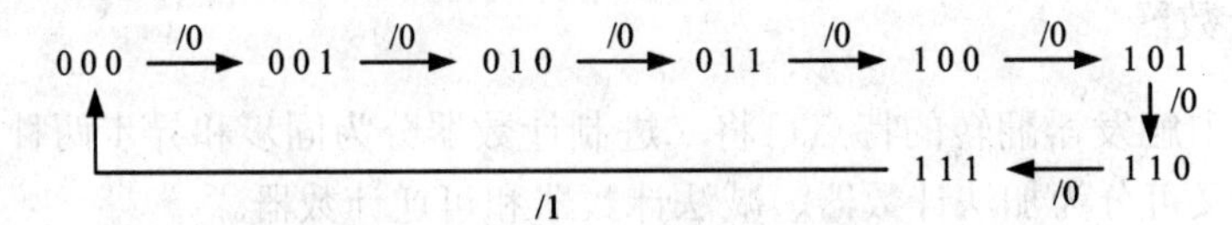

图 6-3-2 【例 6-5】状态图

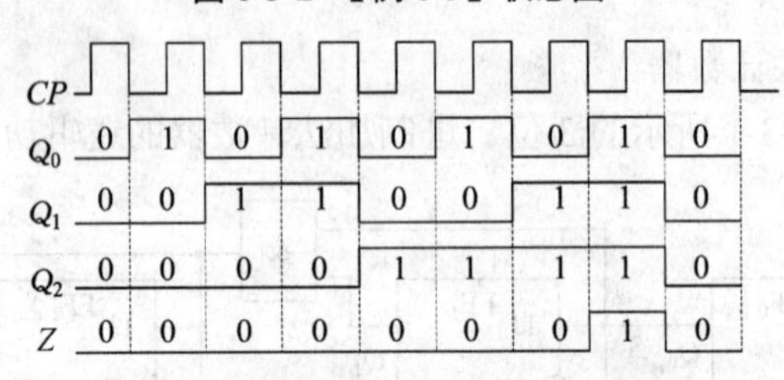

图 6-3-3 【例 6-5】时序图

④ 电路功能说明

该时序电路为 3 位二进制同步加法计数器即同步八进制加法计数器，Z 为进位指示端。

（2）二进制同步减法计数器

如图 6-3-4 所示，该电路为 3 位二进制同步减法计数器，分析过程同二进制同步加法计数器，这里不再重复，请读者自行分析。

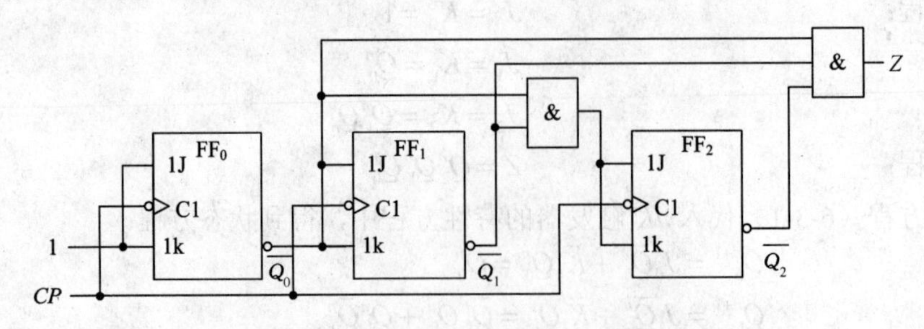

图 6-3-4 3 位二进制同位减法计数器

2. 二进制异步计数器

(1) 二进制异步减法计数器

【例 6-6】 试分析如图 6-3-5 所示的 3 位二进制异步减法计数器的逻辑功能。

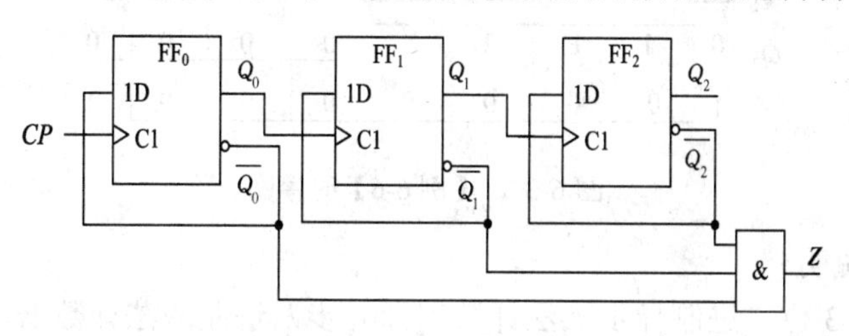

图 6-3-5 【例 6-6】3 位二进制异步减法计数器

解：① 写方程式

脉冲方程：　$CP_0 = CP$，$CP_1 = Q_0^n$，$CP_2 = Q_1^n$

驱动方程：

$$D_0 = \bar{Q}_0^n$$
$$D_1 = \bar{Q}_1^n \qquad (6\text{-}3\text{-}3)$$
$$D_2 = \bar{Q}_2^n$$

输出方程：

$$Z = \bar{Q}_0^n \bar{Q}_1^n \bar{Q}_2^n \qquad (6\text{-}3\text{-}4)$$

把驱动方程（6-3-3）代入 D 触发器的特性方程，得各个触发器的状态方程：

$$Q_0^{n+1} = \bar{Q}_0^n \quad CP \text{ 上升沿有效}$$
$$Q_1^{n+1} = \bar{Q}_1^n \quad Q_0 \text{ 上升沿有效} \qquad (6\text{-}3\text{-}5)$$
$$Q_2^{n+1} = \bar{Q}_2^n \quad Q_1 \text{ 上升沿有效}$$

② 列状态表

进行计算，得状态表，如表 6-3-2 所示。

表 6-3-2 【例 6-6】3 位异步减法计数器的状态表

现　　态			次　　态			输　　出
Q_2^n	Q_1^n	Q_0^n	Q_2^{n+1}	Q_1^{n+1}	Q_0^{n+1}	Z
0	0	0	1	1	1	1
1	1	1	1	1	0	0
1	1	0	1	0	1	0
1	0	1	1	0	0	0
1	0	0	0	1	1	0
0	1	1	0	1	0	0
0	1	0	0	0	1	0
0	0	1	0	0	0	0

③ 画出如图 6-3-6 所示的状态图和如图 6-3-7 所示的时序图

000 —/1→ 111 —/0→ 110 —/0→ 101 —/0→ 100 —/0→ 011 —/0→ 010 —/0→ 001 —/0→ 000

图 6-3-6 【例 6-6】状态图

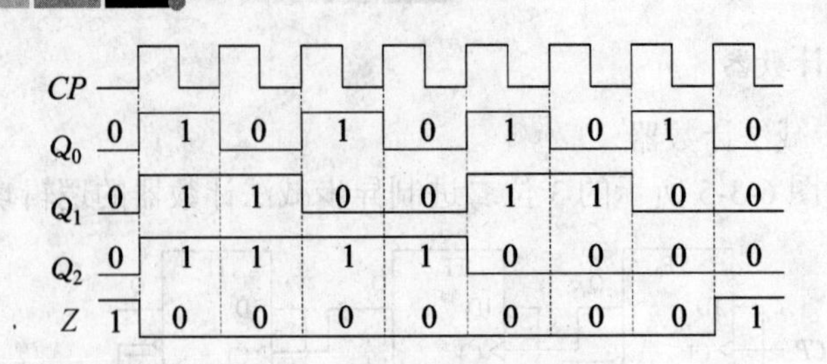

图 6-3-7 【例 6-6】时序图

④ 电路功能说明

该时序电路为 3 位二进制异步减法计数器即异步八进制减法计数器，Z 为错位标志。

（2）二进制异步加法计数器

如图 6-3-8 所示，电路为 3 位二进制异步加法计数器，分析过程同上。这里不再重复，请读者自行分析。

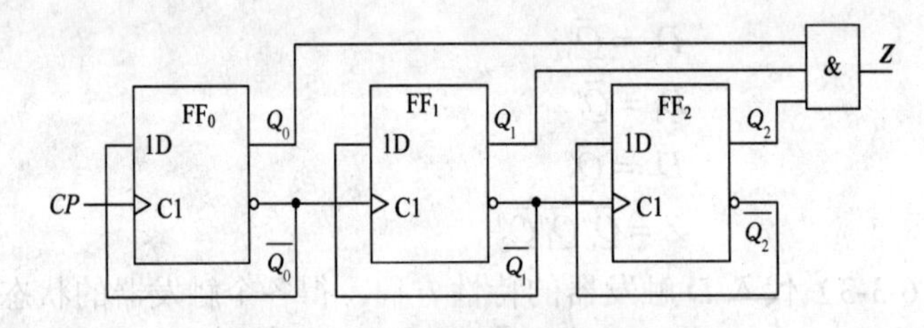

图 6-3-8 3 位二进制异步加法计数器

6.3.3 十进制计数器

十进制计数器也有同步、异步；加法、减法、可逆之分，分析方法同二进制计数器，现以十进制同步加法计数器为例作简单介绍。

【例 6-7】 分析如图 6-3-9 所示电路的逻辑功能。

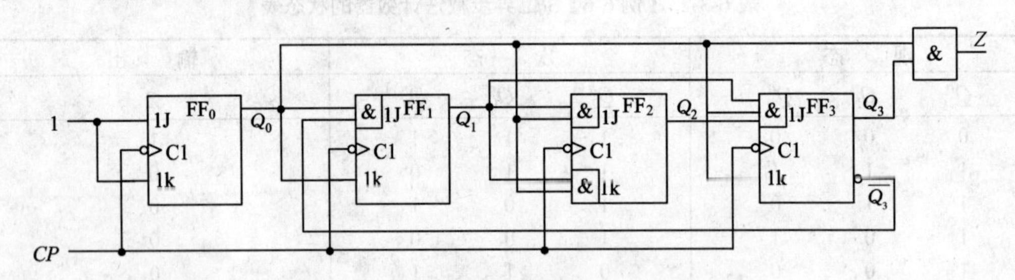

图 6-3-9 【例 6-7】十进制同步加法计数器

解：① 写方程式

脉冲方程：
$$CP_0 = CP_1 = CP_2 = CP_3 = CP$$

驱动方程：
$$\begin{aligned} &J_0 = K_0 = 1 \\ &J_1 = \bar{Q}_3^n Q_0^n \quad K_1 = Q_0^n \\ &J_2 = K_2 = Q_1^n Q_0^n \\ &J_3 = Q_0^n Q_1^n Q_2^n \quad K_3 = Q_0^n \end{aligned} \tag{6-3-6}$$

输出方程：　　　　　　　　$Z = Q_3^n Q_0^n$

将驱动方程（6-3-6）代入 JK 触发器的特性方程中，得到状态方程：

$$Q_0^{n+1} = J_0\bar{Q}_0^n + \bar{K}_0 Q_0^n = \bar{Q}_0^n$$

$$Q_1^{n+1} = J_1\bar{Q}_1^n + \bar{K}_1 Q_1^n = \bar{Q}_3^n\bar{Q}_1^n Q_0^n + Q_1^n\bar{Q}_0^n$$

$$Q_2^{n+1} = J_2\bar{Q}_2^n + \bar{K}_2 Q_2^n = \bar{Q}_2^n Q_1^n Q_0^n + Q_2^n\bar{Q}_1^n + Q_2^n\bar{Q}_0^n$$

$$Q_3^{n+1} = J_3\bar{Q}_3^n + \bar{K}_3 Q_3^n = \bar{Q}_3^n Q_2^n Q_1^n Q_0^n + Q_3^n\bar{Q}_0^n$$

② 列状态表

进行计算，得到如表 6-3-3 所示的状态表。

表 6-3-3 【例 6-7】十进制同步加法计数器状态转换表

计数脉冲序号	现态				次态				输出
	Q_3^n	Q_2^n	Q_1^n	Q_0^n	Q_3^{n+1}	Q_2^{n+1}	Q_1^{n+1}	Q_0^{n+1}	Z
0	0	0	0	0	0	0	0	1	0
1	0	0	0	1	0	0	1	0	0
2	0	0	1	0	0	0	1	1	0
3	0	0	1	1	0	1	0	0	0
4	0	1	0	0	0	1	0	1	0
5	0	1	0	1	0	1	1	0	0
6	0	1	1	0	0	1	1	1	0
7	0	1	1	1	1	0	0	0	0
8	1	0	0	0	1	0	0	1	0
9	1	0	0	1	0	0	0	0	1

③ 由状态真值表可画出状态转换图，如图 6-3-10 所示

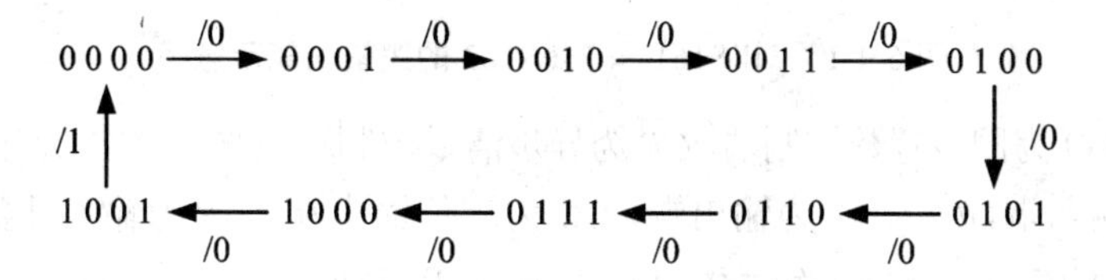

图 6-3-10 【例 6-7】状态图

④ 根据状态真值表可画出时序图，如图 6-3-11 所示

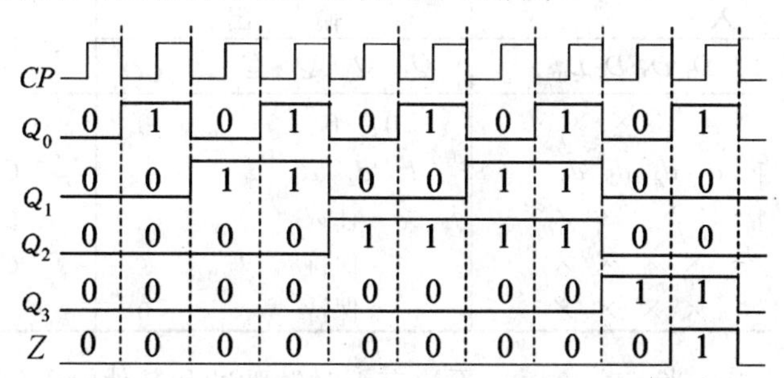

图 6-3-11 【例 6-7】十进制同步加法计数器时序图

⑤ 电路功能说明

该时序电路为同步十进制加法计数器。

6.4 集成计数器

集成计数器在数字系统中有着广泛的应用，它们具有体积小、功耗低、功能灵活等优点。集成计数器只有二进制和十进制计数器两大类，一般将这两种进制以外的计数器称为任意进制计数器。本节介绍典型的集成计数器及利用它们构成任意进制计数器的方法。

6.4.1 典型集成计数器

集成计数器分为集成同步计数器和集成异步计数器。

1. 集成同步计数器

如图 6-4-1 所示为集成 4 位二进制同步加法计数器 74LS161 和 74LS163 的逻辑功能示意图。

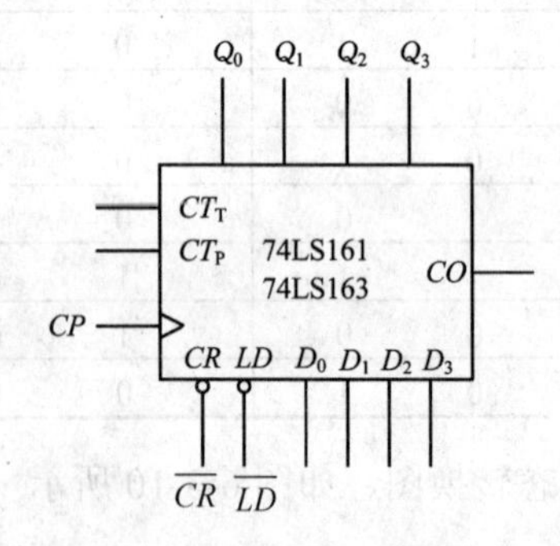

图 6-4-1 74LS161 和 74LS163 的逻辑功能示意图

图 6-4-1 中 $\overline{LD}$ 为同步置数控制端，$\overline{CR}$ 为异步清零控制端，CT_P 和 CT_T 为计数控制端，$D_0 \sim D_3$ 为并行数据输入端，$Q_0 \sim Q_3$ 为输出端，CO 为进位输出端，CP 为输入计数脉冲。74LS161 的功能如表 6-4-1 所示，由表可知 74LS161 有如下主要功能。

表 6-4-1 74LS161 的功能表

输入									输出					说明
$\overline{CR}$	$\overline{LD}$	CT_P	CT_T	CP	D_3	D_2	D_1	D_0	Q_3	Q_2	Q_1	Q_0	CO	
0	×	×	×	×	×	×	×	×	0	0	0	0	0	异步清零
1	0	×	×	↑	d_3	d_2	d_1	d_0	d_3	d_2	d_1	d_0		$CO=CT_T \cdot Q_3Q_2Q_1Q_0$
1	1	1	1	↑	×	×	×	×	计数					$CO=Q_3Q_2Q_1Q_0$
1	1	0	×	×	×	×	×	×	保持					$CO=CT_T \cdot Q_3Q_2Q_1Q_0$
1	1	×	0	×	×	×	×	×	保持				0	

（1）异步清零功能。当 $\overline{CR}=0$ 时，不论有无时钟脉冲和其他输入信号输入，计数器都被清零，即 $Q_3Q_2Q_1Q_0=0000$。

（2）同步并行置数功能。当 $\overline{CR}=1$，$\overline{LD}=0$ 时，在输入时钟脉冲 CP 上升沿的作用下，

$D_3 \sim D_0$ 端并行输入的数据 $d_3 \sim d_0$ 被置入计数器，即 $Q_3Q_2Q_1Q_0 = d_3d_2d_1d_0$。

（3）计数功能。当 $\overline{LD} = \overline{CR} = CT_T = CT_P = 1$ 时，在计数脉冲 CP 上升沿的作用下，计数器进行二进制加法计数。这时进位输出 $CO = Q_3Q_2Q_1Q_0$。

（4）保持功能。当 $\overline{LD} = \overline{CR} = 1$，且 CT_T 和 CT_P 中有 0 时，则计数器保持原来的状态不变。此时，如 $CT_P = 0$，$CT_T = 1$，则 $CO = CT_TQ_3Q_2Q_1Q_0 = Q_3Q_2Q_1Q_0$，电路各级触发器和进位输出信号 CO 的状态不变；如 $CT_P = 1$，$CT_T = 0$，则电路各级触发器状态不变，$CO = 0$，即进位输出低电平 0。

74LS163 的逻辑功能如表 6-4-2 所示。

表 6-4-2　74LS163 的功能表

输入									输出					说明
$\overline{CR}$	$\overline{LD}$	CT_P	CT_T	CP	D_3	D_2	D_1	D_0	Q_3	Q_2	Q_1	Q_0	CO	
0	×	×	×	↑	×	×	×	×	0	0	0		0	同步清零
1	0	×	×	↑	d_3	d_2	d_1	d_0	d_3	d_2	d_1	d_0		$CO=CT_T \cdot Q_3Q_2Q_1Q_0$
1	1	1	1	↑	×	×	×	×	计数					$CO=Q_3Q_2Q_1Q_0$
1	1	0	×	×	×	×	×	×	保持					$CO=CT_T \cdot Q_3Q_2Q_1Q_0$
1	1	×	0	×	×	×	×	×	保持				0	

由两功能表对比可知，74LS161 与 74LS163 的区别在于清零的方式不同，74LS161 为异步清零，而 74LS163 为同步清零。所谓同步清零是指，在同步清零控制端 $\overline{CR}=0$ 时，计数器并不被立即清零，还需要输入一个计数脉冲 CP 的上升沿后才能被清零。

2. 集成异步计数器

如图 6-4-2（a）所示，集成二进制异步计数器 74LS197 是由一个二进制计数器和一个八进制计数器组成。图 6-4-2（b）所示为 74LS197 的逻辑功能示意图。图中 $\overline{CR}$ 为异步清零控制端；$CT/\overline{LD}$ 为计数/置数控制端；$D_0 \sim D_3$ 为并行数据输入端；$Q_0 \sim Q_3$ 为输出端。74LS197 的功能如表 6-4-3 所示。

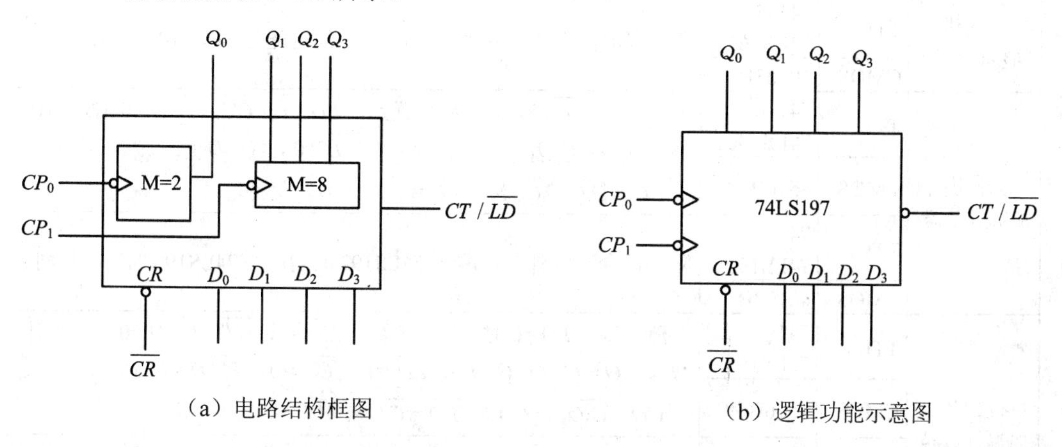

（a）电路结构框图　　（b）逻辑功能示意图

图 6-4-2　74LS197 的电路结构框图和逻辑功能示意图

表 6-4-3　74LS197 的功能表

输入							输出				说明
$\overline{CR}$	$CT/\overline{LD}$	CP	D_3	D_2	D_1	D_0	Q_3	Q_2	Q_1	Q_0	
0	×	×	×	×	×	×	0	0	0	0	异步清零
1	0	×	d_3	d_2	d_1	d_0	d_3	d_2	d_1	d_0	异步并行置数
1	1	↓	×	×	×	×	计数				

注意　74LS197 处于计数工作状态时，如计数脉冲 CP 由 CP_0 端输入，从 Q_0 端输出时，则构成 1 位二进制计数器；如计数脉冲 CP 由 CP_1 端输入，从 $Q_3Q_2Q_1$ 端输出时，则构成 3 位异步二进制计数器；如将 Q_0 和 CP_1 端相连，计数脉冲 CP 由 CP_0 端输入，从 $Q_3Q_2Q_1Q_0$ 输出时，则构成 4 位异步二进制计数器。

6.4.2　常用集成计数器

集成计数器是厂家生产的定型产品，其函数关系已被固化在芯片中，状态分配即编码是不可能更改的。表 6-4-4 给出常用的中规模集成计数器的主要品种。

表 6-4-4　常用集成计数器

	名称	型号		功能说明
同步计数器	二-十进制同步计数器	TTL	74160 74LS160	$\overline{CR}$=0 时，异步清零；$\overline{CR}$=1、$\overline{LD}$=0 时，同步置数（$CO=CT_T\cdot Q_3Q_0$）；$\overline{CR}=\overline{LD}=CT_T=CT_P$=1 时，计数（$CO=Q_3Q_0$）；$\overline{CR}=\overline{LD}$=1、$CT_T\cdot CT_P$=0 时，保持（$CO=CT_T\cdot Q_3Q_0$）。
		CMOS	40160B	
	二-十进制同步计数器	TTL	74162 74LS162	除了采取同步清零方式外，74LS162 的功能与 74LS160 的功能相同。
		CMOS	40162B	
	4 位二进制同步计数器	TTL	74161 74LS161	$\overline{CR}$=0 时，异步清零；$\overline{CR}$=1、$\overline{LD}$=0 时，同步置数（$CO=CT_T\cdot Q_3Q_2Q_1Q_0$）；$\overline{CR}=\overline{LD}=CT_T=CT_P$=1 时，计数（$CO=Q_3Q_2Q_1Q_0$）；$\overline{CR}=\overline{LD}$=1、$CT_T\cdot CT_P$=0 时，保持（$CO=CT_T\cdot Q_3Q_2Q_1Q_0$）。
		CMOS	40161B	
	4 位二进制同步计数器	TTL	74163 74LS163	除了采取同步清零方式外，74LS163 的功能与 74LS161 的功能相同。
		CMOS	40163B	
	二-十进制加/减计数器	TTL	74190 74LS190	无清零端；$\overline{LD}$=0 时，异步置数；$\overline{LD}$=1、$\overline{CT}=\overline{U}/D$=0 时，加计数（$CO=Q_3Q_0$）；$\overline{LD}$=1、$\overline{CT}$=0，$\overline{U}/D$=1 时，减计数（$CO=\overline{Q_3Q_2Q_1Q_0}$）；$\overline{LD}=\overline{CT}$=1 时，保持。
		CMOS	4510B	
		TTL	74192 74LS192	除了包含异步清零方式外，74LS192 的功能与 74LS190 的功能相同。
		CMOS	40192B	
	4 位二进制加/减计数器	TTL	74191 74LS191	无清零端；$\overline{LD}$=0 时，异步置数；$\overline{LD}$=1、$\overline{CT}=\overline{U}/D$=0 时，加计数（$CO=Q_3Q_2Q_1Q_0$）；$\overline{LD}$=1、$\overline{CT}$=0，$\overline{U}/D$=1 时，减计数（$CO=\overline{Q_3Q_2Q_1Q_0}$）；$\overline{LD}=\overline{CT}$=1 时，保持。
		CMOS	4516B	
		TTL	74193 74LS193	除了包含异步清零方式外，74LS193 的功能与 74LS191 的功能相同。
		CMOS	40193B	

续 表

	名 称	型 号		功能说明
异步计数器	二-五-十进制计数器	TTL	74LS90 74LS290 7490 74290	$R_{0A}\cdot R_{0B}=1$、$S_{9A}\cdot S_{9B}=0$ 时，异步清零；$R_{0A}\cdot R_{0B}=0$、$S_{9A}\cdot S_{9B}=1$ 时，异步置 9；$R_{0A}\cdot R_{0B}=S_{9A}\cdot S_{9B}=0$ 时，保持。
	二-八-十六进制计数器	TTL	74197 74LS197	$\overline{CR}=0$ 时，异步清零；$\overline{CR}=1$、$CT/\overline{LD}=0$ 时，异步置数；$\overline{CR}=CT/\overline{LD}=1$ 时，计数。
			74293 74LS293	除不包含异步置数方式外，74LS293 的功能与 74LS197 的功能相同。

注：含有进位输出信号 CO 的集成计数器，在同步清零或异步清零时 CO 都输出低电平 0。

6.4.3 任意进制计数器

利用集成计数器可以构成任意进制的计数器。人们可以利用清零端或置数端，让电路跳过某些状态，从而获得所需要的 N 进制计数器。集成计数器一般都设置有清零端和置数端，而且无论是清零还是置数都有同步和异步之分。有的集成计数器采用同步方式，即当 CP 触发沿到来才能完成清零或置数任务。有的则采用异步方式，即通过时钟触发器的异步输入端实现清零或置数任务，与 CP 信号无关。

1. 集成二进制和集成十进制的不同

若用集成二进制计数器构成任意进制计数器，当计数器的模小于 16 时，用一片集成电路即可完成，当计数器的模大于 16 时，需用多片集成电路完成，多片集成电路之间的进位关系是逢十六进一。

若用集成十进制计数器构成任意进制计数器，当计数器的模小于 10 时，用一片集成电路即可完成，当计数器的模大于 10 时，需用多片集成电路完成，多片集成电路之间的进位关系是逢十进一。

2. 清零端和置数端的不同

清零端只可用来反馈清零，须将反馈清零信号反馈至清零控制端，同时置数控制端放在无效状态。这样构成的计数器的初始状态一定是 0000。

置数端可以用来反馈置数，须将反馈置数信号反馈至置数控制端，而置数输入端放计数器的初始值，同时清零控制端放在无效状态，这样构成的计数器的初始状态可以任意。

3. 清零功能和置数功能是同步方式或异步方式的不同

异步清零功能：构成 N 进制计数器，要用状态 N 清零。

同步清零功能：构成 N 进制计数器，要用状态 $N-1$ 清零。

异步置数功能：构成 N 进制计数器，要用状态 $S+N$ 反馈置数。（S 指计数器的初始状态的十进制）

同步置数功能：构成 N 进制计数器，要用状态 $S+N-1$ 反馈置数。

4. 用同步清零端或同步置数端归零获得 N 进制计数器的方法的主要步骤

（1）写出状态 $N-1$ 的二进制代码。

（2）求归零逻辑，即同步清零端或置数端信号的逻辑表达式。

（3）画出连线图。

【例 6-8】 试用 74LS163 构成七进制计数器。

解： ① 写出状态 $N-1$ 的二进制代码

$$S_{N-1}=S_{7-1}=S_6=0110$$

② 求归零逻辑

反馈清零时归零逻辑：$\overline{CR}=\overline{Q_1Q_2}$

反馈置数时归零逻辑：$\overline{LD}=\overline{Q_1Q_2}$

③ 画连线图

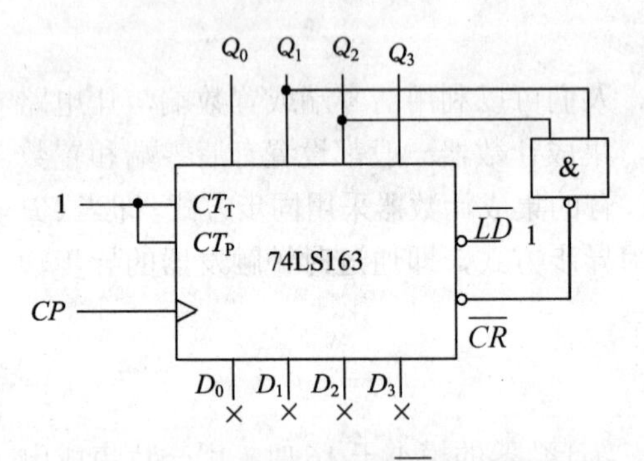

（a）用同步清零 $\overline{CR}$ 端归零

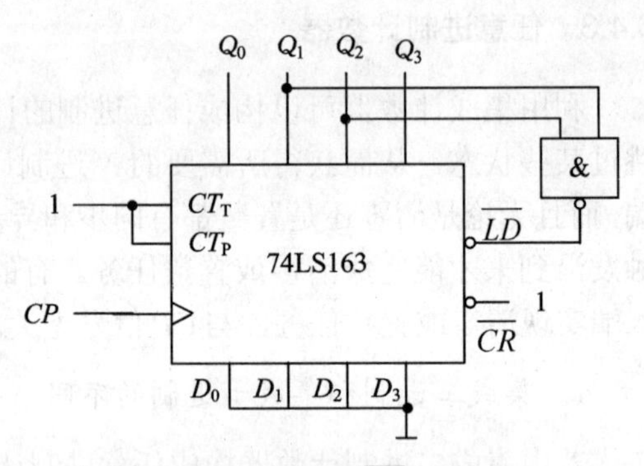

（b）用同步置数 $\overline{LD}$ 端归零

图 6-4-3 【例 6-8】用 74LS163 构成的七进制计数器

图 6-4-3（a）所示是用同步清零 $\overline{CR}$ 端归零构成的七进制计数器连线图，$D_0\sim D_3$ 可任意处理。图 6-4-3（b）所示是用同步并行置数 $\overline{LD}$ 端归零构成的七进制计数器的连线图，这里的 $D_0\sim D_3$ 必须都接零。

5. 用异步清零端或异步置数端归零获得 N 进制计数器的方法主要步骤

（1）写出状态 N 的二进制代码。

（2）求归零逻辑，即异步清零端或置数端信号的逻辑表达式。

（3）画出连线图。

【例 6-9】 试用 74LS197 构成七进制计数器。

解： ① 写出状态 N 的二进制代码

$$S_N=S_7=0111$$

② 求归零逻辑

反馈清零时归零逻辑：$\overline{CR}=\overline{Q_2Q_1Q_0}$

反馈置数时归零逻辑：$CT/\overline{LD}=\overline{Q_2Q_1Q_0}$

③ 画连线图

其中图 6-4-4（a）为用异步清零 $\overline{CR}$ 端归零；图 6-4-4（b）为用异步置数 $CT/\overline{LD}$ 端归零。

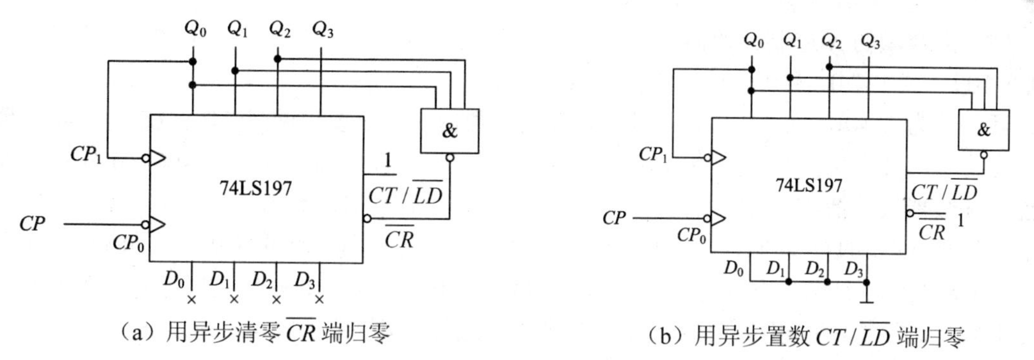

图 6-4-4　【例 6-9】用 74LS197 构成的七进制计数器

6. 利用计数器的级联获得大容量的 N 进制计数器

为了扩大计数器的计数容量，可将多个集成计数器级联起来。所谓级联，就是把多个计数器串联起来，从而获得所需的大容量的 N 进制计数器。例如，把一个 N_1 进制计数器和一个 N_2 进制计数器串联起来，便可构成最大容量为 $N = N_1 \times N_2$ 进制计数器。

一般集成计数器都设有级联用的输出端和输入端，只要正确地将这些级联端进行连接，就可获得大容量的 N 进制计数器。

（1）同步级联

图 6-4-5 是用两片 4 位二进制同步加法计数器 74LS161 采用同步级联方式构成的 8 位二进制数同步加法计数器，模为 16×16=256。

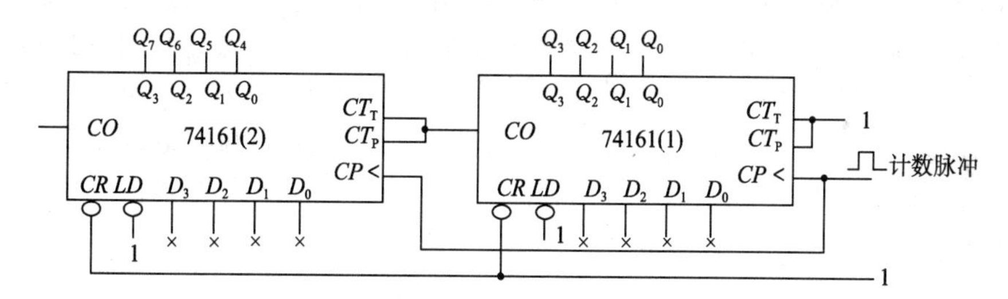

图 6-4-5　74LS161 同步级联构成 8 位二进制数加法计数器

（2）异步级联

图 6-4-6 是用两片二-五-十进制异步加法计数器 74*LS*290 采用异步级联方式组成的两级 8421BCD 码十进制加法计数器，模为 10×10=100。

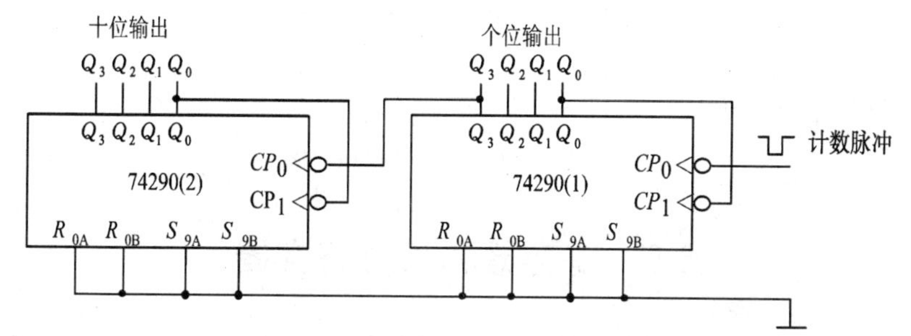

图 6-4-6　74LS290 异步级联构成 100 制数计数器

（3）大容量的 N 进制计数器

【例 6-10】 试用 74LS160 设计 48 进制计数器。

解：因为 N=48，而 74LS160 为模为 10 的计数器，所以要用两片 74LS160 构成此计数器。先将两芯片采用同步级联方式连接成 100 进制计数器，然后再借助 74LS160 异步清零功能使计数器反馈清零。在电路输入第 48 个计数脉冲后，即计数器输出状态为 0100 1000 时，高位片（2）的 Q_2 和低位片（1）的 Q_3 同时为 1，使与非门输出为 0，加到两芯片异步清零端 CR 上，则计数器立即返回 0000 0000 状态。状态 0100 1000 仅在极短的瞬间出现，为过渡状态。这样，就组成了 48 进制计数器，其逻辑电路图如图 6-4-7 所示。

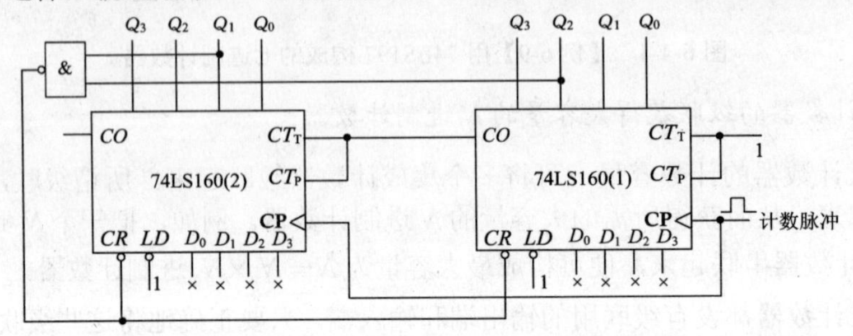

图 6-4-7 【例 6-10】逻辑电路图

【例 6-11】 试用 74LS290 设计 24 进制计数器。

解：因为 N=24，而 74LS290 为模为 10 的计数器，所以要用两片 74LS290 构成此计数器。先将两芯片采用异步级联方式连接成 100 进制计数器，然后再借助 74LS290 异步清零功能使计数器反馈清零。在电路输入第 24 个计数脉冲后，即计数器输出状态为 0010 0100 时，高位片（2）的 Q_1 和低位片（1）的 Q_2 同时为 1，使与门输出为 1，加到两芯片异步清零端 R_{OA} 和 R_{OB} 上，由于 S_{9A} 和 R_{9B} 已经接地，则计数器立即返回 0000 0000 状态。状态 0010 0100 仅在极短的瞬间出现，为过渡状态。这样，就组成了 24 进制计数器，其逻辑电路图如图 6-4-8 所示。

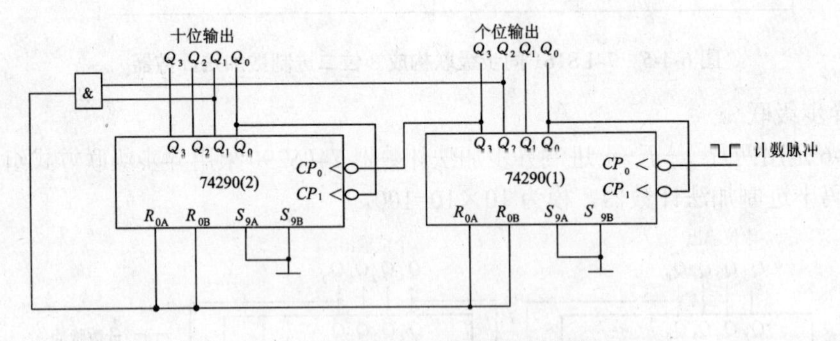

图 6-4-8 【例 6-11】逻辑结构图

6.5 寄存器和移位寄存器

在数字系统中，经常需要暂时存放数据，供以后运算使用，这就需要用到数据寄存器。移位寄存器不但可以存放数据，而且在移位脉冲的作用下，寄存器中的数据可以根据需要

向左或向右移位。由于一个触发器只可存放一位二进制代码，因此一个 n 位的数据寄存器或移位寄存器需由 n 个触发器组成。

6.5.1　寄存器

用以存放二进制代码数据的电路称为寄存器。如图 6-5-1 所示为四边沿 D 触发器组成的集成寄存器 74LS175 的逻辑图，可作 4 位数据寄存器使用。

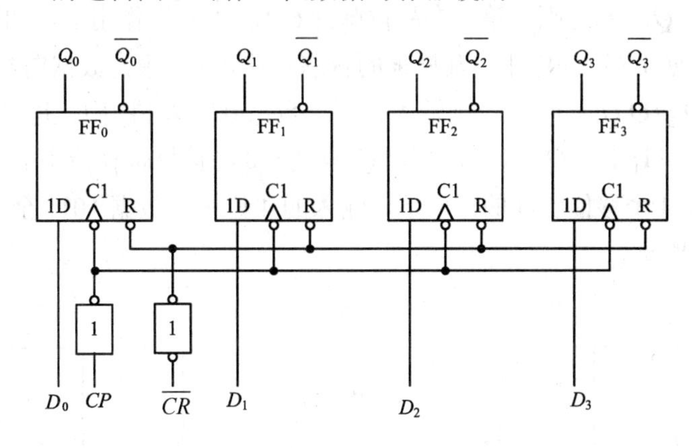

图 6-5-1　74LS175 的逻辑图

图 6-5-1 中 $\overline{CR}$ 为异步清零控制端，$D_0 \sim D_3$ 为并行数据输入端，$Q_0 \sim Q_3$ 为并行输出端。

表 6-5-1　74LS175 的功能表

输　入						输　出			
$\overline{CR}$	CP	D_3	D_2	D_1	D_0	Q_3	Q_2	Q_1	Q_0
0	×	×	×	×	×	0	0	0	0
1	↑	d_3	D_2	d_1	D_0	d_3	d_2	d_1	d_0
1	0	×	×	×	×	保　持			

74LS175 功能表如表 6-5-1 所示，由表可知它有如下主要功能。

1．清零功能。无论寄存器中原来有无数据，只要 $\overline{CR}=0$，各个触发器都被置零，即 $Q_3Q_2Q_1Q_0=0000$。

2．并行送数功能。取 $\overline{CR}=1$，无论寄存器原来有无数据，只要输入时钟脉冲 CP 的上升沿到来，并行数据输入端 $D_3 \sim D_0$ 输入的数据 $d_3 \sim d_0$ 都被并行置入 4 个 D 触发器中，$Q_3Q_2Q_1Q_0=d_3d_2d_1d_0$。

3．保持功能。当 $\overline{CR}=1$，$CP=0$ 时，寄存器中的寄存的数据保持不变，即各个触发器的状态保持不变。

6.5.2　移位寄存器

能够使数据逐位左移或右移的寄存器称为移位寄存器。移位寄存器分为单向移位寄存器和双向移位寄存器。在单向移位寄存器中，每输入一个移位脉冲，寄存器中的数据可向左或向右移动一位。而双向移位寄存器则在控制信号的作用下，既可进行左移又可进行右移操作。

1. 单向移位寄存器

如图 6-5-2（a）所示，由 4 个边沿 D 触发器组成的 4 位右移寄存器。这 4 个 D 触发器共用同一个时钟脉冲信号，数据由 FF_0 的 D_I 端串行输入，其工作原理如下：设串行输入数据 $D_I = 1011$，同时 $FF_0 \sim FF_3$ 都为 0 状态。当输入第一个数据 1 时，这时 $D_0 = 1$，$D_1 = Q_0 = 0$，$D_2 = Q_1 = 0$，$D_3 = Q_2 = 0$。则在第一个移位脉冲 CP 的上升沿作用下，FF_0 由 0 状态翻转到 1 状态，第一位数据 1 存入 FF_0 中，其原来的状态 0 移入 FF_1 中，数据向右移了 1 位。这时，寄存器的状态为 $Q_0Q_1Q_2Q_3 = 1000$。当输入第二个数据 0 存入 FF_0 中，这时，$Q_0 = 0$，FF_0 中原来的数据 1 移入 FF_1 中，$Q_1 = 1$。同理，$Q_2 = Q_3 = 0$，移位寄存器中的数据又依次向右移了 1 位。这样，在 4 个移位脉冲的作用下，输入的 4 位串行数据 1011 全部存入寄存器。移位情况如表 6-5-2 所示。

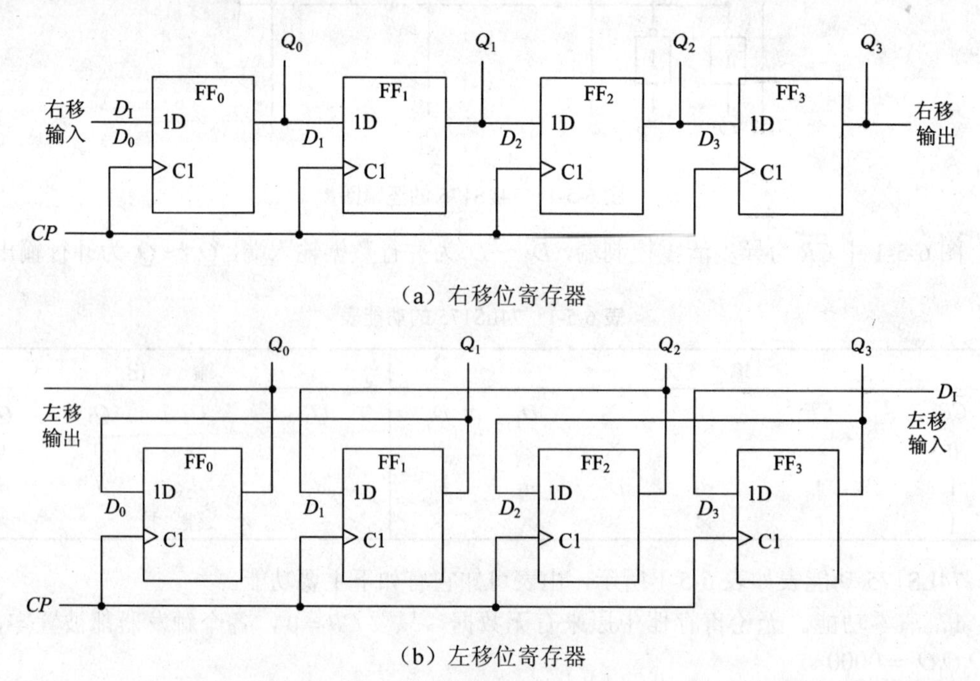

图 6-5-2　由 D 触发器组成的单向移位寄存器

表 6-5-2　右移位寄存器的状态表

移位脉冲	输入数据	移位寄存器中的数 Q_0　Q_1　Q_2　Q_3
0		0　0　0　0
1	1	1　0　0　0
2	0	0　1　0　0
3	1	1　0　1　0
4	1	1　1　0　1

移位寄存器中的数据可由 Q_3、Q_2、Q_1、Q_0 并行输出，也可由 Q_3 串行输出，但这时需要继续输入 4 个移位脉冲才能从寄存器中取出存放的 4 位数据。

如图 6-5-2（b）所示为左移位寄存器，其工作原理和右移位寄存器相同，请读者自行分析。

2. 双向移位寄存器

由单向移位寄存器的工作原理可知，右移位寄存器和左移位寄存器的电路结构是基本相同的，如适当加入一些控制电路和控制信号，就可将右移位寄存器和左移位寄存器结合在一起，构成双向移位寄存器。如图 6-5-3 所示为 4 位双向移位寄存器 74LS194 的逻辑功能示意图。

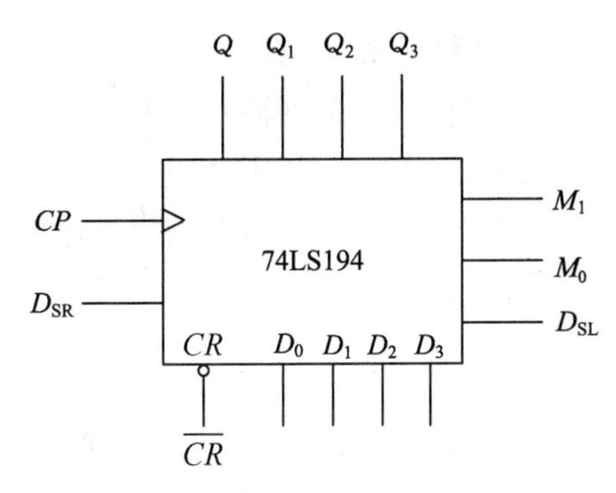

图 6-5-3　74LS194 的逻辑功能示意图

图 6-5-3 中 $\overline{CR}$ 为异步清零端，$D_0 \sim D_3$ 为并行数据输入端，D_{SR} 为右移串行数据输入端，D_{SL} 为左移串行数据输入端，M_0 和 M_1 为工作方式控制端，$Q_0 \sim Q_3$ 为并行数据输出端，CP 为移位脉冲输入端。74LS194 的功能表如表 6-5-3 所示。

表 6-5-3　74LS194 的功能表

输入										输出				说明
$\overline{CR}$	M_1	M_0	CP	D_{SL}	D_{SR}	D_3	D_2	D_1	D_0	Q_3	Q_2	Q_1	Q_0	
0	×	×	×	×	×	×	×	×	×	0	0	0	0	异步清零
1	×	×	0	×	×	×	×	×	×	保持				
1	1	1	↑	×	×	d_3	d_2	d_1	d_0	d_0	d_1	d_2	d_3	并行置数
1	0	1	↑	×	1	×	×	×	×	1	Q_0	Q_1	Q_2	右移输入 1
1	0	1	↑	×	0	×	×	×	×	0	Q_0	Q_1	Q_2	右移输入 0
1	1	0	↑	1	×	×	×	×	×	Q_1	Q_2	Q_0	1	左移输入 1
1	1	0	↑	0	×	×	×	×	×	Q_1	Q_2	Q_0	0	左移输入 0
1	0	0	×	×	×	×	×	×	×	保持				

由表 6-5-3 可知 74LS194 有如下主要功能。

（1）清零功能。当 $\overline{CR}=0$ 时，移位寄存器异步清零，即 $Q_0Q_1Q_2Q_3=0000$。

（2）保持功能。当 $\overline{CR}=1$，$CP=0$，或者 $\overline{CR}=1$，$M_1M_0=00$ 时，移位寄存器保持原来的状态不变。

（3）并行送数功能。当 $\overline{CR}=1$，$M_1M_0=11$ 时，在移位脉冲 CP 上升沿作用下，使 $D_0 \sim D_3$ 端输入的数据 $d_0 \sim d_3$ 并行送入寄存器，即 $Q_0Q_1Q_2Q_3=d_0d_1d_2d_3$。

（4）右移串行送数功能。当$\overline{CR}=1$，$M_1M_0=01$时，在移位脉冲CP上升沿作用下，执行右移功能，D_{SR}端输入的数据依次送入寄存器。

（5）左移串行送数功能。当$\overline{CR}=1$，$M_1M_0=10$时，在移位脉冲CP上升沿作用下，执行左移功能，D_{SL}端输入的数据依次送入寄存器。

3. 移位寄存器构成顺序脉冲发生器

顺序脉冲发生器是指在每个循环周期内，依次产生在时间上按照一定顺序排列的脉冲信号的电路。

如图 6-5-4（a）所示为双向移位寄存器 74LS194 构成的顺序脉冲发生器。取$D_0D_1D_2D_3=0001$，$\overline{CR}=1$，Q_0接左移串行数据输入端D_{SL}，$M_1=1$。先使$M_0=1$，电路开始工作后，在移位时钟脉冲CP的作用下，输入数据置入移位寄存器，即$Q_0Q_1Q_2Q_3=D_0D_1D_2D_3=0001$；然后使$M_0=0$，这时，随着移位脉冲$CP$的输入，电路开始进行左移操作。$Q_3\sim Q_0$依次输出高电平的顺序脉冲，如图 6-5-4（b）所示。

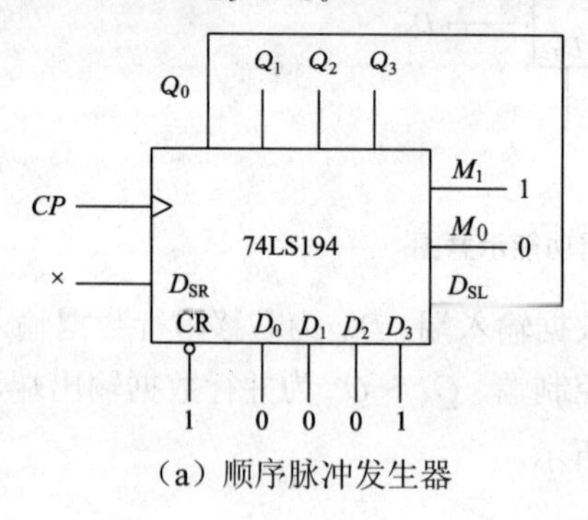

（a）顺序脉冲发生器

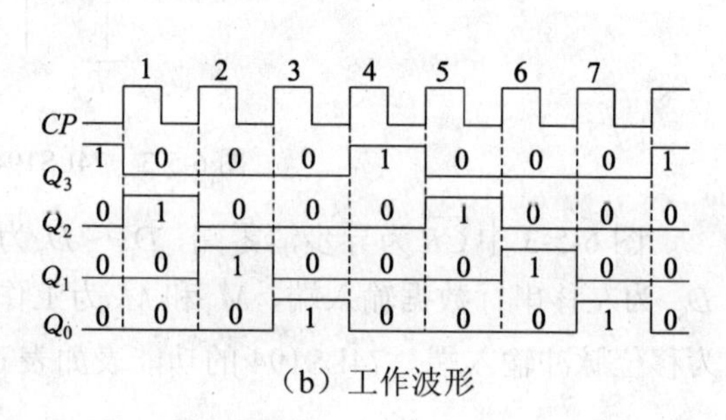

（b）工作波形

图 6-5-4 由 74LS194 构成的顺序脉冲发生器及其工作波形

6.6 同步时序逻辑电路的设计

同步时序电路设计是时序电路分析的逆过程，即根据给定逻辑功能，选择适当的逻辑器件，设计出符合要求的时序电路。

6.6.1 同步时序逻辑电路的设计步骤

1. 分析逻辑功能

根据设计要求，确定输入、输出变量的个数，设定状态，导出原始的状态图。

2. 状态化简

原始状态图往往不是最简的，有时可以消去一些多余状态。这个消去多余状态的过程叫做状态化简。

3. 状态分配

又叫状态编码，也就是将设定的状态进行编码，编码完成后，结合化简后的状态图，导出对应的状态转换表。

4. 选择触发器

选择触发器的类型，确定触发器的使用个数。触发器的类型选得合适，可以简化电路结构。

5. 写出方程

根据状态转换表以及所采用的触发器的特性表，导出待设计电路的输出方程和驱动方程。

6. 画电路图

根据输出方程和驱动方程画出逻辑电路图。

7. 自启动检查

6.6.2　同步时序逻辑电路设计举例

【例 6-12】 试设计一个同步五进制加法计数器。

解： ① 分析逻辑功能

由于是五进制计数器，所以应有五个不同的状态，分别用 S_0、S_1、S_2、S_3、S_4 表示，加法计数器可以没有输入端，但应有一个进位输出端，这里用 Z 表示。在计数脉冲 CP 作用下，五个状态循环翻转，在状态为 S_4 时，进位输出 Z=1。原始状态转换图如图 6-6-1 所示。

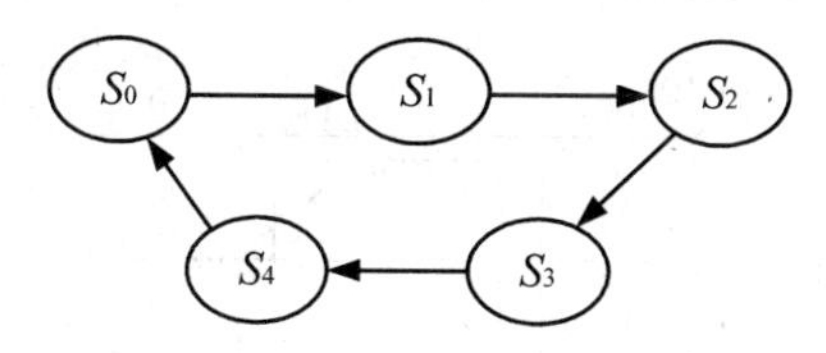

图 6-6-1 【例 6-12】状态转换图

② 状态化简

五进制计数器应有 5 个状态，原始状态图没有多余状态，不须化简。

③ 状态分配

由式 $2^n \geqslant N > 2^{n-1}$ 可知，应采用 3 位二进制代码。该计数器选用 3 位自然二进制加法计数编码，即 S_0=000、S_1=001、S_2=010、S_3=011、S_4=100。由此可列出状态转换表如表 6-6-1 所示。

表 6-6-1 【例 6-12】的状态转换表

状态转换顺序	现　态			次　态			进位输出
	Q_2^n	Q_1^n	Q_0^n	Q_2^{n+1}	Q_1^{n+1}	Q_0^{n+1}	Z
S_0	0	0	0	0	0	1	0
S_1	0	0	1	0	1	0	0
S_2	0	1	0	0	1	1	0
S_3	0	1	1	1	0	0	0
S_4	1	0	0	0	0	0	1

④ 选择触发器

本例选用三个边沿 *JK* 触发器。

⑤ 写出方程

列出 *JK* 触发器的驱动表如表 6-6-2 所示。画出电路的次态卡诺图如图 6-6-2 所示，三个无效状态 101、110、111 做无关项处理。根据次态卡诺图和 *JK* 触发器的驱动表可得各触发器的驱动卡诺图如图 6-6-3 所示。

表 6-6-2 JK 触发器的驱动表

$Q^n \to Q^{n+1}$	J	K
0 0	0	×
0 1	1	×
1 0	×	1
1 1	×	0

Q_2^n \ $Q_1^n Q_0^n$	00	01	11	10
0	001	010	100	011
1	000	×	×	×

图 6-6-2 【例 6-12】状态卡诺图

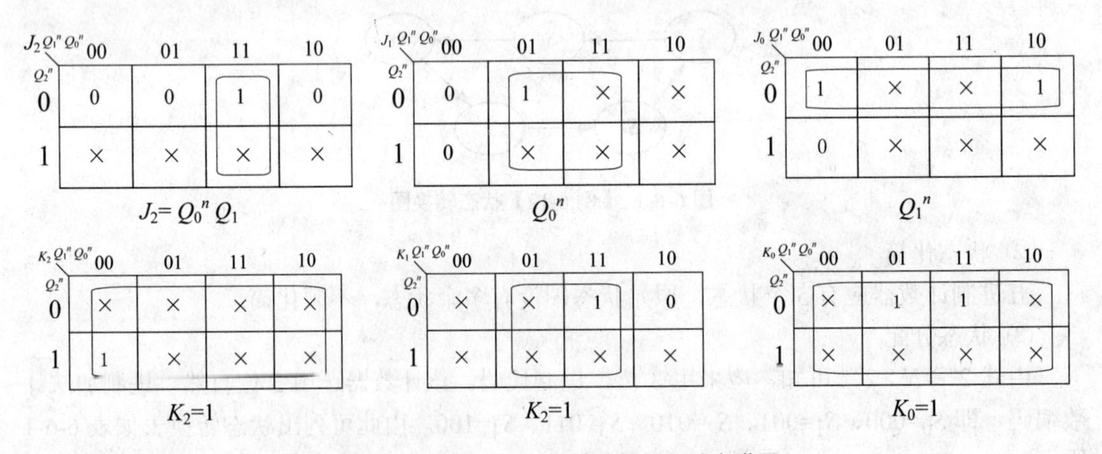

图 6-6-3 【例 6-12】各触发器的驱动卡诺图

将各驱动方程和电路输出方程归纳如下：

$$J_0=\bar{Q}_2^n \qquad K_0=1$$

$$J_1=Q_0^n \qquad K_1=Q_0^n$$

$$J_2=Q_0^n Q_1^n \qquad K_2=1$$

$$Z=Q_2^n$$

⑥ 画逻辑图

根据驱动方程和输出方程，画出五进制计数器的逻辑图如图 6-6-4 所示。

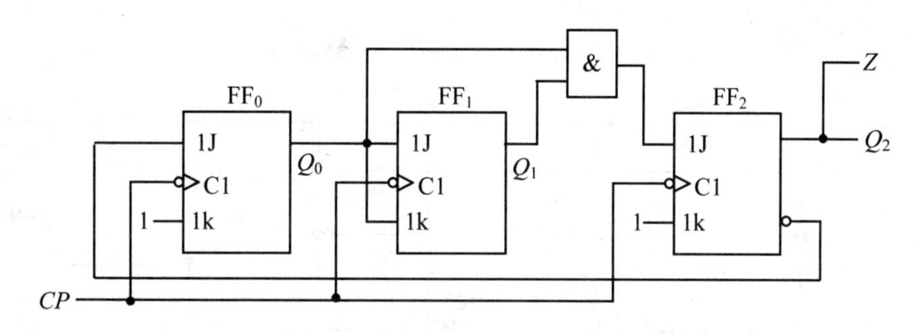

图 6-6-4　【例 6-12】的逻辑图

⑦ 自启动检查

利用时序电路分析的方法画出电路完成的状态转换图如图 6-6-5 所示。可见，如果电路进入了无效状态 101、110、111 时，在 *CP* 脉冲作用下，分别进入有效状态 010、010、000。因此电路能够自启动。

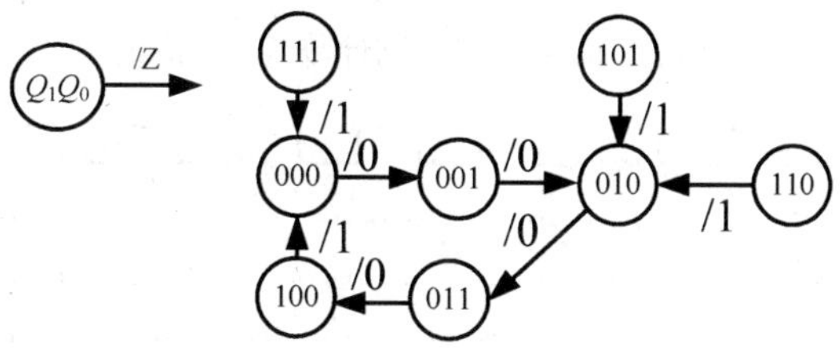

图 6-6-5　【例 6-12】完整状态图

实验 6-1　计　数　器

一、实验目的

1．进一步加深对计数器工作原理的理解。
2．掌握用 EWB 进行仿真计数器的一般方法。
3．掌握二进制、十进制、N 进制计数器功能及测试方法。

二、实验内容和步骤

1．二进制计数器功能测试

调用仪器库（Instruments）中的逻辑转换仪（第六个），按实验图 6-1-1 所示连接好电路。*CP* 接连续脉冲，输出 *Q* 接波形显示仪，打开控制面板画出与 *CP* 对应的 *Q* 的波形及状态转换图，如实验图 6-1-2 所示，说明功能。

2．十进制计数器功能测试

计数器实质是一个多稳态的时序电路，利用其相应的稳态实现对输入脉冲个数的记忆。计数器的种类很多，本实验采用二、五、十进制异步计数器 74LS290。

按实验图 6-1-3 连接好电路图，接通电源，拨动开关[Space]，观察计数器的输出，并将结果记录于实验表 6-1-1 中。

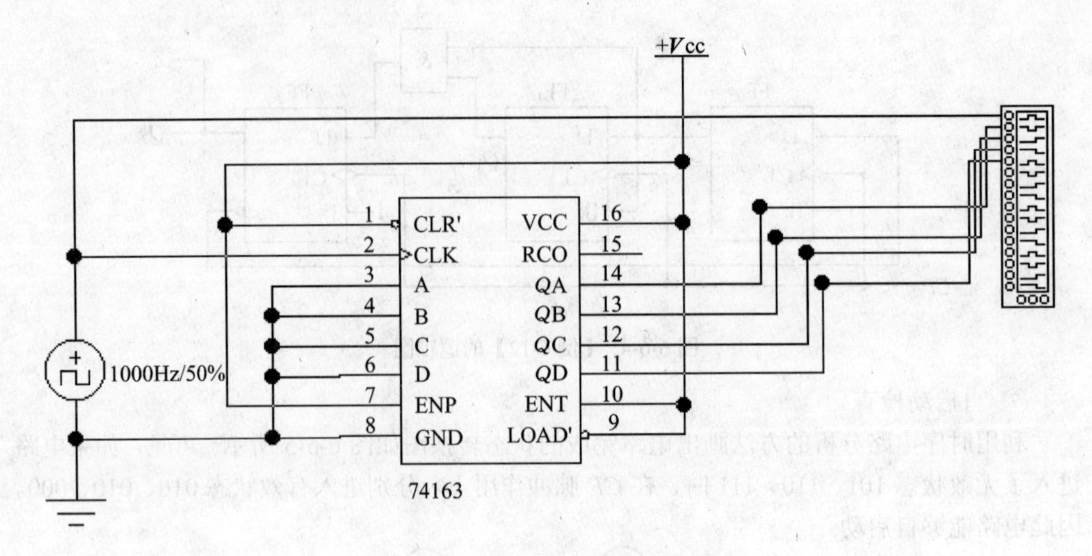

实验图 6-1-1　二进制计数器功能测试

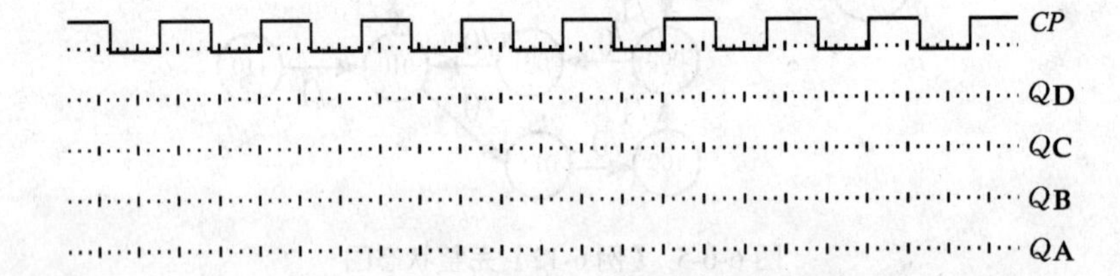

实验图 6-1-2　二进制计数器波形图

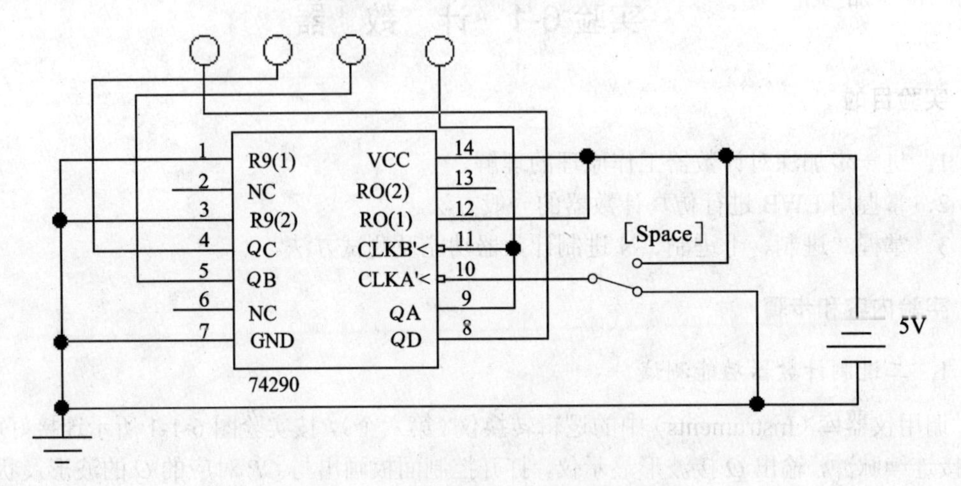

实验图 6-1-3　十进制计数器功能测试

实验表 6-1-1

CP	计数输出			
	QD	QC	QB	QA
0				
1				

续　表

CP	计数输出			
	*Q*D	*Q*C	*Q*B	*Q*A
2				
3				
4				
5				
6				
7				
8				
9				

当把 *CP* 接入一连续脉冲，再用示波器观察 *CP*、*Q*D、*Q*C、*Q*B、*Q*A 的波形，并记录（如实验图 6-1-4 所示）。

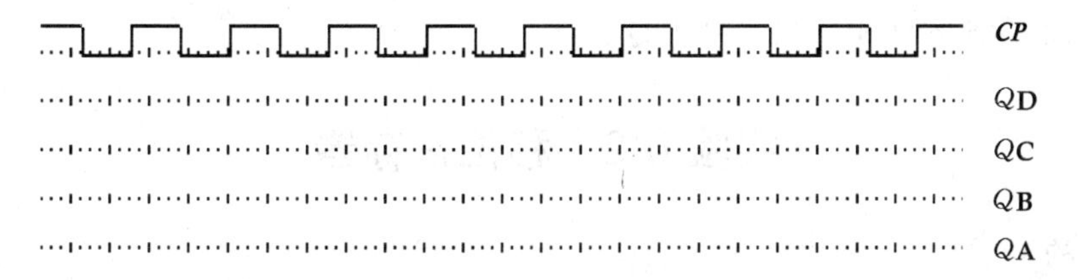

实验图 6-1-4　十进制计数器波形图

3．*N* 进制计数器功能测试

二进制加法计数器 74LS163 按实验图 6-1-5 所示连接好电路。*CP* 接连续脉冲，输出 *Q* 接波形显示仪和七段译码显示器。观察 *CP* 作用状态，画出与 *CP* 对应的 *Q* 的波形（如实验图 6-1-6 所示）及转换图，说明是几进制计数器。

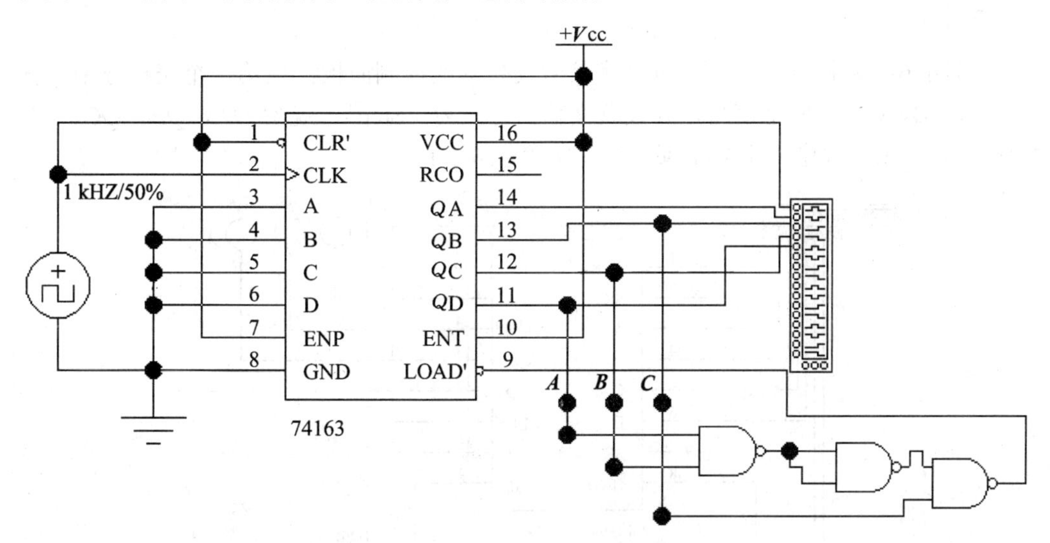

实验图 6-1-5　*N* 进制计数器功能测试

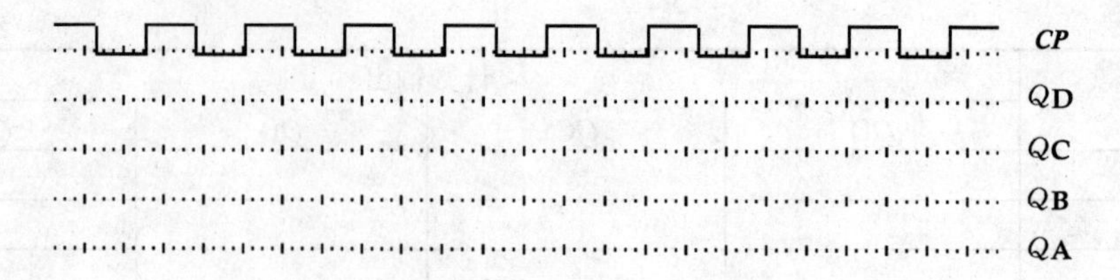

实验图 6-1-6 N 进制计数器波形图

三、实验要求

1．复习教材中各种集成计数器，分别用反馈清零法和反馈置数法设计 7 进制、24 进制和 60 进制计数器。

2．利用组合逻辑电路中学过的显示译码器和 LED 七段码显示器与 N 进制计数器结合设计 N 进制的显示系统。

3．比较反馈清零法和反馈置数法的不同。

实验 6-2　移位寄存器

一、实验目的

1．了解移位寄存器工作原理。

2．掌握 EWB 中字信号发生器的使用方法。

3．掌握用 EWB 仿真移位寄存器的方法。

二、实验内容和步骤

1．并行输入

按实验图 6-2-1 接线完毕后，打开字信号发生器的控制面板，按第一个表格分别设置 S1、S0、A、B、C、D 的字信号，并设置其输出方式为“Step”。观察 QA、QB、QC、QD 的输出电平，并填入表中。重复步骤，填写实验表 6-2-1。

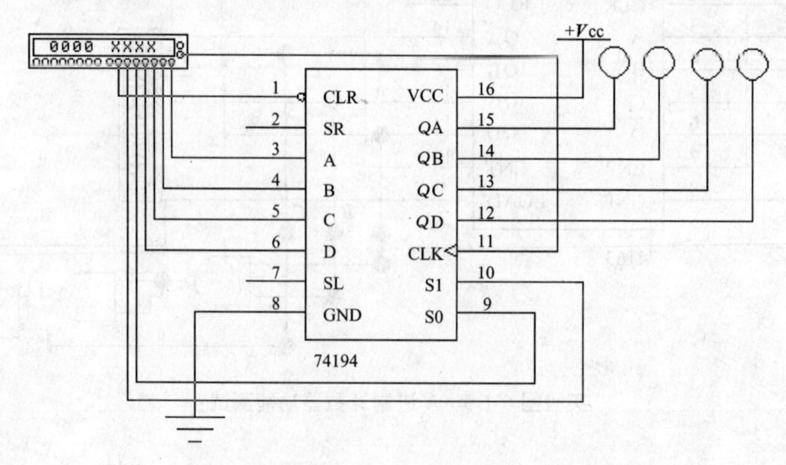

实验图 6-2-1 移位寄存器

实验表 6-2-1

CP	CLR	S1	S0	输　入				输　出			
				D	C	B	A	*QD*	*QC*	*QB*	*QA*
1	0	1	1	0	0	0	0				
2	1	1	1	0	0	0	1				
3	1	1	1	0	0	1	0				
4	1	1	1	0	0	1	1				
5	1	1	1	0	1	0	0				
6	1	1	1	0	1	0	1				
7	1	1	1	0	1	1	0				
8	1	1	1	0	1	1	1				

2. *左移位（以 SL 端输入“1101”为例）*

先将实验图 6-2-1 中 A、B、C、D 端与字信号发生器段开，再将 74LS194 的 *SL* 端与字发生器的任意一个空闲输出端口相连。打开字信号发生器的控制面板，按第一个表格分别设置 S1、S0、SL 的字信号。参照上面实验步骤完成实验表 6-2-2。

实验表 6-2-2

CP	CLR	S1	S0	SL	输出			
					QD	*QC*	*QB*	*QA*
1	0	1	0	1				
2	1	1	0	1				
3	1	1	0	0				
4	1	1	0	1				
5	1	1	0	×				
6	1	1	0	×				
7	1	1	0	×				
8	1	1	0	×				

3. 设置 S1、S0、SR 的字信号

将左移位实验中的 SL 端改为 SR 端，并按照第三个表格分别设置 S1、S0、SR 的字信号。参照上面实验步骤完成实验表 6-2-3。

实验表 6-2-3

CP	CLR	S1	S0	SR	输　出			
					QD	*QC*	*QB*	*QA*
1	0	0	1	1				
2	1	0	1	1				
3	1	0	1	0				
4	1	0	1	1				
5	1	0	1	×				
6	1	0	1	×				
7	1	0	1	×				
8	1	0	1	×				

三、实验要求

1．通过填写实验表总结 74194 的功能原理。

2．用 74LS194 设计的七进制扭环形计数器进行 EWB 仿真。

实验 6-3　数字电子钟设计与仿真

一、实验目的

1．了解数字电子钟主体电路的组成及工作原理。

2．掌握用集成计数器 74290 实现 *N* 进制计数器的方法。

3．掌握用 EWB 生成子电路的方法。

4．掌握用 EWB 进行数字电路设计及仿真的一般方法。

二、实验内容与步骤

1．实验原理及其框图

如实验图 6-3-1 所示的数字钟是一个对标准频率（1HZ）进行计数的计数电路。

2．单元电路的设计和仿真

（1）晶体振荡器电路

可用如实验图 6-3-2 所示的 EWB 中的电源器件库中的 CLOCK，然后双击 CLOCK 在其属性中改变其 Frequency 为 1Hz。还可用如实验图 6-3-3 所示的 555 定时器组成秒脉冲发生器（555 定时器组成的秒脉冲发生器的工作原理将在第七章介绍），其中实验图 6-3-3（a）所示为电路原理测试图，实验图 6-3-3（b）所示为由示波器产生的波形图，将示波器删除，选中实验图 6-3-3（a）方框中的电路单击 Circuit 菜单下的 Creat Subcircuit 命令可生成如实验图 6-3-3（c）所示的子电路，名称为“秒脉冲”。

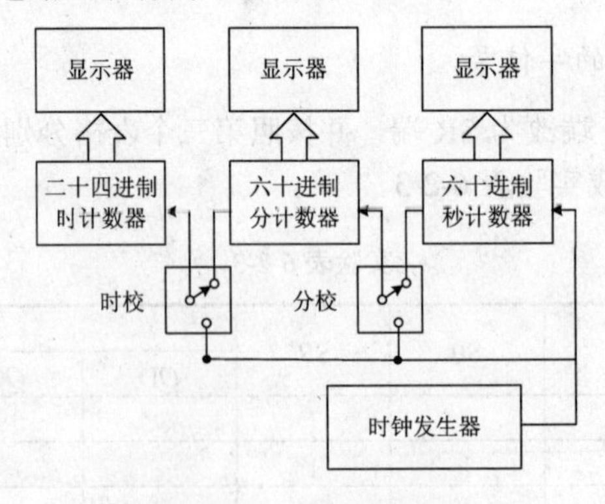

实验图 6-3-1　数字钟框图

（2）时间计数器电路

时间计数电路由秒个位和秒十位计数器、分个位和分十位计数器及时个位和时十位计数器电路构成，其中秒个位和秒十位计数器、分个位和分十位计数器为由集成计数器 74290 实现 60 进制计数器，时个位和时十位计数器由集成计数器 74290 实现 24 进制计数器。

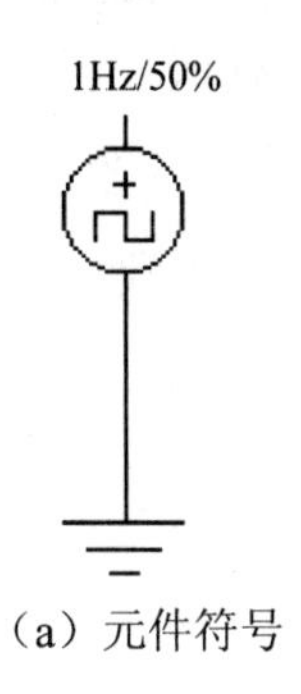

（a）元件符号

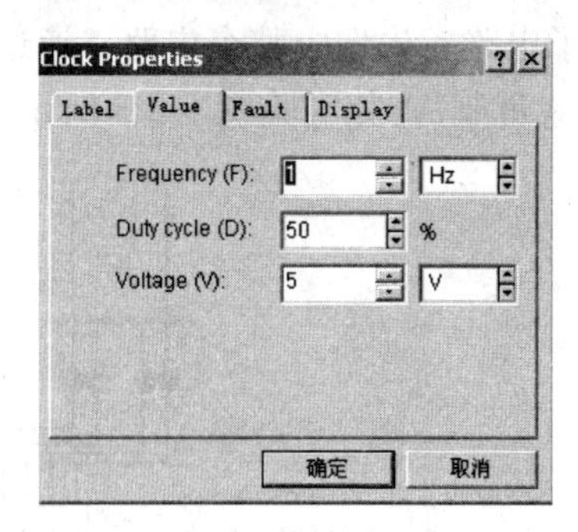

（b）属性设置

实验图 6-3-2　EWB 中的 CLOCK

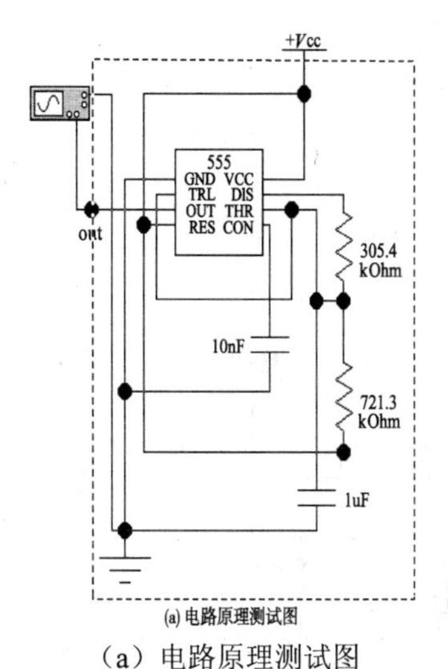

（a）电路原理测试图

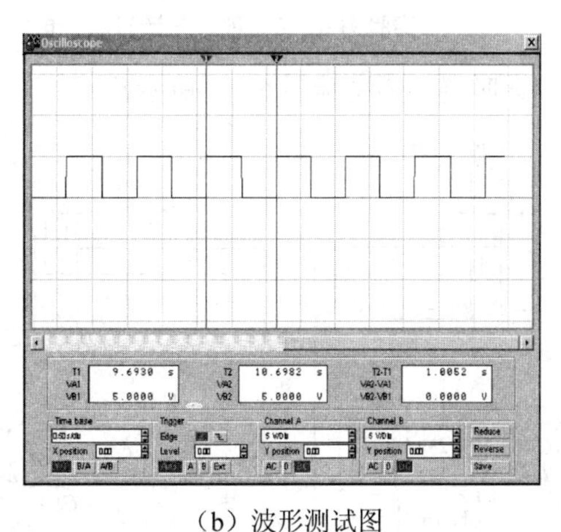

（b）波形测试图

out
秒脉冲

（c）子电路图

实验图 6-3-3　555 定时器组成的秒脉冲发生器

先建立秒、分 60 进制计时器电路如实验图 6-3-4 所示。

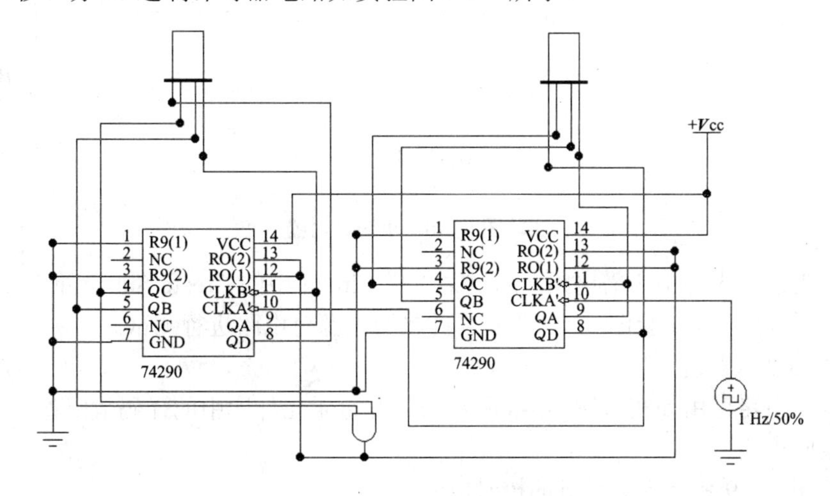

实验图 6-3-4　秒、分 60 进制计时器

生成子电路，先选中整个电路，通过菜单栏 Circuit 中的 Create Subciruit 生成子电路，名称为“60 进制”，如实验图 6-3-5 所示，并接通电源对电路进行测试。

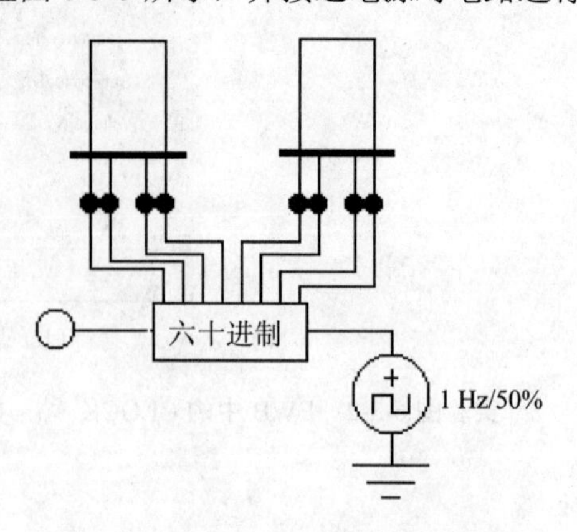

实验图 6-3-5　秒、分计时器子电路

建立小时 24 进制计时器。如实验图 6-3-6 所示。

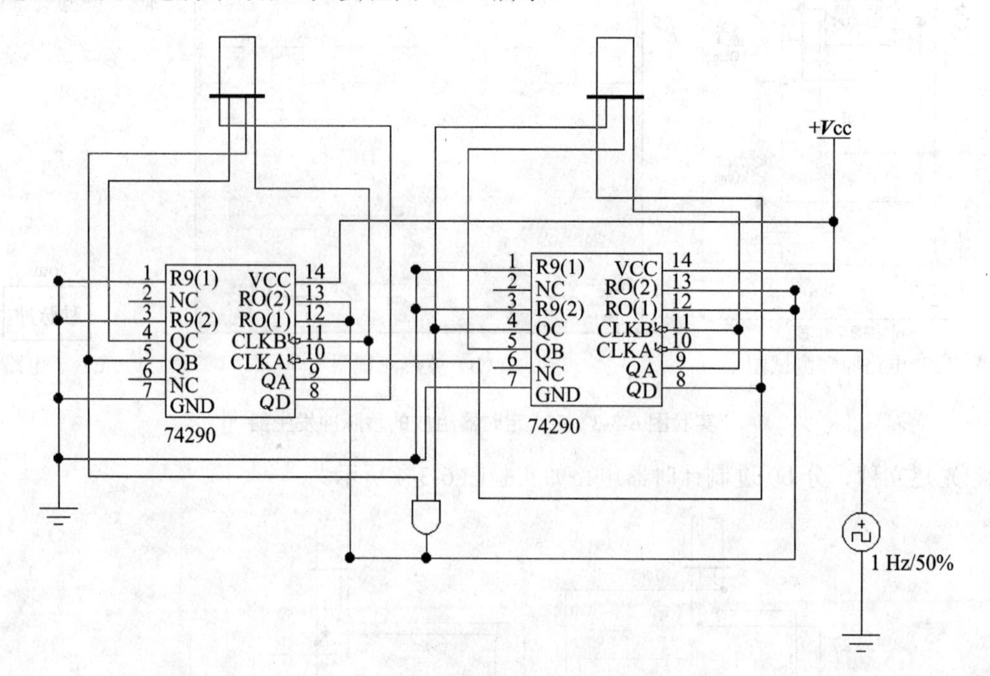

实验图 6-3-6　小时计时器

生成子电路，先选中所需电路，通过菜单栏 Circuit 中的 Create Subciruit 生成子电路，名称为“24 进制”，如实验图 6-3-7 所示，并接通电源对电路进行测试。

（3）译码显示电路

译码驱动电路可用如实验图 6-3-8 所示的 indicator 元件库中的译码数码管。

（4）校时电路

如实验图 6-3-9 所示为数字钟的校时电路。

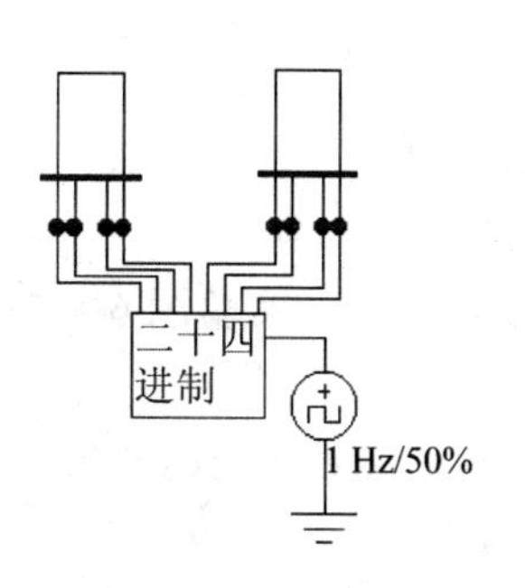

实验图 6-3-7　小时计时器子电路

实验图 6-3-8　译码数码管

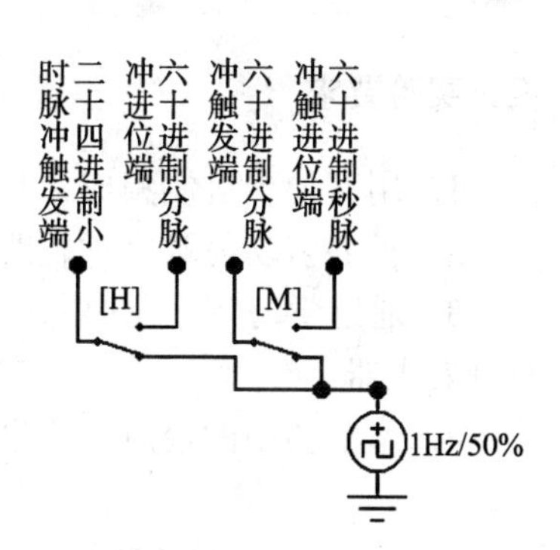

实验图 6-3-9　校时电路

3．数字钟总体电路

根据实验内容和步骤分别完成单元电路，然后将单元电路生成子电路，然后对子电路进行测试，最后完成如实验图 6-3-10（a）和实验图 6-3-10（b）所示的带校时功能数字钟电路的并接通电源进行仿真。看能否完成以下功能：校时、校分和计数的功能。

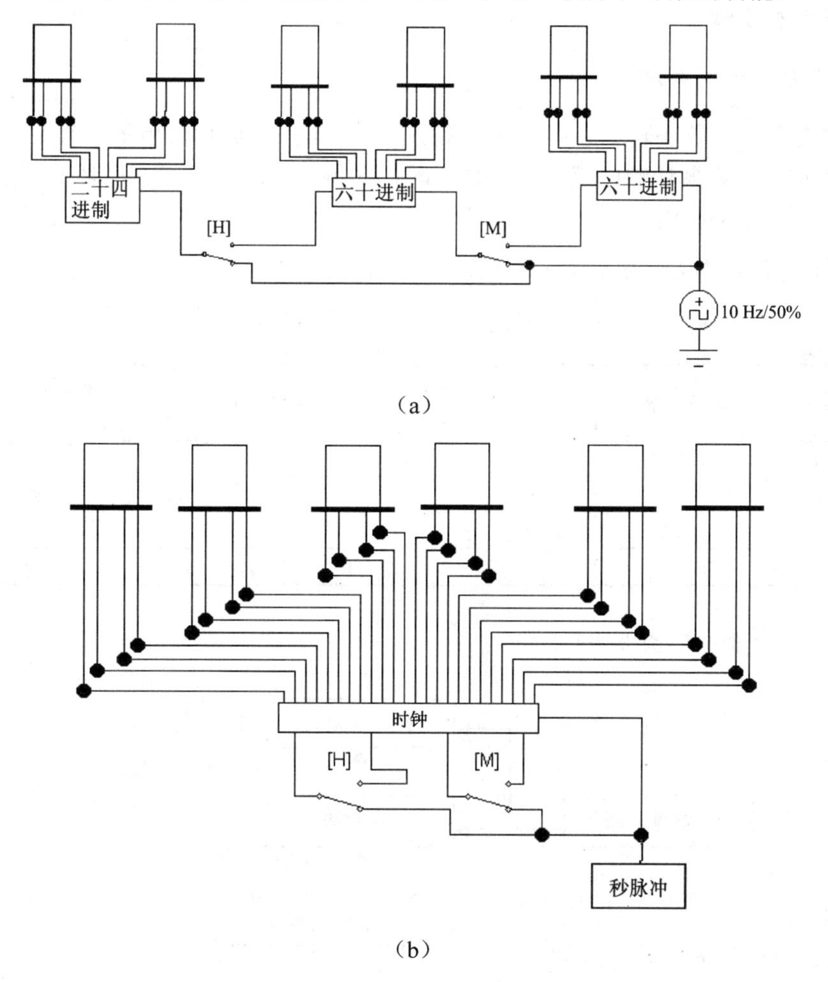

实验图 6-3-10　带校时功能数字钟电路

三、实验要求

1．用其他十进制集成计数器设计多功能数字钟电路。

2．扩展多功能数字钟电路功能：实现整点报时功能；定时功能。

3．通过学习第七章内容用 555 定时器设计 1HZ 的秒脉冲发生器替代实验图 6-4-5 中的时钟发生器。

4．本实验中的校时电路设计的较简单，对其进行改进和完善，达到实用的效果。

实验 6-4　汽车尾灯控制电路设计与仿真

一、实验目的

1．熟悉对各种元件的综合应用。

2．进一步掌握用电子工作平台进行电路设计及仿真的一般方法。

二、实验内容和步骤

1．汽车尾灯控制电路设计要求

汽车尾灯左右两侧各有三个指示灯，要求是：汽车正常运行时指示灯全灭；右转弯时，右侧三个指示灯按右循环顺序点亮；左转弯时，左侧三个指示灯按左循环顺序点亮；临时刹车时所有指示灯同时闪烁。

2．汽车运行状态表如实验表 6-4-1 所示

实验表 6-4-1　尾灯与汽车运行状态表

开关控制		运行状态	左尾灯	右尾灯
S0	S1		D4，D5，D6	D1，D2，D3
0	0	正常运行	灯灭	灯灭
0	1	右转弯	灯灭	按 D1，D2，D3 顺序循环点亮
1	0	左转弯	按 D4，D5，D6 顺序循环点亮	灯灭
1	1	临时刹车	所有的尾灯随时钟 *CP* 同时闪烁	

3．总体框图如实验图 6-4-1 所示

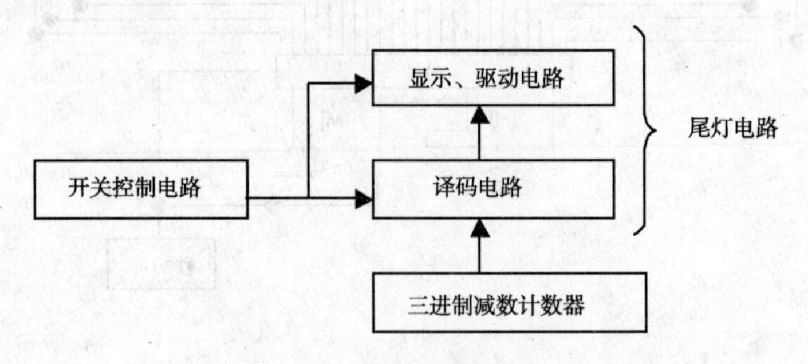

实验图 6-4-1　汽车尾灯控制电路总体框图

由于汽车左或右转弯时，三个指示灯循环点亮，所以用三进制计数器控制译码器电路顺序输出低电平，从而控制尾灯按要求点亮。由此得出在每种运行状态下，各指示灯与各给定条件（S0、S1、*CP*、*Q*1、*Q*0）的关系，即逻辑功能表如实验表 6-4-2 所示。（0 表示灯灭状态，1 表示灯亮状态）

实验表 6-4-2　逻辑功能表

开关控制		三进制计数器		六个指示灯					
S0	S1	*Q*1	*Q*2	D6	D5	D4	D1	D2	D3
0	0			0	0	0	0	0	0
0	1	0	0	0	0	0	1	0	0
		0	1	0	0	0	0	1	0
		1	0	0	0	0	0	0	1
1	0	0	0	0	0	1	0	0	0
		0	1	0	1	0	0	0	0
		1	0	1	0	0	0	0	0
1	1			*CP*	*CP*	*CP*	*CP*	*CP*	*CP*

4. 单元电路

（1）三进制计数器电路可由十进制加法计数器 74160 实现，如实验图 6-4-2（a）所示。测试电路如实验图 6-4-2（b）所示。

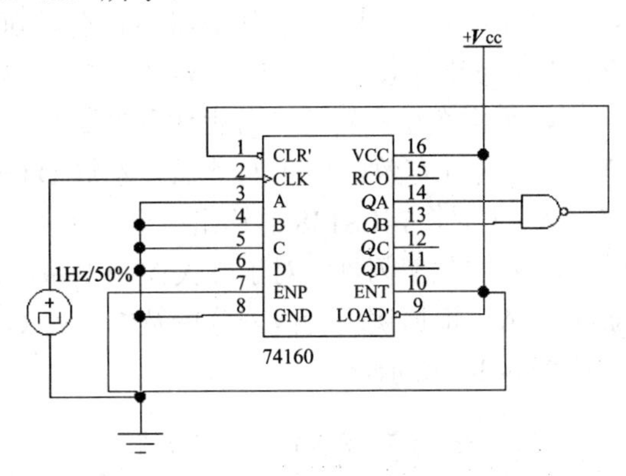

（a）由十进制加法计数器 74160 实现的三进制计数器电路

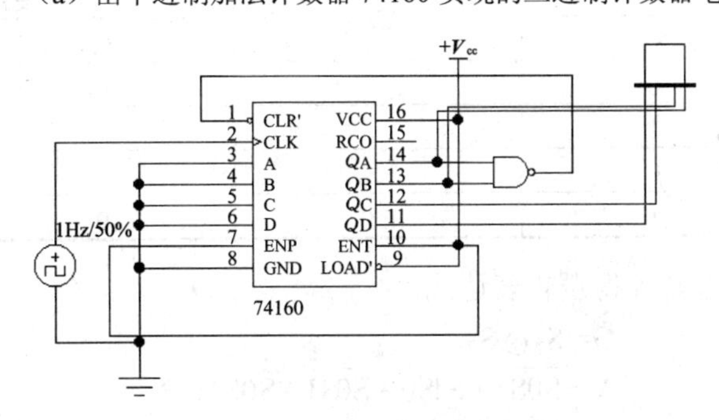

（b）三进制计数器测试电路

实验图 6-4-2　三进制计数器电路

（2）译码显示驱动电路

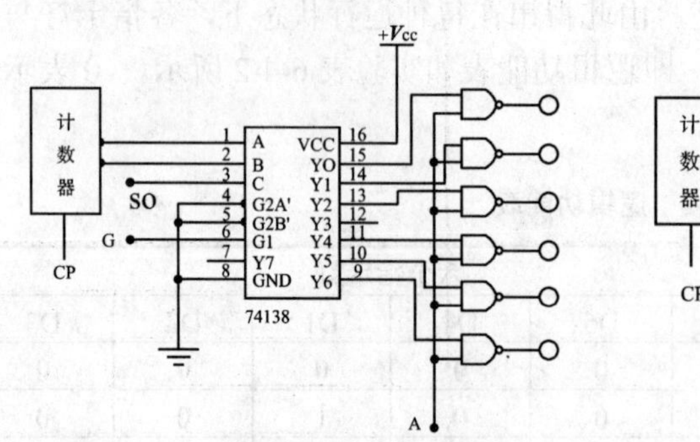

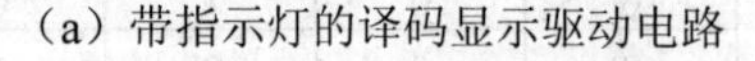
（a）带指示灯的译码显示驱动电路

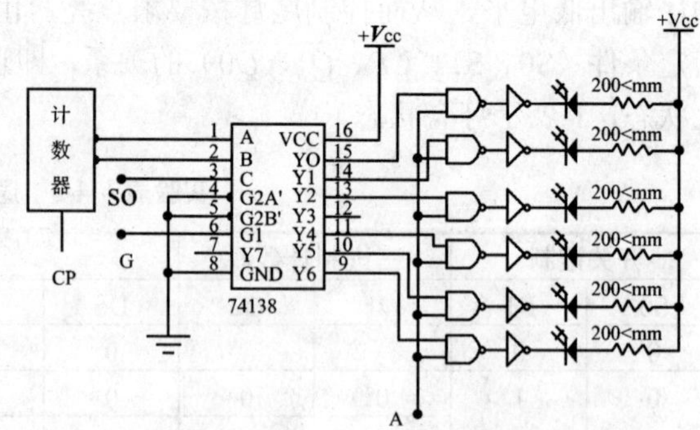

（b）带发光二极管的译码显示驱动电路

实验图 6-4-3　汽车尾灯译码显示驱动电路

汽车尾灯译码显示驱动电路如实验图 6-4-3（a）、（b）所示，其显示驱动电路由六个指示灯或六个发光二极管构成；译码电路由 3 线-8 线译码器 74LS138 和六个与非门构成。74LS138 的三个输入端 C、B、A 分别接 S0、*Q*B、*Q*A，而 *Q*B、*Q*A 是三进制计数器的输出端。

（3）开关控制电路

对于开关控制电路，设 74LS138 和显示驱动电路的使能端信号分别为 G 和 A，如实验图 6-4-3 所示，当 S0＝0，使能信号 A＝G＝1，计数器的状态为 00、01、10 时，74LS138 对应的输出端 Y0、Y1、Y2 依次为 0 有效（Y4、Y5、Y6 信号为 1 无效），与 A 与非后指示灯 D1→D2→D3 按顺序点亮，示意汽车右转弯。若上述条件不变，而 S0＝1，则 74LS138 对应的输出端 Y4、Y5、Y6 依次为 0 有效，与 A 与非后指示灯 D4→D5→D6 按顺序点亮，示意汽车左转弯。当 G＝0，A＝1 时，74LS138 的输出端全为 1，与 A 与非后指示灯全灭；当 G＝0，A＝*CP* 时指示灯随 *CP* 的频率闪烁。对于开关控制电路，设 74LS138 和显示驱动电路的使能端信号分别为 G 和 A，根据逻辑功能表分析及组合得 G、A 与给定条件（S0、S1、*CP*）的真值表，如实验表 6-4-3 所示。

实验表 6-4-3　开关控制电路真值表

开关控制		*CP*	使能信号	
S0	S1		G	A
0	0		0	1
0	1		1	1
1	0		1	1
1	1	*CP*	0	*CP*

由实验表 6-3-3 经过整理得逻辑表达式：

$$G = S_1 \oplus S_0$$

$$\begin{aligned} A &= \overline{S0S1} + \overline{S1}S0 + \overline{S0}S1 + S0S1CP \\ &= \overline{S0} + \overline{S1} + S0S1CP \\ &= \overline{S0S1 \cdot \overline{S0S1CP}} \end{aligned}$$

由上式得开关控制电路，如实验图 6-4-4 所示。

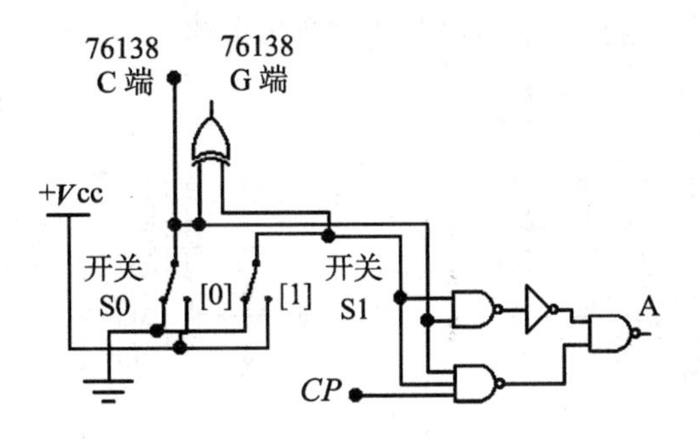

实验图 6-4-4　开关控制电路

（4）晶体振荡器电路

可用如实验图 6-3-2 所示的 EWB 中的电源器件库中的 CLOCK，然后双击 CLOCK 在其属性中改变其 Frequency 为 1HZ。还可用如实验图 6-4-5 所示的 555 定时器组成秒脉冲发生器。其中 6-4-4（a）为电路测试图，6-4-4（b）为示波器显示的波形图，6-4-4（c）为由 555 定时器组成的秒脉冲发生器的子电路。

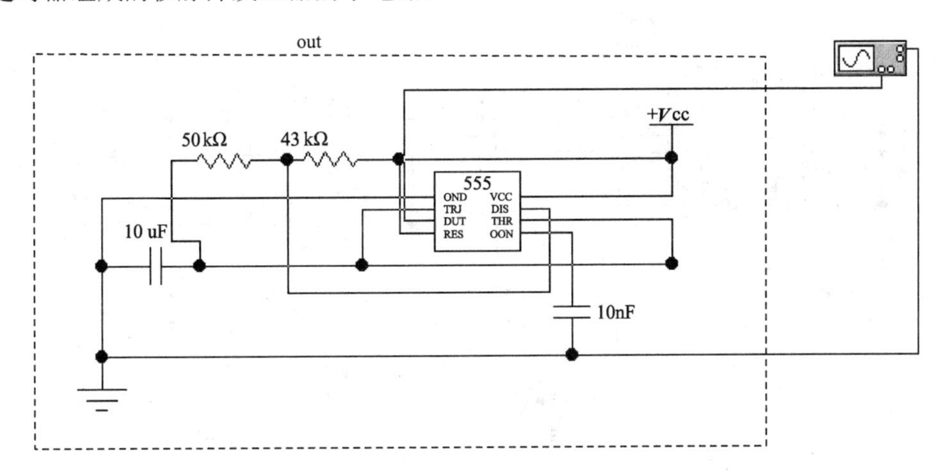

（a）电路测试图

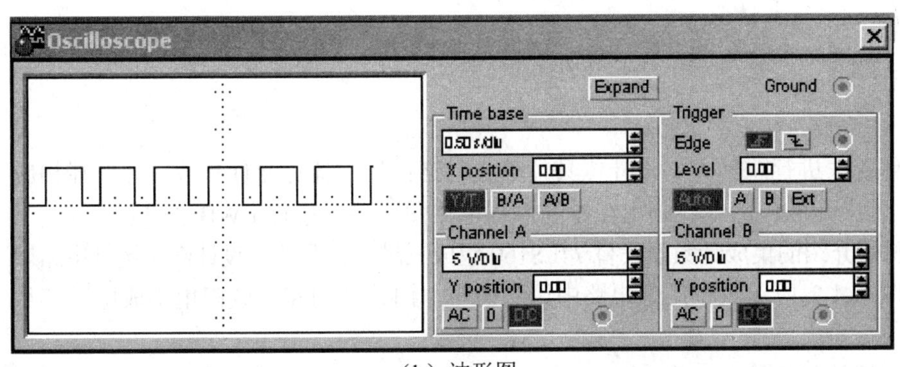

（b）波形图

out

时基

（c）子电路

实验图 6-4-5　由 555 定时器组成秒脉冲发生器

5．汽车尾灯总体电路

如实验图 6-4-6（a）、（b）所示为汽车尾灯总体电路。

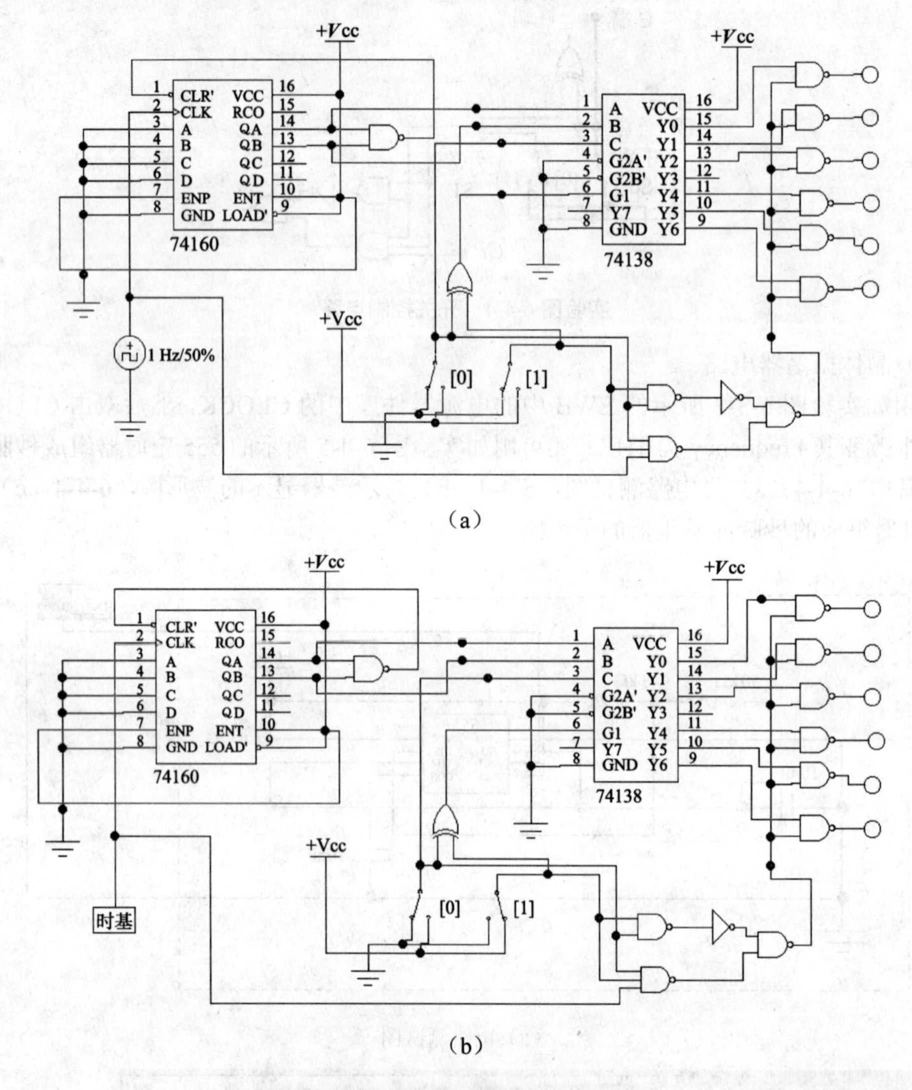

实验图 6-4-6　汽车尾灯总体电路

三、实验要求

1．根据总体要求进行总体方案设计；具体单元电路设计；计算元件参数，并选择相应的元器件型号，列出元器件清单；画出完整的原理电路图；最后进行 EWB 仿真。

2．应用教材中介绍的集成计数器代替 74LS160 组成三进制计数器，设计汽车尾灯电路。

3．将实验图 6-4-2 所示汽车尾灯电路中用到的与非门、非门和异或门用集成电路芯片实现并仿真。

4．总结数字系统的设计、仿真方法。

5．分析设计仿真中出现的故障及解决办法。

习题六

6-1 试分析习题图 6-1 所示的电路为几进制计数器。写出它的输出方程、驱动方程、状态方程。画出时序图。

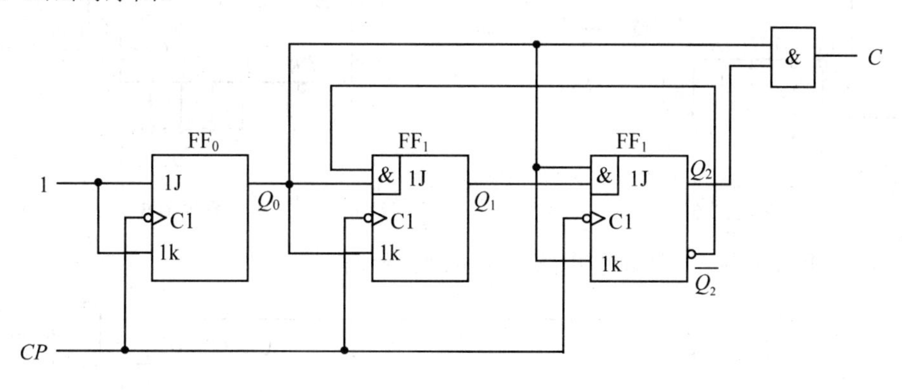

习题图 6-1

6-2 试分析习题图 6-2 所示的电路的逻辑功能。

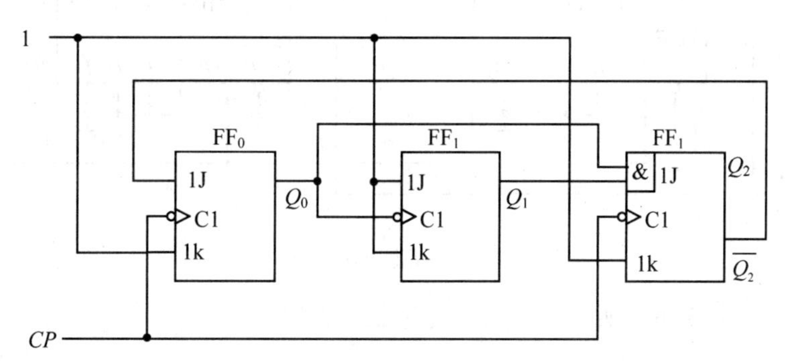

习题图 6-2

6-3 分析习题图 6-3 所示的电路的逻辑功能，并检查能否自启动。

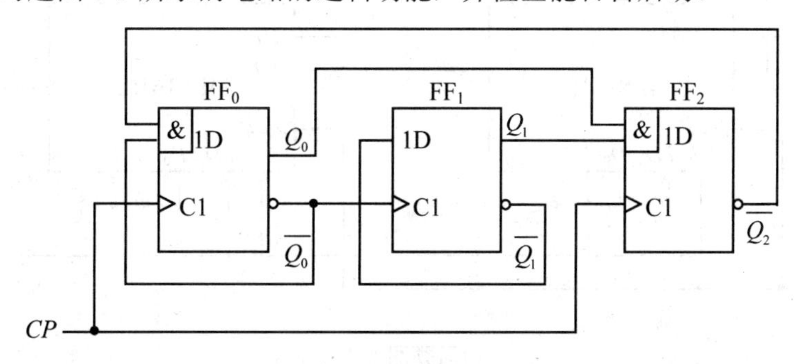

习题图 6-3

6-4 试分析习题图 6-4 所示的电路为几进制计数器。

6-5 试分析习题图 6-5 所示的电路为几进制计数器。

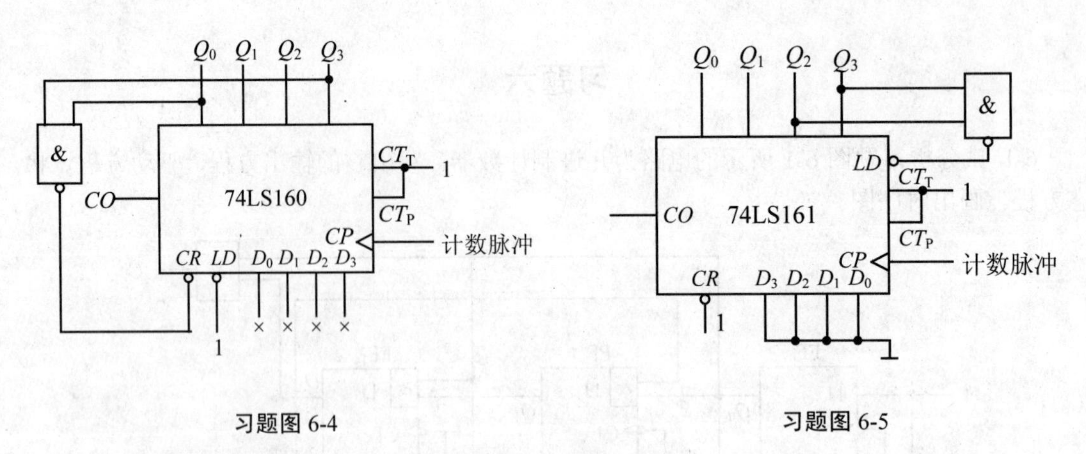

习题图 6-4　　　　习题图 6-5

6-6 试分析习题图 6-6 所示的电路为几进制计数器。

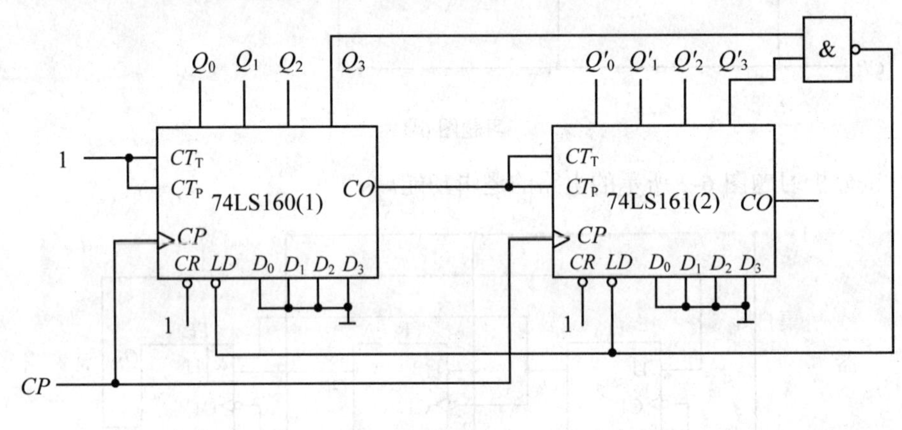

习题图 6-6

6-7 试分析习题图 6-7 所示的电路为几进制计数器。

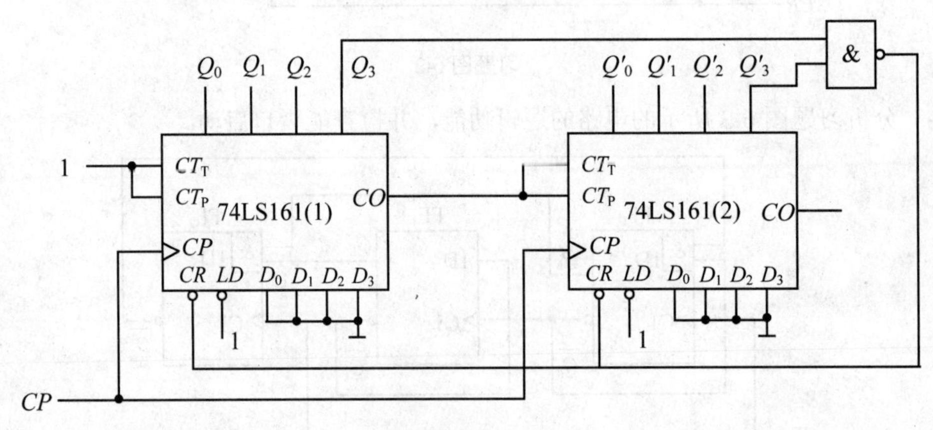

习题图 6-7

6-8 试分析习题图 6-8 所示的电路为几进制计数器。

6-9 某计数器的输出波形如习题图 6-9 所示，试确定该计数器的计数循环中，有几个状态，列出状态转移真值表，画出状态转移图。若使用 D 触发器，写出激励方程表达式。

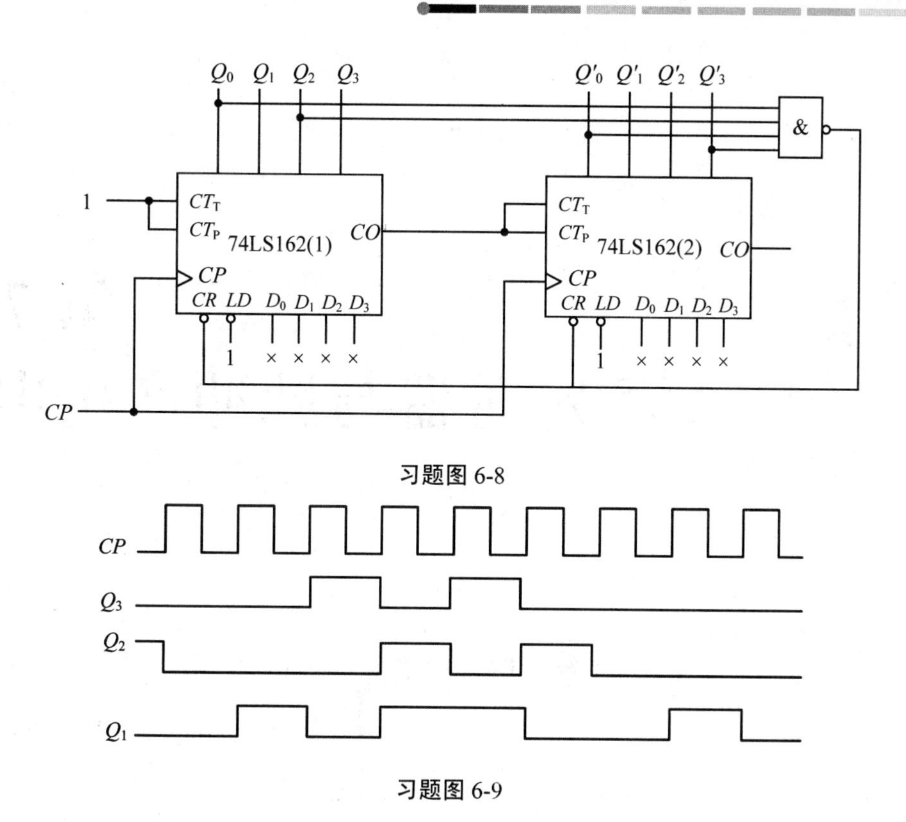

习题图 6-8

习题图 6-9

6-10 分别用集成计数器芯片 74LS161、74LS162、74LS197 及相关逻辑门实现七进制、24 进制计数器。

6-11 74LS90 是集成二-五-十进制异步计数器，其逻辑符号如习题图 6-10 所示。试用其设计六进制计数器。

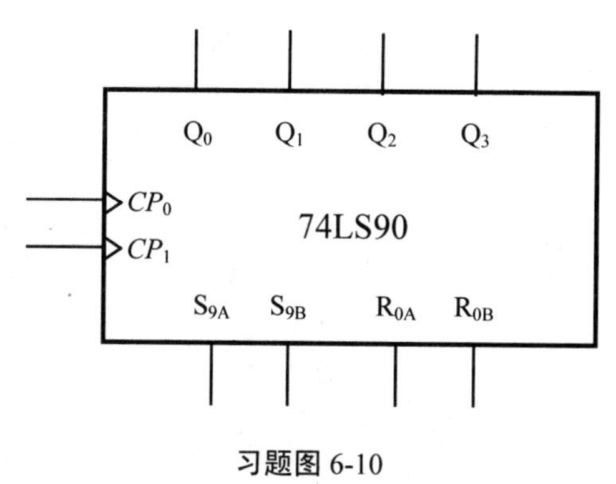

习题图 6-10

6-12 试用上升沿 D 触发器组成五进制同步加法计数器，画出逻辑图。

6-13 试设计一序列脉冲检测器，当连续输入信号 110 时，该电路输出为 1，否则输出为 0。

第 7 章 555 定时器与脉冲产生电路

本章主要讨论 555 定时器的工作原理；用 555 定时器构成多谐振荡器、施密特触发器和单稳态触发器，以及它们的工作原理及应用。

7.1 概　　述

7.1.1 脉冲信号产生电路

在数字系统中，经常要用到各种脉冲信号，如CP脉冲信号、生产控制过程中的定时信号等。这些脉冲信号有的是依靠脉冲信号源直接产生的，有的是利用各种整形电路对已有的脉冲信号进行波形整形、变换得来的。将能够产生脉冲信号或对脉冲信号进行整形、变换的电路称为脉冲电路。

在脉冲电路中，有直接产生脉冲信号的多谐振荡器，有能够对脉冲信号整形、变换的施密特触发器和单稳态触发器。施密特触发器和单稳态触发器是两种不同用途的脉冲整形、变换电路，施密特触发器主要用以将变化缓慢的或快速变化的非矩形脉冲变换成上升沿和下降沿都很陡峭的矩形脉冲，而单稳态触发器则主要用以将宽度不符合要求的脉冲变换成符合要求的矩形脉冲。

脉冲电路可分别由分立元件、集成逻辑门电路和集成电路来实现。其中应用比较广泛的是用555集成定时器来实现脉冲电路。

7.1.2 555定时器

555集成定时器，是一种模拟电路和数字电路相结合的中规模集成电路，其电路功能灵活，只要在外部配上少量电阻和电容元件，就可方便地构成多谐振荡器、施密特触发器和单稳态触发器。因而在定时、检测、控制、报警等领域中得到广泛应用。

1. 电路结构

图7-1-1（a）给出了555定时器的电路结构原理图，图7-1-1（b）为555定时器芯片引脚图。其中各引脚定义如下：1为接地端 GND，2为低触发端 $\overline{TR}$，3为输出端 OUT，4为复位端 $\overline{R_D}$，5为电压控制端 C_O，6为高触发端 TH，7为放电端 DIS，8为电源接入端 V_{CC}。

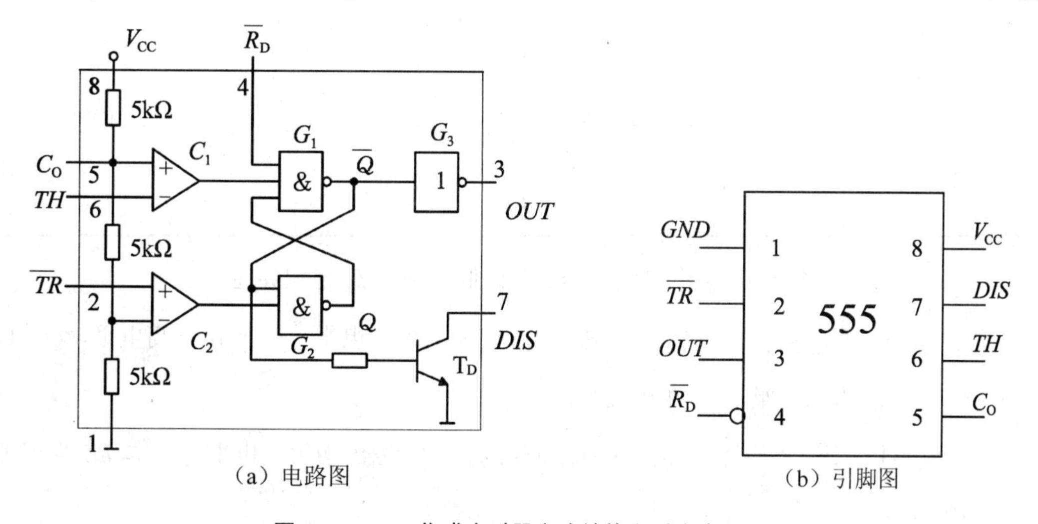

（a）电路图　　（b）引脚图

图7-1-1　555集成定时器电路结构和引脚定义图

555 定时器主要由以下五部分组成。

（1）分压器

三个电阻均为 5kΩ 的电阻串连起来构成分压器（555 也因此而得名），为比较器 C_1 和 C_2 提供参考电压，C_1 的“+”端 $U_+ = \frac{2V_{CC}}{3}$，C_2 的“−”端 $U_- = \frac{1V_{CC}}{3}$。如果在电压控制端 C_O 另加控制电压，则可改变 C_1、C_2 的参考电压。工作中不使用 C_O 端时，通常对地接 0.01 μF 的电容，以消除高频干扰。

（2）比较器

C_1、C_2 是两个电压比较器，比较器有两个输入端，分别标有“+”号和“−”号，如果用 U_+ 和 U_- 表示相应输入端上所加的电压，则当 $U_+ > U_-$ 时，其输出为高电平；当 $U_+ < U_-$ 时，其输出为低电平。

（3）基本 *RS* 触发器

由两个与非门 G_1、G_2 组成，$\overline{R_D}$ 是专门设置的可从外部进行置零的复位端，当 $\overline{R_D} = 0$ 时，触发器输出 $Q = 0$、$\overline{Q} = 1$。

（4）晶体管开关

晶体管 T_D 构成开关，其状态受 $\overline{Q}$ 端控制，当 $\overline{Q} = 0$ 时，T_D 截止；当 $\overline{Q} = 1$ 时，T_D 导通。

（5）输出缓冲器

输出缓冲器就是接在输出端的反相器 G_3，其作用是提高定时器的带负载能力和隔离负载对定时器的影响。

2. 基本功能

表 7-1-1 所示是 555 定时器的功能表，由表可知它有如下主要功能。

表 7-1-1　555 定时器的功能表

U_{TH}	$U_{\overline{TR}}$	$\overline{R_D}$	U_{OUT}	T_D 的状态
×	×	0	0	导通
$>\frac{2}{3}V_{CC}$	$>\frac{1}{3}V_{CC}$	1	0	导通
$<\frac{2}{3}V_{CC}$	$>\frac{1}{3}V_{CC}$	1	不变	不变
$<\frac{2}{3}V_{CC}$	$<\frac{1}{3}V_{CC}$	1	1	截止

（1）$\overline{R_D} = 0$ 时，$\overline{Q} = 1$，输出电压 $u_O = U_{OL}$ 为低电平，T_D 饱和导通。

（2）$\overline{R_D} = 1$，$U_{TH} > \frac{2}{3}V_{CC}$，$U_{\overline{TR}} > \frac{1}{3}V_{CC}$ 时，C_1 输出为低电平，C_2 输出为高电平，$\overline{Q} = 1$，$Q = 0$，$u_O = U_{OL}$ 为低电平，T_D 饱和导通。

（3）$\overline{R_D} = 1$，$U_{TH} < \frac{2}{3}V_{CC}$，$U_{\overline{TR}} > \frac{1}{3}V_{CC}$ 时，C_1、C_2 输出均为高电平，基本 *RS* 触发器保持原来的状态不变。

（4）$\overline{R_D}=1$，$U_{TH}<\frac{2}{3}V_{CC}$，$U_{\overline{TR}}<\frac{1}{3}V_{CC}$ 时，C_1 输出为高电平，C_2 输出为低电平，$\bar{Q}=0$，$Q=1$，$u_O=U_{OH}$ 为高电平，T_D 截止。

3. 类型

目前生产的 555 定时器有双极型和 CMOS 两种类型，其型号分别有 NE555（或 5G555）和 C7555 等多种。通常，双极型产品型号最后的三位数码都是 555，CMOS 产品型号的最后四位数码都是 7555。除了某些电气特性不同外，它们的结构、工作原理以及外部引脚排列基本相同。

一般双极型定时器具有较大的驱动能力，而 CMOS 定时电路具有低功耗、输入阻抗高等优点。555 定时器工作的电源电压很宽，并可承受较大的负载电流。双极型定时器电源电压范围为 5～16V，最大负载电流可达 200mA；CMOS 定时器电源电压变化范围为 3～18V，最大负载电流在 4mA 以下。

7.2　用 555 定时器构成多谐振荡器

多谐振荡器是一种自激振荡电路，该电路只要接通电源，无须外接触发信号，在其输出端便可获得矩形脉冲。由于矩形脉冲中除基波外还含有极其丰富的高次谐波，所以人们把这种电路叫做多谐振荡器。多谐振荡器一旦起振之后，电路没有稳态，只有两个暂稳态，它们做交替变化，输出连续的矩形脉冲信号，因此它又称作无稳态电路。

7.2.1　电路结构

如图 7-2-1 所示是用 555 定时器构成的多谐振荡器。R_1、R_2、C 是外接定时元件，555 定时器的 TH（6）、$\overline{TR}$（2）端连接起来接 u_C，晶体三极管集电极（7）接到 R_1、R_2 的连接点 P。

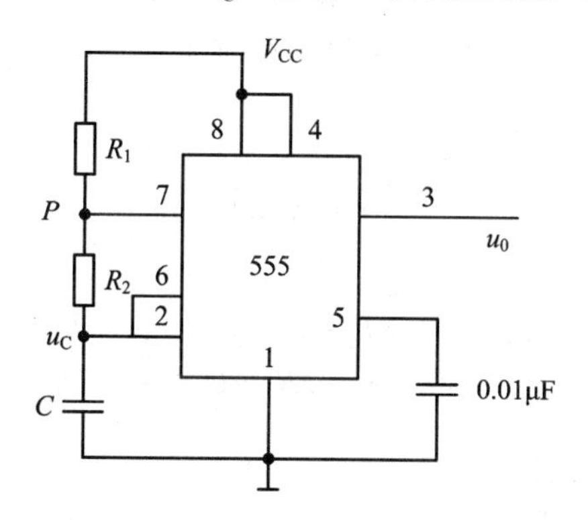

图 7-2-1　用 555 定时器构成的多谐振荡器

7.2.2　工作原理

接通电源前电容 C 上无电荷，所以接通电源瞬间，C 来不及充电，故 $u_C=0$ 比较器 C_1 输出为 1，C_2 输出为 0，基本 RS 触发器 $Q=1$，$\bar{Q}=0$，$u_O=U_{OH}$，T_D 截止。之后，通过充电回路 $V_{CC}\to R_1\to R_2\to C\to$ 地，时间常数是 $\tau_1=(R_1+R_2)\cdot C$，对电容 C 进行充电，当电容 C

充电，u_C 上升到 $\frac{2}{3}V_{CC}$ 时，比较器 C_1 跳变为 0，基本 RS 触发器立即翻转到 0 状态，$Q=0$，$\bar{Q}=1$，$u_O=U_{OL}$，T_D 饱和导通。之后，通过放电回路 $C \to R_2 \to T_D \to$ 地，对电容 C 进行放电，时间常数是 $\tau_2 = R_2 \cdot C$，当电容 C 放电，u_C 下降到 $\frac{1}{3}V_{CC}$ 时，比较器 C_2 输出跳变为 0，基本 RS 触发器立即翻转到 1 状态，$Q=1$、$\bar{Q}=0$、$u_O=U_{OH}$、T_D 截止。电路回到开始状态。重复进行状态转换，在输出端就产生了矩形脉冲。电路的工作波形如图 7-2-2 所示。

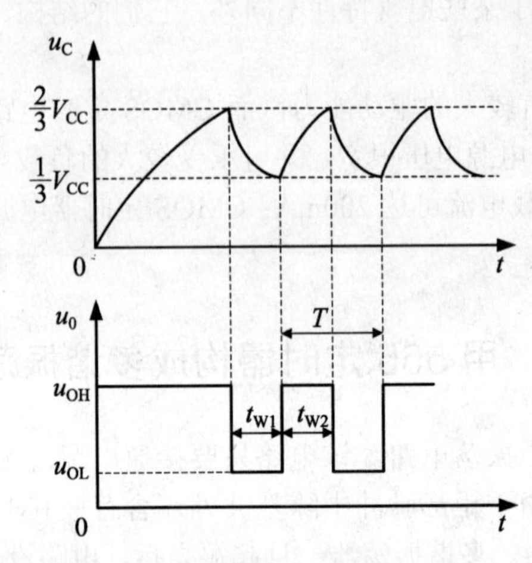

图 7-2-2　用 555 定时器构成的多谐振荡器的工作波形

由图 7-2-2 可得多谐振荡器的振荡周期 T 为：

$$T = t_{W1} + t_{W2}$$
$$t_{W1} = (R_1 + R_2)\cdot C \cdot \ln 2 \approx 0.7(R_1 + R_2)\cdot C$$
$$t_{W2} = R_2 \cdot C \cdot \ln 2 \approx 0.7R_2 \cdot C$$
$$T = t_{W1} + t_{W2} \approx 0.7(R_1 + 2R_2)\cdot C$$

振荡频率为：

$$f = \frac{1}{T} = \frac{1}{0.7(R_1 + 2R_2)\cdot C}$$

占空比为：

$$q = \frac{t_{W1}}{T} = \frac{0.7(R_1 + R_2)\cdot C}{0.7(R_1 + 2R_2)\cdot C} = \frac{R_1 + R_2}{R_1 + 2R_2}$$

7.2.3　占空比可调的多谐振荡器

在图 7-2-1 所示的电路中，由于电容 C 的充电时间常数 $\tau_1 = (R_1 + R_2)\cdot C$，放电时间常数 $\tau_2 = R_2 \cdot C$，所以总是 $t_{W1} > t_{W2}$，u_O 的波形不仅不可能对称，而且占空比 $q = \frac{t_{W1}}{T} = \frac{R_1 + R_2}{R_1 + 2R_2}$ 不易调节。为了得到理想的波形，可以利用半导体二极管的单向导电性，把电容 C 充电和放电回路隔离开来，再加上一个电位器，便可以得到占空比可调的多谐振荡器，如图 7-2-3 所示。

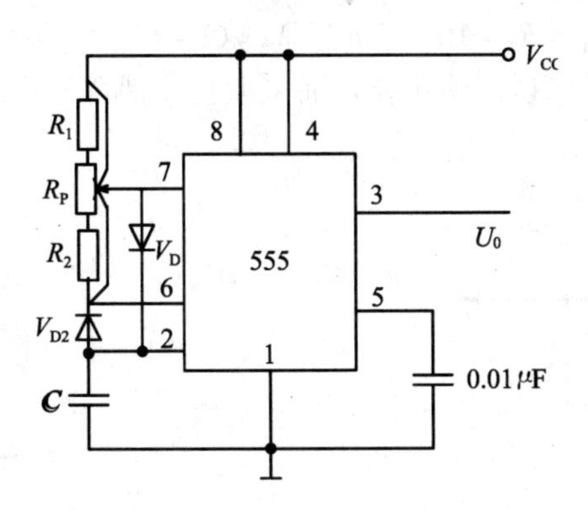

图 7-2-3　用 555 定时器构成占空比可调的多谐振荡器

从图 7-2-3 所示的电路可以明显的看到，电容充电时间常数 $\tau_1 = R_1C$，放电时间常数 $\tau_2 = R_2C$。通过计算可得：

$$t_{W1} = 0.7R_1C$$
$$t_{W2} = 0.7R_2C$$

占空比为：

$$q = \frac{t_{W1}}{T} = \frac{0.7R_1C}{0.7R_1C + 0.7R_2C} = \frac{R_1}{R_1 + R_2}$$

只要改变电位的活动端的位置，就可方便地调节占空比 q，当 $R_1 = R_2$ 时，$q = 0.5$，u_O 将成为对称的矩形脉冲。

7.2.4　石英晶体多谐振荡器

在许多数字系统中，都要求时钟脉冲频率十分稳定，例如在数字钟表里，计数脉冲频率的稳定性，就直接决定着计时的精度。在上面介绍的多谐振荡器中，其工作频率取决于电容 C 的充、放电过程中，电压到达转换值的时间，由于转换电平易受温度变化和电源波动的影响，电路的工作方式易受干扰，从而使电路状态转换提前或滞后。另外电路状态转换时，电容充、放电的过程已经比较缓慢，转换电平的微小变化或者干扰，对振荡周期影响都比较大。因此，在对振荡器频率稳定度要求很高的场合，都需要采取稳频措施，其中最常用的一种方法，就是利用石英谐振器，构成石英晶体多谐振荡器。

1. 石英晶体的选频特性

如图 7-2-4（a）所示为石英晶体的频率特性，图 7-2-4（b）是其电路符号，由石英晶体的频率特性可知，当外加电压的频率 $f = f_0$ 时，石英晶体的电抗 $X = 0$，在其他频率下电抗都很大。石英晶体不仅选频特性好，而且谐振频率 f_0 十分稳定。

2. 石英晶体多谐振荡器

（1）电路组成

图 7-2-5 所示电路中 R_1、R_2 的作用是保证两个反相器在静态时都能工作在转折区，使每一个反相器都成为具有很强放大能力的放大电路，对 TTL 反相器，常取 $R_1 = R_2 = 0.7 \sim 2\text{k}\Omega$，

若是 CMOS 门，则常取 $R_1 = R_2 = 10 \sim 100\mathrm{M\Omega}$；$C_1 = C_2 = C$ 是耦合电容，它们的容抗，在石英晶体谐振频率 $f = f_0$ 时可以忽略不要，而采取直接耦合方式，石英晶体构成选频环节。

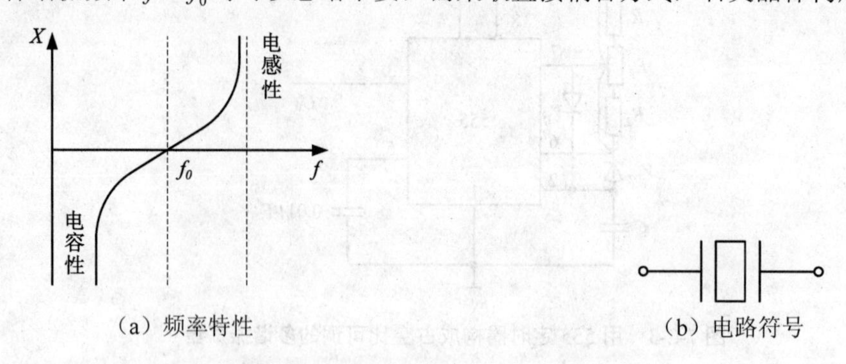

（a）频率特性　　（b）电路符号

图 7-2-4　石英晶体的电抗频率特性及符号

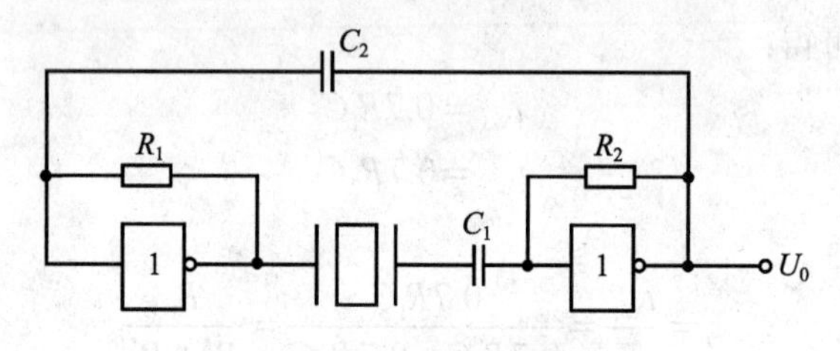

图 7-2-5　石英晶体多谐振荡器

（2）工作原理

由于串联在两级放大电路中间的石英晶体具有很好的选频特性，只有频率为 $f = f_0$ 的信号能够顺利通过，满足振荡条件。所以一旦接通电源，电路就会在频率 $f = f_0$ 形成自激振荡。由于石英晶体的谐振频率 f_0，仅取决于体积大小、几何形状及材料，与 R、C 无关，所以这种电路工作频率的稳定度很高。

（3）CMOS 石英晶体多谐振荡器

CMOS 石英晶体多谐振荡器如图 7-2-6 所示，G_1、G_2 是两个 CMOS 反相器，R_F 是偏置电阻，取值常在 $10 \sim 100\mathrm{M\Omega}$ 之间，它的作用是保证反相器在静态时，G_1 能工作在其电压传输特性的转折区——线性放大区。C_1、晶体、C_2 组成选频反馈网络，电路只能在谐振频率 $f = f_0$ 处产生自激振荡。反馈系数由 C_1、C_2 之比决定，改变 C_1 可以微调振荡频率，C_2 是温度补偿电容。G_2 是整形缓冲反相器，因为振荡电路的输出接近于正弦波，经 G_2 整形之后才会变成矩形脉冲，同时 G_2 还可以隔离负载对振荡电路工作的影响。

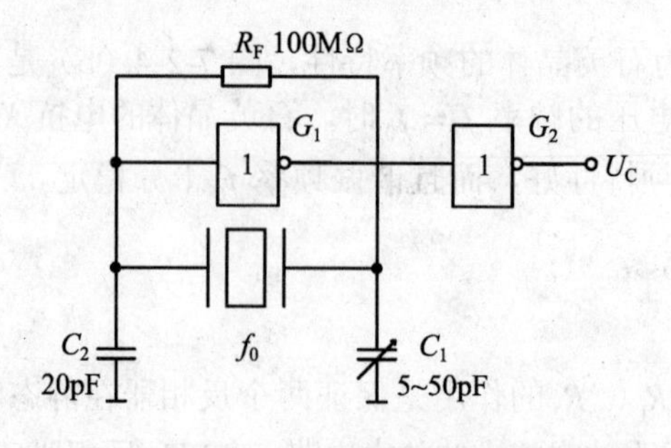

图 7-2-6　CMOS 石英晶体多谐振荡器

7.2.5　多谐振荡器应用举例

下面以秒脉冲发生器为例说明多谐振荡器的应用。

CMOS 石英晶体多谐振荡器产生 $f=32768\text{Hz}$ 的基准信号，经 T′ 触发器构成的 15 级异步计数器分频后，便可得到稳定度极高的秒信号。这种秒脉冲发生器可做为各种计时系统的基准信号源。

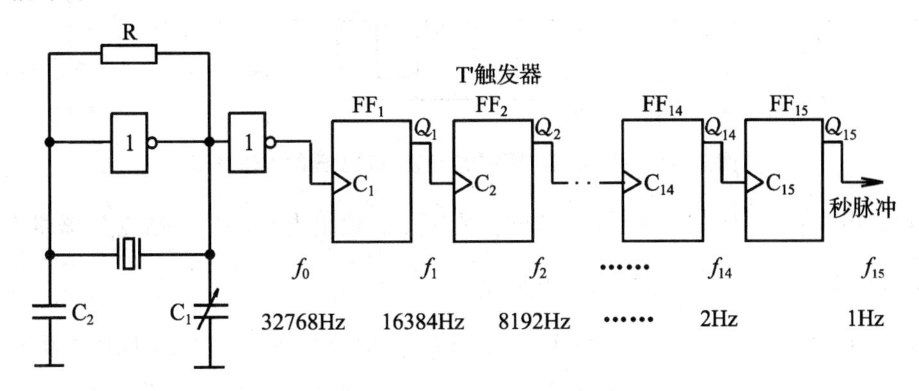

图 7-2-7　秒脉冲发生器

7.3　用 555 定时器构成施密特触发器

施密特触发器能够把变化缓慢的或快速变化的非矩形脉冲，整形成为适合于数字电路需要的矩形脉冲，而且由于具有滞回特性，所以抗干扰能力很强。施密特触发器在脉冲的产生和整形电路中应用很广。

7.3.1　电路结构

将 555 定时器的 TH（6）、$\overline{TR}$（2）连接起来作为信号输入端 u_I，便构成了施密特触发器。如图 7-3-1 所示。u_O 是 555 的信号输出端（3）。

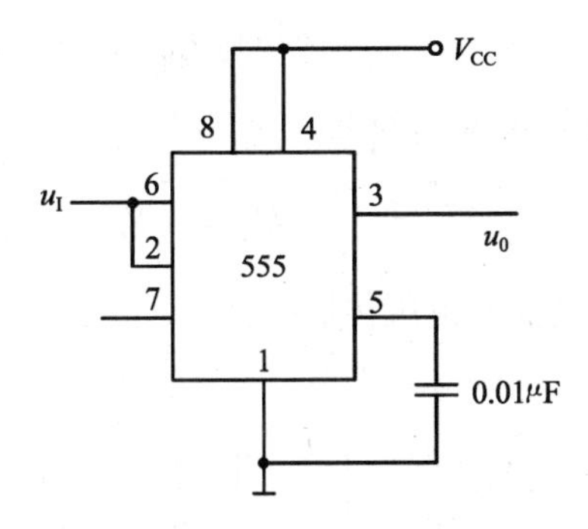

图 7-3-1　用 555 定时器构成的施密特触发器

7.3.2　工作原理

下面参照图 7-3-2 所示的波形讨论施密特触发器的工作原理。

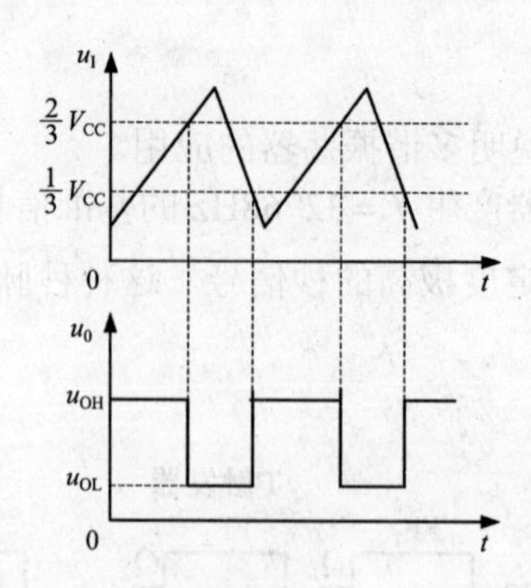

图 7-3-2　用 555 定时器构成施密特触发器的工作波形

当输入电压$u_I < \frac{1}{3}V_{CC}$时，比较器C_1输出为 1，C_2输出为 0，基本 RS 触发器将工作在 1 状态，即$Q=1$、$\bar{Q}=0$，输出u_O为高电平U_{OH}。

当输入电压由小于$\frac{1}{3}V_{CC}$上升到$\frac{1}{3}V_{CC} < U_I < \frac{2}{3}V_{CC}$时，基本 RS 触发器保持 1 状态不变，即$Q=1$，输出u_O为高电平U_{OH}不变。

当输入电压$U_I \geqslant \frac{2}{3}V_{CC}$时，比较器$C_1$输出会跳变为 0，$C_2$输出为 1，基本 RS 触发器被翻转，由 1 状态翻转到 0 状态，即$Q=0$、$\bar{Q}=1$。输出u_O由高电平U_{OH}跃到低电平U_{OL}。所以，施密特触发器的正向阈值电压$U_{T+}=\frac{2}{3}V_{CC}$。

当输入电压由大于$\frac{2}{3}V_{CC}$下降到$\frac{1}{3}V_{CC} < U_I < \frac{2}{3}V_{CC}$时，基本 RS 触发器保持 0 状态不变，输出u_O保持低电平U_{OL}不变。

当输入电压U_I下降到$U_I \leqslant \frac{1}{3}V_{CC}$时，比较器$C_1$输出为 1，$C_2$输出将跳变为 0，基本 RS 触发器被触发翻转，由 0 状态翻转到 1 状态，即$Q=1$、$\bar{Q}=0$。输出u_O由低电平U_{OL}跃到高电平U_{OH}，所以，施密特触发器的负向阈值电压$U_{T-}=\frac{1}{3}V_{CC}$。

由上述分析可知，施密特触发器的回差电压：

$$\Delta U_T = U_{T+} - U_{T-} = \frac{1}{3}V_{CC}$$

图 7-3-3 所示为施密特触发器的电压传输特性。

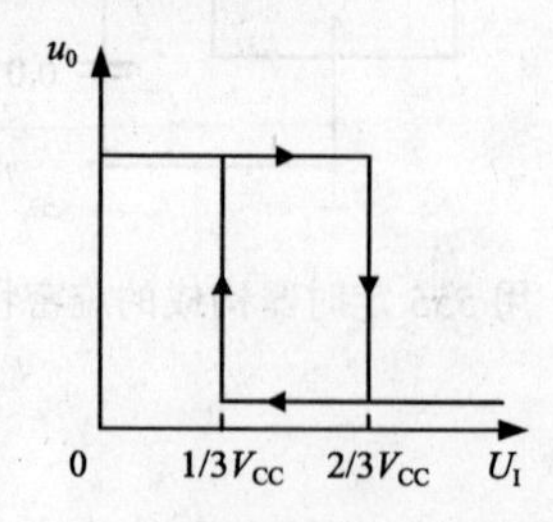

图 7-3-3　施密特触发器的电压传输特性

7.3.3　施密特触发器的应用举例

1. 波形变换

利用施密特触发器转换过程中的正反馈作用，可以把边沿变化缓慢的周期性信号变换为边沿很陡的矩形脉冲信号。

如图 7-3-4 所示为用施密特触发器实现接口电路——将缓慢变化的输入信号，转换成为符合 TTL 系统要求的脉冲波形。

2. 用于脉冲整形

如图 7-3-5 所示为用施密特触发器实现整形电路——把不规则的输入信号整形成为矩形脉冲。

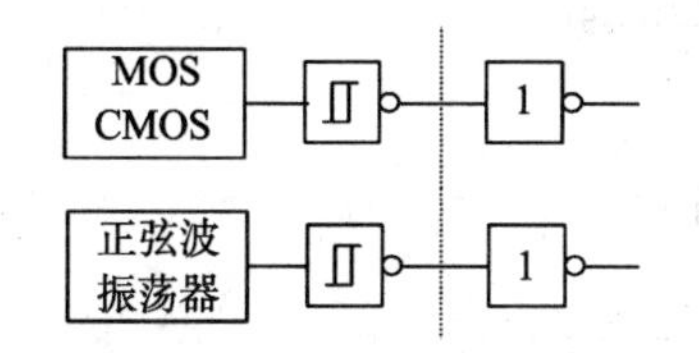

图 7-3-4　慢输入波形的 TTL 系统接口

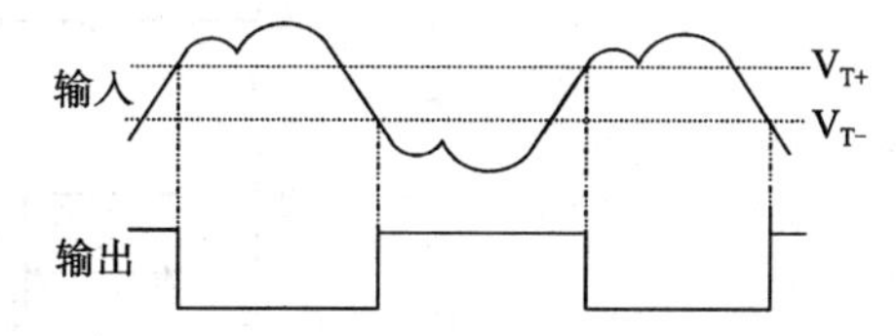

图 7-3-5　脉冲整形电路的输入输出波形

另外，施密特触发器还可以用于产生方波和实现脉冲鉴幅（从一系列幅度各异的脉冲信号中选出特定幅度的脉冲信号）。

7.4　555 定时器构成单稳态触发器

单稳态触发器用以将宽度不符合要求的脉冲变换成符合要求的矩形脉冲。它具有下列特点：第一，它有一个稳定状态和一个暂稳状态；第二，在外来触发脉冲的作用下，能够由稳定状态翻转到暂稳状态；第三，暂稳状态维持一段时间以后，将自动返回到稳定状态。暂稳状态时间的长短，与触发脉冲无关，仅决定于电路本身的参数。单稳态触发器在定时、整形以及延时等数字系统中有广泛应用。

7.4.1　电路结构

图 7-4-1 所示是用 555 定时器构成的单稳态触发器。R、C 是定时元件；u_I 是输入信号，加在 555 的 $\overline{TR}$（2）端；u_O 是输出信号。

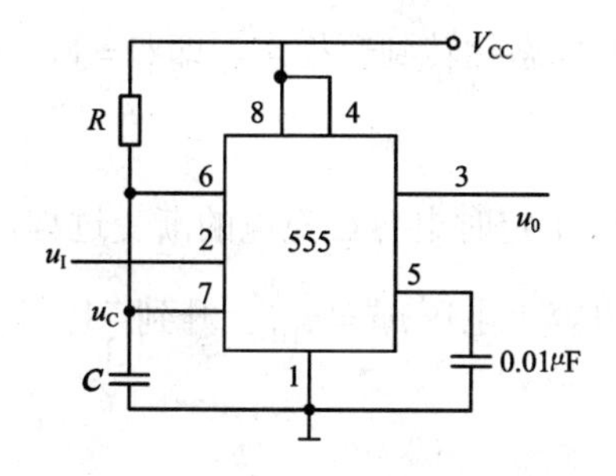

图 7-4-1　用 555 定时器构成的单稳态触发器

7.4.2 工作原理

下面参照图 7-4-2 所示的波形讨论单稳态触发器的工作原理。

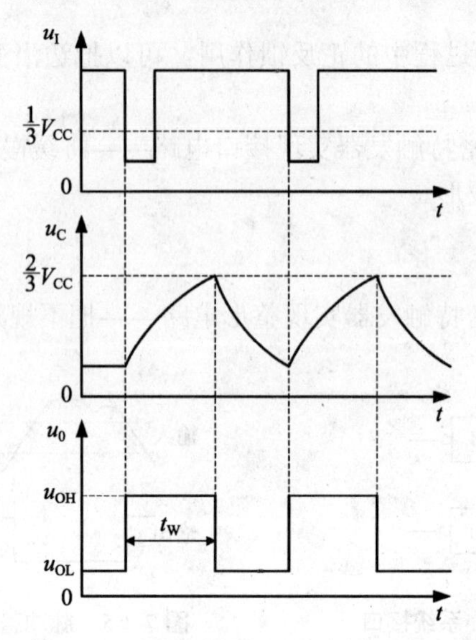

图 7-4-2 用 555 定时器构成的单稳态触发器的工作波形

1. 没有触发信号时电路工作在稳态

无触发信号时，U_I 为高电平时，电路工作在稳定状态，$Q=0$、$\bar{Q}=1$，u_O 为低电平，T_D 饱和导通。若接通电源后，$U_I=U_{IH}$，555 定时器中基本 RS 触发器处于 0 状态，即 $Q=0$、$\bar{Q}=1$，$u_O=U_{OL}$、T_D 饱和导通，则这种状态保持不变。

若接通电源后，$U_I=U_{IH}$，555 定时器中基本 RS 触发器处在 1 状态，即 $Q=1$、$\bar{Q}=0$，$u_O=U_{OH}$，T_D 截止，则这种状态是不稳定的，经过一段时间之后，电路会自动地返回稳定状态。因为 T_D 截止，电源 V_{CC} 会通过 R 对 C 进行充电，u_C 将逐渐升高，当 $u_C=u_{TH}$ 上升到 $\frac{2}{3}V_{CC}$ 时，比较器 C_1 输出 0，将基本 RS 触发器复位到 0 状态，$Q=0$、$\bar{Q}=1$，$u_O=U_{OL}$，T_D 饱和导通，电容 C 通过 T_D 迅速放电，使 $u_C \approx 0$，即电路返回到稳态。

2. u_I 下降沿触发

当 u_I 下降沿到来时，电路被触发，$u_I=u_{\overline{TR}}$ 由高电平跳变到低电平，比较器 C_2 的输出跳变为 0，基本 RS 触发器立刻由稳态翻转到暂稳态，即 $Q=1$，$u_O=U_{OH}$，T_D 截止。

3. 暂稳态的维持时间

在暂稳态期间，电路中有一个定时电容 C 充电的渐变过程，充电回路是 $V_{CC} \to R \to C \to$ 地，时间常数为 $\tau_1=RC$。在电容上电压 $u_C=u_{TH}$ 上升到 $\frac{2}{3}V_{CC}$ 以前，显然电路将保持暂稳状态不变。

4. 暂稳状态结束时间

C_1 输出 0，立即将基本 RS 触发器复位到 0 态，即 $Q=0$ 、$\bar{Q}=1$，$u_O=U_{OL}$ 、T_D 饱和导通，暂稳态结束。

5. 恢复过程

当暂稳态结束后，定时电容 C 将通过饱和导通的晶体三极管 T_D 放电，C 放电完毕，$u_C=u_{TH}=0$，恢复过程结束。

恢复过程结束后，电路返回到稳定状态，单稳态触发器又可接受新的输入信号。由工作原理分析知道，输出脉冲宽度是等于暂稳态时间的，也就是定时电容 C 的充电时间。由图 7-4-2 所示，$u_C(0^+)\approx 0$，$u_C(\infty)=V_{CC}$，$u_C(t_W)=\dfrac{2}{3}V_{CC}$，代入一阶 RC 电路全响应公式：

$u_C(t)=u_C(\infty)-[u_C(\infty)-u_C(0_+)]e^{-\frac{t}{\tau}}$ 可得：

$$t_W=\tau 1\ln\frac{u_C(\infty)-u_C(0+)}{u_C(\infty)-u_C(t_W)}=RC\ln\frac{V_{CC}-0}{V_{CC}-\dfrac{2}{3}V_{CC}}=RC\ln 3=1.1RC$$

由上式可看出，单稳态触发器输出脉冲宽度 t_W 仅决定于定时元件 R 、C 的取值，与输入触发信号和电源电压无关，调节 R 、C 即可改变 t_W 。

由以上分析可看出，图 7-4-1 所示电路只有在输入 u_I 的负脉冲宽度小于输出脉冲宽度 t_W 时，才能正常工作；如输入 u_I 的负脉冲宽度大于 t_W，需在 $\overline{TR}$ 端和输入触发信号 u_I 之间接入 R_dC_d 微分电路后，电路才能正常工作，如图 7-4-3 所示。

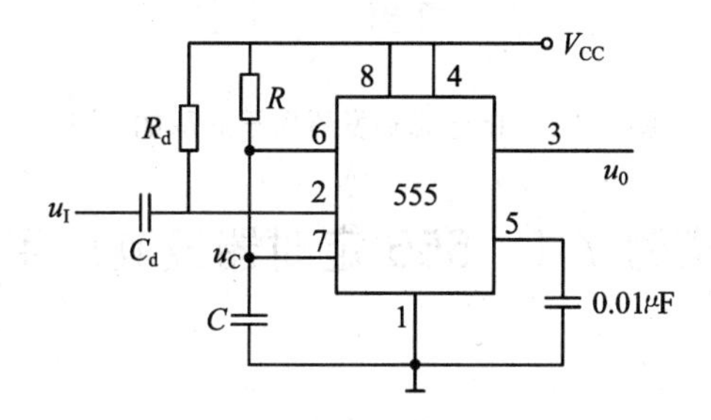

图 7-4-3 具有输入微分电路的单稳态触发器

7.4.3 单稳态触发器的应用

1. 延时

在图 7-4-4 中，v_O' 的下降沿比 v_I 的下降沿滞后了时间 t_W，即延迟了时间 t_W 。单稳态触发器的这种延时作用常被应用于时序控制中。

2. 定时

在图 7-4-4 中，单稳态触发器的输出电压 v_O'，用作与门的输入定时控制信号，当 v_O' 为高电平时，与门打开，$v_O=v_F$；当 v_O' 为低电平时，与门关闭，v_O 为低电平。显然与门打开的时间是恒定不变的，就是单稳态触发器输出脉冲 v_O' 的宽度 t_W 起到了定时的作用。

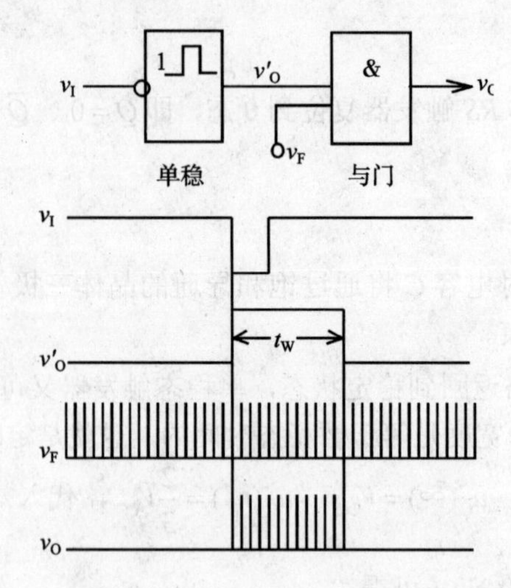

图 7-4-4 单稳态触发器用于脉冲的延时与定时选通

3. 整形

单稳态触发器能够把不规则的输入信号 v_I 整形成为幅度和宽度都相同的标准矩形脉冲 v_O。v_O 的幅度取决于单稳态电路输出的高、低电平，宽度 t_W 决定于暂稳态时间。图 7-4-5 是单稳态触发器用于波形的整形的一个简单例子。

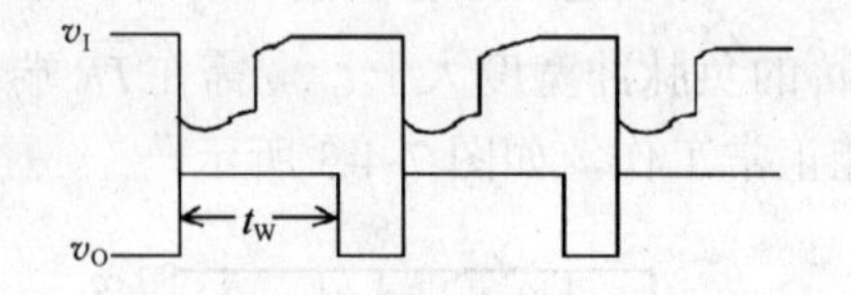

图 7-4-5 单稳态触发器用于波形的整形

实验 7-1 555 定时器及其应用

一、实验目的

1. 了解 555 定时器引脚的结构和工作原理。
2. 熟悉 555 定时器的典型应用。
3. 了解元件对输出信号周期及脉冲宽度的影响。
4. 加深对 EWB 的使用。

二、实验内容与步骤

1. 用 EWB 利用 555 构成多谐震荡器

（1）调用 EWB 混合集成电路库（Mixed Ics）中的 555 定时器。调用仪器库（Instruments）中的示波器按实验图 7-1-1 所示连接好电路。

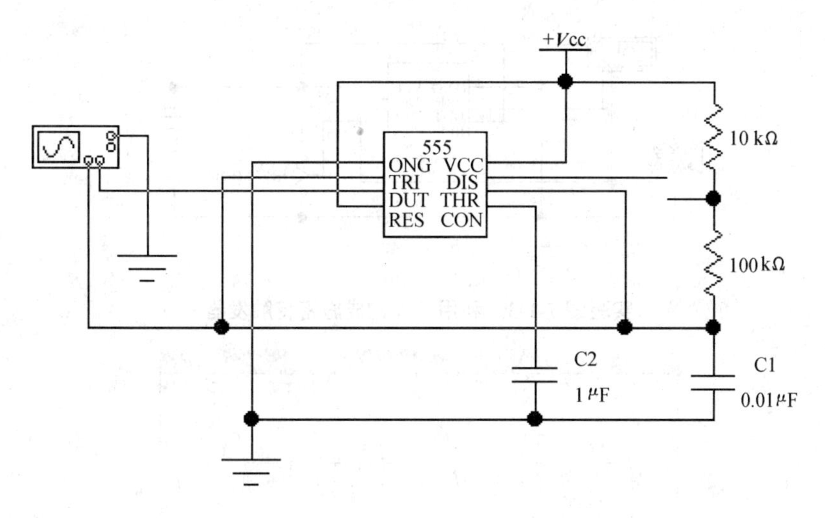

实验图 7-1-1　利用 555 构成多谐震荡器

（2）接通电源，打开示波器的控制面板，适当调节有关按键以较好地显示输入、输出波形。在多谐震荡器实验中，调整读数指针 1、2 使它们之间是一个整波形查看 T_2-T_1 中的周期。

（3）记录波形，适当调节电位器 R 分别为 0%、25%、50%、100%时，观察输出波形（如实验图 7-1-2 所示）。

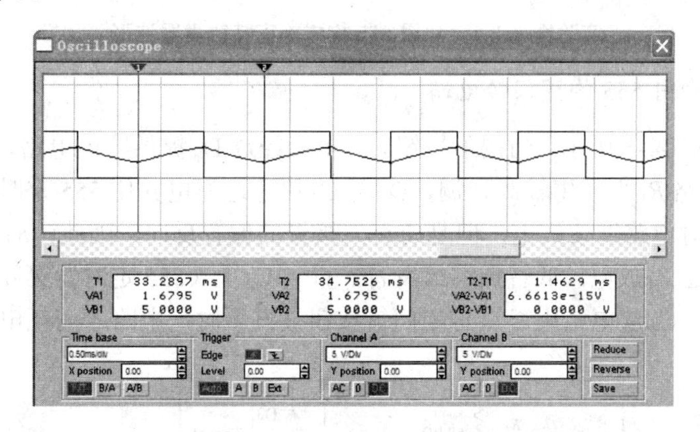

实验图 7-1-2　利用 555 构成多谐振荡器波形

（4）验证波形是否与理论值吻合

理论计算：$T = 0.7$（R_1+R_2+R_2）C_1=0.7（10+100+100）$\times 10^3 \times 0.01 \times 10^{-6}$s=1.47ms

2. 用 EWB 利用 555 构成施密特触发器

（1）调用 EWB 混合集成电路库（Mixed Ics）中的 555 定时器。调用仪器库（Instruments）中的示波器和信号发生器，按实验图 7-1-3 所示连接好电路。

（2）接通电源，打开示波器的控制面板，适当调节有关按键以较好地显示输入、输出波形。

（3）记录波形（如实验图 7-1-4 所示）。

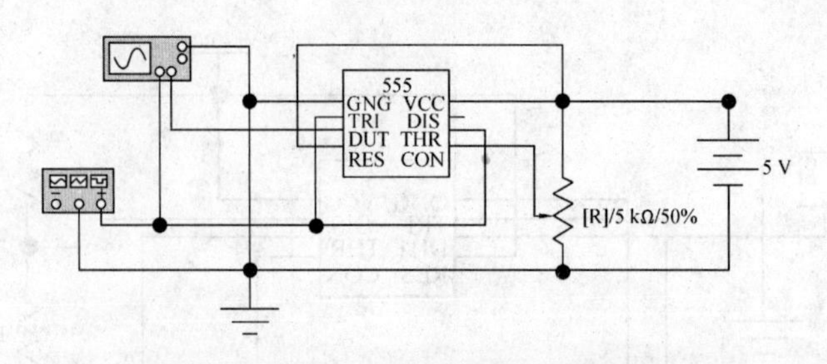

实验图 7-1-3　利用 555 构成施密特触发器

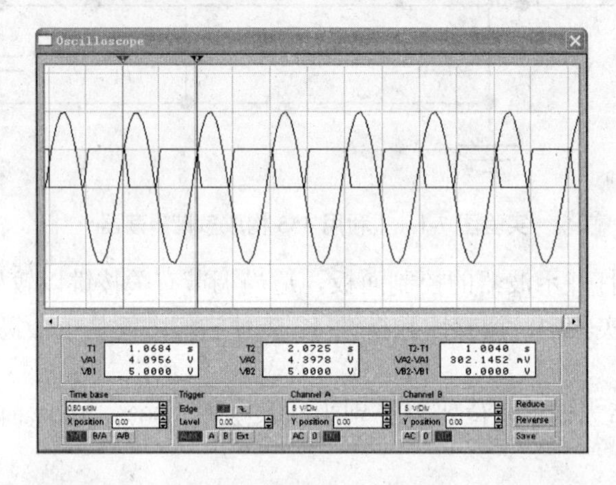

实验图 7-1-4　利用 555 构成施密特触发器波形

3. 用 EWB 利用 555 构成门铃电路

（1）如实验图 7-1-5 所示，当按下按钮时，电源经过 D_3 提供给该电路，使 C_4 快速充电。同时 D_1 有效地旁路 R_1 而产生较高音调，D_2 对 C_2 快速地充电并使 555 定时器开始工作。当松开按钮时，C_4 对电路继续供电，但是所有二极管的偏置反向，因此，R_1 不再有旁路而产生低音调，C_2 经过 R_4 放电。低音调继续发音，直到 C_2 上（555 定时器第 4 脚）的电压降低到 555 停止工作或 C_4 放电结束。只有当门铃按钮被按下时，电路才消耗电能。

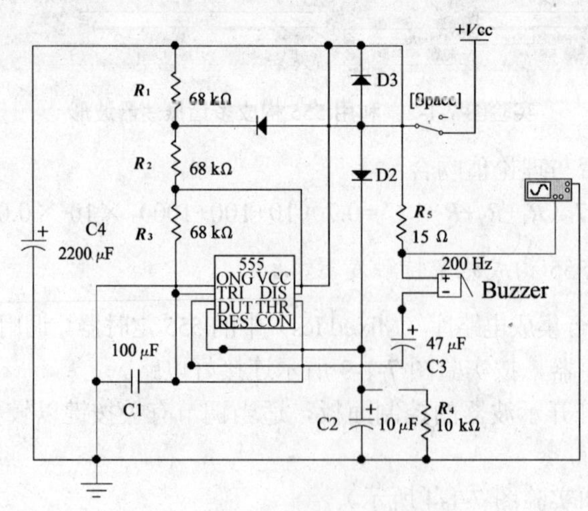

实验图 7-1-5　门铃 EWB 电路图

（2）在 EWB 中绘制仿真时注意此门铃电路有两种电容：C2、C3、C4 为有极性电容，C1 为无极性电容。实验图 7-1-5 所示的 Buzzer 在 EWB 的 indicators 工具箱中相当于实际电路中的喇叭。

三、实验要求

1．使用 EWB 的示波器测量实验中各电路的输出波形，分析并计算波形的周期。

2．自行设计实验仿真教材中涉及的电路。

习题七

7-1 习题图 7-1 所示为一通过可变电阻 R_W 实现占空比调节的多谐振荡器，图中 $R_W = R_{W1} + R_{W2}$，试分析电路的工作原理，求振荡频率 f 和占空比 q 的表达式。

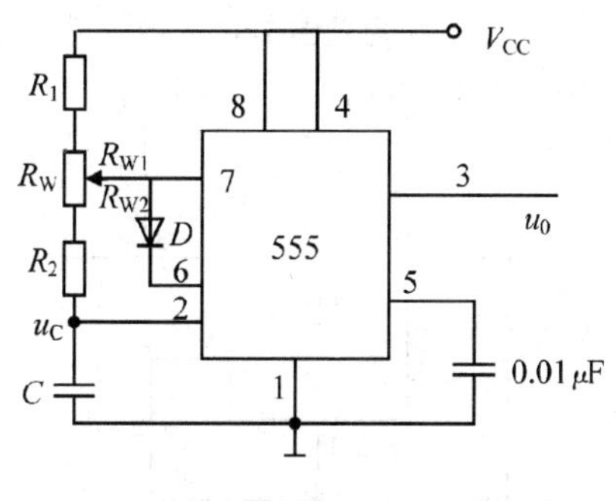

习题图 7-1

7-2 习题图 7-2 是救护车扬声器发声电路，在图中给定的电路参数下，设 $V_{CC} = 12\text{ V}$ 时，555 定时器输出的高低电平分别为 11V 和 0.2V，输出电阻小于 100Ω，试计算扬声器发声的高、低音的持续时间。

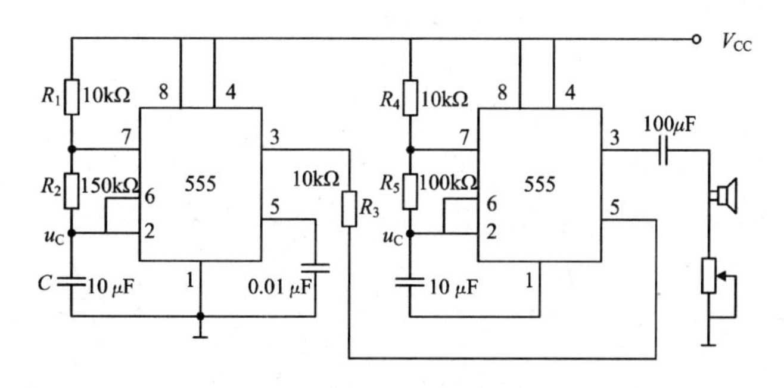

习题图 7-2

7-3 一过压监视电路如习题图 7-3 所示，试说明当监视电压 u_X 超过一定值时，发光二极管 D 将发出闪烁的信号。（提示：当晶体管 T 饱和时，555 的管脚 1 端可认为处于地电位。）

7-4 如果需要调整一脉冲信号，其幅度、周期均不变，仅将其占空比由 30% 变为 50%，试问使用什么电路实现。

7-5 如习题图 7-4 所示的单稳态触发器中，$V_{CC} = 9\text{ V}$，$R = 27\text{ k}\Omega$，$C = 0.05\mu\text{F}$。

（1）估算输出脉冲u_O的宽度t_W。

（2）u_I为负窄脉冲，其脉冲宽度$t_{W1}=0.5\text{ ms}$，重复周期$T_1=5\text{ ms}$，高电平$U_{IH}=9\text{ V}$，低电平$U_{IL}=0\text{ V}$，试对应画出u_C、u_O的波形。

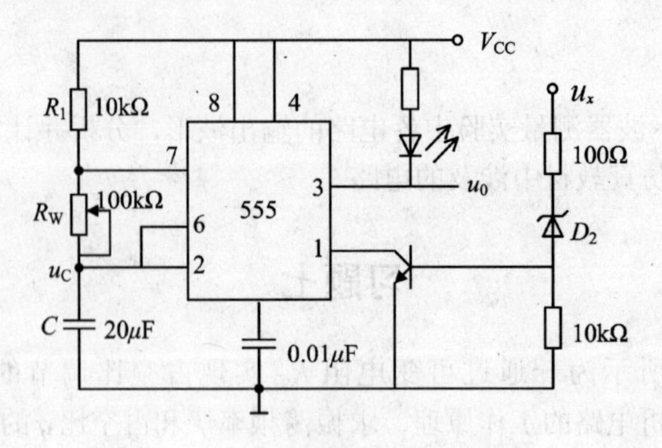

习题图 7-3

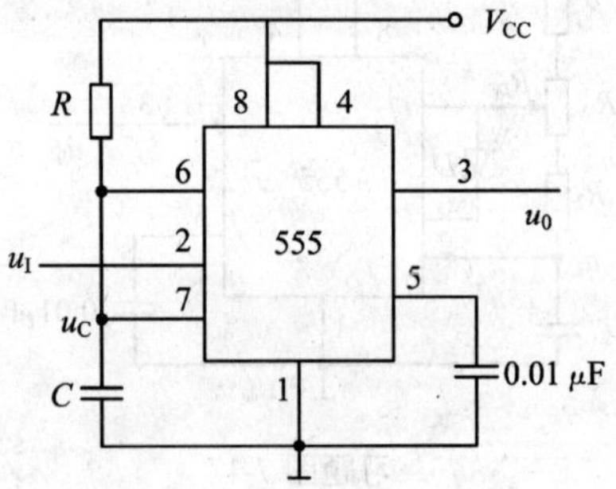

习题图 7-4

第8章 存储器与可编程逻辑器件

本章包括半导体存储器和可编程逻辑器件两大部分，半导体存储器是电子计算机中的重要部件，而可编程逻辑器件是在此基础上发展而成的独立系列的大规模集成器件。

8.1 半导体存储器

8.1.1 概述

半导体存储器是一种能存储大量二进制信息的大规模集成电路。在电子计算机以及其他一些数字系统的工作过程中，都需要对大量的数据进行存储。因此，存储器也就成了这些数字系统不可缺少的组成部分。

由于计算机处理的数据量越来越大，运算速度越来越快，这就要求存储器具有更大的存储容量和更快的存取速度。通常都把存储容量和存取速度作为衡量存储器性能的重要指标。

存储容量就是存储器能够存放二进制信息的多少。一般来说，存储容量就是存储单元的总数。例如，一个存储器有 4096 个存储单元，称它的存储容量为 4KB；如该存储器存放了 1024 个 4 位二进制信息，那么它的存储容量又称为 1K×4 位，即表示存储容量的公式为 N 字×M 位；存取速度通常用存取周期来表征，存取周期是指连续两次读（写）操作间隔的最短时间，它由存储介质的物理特性决定。

半导体存储器的种类很多，从制造工艺上分为双极型（TTL 型）存储器和单极型（MOS 型）存储器两种。双极型存储器速度快，常用做计算机的高速缓冲存储器；MOS 型存储器（尤其是 CMOS 型存储器）具有功耗低、集成度高的优点，常用做计算机的大容量内存储器。从存取功能上可以分为只读存储器（Read-Only Memory，简称 ROM）和随机读写存储器（Random Access Memory，简称 RAM）两类。只读存储器在正常工作状态下只能从中读取数据，不能修改或重新写入数据。

8.1.2 只读存储器——ROM

只读存储器 ROM 是存放固定不变信息的存储器，如存放常数表、数据转换表以及固定的程序等。正常工作时，只能重复读取所存储的内容，而不能随时改写，即使在切断电源后，信息也不会丢失。

1. ROM 的类型

（1）固定 ROM（掩膜 ROM）：生产厂商在制作时就把需要存储的内容用电路固定下来，用户在使用时，不能再改变其存储内容。

（2）可编程 ROM（PROM）：所存储的内容不是由生产厂商而是由用户按自己的需求而写入的，但是一经写入便不能再改动，即只能往里写一次内容。

（3）可擦写 ROM（EPROM）：内容可由用户写入，当内容需要改变时，还可以改写，但改写时操作比较复杂，所以正常使用时仍然是只读不写。

（4）可电擦写 ROM（E^2PROM）：E^2PROM 必须加电才能更改资料。可用来存放计算机的 BIOS，早期 BIOS 修改的机会不多，但近年来 BIOS 经常更新，在方便性考虑下，已逐渐被 Flash ROM（闪存）所取代，E^2PROM 断电后存在其中的数据不会丢失，它可以清除存储数据后再编程写入。因此 E^2PROM 广泛应用于通信设备，如用于手机。

（5）闪速存储器（Flash ROM）：就其本质而言，Flash ROM 属于 E^2PROM 类型，既有 ROM 的特点，又有很高的存取速度，而且易于擦除和重写，功耗很小。平常情况下，它与

E^2PROM 一样是禁止写入的，在需要的时候加入一个高电压就可以任意更改资料。Flash ROM 在写入数据时是以一个块为单位，例如 8KB 为一块，一次清除及写入 8KB，这一点它和 E^2PROM 不一样，E^2PROM 是针对每一字节进行访问的。Flash Memory 集成度高可用作固态大容量存储器，价格也在逐渐降低，专家们对它的应用前景相当乐观。

2. 固定 ROM

固定 ROM，又叫掩膜 ROM（Masked Read-Only Memory）。其结构框图如图 8-1-1 所示，它主要由三部分组成：地址译码器、存储矩阵和输出缓冲器。

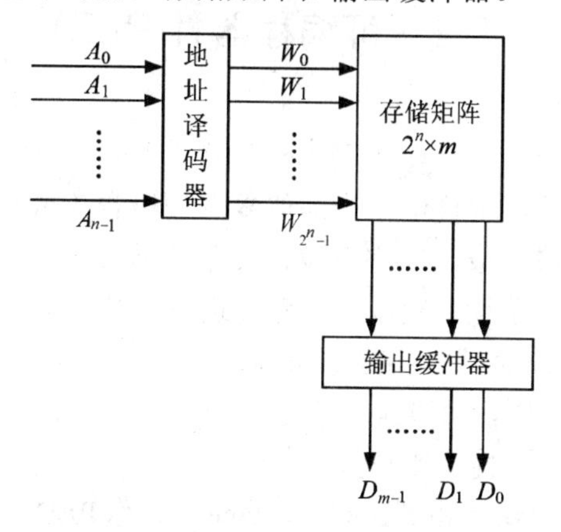

图 8-1-1　固定 ROM 的结构框图

8.1.3　随机存取存储器

随机存取存储器（RAM），是指能够在任一指定存储单元存入和取出数据的存储器，又称读/写存储器。

RAM 有双极型（TTL）和单极型（MOS）两种，MOS 型 RAM 集成度高，功耗低，价格便宜，因而得到广泛的应用。MOS 型 RAM 按其工作方式的不同可分为静态 RAM（Static RAM）和动态 RAM（Dynamic RAM）两种。

1. RAM 的结构

RAM 的结构框图如图 8-1-2 所示，它主要包括地址译码器、存储矩阵、片选读写控制电路和三态缓冲器这四部分。

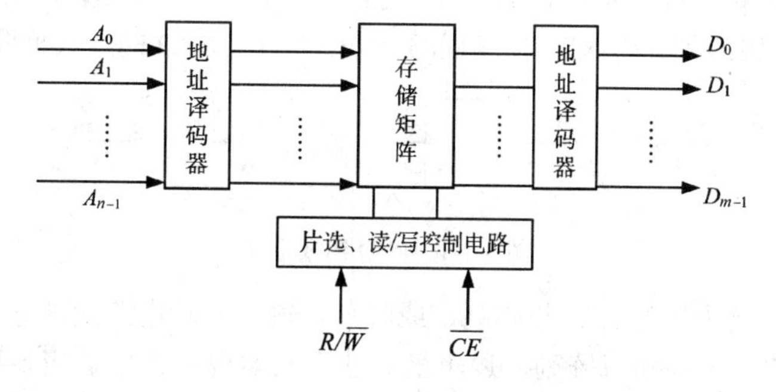

图 8-1-2　RAM 结构框图

2. RAM 的扩展

当使用一片 ROM 或 RAM 器件不能满足存储容量的要求时，就需要将若干片 ROM 或 RAM 组合起来，形成一个容量更大的存储器。常用的扩展方式有位扩展方式和字扩展方式两种。

如果一片 RAM 或 ROM 的位数和字数都不够用，就需要同时采用位扩展和字扩展方法，用多片器件组成一个大的存储器系统，以满足对存储容量的要求。

8.2 可编程器件 PLD

8.2.1 概述

随着半导体技术的发展，现代电子产品的复杂程度也不断增大。一个电子系统可能由数万个中、小规模集成电路组成，在完成设计要求的前提下，带来的问题是电路体积大、功耗大、可靠性不高等问题。早期解决以上问题的途径主要是采用专用集成电路（Application Specific Intergrated Circuits，简称 ASIC）完成电路的设计。ASIC 是根据用户的要求设计和制造的，根据设计方法的不同，可以采用全定制和半定制的设计方法进行检验。ASIC 开发费用高、设计周期长，产品的性价比较低。

可编程逻辑器件（Programmable Logic Device，简称 PLD），是指由用户通过编程定义其逻辑功能，从而实现各种设计要求的集成电路芯片。各个厂家可以提供具有一定连线和封装好的具有一定功能的标准电路，用户可以根据需要自己使用某种编程技术进行内部电路结构的连接，实现用户既是设计者也是使用者的转变。

可编程逻辑器件（PLD）从 20 世纪 70 年代发展以来，以其独特的优越性能，得到了人们的青睐，它不仅速度快、集成度高，而且能够方便地完成逻辑功能，还可以加密和重新编程。使用可编程逻辑器件可以大大简化硬件系统、降低成本、提高系统的可靠性、灵活性和保密性。所以可编程逻辑器件是设计数字系统的理想工具，广泛应用于计算机硬件、工业控制、通信设备和智能仪器仪表等领域。它不仅使电子产品性能有了很大的改善，而且数字设计方法也发生了根本性变革。

8.2.2 PLD 器件的基本结构

PLD 芯片是可编程的，未经编程的芯片无法实现任何功能，通过编程，可以规定 PLD 芯片的逻辑功能，PLD 是最早实现可编程的 ASIC 器件。PLD 的组成框图如图 8-2-1 所示。

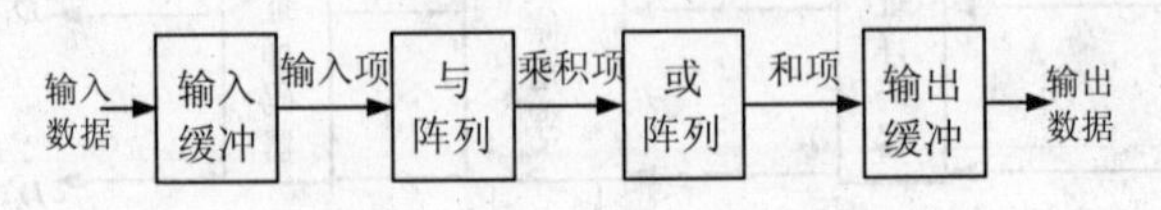

图 8-2-1　PLD 组成框图

PLD 电路由输入缓冲电路、与阵列、或阵列、输出缓冲电路四部分组成。电路的主体是由门电路构成的与阵列和或阵列，逻辑函数靠它们实现。为了适应各种输入情况，与阵列的每个输入端都有输入缓冲电路，从而使输入信号具有足够的驱动能力。PLD 的输出方

式有多种，但在输出端口上往往带有三态电路，较新的 PLD 器件则将输出电路做成宏单元，使用者可以根据需要选择输出方式，从而使 PLD 的功能更灵活、更完善。

由于任何组合逻辑函数均可化为与或式，而任何时序电路都是由组合电路加上存储单元构成的，所以数字电路都可以用 PLD 来实现。

8.2.3 PLD 的类型

可编程逻辑器件的种类有很多，几乎每个大的可编程逻辑器件供应商都能提供具有自身结构特点的 PLD 器件。可编程逻辑器件按集成度来区分可分为两大类。如图 8-2-2 所示，一类是芯片集成度较低的。早期出现的 PROM、PLA、PAL、GAL 都属于这一类。可用的逻辑门数大约在 500 门以下，称为简单 PLD。另一类是芯片集成度较高的，如现在大量使用的 CPLD、FPGA 器件，称为复杂 PLD。这种分类方法比较粗糙，在具体区分时，一般以 GAL22V10 作为对比，集成度大于 GAL22V10 的称为复杂 PLD，反之归类为简单 PLD。

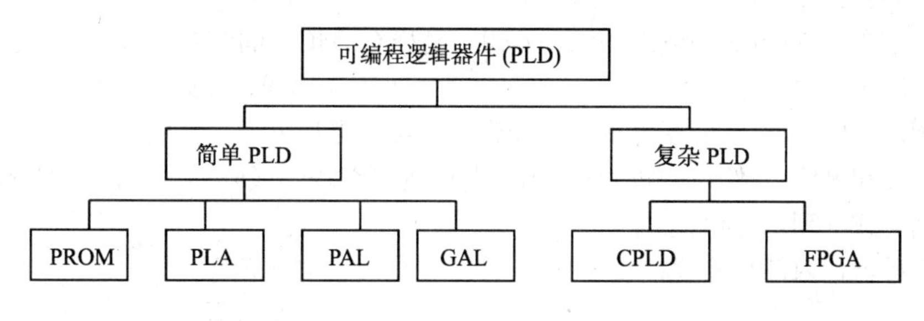

图 8-2-2　PLD 分类

8.2.4 基本可编程器件

图 8-2-2 所示 PLD 的各个方框中，基本可编程器件通常只有部分可以编程。按照它们的编程情况，基本可编程器件一般有以下几种。

1. 编程只读存储器 PROM（Programmable Read-Only Memory）

PROM 器件的基本结构包括一个固定的与阵列，其输出加到一个可编程的或阵列上。大多用来存储计算机程序和数据，此时固定的输入用作存储器地址，输出则是存储器单元的内容。

2. 可编程逻辑阵列 PLA（Programmable Logic Array）

PLA 器件由可编程的与阵列和可编程的或阵列构成，在实现逻辑函数时具有极大的灵活性，但是这种结构编程困难，造价贵。

3. 可编程阵列逻辑 PAL（Programmable Array Logic）

PAL 器件结合了 PAL 的灵活性和 PROM 的廉价和易于编程的特点。其基本结构包括一个可编程的与阵列和一个固定的或阵列。

图 8-2-3 为三输入、三输出的 PAL 的基本结构图。它具有三个输入端、三个输出端、六个乘积项。可以实现一组三个 3 变量的逻辑函数。

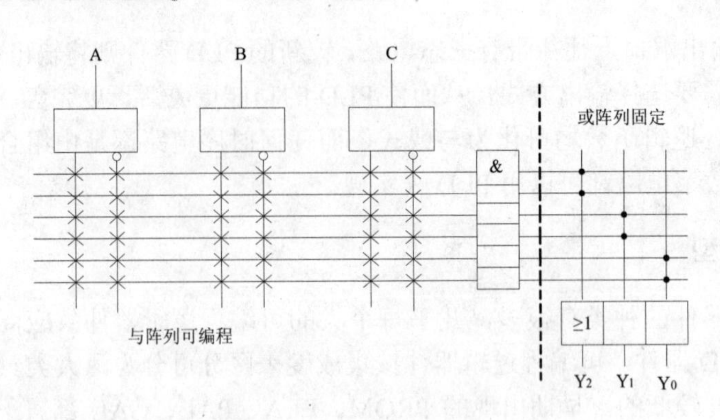

图 8-2-3　PAL 基本结构

4. 通用阵列逻辑 GAL（Generic Array Logic）

GAL 器件是继 PAL 器件之后发展起来的另一种可编程逻辑器件。它在结构上采用了输出逻辑宏单元（Output Logic Macro Cell，简称 OLMC）的结构形式，在工艺上吸收了 EEPROM 的浮栅技术，使 GAL 器件具有可擦除、可重新编程、数据可长期保存、可重新组合结构的特点。所以，GAL 器件功能更加强大、结构更加灵活，可取代大部分中、小规模数字集成电路和 PAL 器件。一般 GAL 器件与阵列可编程、或阵列固定，但部分新型 GAL 器件与阵列、或阵列均可编程。

以上各种器件内部与阵列、或阵列编程的情况如表 8-2-1 所示。

表 8-2-1　各种 PLD 阵列编程状态表

类　型	与 阵 列	或 阵 列
PROM	固　定	可编程
PLA	可编程	可编程
PAL	可编程	固　定
GAL	可编程	固　定

PROM 与阵列固定、或阵列可编程。与阵列有 n 个输入时，会有 2^n 个输出，利用率不高。所以，PROM 更多情况下用做只读存储器。PLA 与阵列、或阵列均可编程。但由于缺少编程工具，使用不广泛。PAL 与阵列可编程、或阵列固定。它采用熔断丝双极型工艺，可进行一次编程，PAL 具有工作速度快、开发系统完善等优点，仍有部分用户使用。GAL 与阵列可编程、或阵列固定。其输出电路采用逻辑宏单元，用户可对输出自行组合。GAL 采用 EEPROM 的浮栅技术实现电擦除功能，使用方便，现在仍有许多设计者使用。

8.2.5　复杂的可编程器件

1. 复杂可编程逻辑器件 CPLD（Complex Programmable Logic Device）

随着半导体工艺的不断发展，用户对器件集成度的要求也在不断提高，原有的 PLD 已经不能满足要求。AMD 公司最早生产的带有宏单元的 PAL22V10 成为区分 PLD 的界限：若可编程逻辑器件包含的门数大于 PAL22V10 包含的门数，就可以认为是复杂 PLD。

CPLD 由可编程逻辑的功能块围绕位于中心的可编程互连矩阵构成，使用金属线实现逻辑单元之间的连接。可编程逻辑单元类似于 PAL 的与阵列，采用可编程的与阵列和固定的或阵列结构，再加上共享的可编程与阵列，将多个宏单元连接起来，增加了 I/O 控制模块的数量与功能。

2. 现场可编程门阵列 FPGA（Field Programmable Logic Array）

FPGA 出现在 20 世纪 80 年代中期。它是由许多独立的可编程逻辑模块组成，用户可以通过编程将模块连接起来实现不同的设计。FPGA 集成度更高、逻辑功能更强、设计更加灵活。

FPGA 器件具有高密度、高速度、标准化、小型化、多功能、低功耗、低成本、设计灵活、反复编程、现场模拟调试等特点，使用 FPGA 器件，可方便地完成一个电子系统的设计制作。

8.2.6 PLD 器件的编程

1. PLD 器件的开发

各种类型的 PLD 器件，其编程操作都是将器件插在编程器上，在计算机控制下，按照一定的程序给芯片需要编程处理的地方加上电流脉冲完成的。编程前一般经过逻辑设计、器件选择和编制 JED 文件三步，编程后进行测试和插入印刷版。

（1）逻辑设计

逻辑设计是根据系统设计要求提出一个简捷而完整的功能描述。设计过程一般采用自上而下的方法，将一个系统分为控制器和若干功能模块，对功能模块一般采用电路原理图或功能描述语言来描述，而对控制器的设计，通常要精细到门、触发器，可采用逻辑方程、真值表和状态表等来描述。

（2）器件选择

通过对电路的输入、输出端数、I/O 端数，所使用的寄存器数、门电路数进行统计，并对电路的速度、功耗和接口提出要求，然后查阅器件手册而选定。

（3）编制 JED 文件

进一步的任务是将所设计的电路的描述翻译成 PLD 阵列和宏单元中各连接点的编程信息。JED 文件就是按电子器件工程联合协会所制定的标准格式编写的关于器件编程信息的计算机文件。

（4）编程

将生成的 JED 文件“下载”到编程器中便可对器件编程。

（5）测试

编程完成后，需用测试向量对器件检查，只有检查通过，才能使用，这些由编程器自动完成。

2. 在系统编程 ISP 技术

传统数字逻辑电路的实现过程是首先进行设计、编程、调试、修改，产品定型后，它的逻辑功能已经固化，不能进行修改。采用 ISP 技术设计数字电路，则可以实现数字电路的在系统可编程，系统硬件可以随时进行功能修改，实现了硬件设计的软件化。

ISP（In-System Programmable）技术是 Lattice 公司首先提出的能够在产品设计、制造过程中和产品定型之后，仍然能够对其中的器件、电路及整个系统逻辑功能进行重组的新技术。ISP 技术的应用，减少了系统设计中逻辑功能组件的数量，简化了制造流程，降低了制造成本。测试是电路制造过程中的重要环节，随着电路设计复杂性的不断提高，系统规模越来越大，测试也越来越困难。使用 ISP 器件，测试者可以进行测试编程，以确定电路是否达到要求。同时，ISP 技术的应用，使产品的生产环节减少，图 8-2-4 给出了采用 PLD 的标准制造流程与采用 ISP 器件后制造流程的比较。

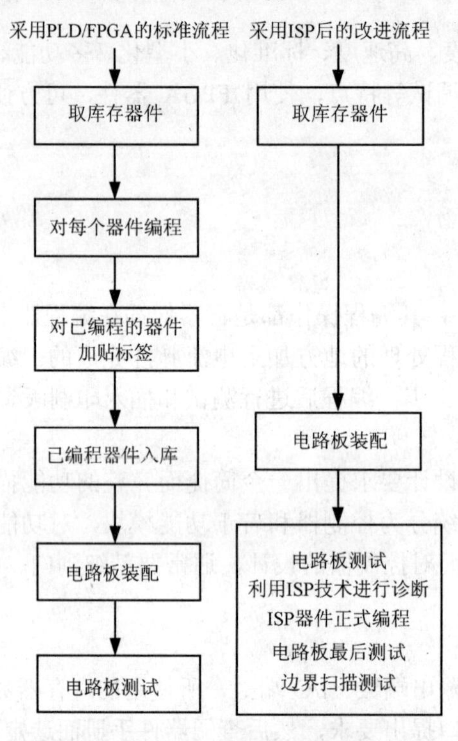

图 8-2-4　产品制造流程比较

采用 ISP 技术，不但降低了生产成本，缩短了生产周期，产品质量也得到很大提高。它标志着数字电路硬件系统设计可编程时代的到来，代表了 PLD 的发展方向。

习题八

8-1 ROM 主要由哪几部分组成？各有什么作用？

8-2 试比较 ROM、PROM 和 EPROM 及 E^2PROM 有哪些异同？

8-3 RAM 主要由哪几部分组成？各有什么作用？

8-4 静态 RAM 和动态 RAM 有哪些区别？

8-5 RAM 和 ROM 有什么区别，它们各适用于什么场合？

8-6 可编程逻辑器件有哪些种类？他们的共同特点是什么？

8-7 FPGA 与 CPLD 器件各有什么特点？主要有哪些区别？

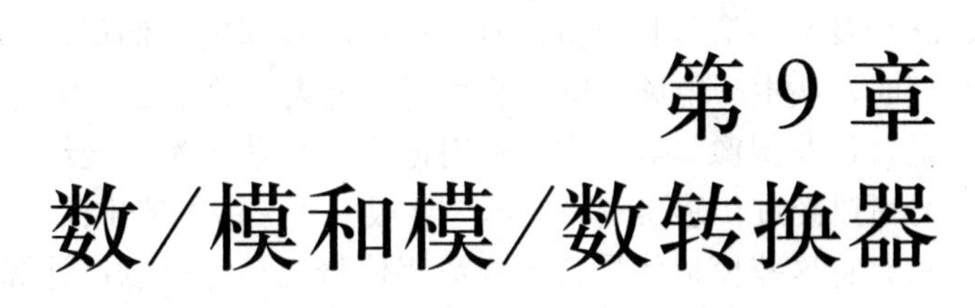

第9章 数/模和模/数转换器

本章主要讲述数/模、模/数转换的基本原理、典型电路及各种转换器的主要性能指标。在数/模转换电路中，分别介绍了权电阻网络D/A转换器和倒T形电阻网络D/A转换器。在模/数转换电路中，分别介绍了并行比较型A/D转换器和双积分型A/D转换器。

9.1 概　述

自然界中，人们常见的是数值连续变化的模拟信号，如温度、气压、流量、速度等等。在实际生产工作过程中，经常需要用一些数字设备和数字计算机来处理这些模拟信号，这就涉及数字信号和模拟信号之间的转换问题。例如，当计算机系统用于过程控制和信号处理时，从生产现场采集到的数据量绝大多数是连续变化的模拟信号，如温度、气压、流量、语音以及图像等等，它们在时间上和数值上都是连续变化的。从现场采集到的这些物理信号可以经过传感器变成电压（一般为 1～5V）或电流（一般为 4～20mA）表示的模拟信号，只有将这些模拟信号转换成数字信号之后才可以在计算机内部处理，完成这种转换的器件就叫模/数转换器（简称 ADC）。计算处理的结果也是数字信号。还需要将计算机输出的数字信号转换成模拟信号，送入执行机构中，再对过程进行实时控制。完成数模转换的器件叫做数/模转换器（简称 DAC）。图 9-1-1 就是一个典型的数字控制系统的结构框图。由此可见，模/数转换器和数/模转换器在数字系统中占有十分重要的地位。

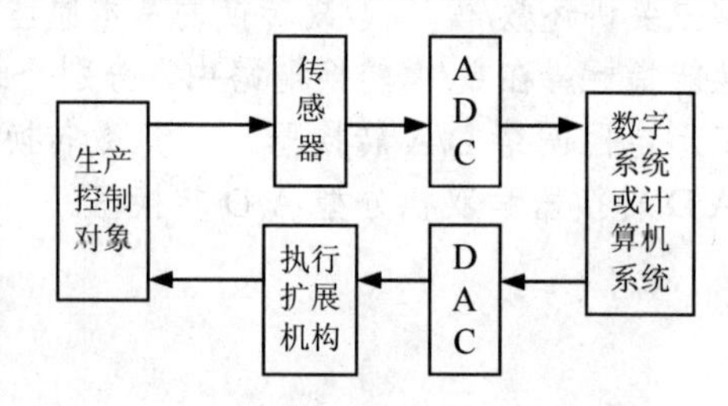

图 9-1-1　数字控制系统框图

在转换过程中，为确保所得结果的准确性，模/数转换器和数/模转换器的转换要有足够的精度。为了能对快速变化的模拟信号进行检测或控制，转换器还必须要具有足够快的转换速度。因此，衡量模/数转换器和数/模转换器性能优劣的两个重要指标就是转换精度和转换速度。

下面就分别介绍这两种转换器的基本工作原理和几种常用的转换器。

9.2 D/A 转换器

9.2.1 D/A 转换器的基本原理

数/模转换器（DAC）负责将数字信号转换成模拟信号。D/A 转换器输入的是数字信号，输出的则是与输入的数字量成比例的模拟信号（电压或电流）。数字量是用代码按照数位组合起来表示的，属于有权码。D/A 转换器的任务是：将代表每一位的代码按照其权值的大小转换成相应的模拟量，然后再将代表各位的模拟量相加，输出与该数字量成正比的模拟量。这样便实现了数字/模拟的转换，也就是 D/A 转换器的基本原理。

D/A 转换器的输入、输出关系框图如图 9-2-1 所示，D_0，D_1，……，D_{n-1} 是输入的 n 位二进制数，v_o 是与输入二进制数成比例的输出电压。

输入为 3 位二进制数时 D/A 转换器的转换特性如图 9-2-2 所示，它具体而形象地反映了

D/A 转换器的基本功能。

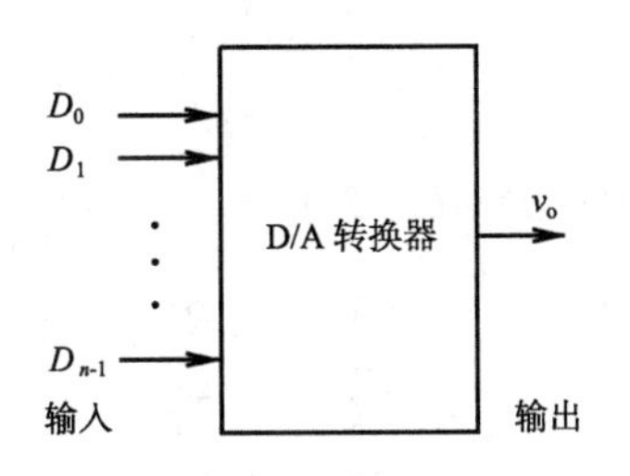

图 9-2-1　D/A 转换器的输入、输出关系

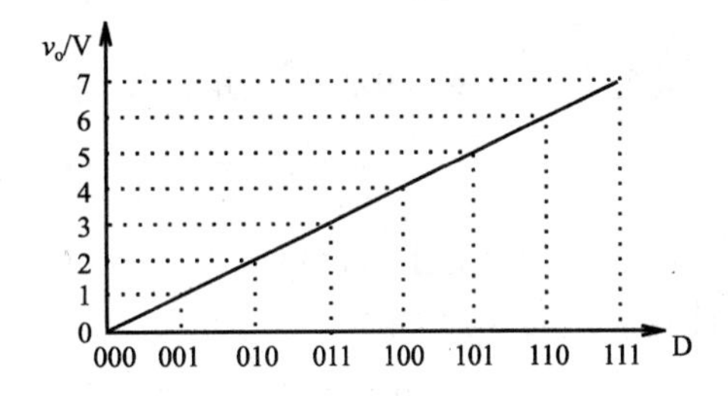

图 9-2-2　3 位 D/A 转换器的转换特性

D/A 转换器虽然有多种类型，但都是基于上述原理来实现的，接下来就介绍两种常见的 D/A 转换器：权电阻网络 D/A 转换器和倒 T 形电阻网络 D/A 转换器。

9.2.2　权电阻网络 D/A 转换器

把一个多位二进制数中每一位的 1 所代表的数值大小称为这一位的权。如果一个 n 位二进制数用 $D=D_{n-1}D_{n-2}\cdots D_1D_0$ 表示，所以最高位到最低位的权将依次为：2^{n-1}、2^{n-2}、…、2^1、2^0。

4 位权电阻网络 D/A 转换器的原理图如图 9-2-3 所示，它由权电阻网络，四个模拟开关和一个求和放大器组成。

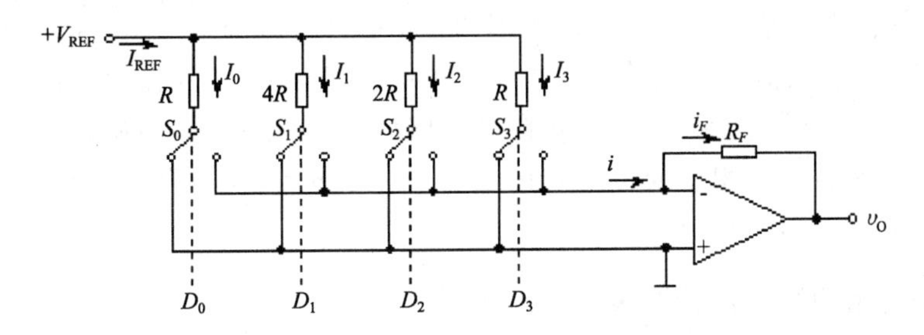

图 9-2-3　4 位权电阻网络 D/A 转换器

图 9-2-3 中 S_3、S_2、S_1 和 S_0 是四个电子模拟开关，它们的状态分别受输入代码 D_3、D_2、D_1 和 D_0 的取值控制的。代码为 1 时，开关接到参考电压 V_{REF} 上；代码为 0 时，开关接地。故 $D_i=1$ 时，有支路电流 I_i 流向求和放大器；$D_i=0$ 时，支路电流为 0。

求和放大器是一个负反馈的运算放大器。为了简化分析计算，可以把运算放大器近似看成是理想放大器，即它的开环放大倍数为无穷大，输入电流为 0（即输入电阻无穷大），输出电阻为 0。当通向输入端 $V+$ 的电位高于反向输入端 $V-$ 的电位时，输出端对地的电压 v_O 为正；当 $V-$ 高于 $V+$ 时，v_O 为负。

当参考电压经电阻网络加到 $V-$ 时，只要 $V-$ 稍高于 $V+$，便在 v_O 产生负的输出电压。v_O 经 R_F 反馈到 $V-$ 端使 $V-$ 降低，其结果必然是使 $V-\approx V+=0$。

在认为运算放大器输入电流为 0 时，可以得到：

$$V_O=-R_Fi_F=-R_F(I_3+I_2+I_1) \tag{9-2-1}$$

由于 $V-\approx 0$，因而各个支路电流分别为：

$$I_{\mathrm{i}} \approx \frac{V_{\mathrm{B}} - V_{\mathrm{EE}} - V_{\mathrm{BE}}}{R_{\mathrm{Ei}}}$$

将它们代入式（9-2-1），并且取 $R_F=R/2$，此时可得：

$$V_{\mathrm{O}} = -\frac{V_{\mathrm{REF}}}{2^n}(D_3 \cdot 2^3 + D_2 \cdot 2^2 + D_1 \cdot 2^1 + D_0 \cdot 2^0) \tag{9-2-2}$$

由此可知，对于 n 位权电阻网络 D/A 转换器，当 R_F（反馈电阻）取 $R/2$ 时，输出电压的计算公式为：

$$V_{\mathrm{O}} = -\frac{V_{\mathrm{REF}}}{2^n}(D_{n-1} \cdot 2^{n-1} + D_{n-2} \cdot 2^{n-2} + \cdots + D_1 \cdot 2^1 + D_0 \cdot 2^0) \tag{9-2-3}$$

若 $k = \frac{V_{\mathrm{REF}}}{2^n}$，$N_B$ 表示括号中的 n 位二进制数，则：

$$v_O = -KN_B \tag{9-2-4}$$

由上式可知，输出的模拟电压正比于输入的数字量 N_B，从而实现了从数字量到模拟量的转换。当 $N_B=0$ 时，$v_O=0$；当 $N_B=11\cdots11$ 时，$v_O=V_O=-\frac{2^n-1}{2^n}V_{\mathrm{REF}}$，所以 v_O 的取值范围是：

$$0 \sim -\frac{2^n-1}{2^n}V_{\mathrm{REF}}$$

式（9-2-3）还表明，在 V_{REF} 为正电压时，输出电压 v_O 始终为负值，要想得到正的输出电压，可以将 V_{REF} 取为负值。

这个电路的优点是结构比较简单，所用的电阻元件比较少。它的缺点是各个电阻值相差较大，尤其是在输入信号的位数较多时，这个问题就会更加突出。例如，当输入信号增加到 8 位时，如果权电阻网络中最小的电阻为 10kΩ 时，最大的电阻值将达到 2^7R=1.28MΩ，后者是前者的 128 倍。若想在极为宽广的范围内保证每个电阻均有很高的精度是非常困难的，尤其是对集成电路的制作更加不利。

9.2.3 倒 T 形电阻网络 D/A 转换器

为了克服权电阻网络 D/A 转换器中电阻值相差太大的缺点，人们又研制出了倒 T 形电阻网络 D/A 转换器。在单片集成 D/A 转换器中，使用最多的就是倒 T 形电阻网络 D/A 转换器。

图 9-2-4 就是四位倒 T 形电阻网络 D/A 转换器的原理图。

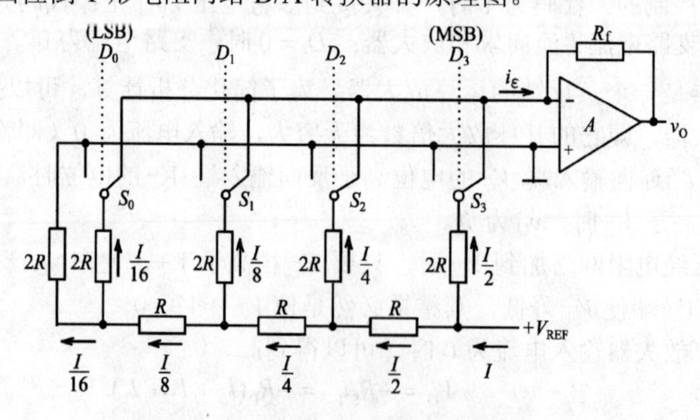

图 9-2-4 倒 T 形电阻网络 D/A 转换器

图 9-2-4 中 S_3、S_2、S_1 和 S_0 为四个电子模拟开关，R–$2R$ 电阻解码网络呈倒 T 形，由运算放大器 A 构成求和电路。S_i 由输入数码 D_i 控制，当 $D_i=1$ 时，S_i 接运放反相输入端（虚地），I_i 流入求和电路；当 $D_i=0$ 时，S_i 将电阻 $2R$ 接地。无论电子模拟开关 S_i 处于何种位置，与 S_i 相连的 $2R$ 电阻都是等效接地（或虚地），这样流经 $2R$ 电阻的电流与开关位置无关，是确定值。

通过分析 R-$2R$ 电阻解码网络（图 9-2-5 为倒 T 形电阻网络支路的等效电路）不难发现，从每个接点向左看的二端网络等效电阻均为 R，流入每个 $2R$ 电阻的电流从高位到低位按 2 的整倍数递减。设由基准电压源提供的总电流为 I（$I=V_{REF}/R$），则流过各开关支路（从右到左）的电流分别为 $I/2$、$I/4$、$I/8$ 和 $I/16$。

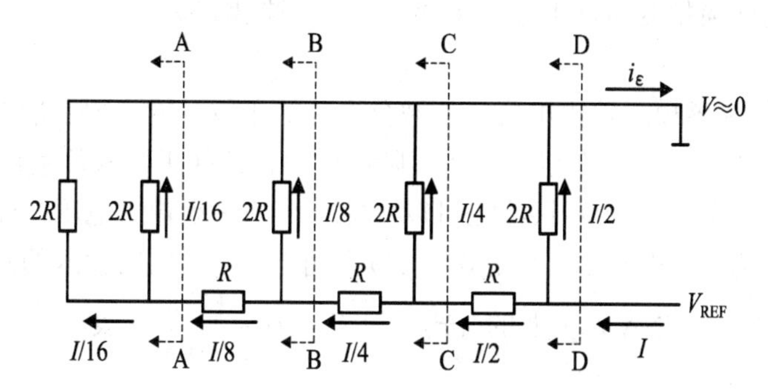

图 9-2-5　计算倒 T 形电阻网络支路的等效电路

于是可得总电流

$$i_\Sigma=\frac{V_{REF}}{R}\left(\frac{D_0}{2^4}+\frac{D_1}{2^3}+\frac{D_2}{2^2}+\frac{D_3}{2^1}\right)=\frac{V_{REF}}{2^4\times R}\sum_{i=0}^{3}(D_i\cdot2^i)\tag{9-2-5}$$

输出电压

$$v_o=-i_\Sigma R_f=-\frac{R_f}{R}\cdot\frac{V_{REF}}{2^4}\sum_{i=0}^{3}(D_i\cdot2^i)\tag{9-2-6}$$

将输入数字量扩展到 n 位，可得 n 位倒 T 形电阻网络 D/A 转换器输出模拟量与输入数字量之间的一般关系式如下：

$$v_o=-\frac{R_f}{R}\cdot\frac{V_{REF}}{2^n}\left[\sum_{i=0}^{n-1}(D_i\cdot2^i)\right]$$

设 $K=\frac{R_f}{R}\cdot\frac{V_{REF}}{2^n}$，$N_B$ 表示括号中的 n 位二进制数，则：

$$v_o=-KN_B\tag{9-2-7}$$

式（9-2-7）说明输出的模拟电压与输入的数字量是成正比的，而且式（9-2-7）与权电阻网络 D/A 转换器输出电压的计算公式—式（9-2-4）具有相同的形式。

要使 D/A 转换器具有较高的精度，对电路中的参数有以下要求。

（1）基准电压稳定性好。

（2）倒 T 形电阻网络中 R 和 $2R$ 电阻的比值精度要高。

（3）每个模拟开关的开关电压降要相等。为实现电流从高位到低位按 2 的整倍数递减，模拟开关的导通电阻也相应地按 2 的整倍数递增。

由于在倒T形电阻网络D/A转换器中，各支路电流直接流入运算放大器的输入端，它们之间不存在传输上的时间差。电路的这一特点不仅提高了转换速度，而且也减少了动态过程中输出端可能出现的尖峰脉冲。它是目前广泛使用的D/A转换器中速度较快的一种。常用的CMOS开关倒T形电阻网络D/A转换器的集成电路有AD7520（10位）、DAC1210（12位）和AK7546（16位高精度）等。

9.2.4 D/A转换器的主要技术指标

1. 转换精度

D/A转换器的转换精度通常用分辨率和转换误差来描述。

（1）分辨率

它是指D/A转换器模拟输出电压可能被分离的等级数。输入数字量位数越多，输出电压可分离的等级越多，即分辨率越高。在实际应用中，往往用输入数字量的位数表示D/A转换器的分辨率。此外，D/A转换器也可以用能分辨的最小输出电压（此时输入的数字代码只有最低有效位为1，其余各位都是0）与最大输出电压（此时输入的数字代码各有效位全为1）之比给出。N位D/A转换器的分辨率可表示为$\frac{1}{2^n-1}$，它表示D/A转换器在理论上可以达到的精度。

（2）转换误差

转换误差的来源很多，转换器中各元件参数值的误差，基准电源不够稳定和运算放大器的零漂的影响等。

D/A转换器的绝对误差（或绝对精度）是指输入端加入最大数字量（全1）时，D/A转换器的理论值与实际值之差。该误差值应低于LSB/2。

例如，一个8位的D/A转换器，对应最大数字量（FFH）的模拟理论输出值为$\frac{255}{256}V_{REF}$，因$\frac{1}{2}\text{LSB}=\frac{1}{512}V_{REF}$，所以其实际值不应超过$(\frac{255}{256}\pm\frac{1}{512})V_{REF}\pm$。

2. 转换速度

（1）建立时间（t_{set}）

指输入数字量变化时，输出电压变化到相应稳定电压值所需时间。一般用D/A转换器输入的数字量N_B从全0变为全1时，输出电压达到规定的误差范围（±LSB/2）时所需时间表示。D/A转换器的建立时间较快，单片集成D/A转换器建立时间最短可达0.1 μs以内。

（2）转换速率（SR）

指大信号工作状态下模拟电压的变化率。

3. 温度系数

指在输入不变的情况下，输出模拟电压随温度变化产生的变化量。一般用满刻度输出条件下温度每升高1℃，输出电压变化的百分数作为温度系数。

9.3　A/D 转换器

9.3.1　A/D 转换的基本原理

在 A/D 转换器中，因为输入的模拟信号在时间上是连续的，而输出的数字信号是离散的，所以进行转换时必须在一系列选定的瞬间（亦即时间坐标轴上的一些规定点上）对输入的模拟信号进行采样，然后再把这些采样值转换为输出的数字量。

A/D 转换的过程如图 9-3-1 所示。首先，对输入的模拟电压信号采样，采样结束后进入保持时间，在这段时间内将采样的电压量化为数字量，并且按照一定的编码个数给出转换结果。然后再开始下一次采样。因此，一般的 A/D 转换过程是通过采样、保持、量化和编码这四个步骤完成的。

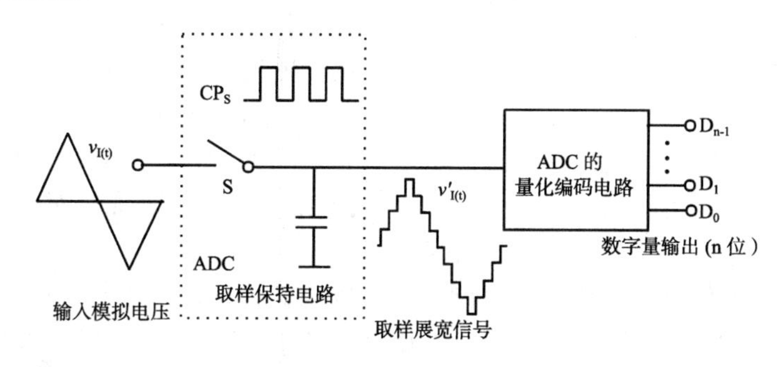

图 9-3-1　模拟量到数字量的转换过程

1. 采样与保持

由于输入信号是连续变化的，而转换总需要一定的时间，为使转换正常进行，每进行一次转换，需要对输入信号进行一次采样，以获得一个确定的输入，并将这个输入保持到转换结束，这个过程称为采样与保持。

如图 9-3-2 中所示，为了正确无误地用采样信号 v_S 表示模拟信号 v_I，必须满足：

$$f_S \geqslant 2f_{i\max} \tag{9-3-1}$$

式中 f_S 为采样频率，$f_{i\max}$ 为输入信号 v_I 的最高频率分量的频率。式（9-3-1）就是所谓的采样定理。

在满足采样定理的条件下，可以用一个低通滤波器将信号 v_S 还原为 v_I，这个低通滤波器的电压传输系数 $|A(f)|$ 在低于 $f_{i\max}$ 的范围内应保持不变，而在 $f_S - f_{i\max}$ 以前应迅速下降为零，如图 9-3-3 所示。因此，采样定理规定了 A/D 转换的频率下限。

因为采样频率提高以后留给每次进行转换的时间也相应缩短了，这对转换电路也提出了更高的要求，也就是说电路必须具备更快的工作速度。所以采样的频率不能无限制的提高，通常取 f_S=（3～5）$f_{i\max}$ 就可以满足要求。

因为每次把采样电压转换为相应的数字量都需要一定的时间，所以在每次采样以后，必须把采样电压保持一段时间。可见，进行 A/D 转换时所用的输入电压，实际上是每次采样结束时的 v_I 值。

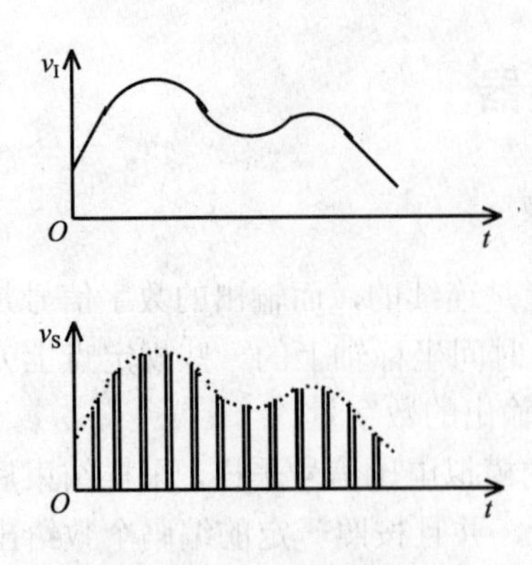

图 9-3-2　对输入模拟信号的采样

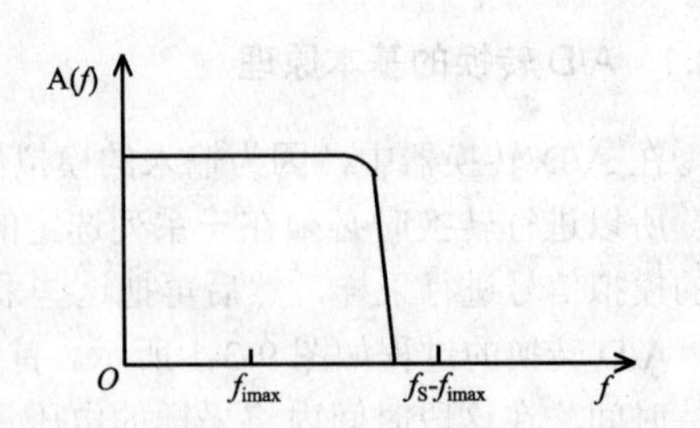

图 9-3-3　还原采样信号所用滤波器的频率特性

2. 量化和编码

数字信号不仅在时间上是离散的，而且在数值上的变化也不是连续的。这就是说，任何一个数字量的大小，都是以某个最小数量单位的整倍数来表示的。因此，在用数字量表示采样电压时，也必须把它化成这个最小数量单位的整倍数，这个转化过程就叫做量化。所取的最小数量单位叫做量化单位，用 Δ 表示。显然，数字信号最低有效位（LSB）中的 1 表示的数量大小，就等于 Δ 。

把量化的结果用代码（可以是二进制，也可以是其他进制）表示，称为编码。编码后的这些代码（一般采用二进制代码）就是 A/D 转换的输出结果。

既然模拟电压是连续的，那么它就不一定能被 Δ 整除，因而会不可避免地带来误差，人们把这种误差称为量化误差。在把模拟信号划分为不同的量化等级时，用不同的划分方法可以得到不同的量化误差。

9.3.2　并行比较型 A/D 转换器

图 9-3-4 是 3 位并行比较型 A/D 转换原理电路图，它由电压比较器、寄存器和代码转换器三部分组成。输入为 0～V_{REF} 间的模拟电压，输出为 3 位二进制数 $D_2D_1D_0$。

电压比较器中用电阻链把参考电压 V_{REF} 分压，得到从 $\frac{1}{15}V_{REF}$ 到 $\frac{13}{15}V_{REF}$ 之间的七个比较电平，量化单位 $\Delta=\frac{2}{15}V_{REF}$。然后，把这七个比较电平分别接到七个比较器 C_1～C_7 的输入端作为比较基准。同时将输入的模拟电压同时加到每个比较器的另一个输入端上，与这七个比较基准进行比较。

若 $v_I<\frac{1}{15}V_{REF}$，则所有比较器的输出全是低电平，CP 上升沿到来后，寄存器中所有的触发器（Q_1～Q_7）都被置成 0 状态；若 $\frac{1}{15}V_{REF}\leqslant v_I<\frac{13}{15}V_{REF}$，则只有 C_{O1} 输出为高电平，CP 上升沿到达后，Q_1 被置 1，其余触发器被置为 0。依此类推，便可列出 v_I 为不同电压时寄存器的状态，如表 9-3-1 所示。不过寄存器输出的是一组 7 位的二值代码，还不是所要求的二进制数，因此必须进行代码转换。

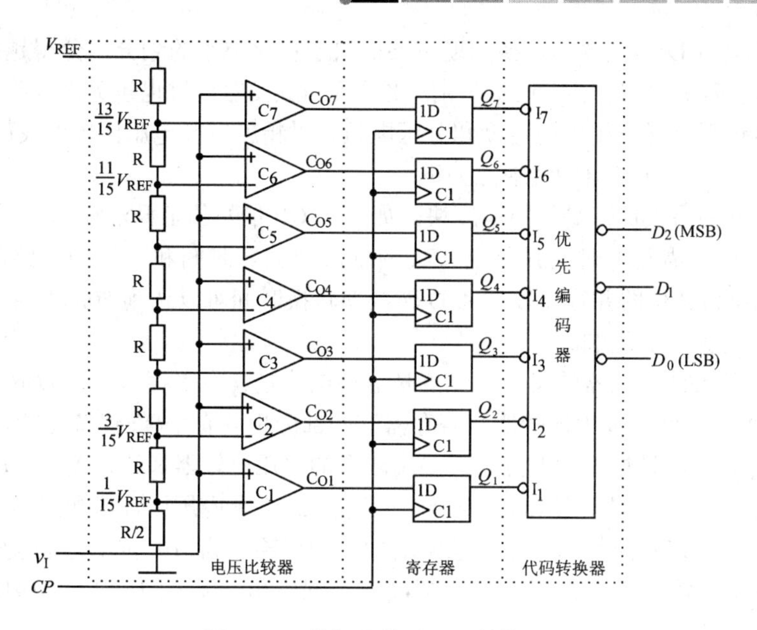

图 9-3-4　并行比较型 A/D 转换器

表 9-3-1　3 位并行 A/D 转换器输入与输出转换关系对照表

输入模拟电压	寄存器状态（代码转换器输入）							数字量输出（代码转换器输出）		
v_I	Q_7	Q_6	Q_5	Q_4	Q_3	Q_2	Q_1	D_2	D_1	D_0
$(0\sim\frac{1}{15})V_{REF}$	0	0	0	0	0	0	0	0	0	0
$(\frac{1}{15}\sim\frac{3}{15})V_{REF}$	0	0	0	0	0	0	1	0	0	1
$(\frac{3}{15}\sim\frac{5}{15})V_{REF}$	0	0	0	0	0	1	1	0	1	0
$(\frac{5}{15}\sim\frac{7}{15})V_{REF}$	0	0	0	0	1	1	1	0	1	1
$(\frac{7}{15}\sim\frac{9}{15})V_{REF}$	0	0	0	1	1	1	1	1	0	0
$(\frac{9}{15}\sim\frac{11}{15})V_{REF}$	0	0	1	1	1	1	1	1	0	1
$(\frac{11}{15}\sim\frac{13}{15})V_{REF}$	0	1	1	1	1	1	1	1	1	0
$(\frac{13}{15}\sim 1)V_{REF}$	1	1	1	1	1	1	1	1	1	1

代码转换器是一个组合逻辑电路，根据表 9-3-1 可以写出代码转换电路输出与输入之间的逻辑函数表达式：

$$\begin{cases} D_2 = Q_4 \\ D_1 = Q_6 + \overline{Q}_4 Q_2 \\ D_0 = Q_7 + \overline{Q}_6 Q_5 + \overline{Q}_4 Q_3 + \overline{Q}_2 Q_1 \end{cases} \quad (9\text{-}3\text{-}2)$$

按照式（9-3-2）就可以得到图 9-3-4 中的代码转换电路。

并行比较型 A/D 转换器的转换精度主要取决于量化电平的划分，分得越细（亦即△取得越小），精度越高。但是分得越细使用的比较器和触发器数目也越大，电路更加复杂。此外，转换精度还受参考电压的稳定度和分压电阻相对精度以及电压比较器灵敏度的影响。

并行比较型 A/D 转换器的优缺点如下。

A/D 转换器的最大优点是转换速度快。如果从 CP 信号的上升沿算起。图 9-3-4 所示电路完成一次转换所需要的时间只包括一级触发器的翻转时间和三级门电路的传输延迟时间。目前，输出为 8 位的并行比较型 A/D 转换器转换时间可以达到 50ns 以下，这是其他类型 A/D 转换器都无法做到的。

并行比较型 A/D 转换器的又一个优点是这种电路是含有寄存器的 A/D 转换器，可以不用附加采样-保持电路，因为比较器和寄存器这两部分也兼有采样-保持功能。

并行比较型 A/D 转换器的缺点是需要用较多的电压比较器和触发器。从图 9-3-4 电路不难得知，输出为 n 位二进制代码的转换器中应当有 2^n-1 个电压比较器和 2^n-1 个触发器。电路的规模随着输出代码位数的增加而急剧增加；如果输出为 10 位二进制代码，则需要用 $2^{10}-1$ 即 1023 个比较器和 1023 个触发器以及一个规模相当庞大的代码转换电路。

9.3.3 双积分型 A/D 转换器

双积分型 A/D 转换器是一种间接 A/D 转换器。它的基本原理是，对输入模拟电压和参考电压分别进行两次积分，将输入电压平均值变换成与之成正比的时间间隔，然后利用时钟脉冲和计数器测出此时间间隔，进而得到相应的数字量输出。由于该转换电路是对输入电压的平均值进行转换，所以它具有很强的抗工频干扰能力，在数字测量中得到广泛应用。

图 9-3-5 是这种转换器的原理电路，它由积分器（由集成运放 A 组成）、过零比较器（C）、时钟脉冲控制门（G）和定时器/计数器（FF_0～FF_n）等几部分组成。

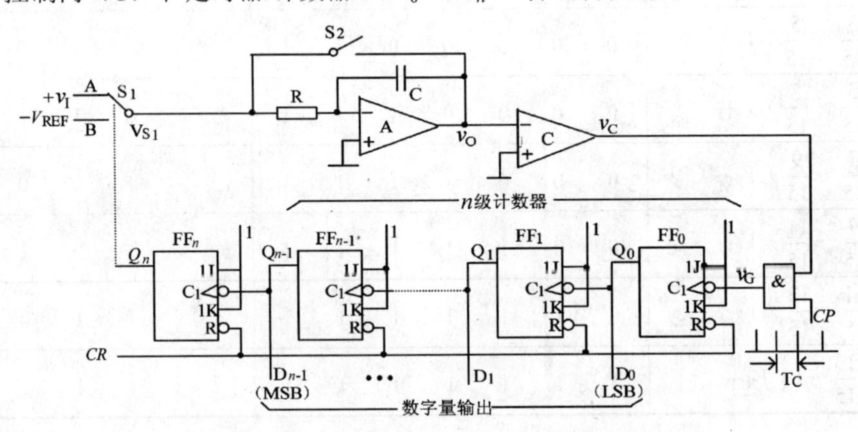

图 9-3-5 双积分型 A/D 转换器

1. 积分器

积分器是转换器的核心部分，它的输入端所接开关 S_1 由定时信号 Q_n 控制。当 Q_n 为不同电平时，极性相反的输入电压 v_I 和参考电压 V_{REF} 将分别加到积分器的输入端，进行两次方向相反的积分，积分时间常数 $\tau=RC$。

2. 过零比较器

过零比较器用来确定积分器输出电压 v_O 的过零时刻。当 $v_O \geqslant 0$ 时，比较器输出 v_C 为低电平；当 $v_O<0$ 时，v_C 为高电平。比较器的输出信号接至时钟控制门（G）作为关门和开门信号。

3. 计数器和定时器

它由 n+1 个接成计数器的触发器 $FF_0 \sim FF_n$ 串联组成。触发器 $FF_0 \sim FF_{n-1}$ 组成 n 级计数器，对输入时钟脉冲 CP 计数，以便把与输入电压平均值成正比的时间间隔转变成数字信号输出。当计数到 2^n 个时钟脉冲时，$FF_0 \sim FF_{n-1}$ 均回到 0 状态，而 FF_n 反转为 1 态，Q_n=1 后，开关 S_1 从位置 A 转接到 B。

4. 时钟脉冲控制门

时钟脉冲源标准周期 T_C，作为测量时间间隔的标准时间。当 v_C=1 时，与门打开，时钟脉冲通过与门加到触发器 FF_0 的输入端。

9.3.4 A/D 转换器的主要技术指标

1. 转换精度

单片集成 A/D 转换器的转换精度是用分辨率和转换误差来描述的。

（1）分辨率

指 A/D 转换器对输入信号的分辨能力。A/D 转换器的分辨率以输出二进制（或十进制）数的位数表示。从理论上讲，n 位输出的 A/D 转换器能区分 2^n 个不同等级的输入模拟电压，能区分输入电压的最小值为满量程输入的 $1/2^n$。在最大输入电压一定时，输出位数愈多，量化单位愈小，分辨率愈高。例如 A/D 转换器输出为 8 位二进制数，输入信号最大值为 5V，那么这个转换器应能区分输入信号的最小电压为 19.53mV。

（2）转换误差

指 A/D 转换器实际输出的数字量和理论上的输出数字量之间的差别。常用最低有效位的倍数表示。例如给出相对误差≤±LSB/2，这就表明实际输出的数字量和理论上应得到的输出数字量之间的误差小于最低位的半个字。

2. 转换时间

转换时间指 A/D 转换器从转换控制信号到来开始，到输出端得到稳定的数字信号所经过的时间。

不同类型的转换器转换速度相差甚远。其中并行比较 A/D 转换器转换速度最高，8 位二进制输出的单片集成 A/D 转换器转换时间可达 50ns 以内。双积分 A/D 转换器的转换时间大都在几十毫秒至几百毫秒之间。在实际应用中，应从系统数据总的位数、精度要求、输入模拟信号的范围及输入信号极性等方面综合考虑 A/D 转换器的选用。

实验 9-1　D/A、A/D 转换器测试

一、实验目的

1．了解并测试模/数、数/模转换器性能。

2．熟悉 D/A、A/D 转换器接线和转换的基本方法。

3．进一步学会检查和排除一般电路故障的方法。

二、实验内容与步骤

1．用 EWB 仿真测试 D/A 转换器

（1）调用 EWB 混合集成电路库中电压输出 D/A（Mixed Ics 第三个），显示器件库（Indicators 第一个）中电压表和译码显示器（Indicators 第六个），按实验图 9-1-1 所示连接好电路图。

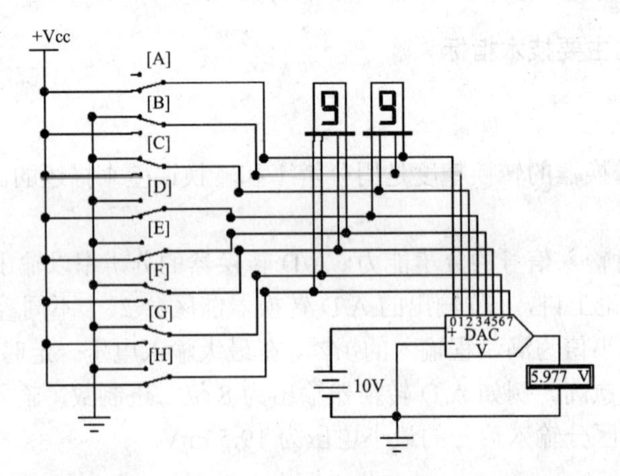

实验图 9-1-1　用 EWB 仿真测试 D/A 转换器

（2）D_0～D_7：八位二进制数码输入，通过开关 A～H 选择输入高电平（$+V$cc）或低电平（地）。V_0 为电压输出端。V_{REF} 为输入基准电压。D/A 转换器输出电压表达式为 $V_0=V_{REF}\times D/256=10V\times D/256$。

（3）验证电路输入二进制码所对应的十进制数并观察电压表示数的变化。例：输入二进制码 10011001，转换成十进制数为 $D=2^7+2^4+2^3+2^0=153$，因此 V_0=10V×153/256=5.977V。

2．用 EWB 仿真测试 A/D 转换器

（1）调用 EWB 混合集成电路库中 A/D （Mixed Ics 第一个），显示器件库（Indicators 第一个）中电压表和译码显示器（Indicators 第六个），按实验图 9-1-2 所示连接好电路图。

（2）V_{IN}：模拟电压输入端。D_0～D_7：二进制数码输出端。V_{REF+}：上基准电压输入端。V_{REF-}：下基准电压输入端。SOC：数据转换启动端（高电平启动）。DE：三态输出控制端。ECC：转换周期结束指示端（输出正脉冲）。基准电压 V_{REF}=5V。输出模拟电压由电位器 R 提供，大小由 R 调节有电压表显示。输入模拟电压与输出数字量的关系式：V_{IN}=（输出数

字量对应的十进制数）$\times V_{REF}/256$。输出二进制数：$B_{IN}=V_{IN}\times 256/V_{REF}$ 输出，二进制数由带译码器的 7 段 LED 显示数码管以两位十六进制数形式显示。

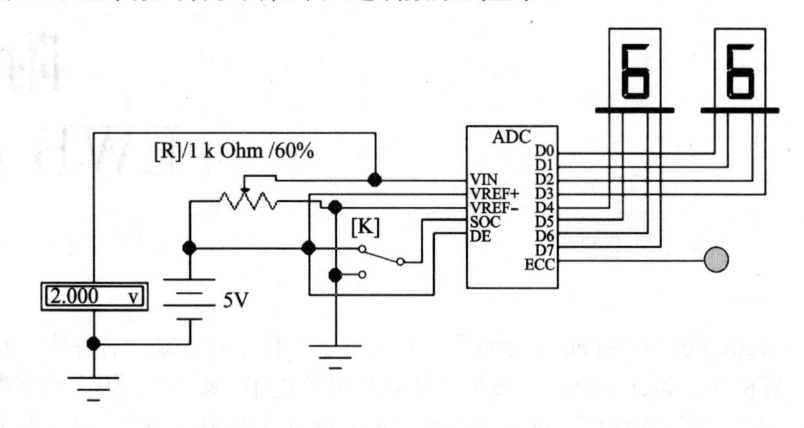

实验图 9-1-2　用 EWB 仿真测试 A/D 转换器

（3）验证电路，B_{IN}=2V×256/5V=102.4（十进制数）。数码管显示实际值：01100110=$2^6+2^5+2^2+2^1$=102（十进制数）。

三、实验要求

1．熟练使用 EWB 仿真软件中 A/D、D/A 集成器件。

2．在理论上理解 A/D、D/A 原理。

习题九

9-1 简述数字控制系统的结构及系统中信息的处理过程。

9-2 简述 D/A 转换器的基本原理。

9-3 简述常用 D/A 转换器的基本原理。

9-4 简述 A/D 转换的基本原理及一般步骤。

9-5 在 A/D 转换过程中，取样保持电路的作用是什么？量化有哪两种方法，它们各自产生的量化误差是多少？应该怎样理解编码的含义？试举例说明。

9-6 D/A 转换器的主要技术指标有哪些？

9-7 A/D 转换器的主要技术指标有哪些？

附录 1 EWB 简介

EWB 是 Electronics Workbench 的缩写，称为电子工作平台，是一种在电子技术界广为应用的优秀计算机仿真设计软件，被誉为“计算机里的电子实验室”。因为数字电子技术是实践性很强的课程，将 EWB 作为该类课程的辅助教学和实验训练手段，可以帮助学生更快更好地掌握课堂讲授的内容，加深对概念和原理的理解，弥补课堂理论教学的不足。通过仿真，可以熟悉常用电子仪器的使用方法和测量方法，进一步培养学生综合分析能力、排除故障的能力和开发创新能力。只要拥有一台普通配置的计算机，安装了 EWB 之后，就相当于拥有了一个功能强大、设备齐全、器件丰富的小型“电子实验室”。本书所用 EWB 版本为 5.0。

一、EWB 的特点

EWB 最明显的特点是：仿真的手段切合实际，选用元器件和仪器与实际情形非常相近。绘制电路图需要的元器件、电路仿真需要的测试仪器均可直接从屏幕上选取，而且仪器的操作开关、按键同实际仪器的极为相似，因此特别容易学习和使用。而且通过数字电路仿真，既掌握了数字电路的原理和元器件特性，又熟悉了仪器的使用方法。EWB 的元器件库不仅提供了数千种电路元器件供选取用，而且还提供了各种元器件的理想值，因此，仿真的结果就是该电路的理论值，这对于验证电路的原理和课程的教学与实验极其方便。作为虚拟的电子工作台，EWB 提供了较为详细的电路分析手段，仅可以完成电路的瞬态分析和稳态分析、时域分析、器件的线性和非线性分析、电路的噪声分析和失真分析等常规电路分析法，而且还提供了离散傅立叶分析、电路零点分析、交直流灵敏度分析和电路容差分析等共计十四种电路分析方法，以帮助设计人员进行电路分析。

二、EWB 的工作界面

如附图 1-1 所示，EWB 与其他 Windows 应用程序一样，有一个标准的工作界面，它的窗口由标题栏、菜单栏、常用工具栏、虚拟仪器、器件库图标条、仿真电源开关、工作区及滚动条等几部分组成。

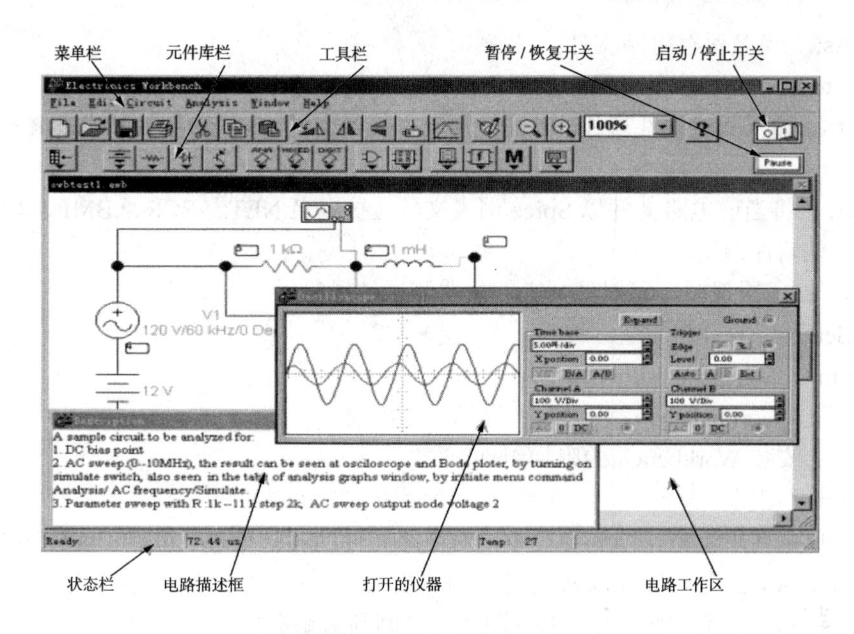

附图 1-1　EWB 主窗口

1. 菜单栏

如附图 1-2 所示的标题栏中，显示出当前的应用程序名 Electronics Workbench，即电子工作平台。标题栏左端有一个控制菜单框，右边是最小化、最大化（还原）和关闭三个按钮。菜单栏位于标题栏的下方，如附图 1-2 所示。共有六组菜单：Filt（文件）、Edit（编辑）、Circuit（电路）、Analysis（分析）、Window（窗口）和 Help（帮助），在每组菜单里，包含有一些命令和选项，建立电路、实验分析和结果输出均可在这个集成菜单系统中完成。

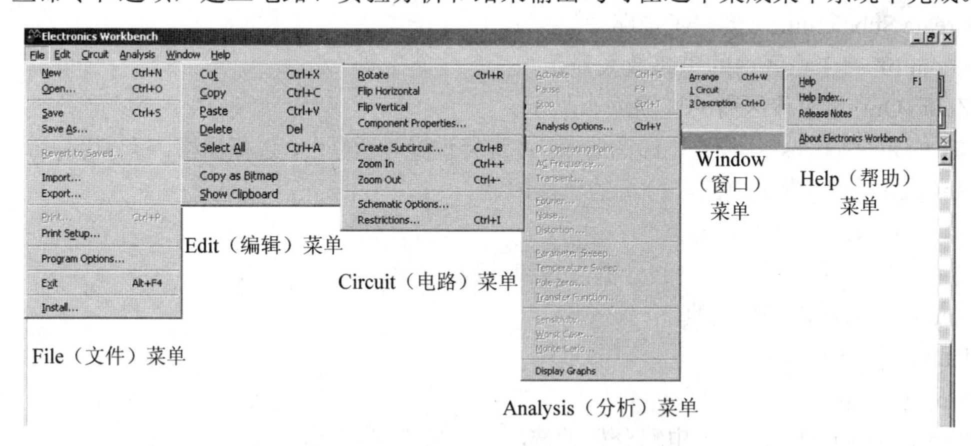

附图 1-2　EWB 的标题栏和菜单栏

（1）File（文件）菜单

文件菜单主要用于管理 Workbench 所创建的电路和文件。

New 刷新工作区，准备创建新电路文件。

Open... 打开已有的电路文件。

Save 以现有的文件名保存电路文件。

Save As… 换名保存电路文件。

Revert to Saved… 恢复电路为最后一次保存时的状态。

Import… 输入其他软件形成的 Spice 网表文件（文件扩展名为.NET 或.CIR）并生成原理图。

Export… 将当前电路文件以 Spice 网表文件（扩展名.NET、.SCR、.BMP、.CIR、.PIC）输出，供其他软件调用。

Print… 打印原理图，元器件列表，仪器测试结果等。

Print Setup… 打印机设置。

Program Options… Workbench 选项设置。

Exit 退出 Workbench。

Install… 安装 Workbench 的附加组件。

（2）Edit（编辑）菜单

编辑菜单主要用于电路绘制过程中，对电路元件的各种处理，其中 Cut、Copy、Paste、Delete、Select All 功能与 Windows 的基本功能相同。

Copy as Bitmap 将选中的内容以位图形式复制到剪贴板。

Show Clipboard 显示剪贴板的内容。

（3）Circuit（电路）菜单

电路菜单主要用于电路图的创建和仿真。

Rotate 将选定的元器件顺时针旋转 90°。

Flip Horizontal 将选定的元器件水平翻转。

Flip Vertical 将选定的元器件垂直翻转。

Component Properties… 显示选定元件的属性窗口，以便于修改元件参数。

Create Subcircuit… 创建子电路。

Zoom In 将工作区内的电路放大显示。

Zoom Out 将工作区内的电路缩小显示。

Schematic Options… 设置电路图选项。在选择设置对话框中，选择栅格、标号等是否显示。

Restrictions… 有关电路和分析的一些限制。

（4）Analysis（分析）菜单

分析菜单主要用于对电路的分析方式和过程进行控制。

Activate 激活，开始仿真。

Pause 暂停仿真。

Stop 停止仿真。

Analysis Options… 有关电路分析的选项，一般选用默认值。

DC Operating Point 直流工作点。分析显示直流工作点结果。

AC Frequency… 交流频率分析。分析电路的频率特性。

Transient… 瞬态分析，即时域分析。

Fourier…傅立叶分析。分析时域信号的直流、基波、谐波分量。

Noise…噪声分析。分析电阻或晶体管的噪声对电路的影响。

Distortion…失真分析。分析电子电路中的谐波失真和内部调制失真。

Parameter Sweep…参数扫描分析。分析某元件的参数变化对电路的影响。
Temperature Sweep…温度扫描分析。分析不同温度条件下的电路特性。
Pole-Zero…极零点分析。分析电路中的极点、零点数目及数值。
Transfer Function…传递函数。分析源和输出变量之间的直流小信号传递函数。
Sensitivity…灵敏度分析。分析节点电压和支路电流对电路元件参数的灵敏度。
Worst Case…最坏情况分析。分析电路特性变坏的最坏可能性。
Monte Carlo…蒙特卡罗分析。分析电路中元件参数在误差范围变化时对电路特性的影响。
Display Graphs 显示各种分析结果。
（5）Window（窗口）菜单
窗口菜单主要用于屏幕上显示窗口的安排。
Arrange 重排窗口内容。
1Circuit 显示电路窗口内容。
3Description 显示描述窗口内容。
（6）Help 菜单
Help 在线帮助。
Help Index… 帮助目录。
Release Notes 注解目录。
About Electronics Workbench 版本说明。

2. 工具栏

在常用工具栏中，是一些常用工具按钮，各按钮的意义如附图 1-3 所示。

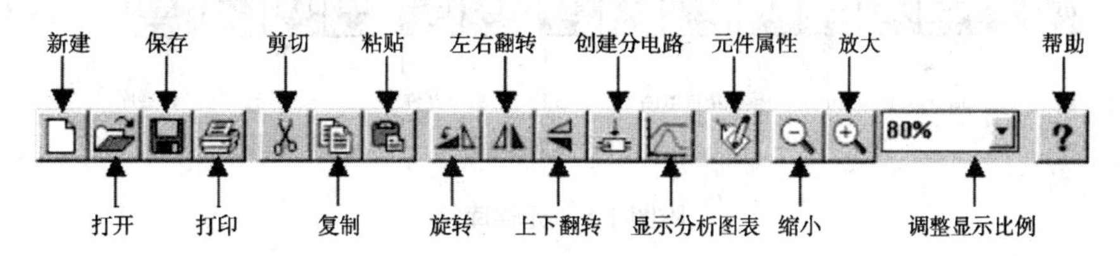

附图 1-3　EWB 的常用工具栏

3. 元件库栏

在元件库栏中包含电源器件、模拟器件、数字器件等 12 个按钮，单击按钮可打开相应器件库，用鼠标可将其中的器件拖放到工作区，以完成电路的连接。附图 1-4 即为元件库栏，其中打开了晶体管器件库。

4. 电路工作区窗口

电路工作区窗口是人们进行虚拟实验使用的最基本的窗口，在其中可以放置元件、虚拟仪器，连接电路以及对电路进行即时的修改和控制。

此外，EWB 的主窗口中的仿真开关和暂停开关用于控制电路仿真与否；电路描述框用于描述电路分析结果；状态栏在电路仿真时显示仿真中的现状以及分析所需的时间（此时间不是实际的 CPU 运行时间），在非仿真状态显示鼠标所指处元件或仪表的名称。

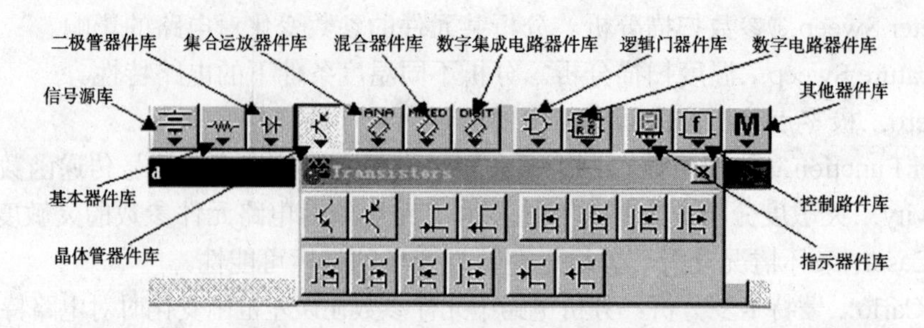

附图 1-4　打开了晶体管器件库的元件库栏

三、EWB 元件库简介

EWB 软件提供了 14 个元件库，如附图 1-5 所示，库中有非常丰富分立元件、集成芯片和测试仪器，对元件库内容的了解，即对器件和集成芯片了解对应用 EWB 进行数字电路的仿真是至关重要的。在设计电路时，只要单击所需的元器件库的图标，就会显示该库中所有元器件的图标，再用鼠标按在所需的元器件上，把它拖动到电路工作区内，然后放手，元器件就能够放置到想放置的地方。若要调整所选元器件原来的默认设置参数，只需用鼠标双击该元器件，选择“模型”（Model）栏内的“编辑”（Edit）项，显示该元器件的参数设置对话框，供使用者进行修改和设定。若需要了解所选元器件的性能和使用方法，可以按 F1 键，电路工作台将显示所需了解元器件的性能、技术参数等数据。

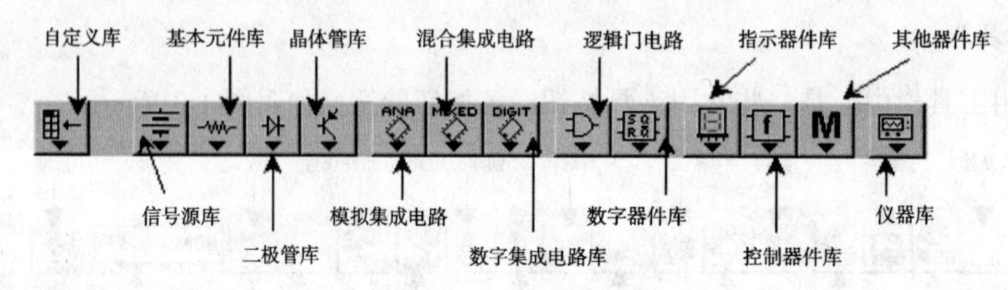

附图 1-5　元件库栏

1. 信号源库（Sources）

如附图 1-6 所示为信号源库。附表 1-1 所示为信号源库中常用元件简介。

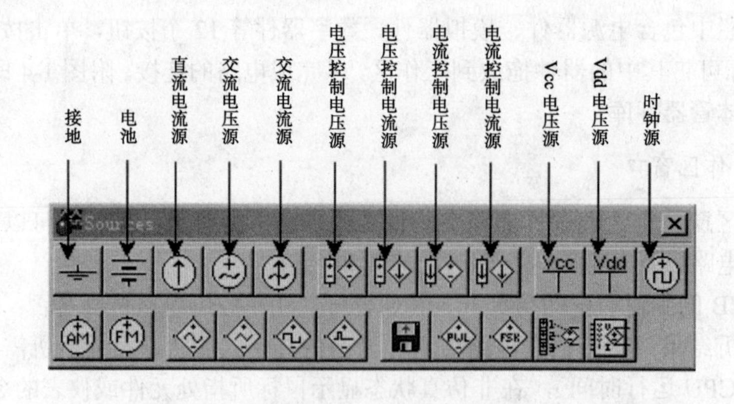

附图 1-6　信号源库

附表 1-1　为信号源库常用元件简介

元器件名称	参　数	默 认 值	设置范围	备　注
电　池	电压 V	12V	μV～kV	接　地
V_{CC} 电压源	电压 V	5V（逻辑“1”）		常用作 ttl 芯片电源
V_{DD} 电压源	电压 V	15V（逻辑“1”）		常用作 cmos 芯片电源
时钟源	频率 F 占空比 D 电压 V	1000Hz 50% 5V	Hz～MHz 0%～100% mV～kV	接　地

2. 基本器件库（Basic）

如附图 1-7 所示为基本器件库。附表 1-2 所示为该库中常用元件简介。

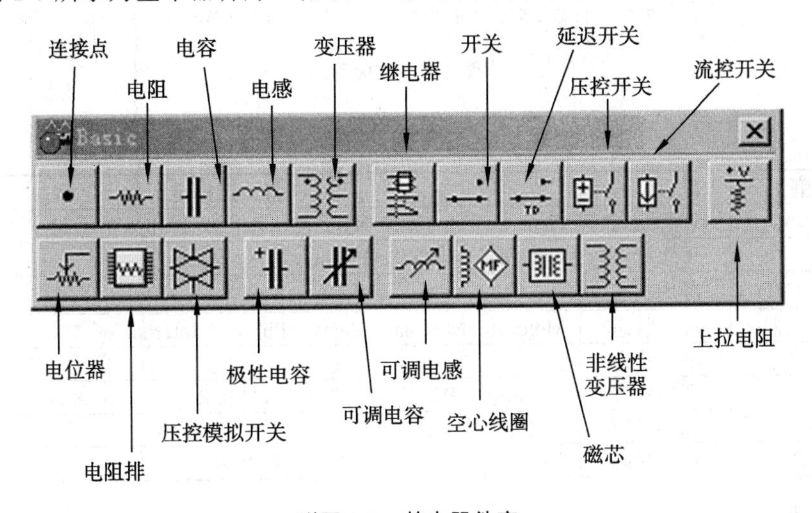

附图 1-7　基本器件库

附表 1-2　基本器件库常用元件简介

元器件名称	参　数	默 认 值	设置范围
电　阻	R	1 kΩ	Ω ～ MΩ
电　容	C	1 μF	pF～F
开　关	键	Space	A～Z，0～9，Enter，Space
延迟开关	导通时间 T 断开时间 T	0.5 秒 0 秒	p 秒～秒 p 秒～秒
电位器	键 电　阻 比例设定 增　量	R 1 kΩ 50% 5%	A～Z，0～9 Ω ～ MΩ 0%～100% 0%～100%
极性电容	C	1 μF	μF ～F
可调电容	键 电容 C 比例设定 增　量	C 10 μF 50% 5%	A～Z，0～9 Enter,Space pF～F 0%～100% 0%～100%

3. 二极管库（Diode）SS

如附图 1-8 所示为二极管库。附表 1-3 所示为该库中常用元件简介。

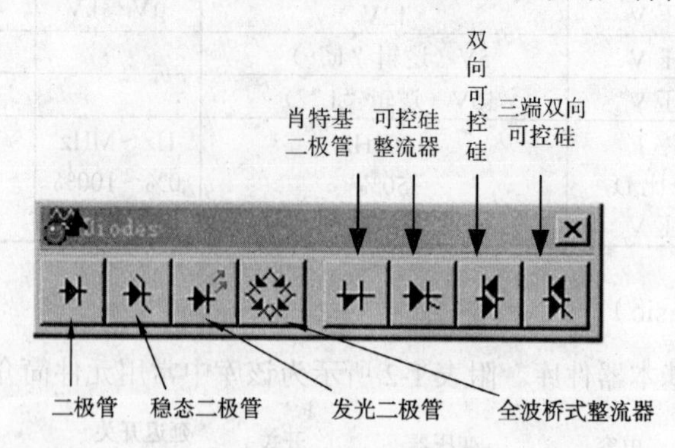

附图 1-8 二极管库

附表 1-3 二极管库常用元件简介

元器件名称	默认值	设置、选择范围
二极管	理想状态	General，Motorol，National，Zetex，Philips
稳态二极管	理想状态	General，Motorol，Philips
发光二极管 LED	理想状态	
全波桥式整流器	理想状态	Motorol，National，Zetex，Philips，Internat
肖特基二极管	理想状态	ECG
可控硅整流器	理想状态	2N ××，BT ××，C ××，MCR ××，S ××
双向可控硅	理想状态	EGC，MOTOROLA
三端双向可控硅	理想状态	2N ××， MAC ××， BT ××

4. 晶体管库（Transistors）

如附图 1-9 所示为晶体管库。附表 1-4 所示为该库中常用元件简介。

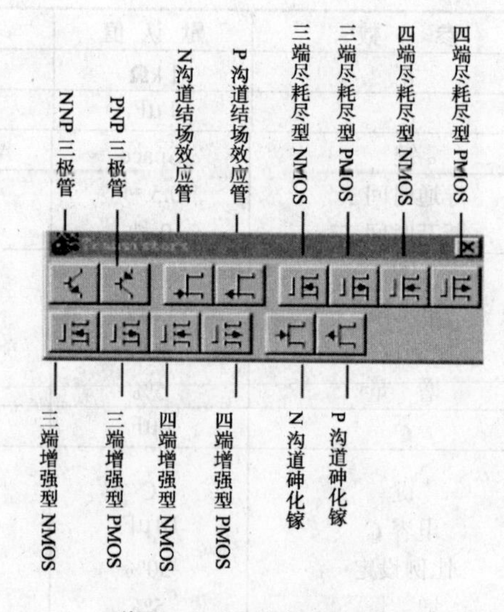

附图 1-9 晶体管库元器件

附表 1-4 晶体管库中常用元件简介

元器件名称	默 认 值	设置、选择范围
NPN 三极管	理 想	Motorol, National, Zetex
PNP 三极管	理 想	Motorol
N 沟道结场效应管	理 想	National
P 沟道结场效应管	理 想	National,Philips

5. 模拟集成电路库（Analog Ics）

如附图 1-10 所示为模拟集成电路库。附表 1-5 所示为该库中常用元件简介。

附表 1-5 模拟集成电路库常用元件简介

元器件名称	默 认 值	设置、选择范围
三端运算放大器	理 想	HA ××,LF××,LH××,LM××,LP ××,LT×× MC ××,MISC ××,OPA××,OP××，ANALOG, BUR××,COMLINEA,ELANTEC,HARRIS,
电压比较器	理 想	

6. 混合集成元器件库（Mixed Ics）

如附图 1-11 所示为混合集成元器件库。附表 1-6 所示为该库中常用元件简介。

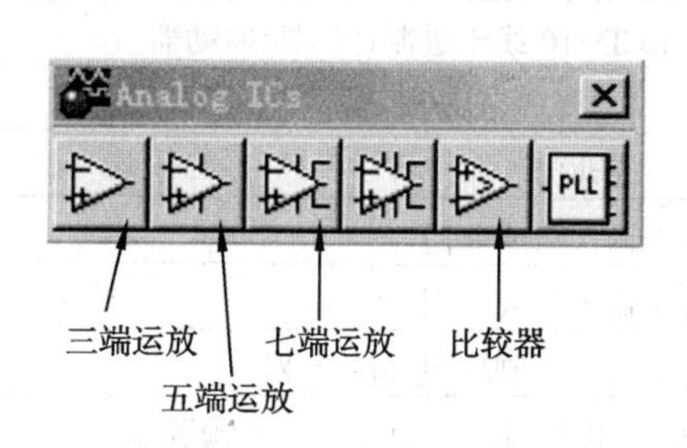

附图 1-10 模拟集成电路库

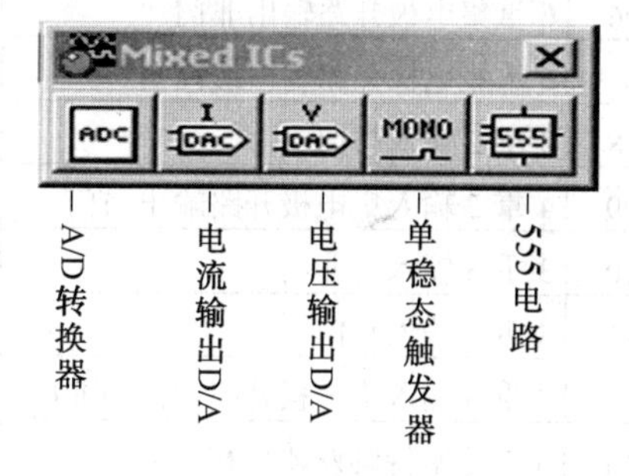

附图 1-11 混合集成元器件库

附表 1-6 混合集成元器件库中常用元件简介

元器件名称	默 认 值	设置、选择范围
A/D 转换器输入：电压输出：八位二进制数	理 想	CMOS,MISC,TTL
D/A（U）转换器输入：八位十进制数输出：电压	理 想	CMOS,MISC,TTL
D/A（I）转换器输入：八位十进制数输出：电流	理 想	CMOS,MISC,TTL
单稳态触发器	理 想	CMOS,MISC,TTL
555 电路	理 想	

7. 数字集成元器件库（Digital Ics）

数字集成元器件库如附图 1-12 所示。具体参数如附表 1-7、1-8、1-9、1-10、1-11、1-12 所示，分别为 74xx 系列集成电路、741xx 系列集成电路、742xx 系列集成电路、743xx 系列集成电路、744xx 系列集成电路、4xxx 系列集成电路。

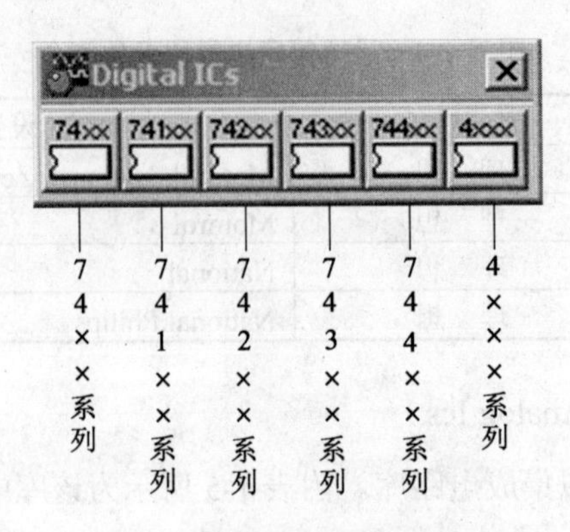

附图 1-12　数字集成元器件库

附表 1-7　74xx 系列集成电路

型　号	功　　能	型　号	功　　能
7400	4 重 2 输入与非门	7433	4 重 2 输入集电极开路输出或非门
7402	4 重 2 输入或非门	7437	4 重 2 输入与非门
7403	4 重 2 输入集电极开路输出与非门	7438	4 重 2 输入集电极开路输出与非门
7404	6 重非门	7439	4 重 2 输入集电极开路输出与非门
7405	6 重集电极开路输出非门	7440	2 重 4 输入与非门缓冲器
7406	6 重集电极开路输出非门	7442	4 线 BCD-10 线十进制译码器
7407	6 重集电极开路输出缓冲器	7445	4 线 BCD-10 线十进制译码器/驱动器
7408	4 重 2 输入与门	7447	BCD-7 段译码器/驱动器
7409	4 重 2 输入集电极开路输出与门	7451	2 重与或非门
7410	3 重 3 输入与非门	7454	4 组 2 输入与或非门
7411	3 重 3 输入与门	7455	2 组 4 输入与或非门
7412	3 重 3 输入集电极开路输出与非门	7469	2 重 4 位十进制/二进制计数器
7414	6 重施密特触发器反相器	7472	与输入 JK 触发器（附复位端和预置端）
7415	3 重 3 输入集电极开路输出与门	7473	2 重 JK 触发器（附复位端）
7416	6 重集电极开路输出反相器	7474	2 重边沿 D 触发器（附复位端和预置端）
7417	6 重集电极开路输出缓冲器	7475	4 位锁存器
7420	2 重 2 输入与非门	7476	2 重 JK 触发器（附复位端和预置端）
7421	2 重 4 输入与门	7477	4 位锁存器
7422	2 重 4 输入集电极开路输出与门	7478	2 重 JK 触发器（附预置、复位和公告时钟端）
7425	2 重 4 输入或非门（附选通端）	7486	4 重 2 输入异或门
7426	4 重 2 输入集电极开路输出与非门	7490	十进制计数器
7427	3 重 3 输入或非门	7491	8 位移位寄存器
7428	4 重 2 输入或非门	7492	十二进制计数器
7430	8 输入与非门	7493	4 位二进制计数器
7432	4 重 2 输入或门		

附表 1-8　741xx 系列集成电路

型　号	功　　能	型　号	功　　能
74107	2 重 JK 触发器（附复位端）	74157	四 2-1 线数据选择器
74109	2 重上升沿 JK 触发器（附复、置位端）	74158	四 2-1 线数据选择器
74112	2 重 JK 触发器（附复、置位端）	74159	4-16 线译码器
74113	2 重 JK 触发器（附置位端）	74160	BCD 计数器（附复位端和预置端）
74114	双 JK 触发器（附置位公共复位和时钟端）	74162	BCD 计数器（附复位端和预置端）
74116	2 重 4 位锁存器（附复位端）	74163	二进制计数器（附复位端和预置端）
74125	4 重 3 态总线缓冲器	74164	8 位移位寄存器
74126	4 重 3 态总线缓冲器	74165	8 位移位寄存器
74132	4 重 2 输入与非门施密特触发器	74166	8 位移位寄存器
74133	13 输入与非门	74169	二进制加/减计数器（附预置端）
74134	12 输入 3 态与非门	74173	4 位寄存器（3 状态）
74138	3-8 线译码器	74174	6 重 D 触发器
74139	2 重 2-4 线译码器	74175	4 重 D 触发器
74145	BCD-十进制译码驱动器	74181	算术逻辑单元
74147	10-4 线优先编码器	74190	BCD 加/减计数器（附预置端）
74148	8-3 线优先编码器	74191	二进制加/减计数器（附预置端）
74150	16-1 线数据选择器	74192	4 位加/减计数器
74151	8-1 线数据选择器	74194	4 位双向移位寄存器
74153	2 重 4-1 线数据选择器	74195	4 位移位寄存器
74154	4-16 线译码器	74198	8 位移位寄存器
74155	双 2-4 线译码器	74199	8 位移位寄存器
74156	双 2-4 线译码器		

附表 1-9　742xx 系列集成电路

型　号	功　　能	型　号	功　　能
74240	八进制 3 状态总线反相器	74258	4 重 3 状态 2-1 线数据选择器
74241	八进制 3 状态总线缓冲器	74273	8 重 D 触发器
74244	八进制 3 状态总线缓冲器	74280	9 位奇偶发生器/校验器
74251	3 状态 8-1 线数据选择器	74290	十进制计数器
74253	2 重 3 状态 4-1 线数据选择器	74293	二进制计数器
74257	4 重 3 状态 2-1 线数据选择器	74298	四位二输入调制寄存器

附表 1-10　743xx 系列集成电路

型　号	功　　能	型　号	功　　能
74350	4 位 3 状态移位器	74373	八进制 3 状态 D 锁存器
74352	2 重 4-1 线数据选择器	74374	八进制 3 状态 D 触发器
74353	2 重 3 状态 4-1 线数据选择器	74375	4 位 D 锁存器
74365	6 重 3 状态总线缓冲器	74377	8 位 D 触发器
74367	6 重 3 状态总线缓冲器	74378	8 位 D 触发器
74368	6 重 3 状态总线反相器	74379	4 位 D 触发器

附表 1-11　744xx 系列集成电路

型　号	功　　能	型　号	功　　能
74445	4-10 线译码驱动器	74466	八进制 3 状态总线缓冲器
74465	八进制 3 状态总线缓冲器		

附表 1-12　4xxx 系列集成电路

型　号	功　　能	型　号	功　　能
4000	2 重 3 输入或非门和反相器	4069	6 重反相器
4001	4 重 2 输入或非门	4070	4 重异或门
4002	2 重 4 输入或非门	4071	4 重 2 输入或门
4008	并行进位输出的 4 位全加法器	4072	2 重 4 输入或门
4009	6 重非门	4073	3 重 3 输入与门
4010	6 重缓冲器	4075	3 重二输入或门
4011	4 重 2 输入与非门	4076	4 位 D 型寄存器
4012	2 重 4 输入与非门	4077	4 重异或非门
4013	2 重 D 触发器（附复位端和预置端）	4078	8 输入或非门
4014	八级同步移位寄存器	4081	4 重 2 输入与门
4015	2 重四级移位寄存器	4082	2 重 4 输入与门
4017	10 译码器输出的约翰逊十进制计数器	4085	2 重 2 路 2 输入与或非门
4019	4 重与/或选择门	4086	可扩展的 4 路 2 输入与或非门
4023	3 重 3 输入与非门	4093	4 重 2 输入与非门施密特触发器
4024	七级二进制脉动计数器	40106	6 重施密特触发器
4025	3 重 3 输入或非门	4502	具有选通端的 6 重反相器
4027	2 重 JK 触发器（附复`置位端）	4503	6 重正相 3 态缓冲器
4028	4-10 线译码器	4508	2 重 4 位锁存器
4030	4 重异或门	4510	二进制码的十进制加减计数器
4040	十二级二进制脉动计数器	4512	8 选 1 数据选择器
4041	4 重真或补码缓冲器	4514	4 位锁存器（4-16 线译码器）
4042	4 重时钟 D 锁存器	4515	4 位锁存器（4-16 线译码器）
4043	4 重或非门复位或置位锁存器	4516	二进制加减计数器
4044	4 重或非门复位或置位锁存器	4518	2 重 BCD 加法计数器
4049	6 重缓冲器或转换器	4520	2 重二进制加法计数器
4050	6 重缓冲器或转换器	4532	8 位优先译码器
4066	4 重双向开关	4556	2 重二进制 4 选 1 译码器
4068	8 输入与非门		

8. 逻辑门电路库（Logic Gate）

逻辑门电路库如附图 1-13 所示。附表 1-13 所示为该库中常用元件简介。

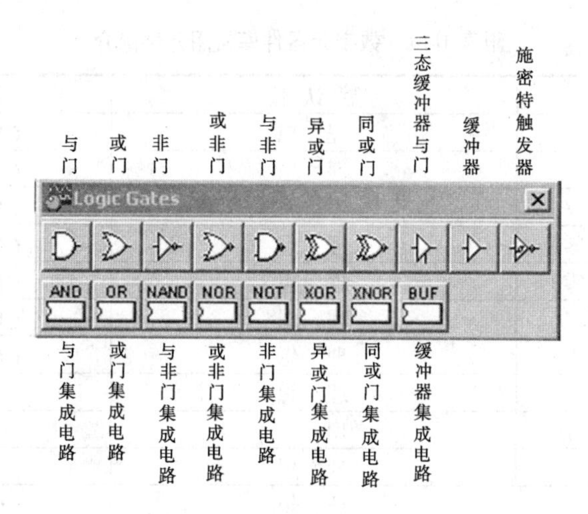

附图 1-13 逻辑门电路库

附表 1-13 逻辑门电路库常用元件简介

元器件名称	默 认 值	设置、选择范围
与 门	理 想	CMOS,MISC,TTL 输入端：2～8
或 门	理 想	CMOS,MISC,TTL 输入端：2～8
与非门	理 想	CMOS,MISC,TTL 输入端：2～8
或非门	理 想	CMOS,MISC,TTL 输入端：2～8
非 门	理 想	CMOS,MISC,TTL
异或门	理 想	CMOS,MISC,TTL 输入端：2～8
同或门	理 想	CMOS,MISC,TTL
缓冲器	理 想	CMOS,MISC,TTL
三态缓冲器	理 想	CMOS,MISC,TTL

9. 数字元器件库（Digital）

数字元器件库如附图 1-14 所示。附表 1-14 所示为该库中常用元件简介。

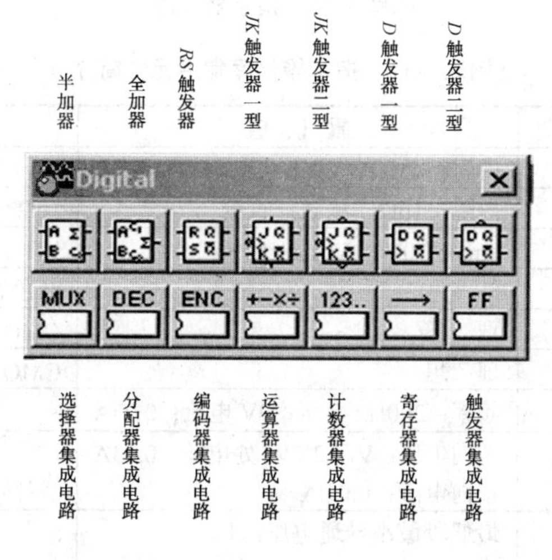

附图 1-14 数字元器件库

附表 1-14　数字元器件库常用元件简介

元器件名称	默 认 值	设置、选择范围
半加器	理　想	CMOS,MISC,TTL
全加器	理　想	CMOS,MISC,TTL
RS 触发器	理　想	CMOS,MISC,TTL
JK 触发器（正向异步置零）	理　想	CMOS,MISC,TTL
JK 触发器（反向异步置零）	理　想	CMOS,MISC,TTL
D 触发器	理　想	CMOS,MISC,TTL
D 触发器（反向异步置零）	理　想	CMOS,MISC,TTL
选择器集成电路	理　想	74 ,4 ×
分配器集成电路	理　想	74 ,4 ×
编码器集成电路	理　想	74 ,4 ×
运算器集成电路	理　想	74 ,4 ×
计数器集成电路	理　想	74 ,4 ×
寄存器集成电路	理　想	74 ,4 ×
触发器集成电路	理　想	74 ,4 ×

10. 指示器件库（Indicators）

指示器件库如附图 1-15 所示，附表 1-15 所示为该库中常用元件简介。

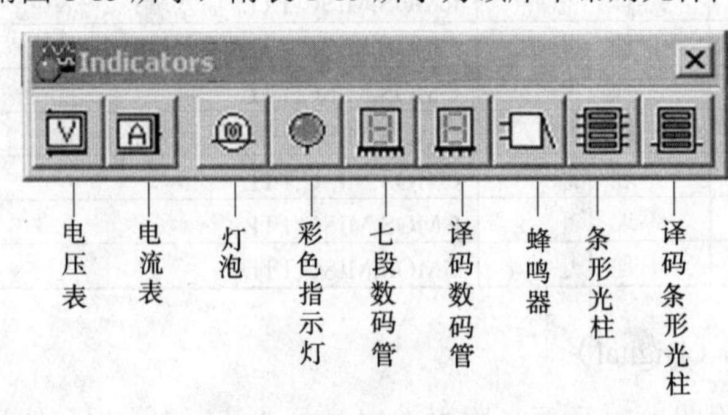

附图 1-15　指示器件库

附表 1-15　指示器件库常用元件简介

元器件名称	默 认 值	设置，选择范围
电压表	内阻：1MΩWWW　测试：直流	1Ω～999.99TΩ 交流、直流
电流表	内阻：1nΩ　测试：直流	1pΩ～999.99Ω 交流、直流
灯　泡	Pmax=10W　Vmax=12V	W～kW　V～kV
彩色指示灯	红　色	红色、蓝色、绿色
七段数码管	理　想	CMOS,MISC,TTL
译码数码管	理　想	CMOS,MISC,TTL
蜂鸣器	频率：200Hz 电压：9V 电流：0.05A	
条形光柱	正向电压：Vf：2VVf 处电流：0.03A 正向电流：0.01|A	
译码条形光柱	最低段最小导通电压：1V 最高段最小导通电压：10V	

11. 控制器件库（Controls）

控制器件库如附图 1-16 所示。

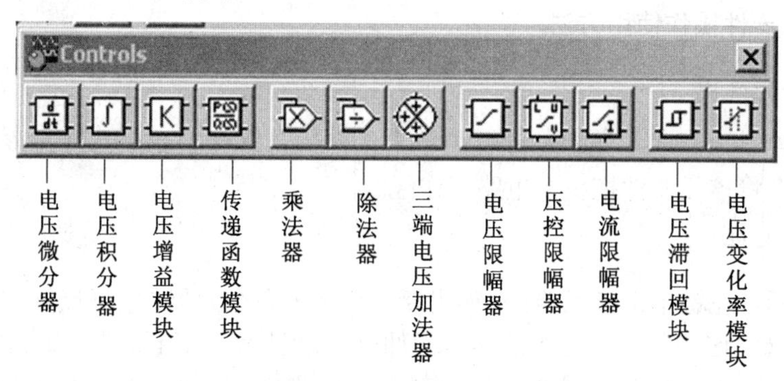

附图 1-16　控制器件库

12. 其他器件库（Miscellaneous）

其他器件库如附图 1-17 所示。附表 1-16 所示为该库中常用元件简介。

附表 1-16　其他器件库中常用元件简介

元器件名称	默 认 值	设置，选择范围
晶　体	动态电感 LS：0.00254648H 动态电容 CS：9094718e－14f 串联电阻：6.4Ω 并联电容 Co：2.4868e－11F	RALTUON，ECLIPTEK

13. 仪器库（Instruments）

仪器库如附图 1-18 所示。

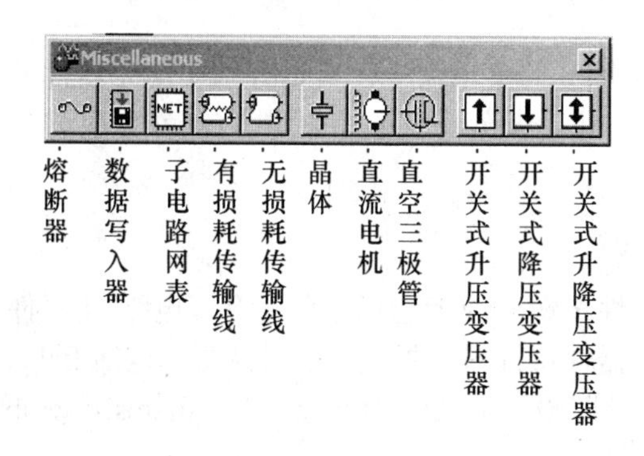

附图 1-17　其他器件库

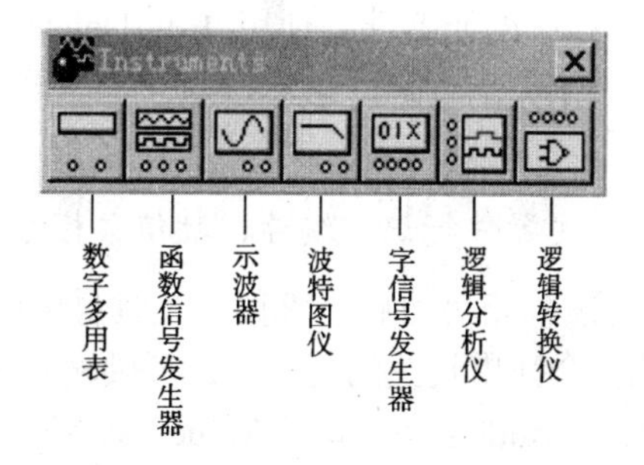

附图 1-18　仪器库

14. 自定义库

如附图 1-5 元件库栏中的自定义库存放的是用户自定义的子电路，自建元器件主要针对数字电路中的一些较复杂的元器件。自建元器件有两种方法：一种是将多个元器件库中的基本元器件组合成一个“模块”，需要使用时，将它作为一个“电路模块”直接从库中调用，该种元器件的创建可以采用“子电路”的方法实现；另一种是采用库中已有元器件，仅仅改变其内部参数。再存储到自己创建的元器件库中。

四、EWB 的元器件操作使用方法

1. 元器件的选用

选用元器件时，首先在元器件库栏中单击包含该元器件的图标，打开该元器件库。然后从元器件库中将该元器件拖曳至电路工作区。

2. 选中元器件

可使用鼠标器左键单击该元器件。如果要一次选中多个元器件，可反复使用 CTRL+“鼠标左键”单击选中这些元件。选中的这些元件以红色显示，便于识别。此外，拖曳某个元器件也同时选中该元器件。如果要同时选中一组相邻的元器件，可在电路工作区适当的位置拖曳画出一个矩形区域，包围在该区域内的元器件同时被选中。要取消某个元器件的选中状态，可以使用 CTRL+“鼠标左键”单击。要取消所有被选中元器件的选中状态，只需单击电路工作区的空白部分即可。

3. 元器件的移动

要移动一个元器件，只要拖曳该元器件即可。要移动一组元器件，然后用鼠标左键拖曳其中任意一个元器件，所有选中的部分就会一起移动。元器件一起移动后，与其相连的导线就会自动重新排列。选中元器件后，也可以使用箭头键使之作微小的移动。

4. 元器件的旋转与移动

先选中该元器件，然后使用工具栏的“旋转”、“垂直翻转”、“水平翻转”等按钮，或者选择 Circuit/Rotate（电路/旋转）、Circuit/Flip Vertical（电路/垂直翻转）、Circuit/Flip Horizontal（电路/水平翻转）等菜单栏中的命令。

5. 元器件的复制、删除

对选中的元器件，使用 Edit/Delete（编辑/删除）等菜单命令，可以分别实现元器件的复制、删除等操作。此外，直接将元器件拖曳回其元器件库（打开状态）也可实现删除操作。

6. 元器件标识、编号、数值、模型参数的设置

在选中元器件后，再按下工具栏中的器件特性按钮，或者选择菜单命令（电路/元器件特性），会弹出相关的对话框，可供输入数据。元器件特性对话框具有多种选择，包括 Label（标识）、Models（模型）、Value（数值）、Fault（故障设置）、Disply（显示）、Analysis Setup（分析设置）等内容。

Label 选项用来设置元器件的 Label（标识）和 Reference ID（编号）。其对话框如附图 1-19 所示。Reference ID（编号）通常有系统自动分配，必要时可以修改，但必须保证编号的唯一性。

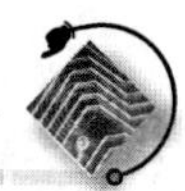

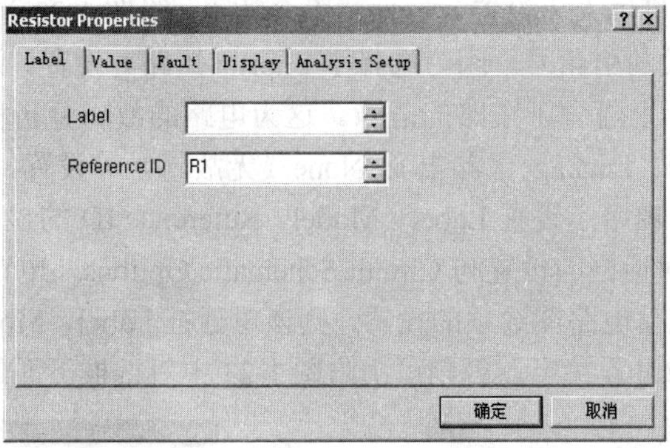

Resistor Properties
Label
Value
Fault
Display
Analysis Setup
Label
Reference ID
R1
确定
取消

附图 1-19　Label 对话框

有些元器件没有编号，如接点、接地、电压表、电流表等。在电路图上是否显示标识和编号可由 Circuit/Schematic Options（电路/电路图选项）的对话框设定。

当选择电阻、电容等一类比较简单的元器件时，会出现 Value（数值）选项，其对话框如附图 1-20 所示，可设置元器件的数值。

Capacitor Properties
Label
Value
Fault
Display
Capacitance (C):
1
确定
取消

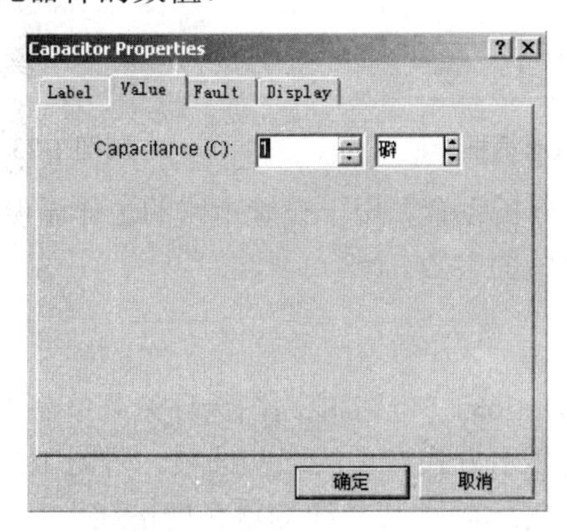

附图 1-20　Value 选项对话框

当元器件比较复杂时，会出现 Models（模型）选项，其对话框如附图 1-21 所示。模型的默认（Default）设置为 Ideal（理想），这有利于加快分析的速度，也能够满足多数情况下的分析要求。如果对分析精度有特殊要求，可以考虑具有型号的器件模型。

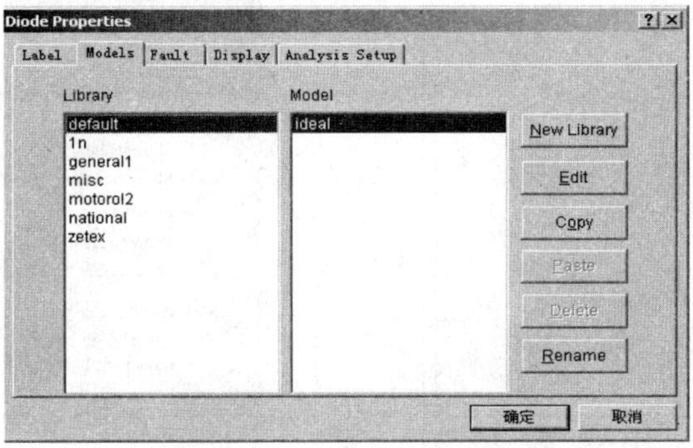

Diode Properties
Label
Models
Fault
Display
Analysis Setup
Library
Model
default
1n
general1
misc
motorol2
national
zetex
ideal
New Library
Edit
Copy
Paste
Delete
Rename
确定
取消

附图 1-21　Models 选项对话框

Fault（故障）选项可供人为设置元器件的隐含故障。附图 1-22 为某个电感的故障设置。1、2 为与故障设置有关的引角号。因为选择了 Short（短路）设置。这时尽管该电容可能标有合理的数值，但实际上隐含了短路的故障。这为电路的故障分析教学提供了方便。另外还提供了 Open（开路）、Leakage（漏电）、None（无故障）等设置。

Display（显示）选项用于设置 Label、Model、Reference ID 的显示方式。相关的对话框如附图 1-23 所示。该对话框的设置与 Circuit/Schematic Options（电路/电路图选项）的对话框的设置有关。如果遵循电路图选项的设置，则该对话框 Label、Model、Reference ID 的显示方式由电路图选项的设置决定。否则可由附图 1-23 中对话框下面的三个选项确定。

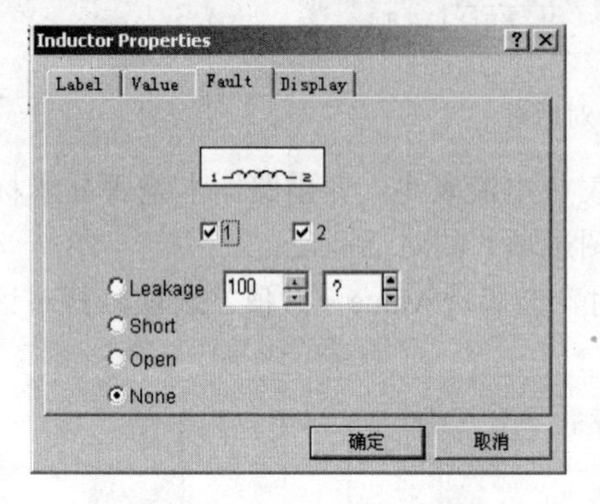

附图 1-22　故障设置对话框

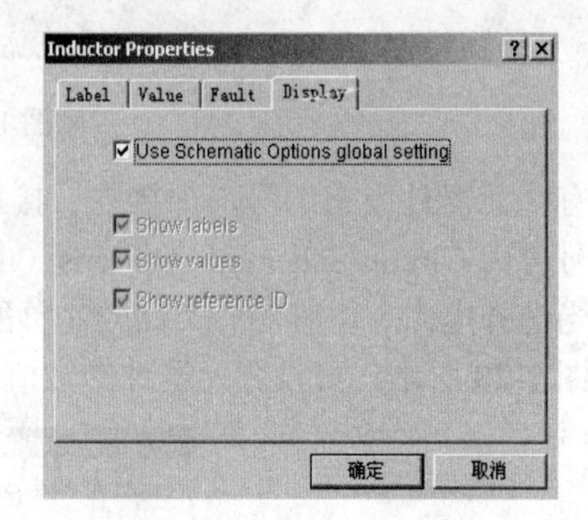

附图 1-23　Display 选项对话框

另外，Analysis Setup（分析设置）用于设置电路的工作温度等有关参数：Node（节点）选项用于设置与节点编号有关的参数。

7. 电路图选项的设置

选择 Circuit/Schematic Options（电路/电路图选项）菜单命令可弹出如附图 1-24 所示的对话框，用于设置与电路图显示方式有关的一些选项。附图 1-24 是关于栅格的设置。如果选择使用栅格，则电路图中的元器件与导线均落在栅格线上，可以保持电路图横平竖直、整体美观。

如果按下 Show/Hide（显示/隐藏）按钮，则弹出附图 1-25 所示的对话框，用于设置标号、数值、元器件库等的显示方式。该设置对整个电路图的显示方式有效。如果某个元器件显示方式有特殊要求，可使用器件特性的 Display（显示）对话框单独设置。

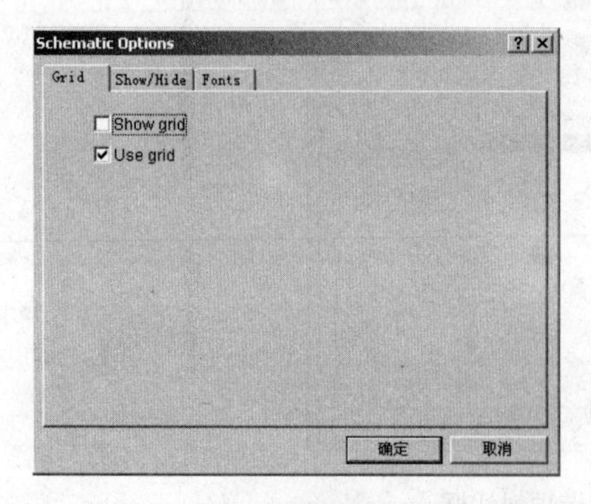

附图 1-24　电路图选项栅格的设置

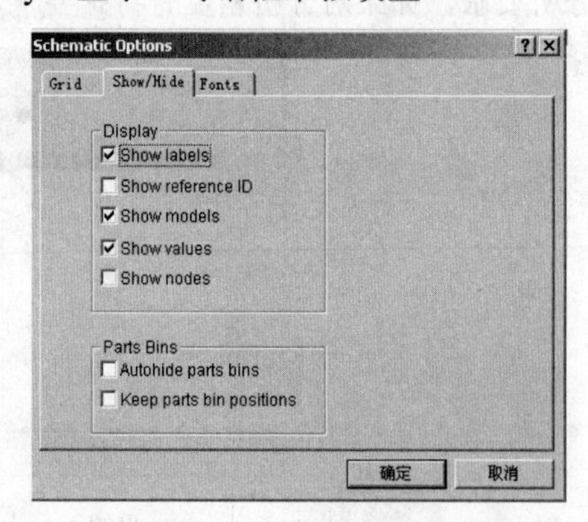

附图 1-25　显示/隐藏对话框

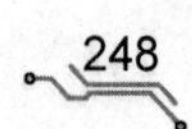

如果按下 Fonts（字型）按钮，则弹出附图 1-26 所示的对话框，用于显示和设置 Label、Value 和 Model 的字体、型号和颜色。

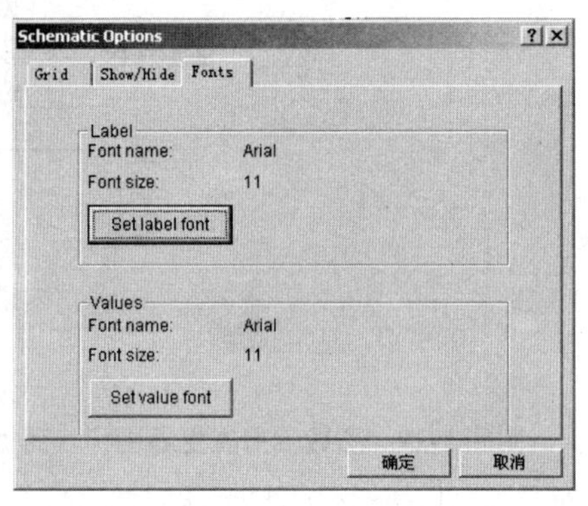

附图 1-26　字型设置对话框

五、EWB 各种仪器和仪表的使用

1. 数字多用表（Multimeter）

这是一种自动调动量程的 4 位数字多用表。其电压挡和电流挡的内阻、电阻挡的电流值和分贝挡的标准电压值可任意设定。附图 1-27 是它的图标和面板。按面板上的 Setting（设置参数）按钮时，就会弹出附图 1-28 所示的对话框，可以设置多用表的内部参数。

附图 1-27　数字多用表的图标和面板

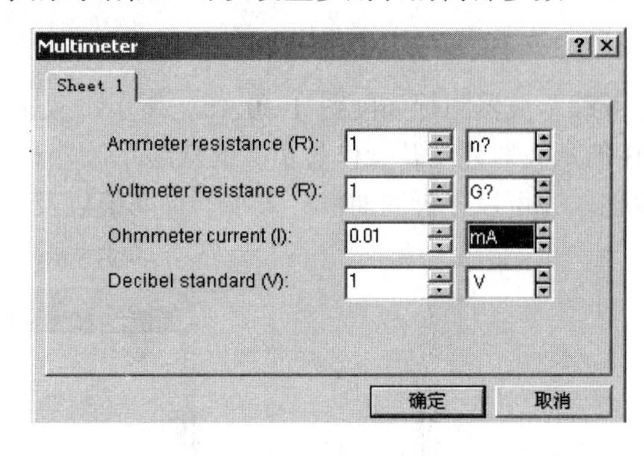

附图 1-28　数字多用表参数设置

数字多用表面板上的七个按钮分别为电流（A）、电压（V）、电阻（Ω）、电平（dB）、交流（～）、直流（—）和设置（SETTINGS）转换按钮，单击这些按钮进行相应的转换。用多用表可测量交直流电压、电流、电阻和电路中两点间的分贝损失。

数字多用表量程规定如下。

电流（A）：0.1μA～9kA，电压（V）：0.1μV～999kV，电阻（Ω）：0.001Ω～999MΩ，交流频率范围：0.001Hz～999MHz。虚拟数字多用表与实际的数字万用表使用方法基本相同。

2. 函数信号发生器

函数信号发生器图标和面板分别如附图 1-29（a）和附图 1-29（b）所示，可产生正弦波、三角波、方波三种电压信号，可调节的参数有频率（Frequency）、占空比（Duty cycle）、

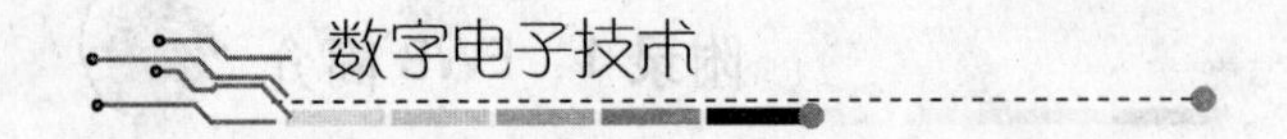

振幅（Amplitude）、直流电平偏置（Offset）。

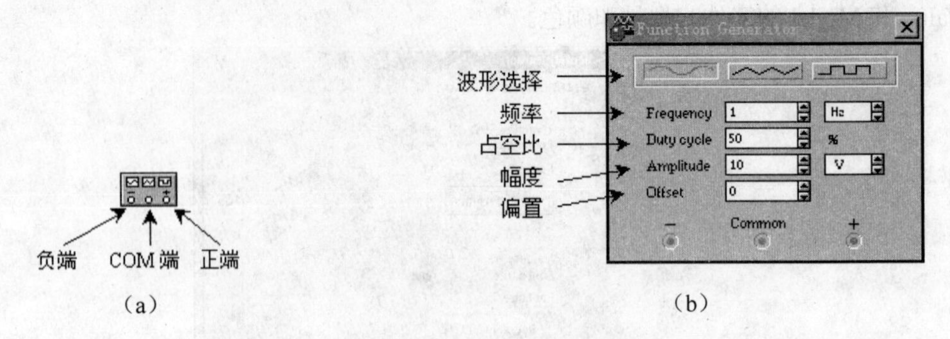

附图 1-29　函数信号发生器图标、面板

如附图 1-29（a）所示： 正端表示输出信号对 Common 端向外输出正向信号； 负端表示输出信号对 Common 端向外输出负向信号； Common 端提供了输出信号的参考电平，使用中一般应接地。

双击函数信号发生器图标会打开如图 1-29（b）所示的函数信号发生器控制面板，其中波形选择提供了正弦波、三角波、方波；频率调节范围（1Hz～999MHz）；占空比调节范围为（1%～99%）；电压幅度是指偏置电压到其峰值电压，调节范围为（1V～999kV）。电压偏置表示在输出的信号上叠加一个直流分量（偏置电压单位与信号电压幅度单位相同），调节范围为（-999 kV～999kV）。

3. 示波器

双踪示波器图标如附图 1-30（a）所示，双击图标可打开其面板如图 1-30（b）所示。EWB 的示波器外观及操作与实际的双踪示波器相似，可同时显示 A、B 两信号的幅度和频率变化，并可以分析周期信号大小、频率值以及比较两个信号的波形。

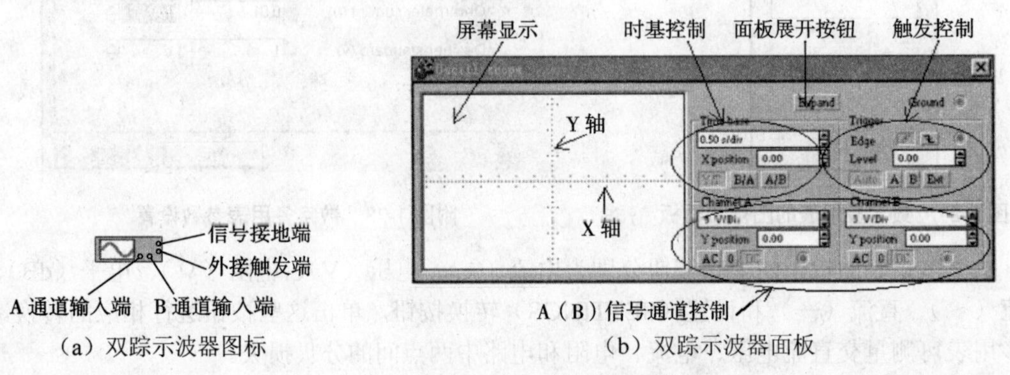

附图 1-30　示波器

如图 1-30（a）所示示波器的接入端 A（B）通道输入接电路的测试端；信号接地端是 A、B 两信号的公共端，应接地；如果不接，则默认该公共端接地。示波器还可通过外接触发端获得外部触发信号。

（1）时基控制调节

如图 1-30（b）所示示波器面板中时基控制（Time base）有三个方面需要调节。

X 轴刻度（s/div）：控制示波屏上的横轴，即 X 轴刻度（时间/每格），调节范围为（0.10ns/div～1s/div）。

Y 轴偏移（X position）：控制信号在 Y 轴的偏移位置，调节范围为（-5～5）。X=0，信号起点为示波器屏幕的最左边；X>0，信号起点右移；X<0，信号起点左移。

显示方式：共有三种，分别为 Y/T，幅度/时间，横坐标轴为时间轴，纵坐标轴为信号幅度；B/A，B 电压/A 电压；A/B，A 电压/B 电压。

（2）A（B）信号通道控制调节

如附图 1-31 所示，A、B 通道调节方法一样。

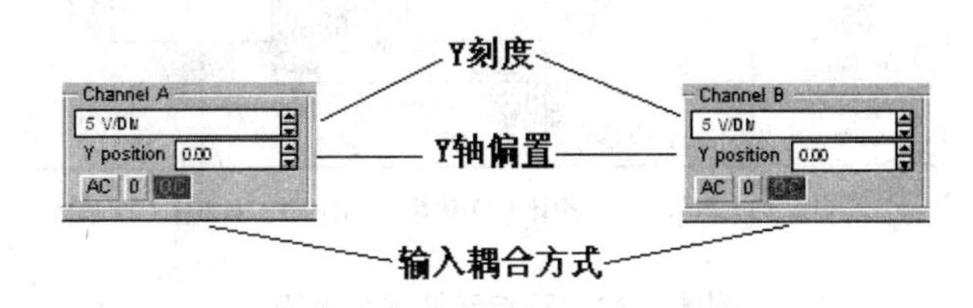

附图 1-31 A（B）信号通道控制调节

Y 轴刻度：设定 Y 轴每一格的电压刻度，调节范围为（0.01mV/Div～5kV/Div）。

Y 轴偏置：控制示波器 Y 轴方向的原点。Y=0，垂直原点在屏幕的垂直方向的中点；Y>0 时，原点上移；Y<0，原点下移。调节范围为（-3～3）。

Y 轴输出方式（AC / 0 / DC）：AC 方式，仅显示信号的交流成分；0 方式，无信号输入；DC 方式，显示交流和直流信号之和。

（3）触发控制（Tigger）

触发方式：上升沿触发和下降沿触发。触发信号选择：Auto 按钮，自动触发；A 按钮，A 通道触发；B 按钮，B 通道触发；Ext 按钮，外触发。如果希望尽可能显示波形或希望显示的波形平坦，一般选用 Auto。

一般情况下，示波器的参考点设定为接地。在使用中，示波器的接地端可不接；但是，测试电路中必须有接地点，否则示波器不能正确显示。如果要在测量中让示波器使用其他点（电平）作参考点，则必须将该参考点接到示波器的“接地”端 Ground。

单击扩展按钮（Expand 按钮），可将示波器屏幕扩展开来显示，并可准确读出波形数值。如附图 1-32 所示，可以拖动红色指针 1 和蓝色指针 2 至合适位置，可直接在面板下方读出指针 1 和指针 2 所对应波形的时间和电压，以及指针 1 和指针 2 之间的时间和电压差。

一般情况下，示波器连续显示并自动刷新所测量的波形。如果希望仔细观察和读取波形数据，可以在电路菜单栏 Analysis 的分析选项 Analysis Options 中选择 Pause after each Screen 选项（示波器屏幕满暂停，当显示波形到屏幕右端时，分析会自动暂停。如要恢复运行，可单击 Pause 按钮或 F9 键）。

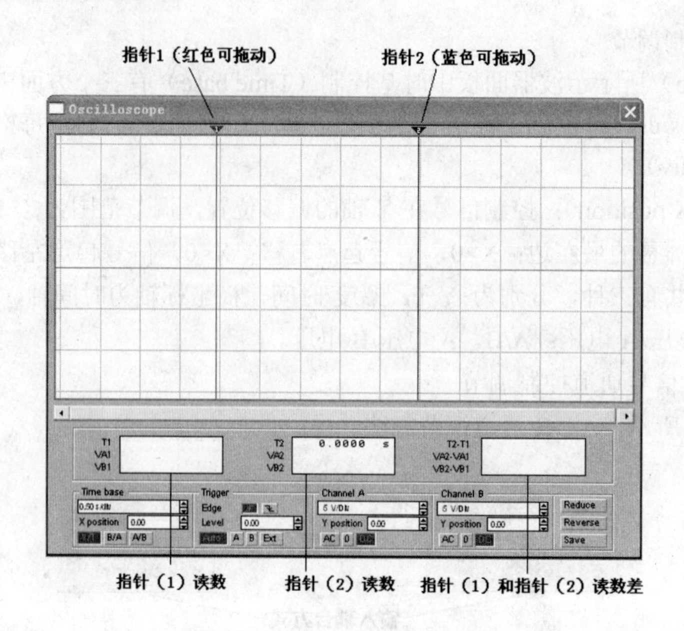

附图 1-32　双踪示波器扩展面板

4. 字信号发生器

字信号发生器是一个能够产生 16 位同步逻辑信号的仪器，用于对数字逻辑电路进行测试时的测试信号或输入信号。其图标如附图 1-33（a）所示，面板如附图 1-33（b）所示。字信号发生器图标下沿有 16 个输出端口。输出电压范围是低电平 OV，高电平为 4～5V。输出端口与被测电路的输入端相连。

字信号发生器的连接如附图 1-33（b）所示，左边接高位，右边接低位。

（1）字信号编辑区

编辑和存放以 4 位十六进制数表示的 16 位字信号，可以存放 1024 条字信号，地址范围为 0—3FF（十六进制数），其显示内容可以通过滚动条上下移动。用鼠标单击某一条字信号即可实现对其的编辑。正在编辑或输出的某条字信号，它被实时的以二进制数显示在 Binary 框里和十六位输出显示板上。对某条字信号的编辑也可在 Binary 框里输入二进制数来实现，系统会自动地将二进制数转换为十六进制数显示在字信号编辑区。

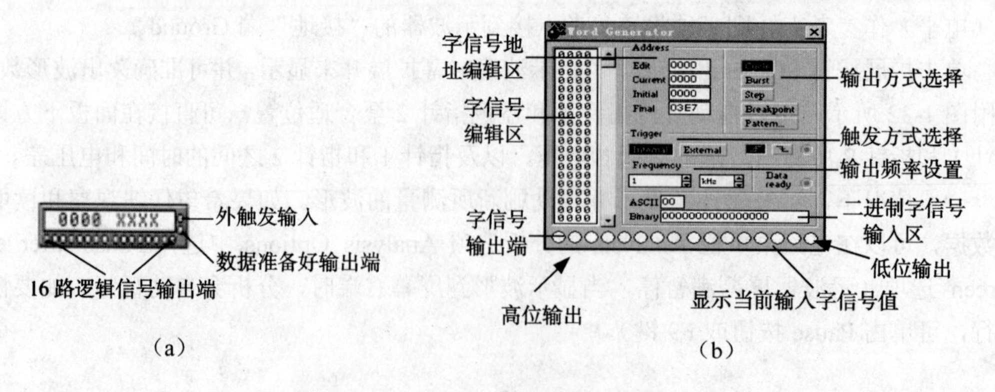

附图 1-33　字信号发生器图标和面板

（2）字信号地址编辑区

编辑或显示与字信号地址有关的信息。Edit 显示当前正在编辑的字信号地址。Current 显示当前正在输出的字信号地址。Initial 编辑和显示输出字信号的首地址。Final 编辑和显示输出字信号的末地址。如附图 1-34（a）所示。

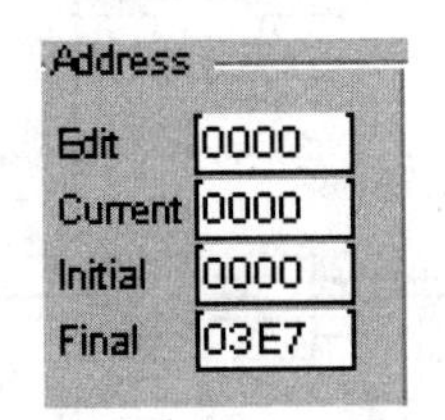

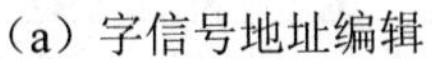

（a）字信号地址编辑

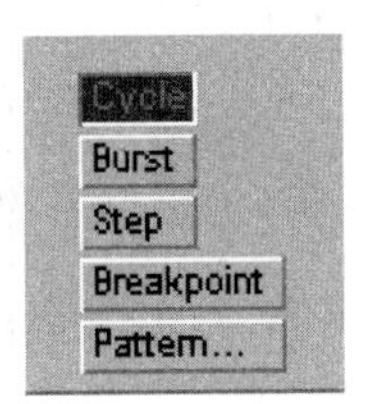

（b）输出方式选择

附图 1-34　字信号编辑

（3）输出方式选择

如附图 1-34（b）所示 Cycle 字信号在设置的首地址和末地址之间周而复始地输出（按 Ctrl+T 停止）。Burst 字信号从设置的首地址逐条输出，输出到末地址自动停止。Step 字信号以单步的方式输出。即鼠标点击一次，输出一条字信号。Break Point 用于设置断点。在 Cycle 和 Burst 方式中，要想使字信号输出到某条地址后自动停止，只需预先点击该字信号，再单击 Breakpoint 按钮。断点可设置多个。当字信号输出到断点地址而暂停输出时，可单击 Workbench 主窗口上的 Pause 按钮或按 F9 键来恢复输出。清除设置的断点地址时，打开 Pattern 对话框，如附图 1-35 所示，单击 Clear buffer 按钮即可。

（4）触发方式选择

Internal 内触发方式。字信号的输出直接受输出方式 Step、Burst 和 Cycle 的控制。External 外触发方式。当选择外触发方式时，需外触发脉冲信号，且需设置“上升沿触发”或“下降沿触发”，然后选择输出方式，当外触发脉冲信号到来时，才能使字信号输出。输出频率设置控制 Cycle 和 Burst 输出方式下字信号输出的快慢。数据准备好输出端输出与字信号同步的时钟脉冲。

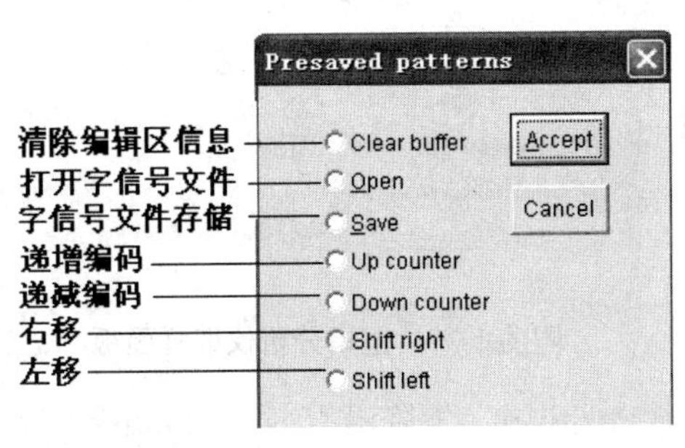

附图 1-35　Pattern 对话框

5. 逻辑分析仪

逻辑分析仪图标和面板如附图 1-36（a）和附图 1-36（b）所示，逻辑分析仪的主要用途是对数字信号的高速采集和时序分析，可用来同时记录和显示 16 路逻辑信号，分析输出波形。

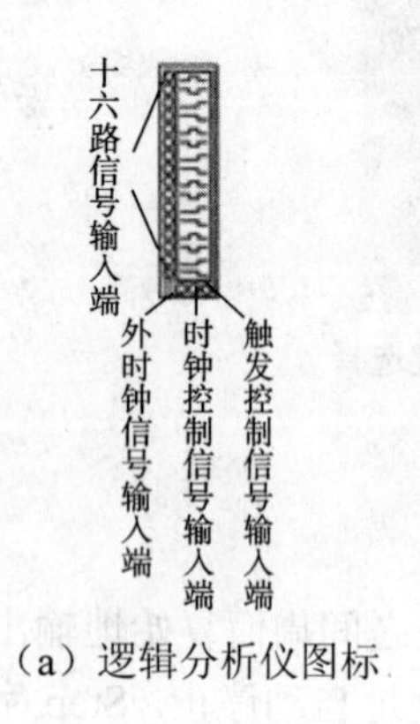

（a）逻辑分析仪图标

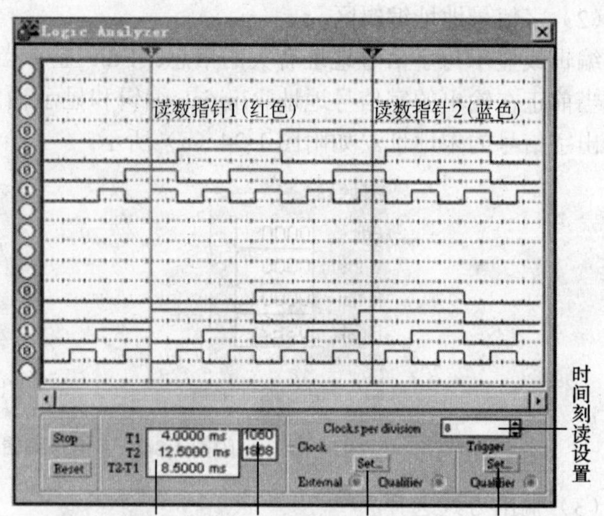

（b）逻辑分析仪面板

附图 1-36　逻辑分析仪

如附图 1-36（a）所示连线，就可连接好逻辑分析仪。双击图标，展开附图 1-36（b）所示逻辑分析仪面板，可显示出时钟信号的输出波形。

单击逻辑分析仪面板取样时钟按钮，弹出如附图 1-37 所示对话框。该对话框用于对波形采集的控制时钟进行设置。

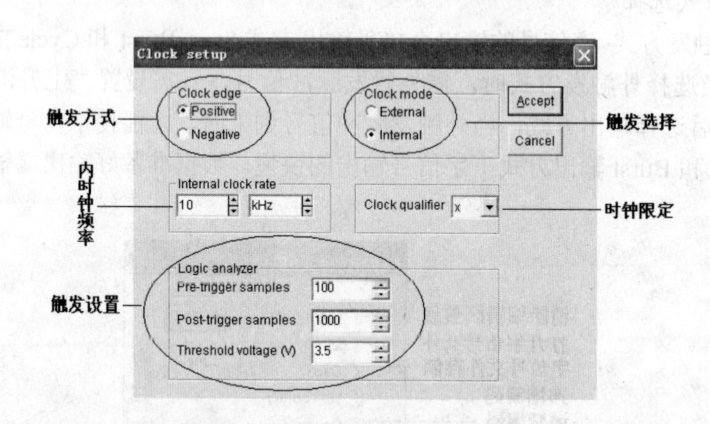

附图 1-37　逻辑分析仪取样面板

触发沿方式升沿有效（Positive）、下降沿有效（Negative）。触发选择外触发（External）、内触发（Internal）。内时钟频率，可以改变选择内触发时的内时钟频率。时钟限定，决定输入信号对时钟信号的控制，当设置为“X”时，表示只要有信号到达，逻辑分析仪就开始对波形的采集；当设置为“1”时，表示时钟控制输入为 1 时逻辑分析仪开始进行波形的采集；当设置为“0”时，表示时钟控制输入为 0 时逻辑分析仪开始进行波形的采集。触发设置：触发前数据点数（Pre-trigger samples）、触发后数据点数（Post-trigger samples）、触发门数（Threshold voltage）。

单击逻辑分析仪面板触发方式设置按钮，弹出如附图 1-38（a）所示对话框。对话框中可以输入 A、B、C 三个触发字。三个触发字的识别方式可以通过下拉列表进行选择，分为八种组合情况，如附图 1-38（b）所示。

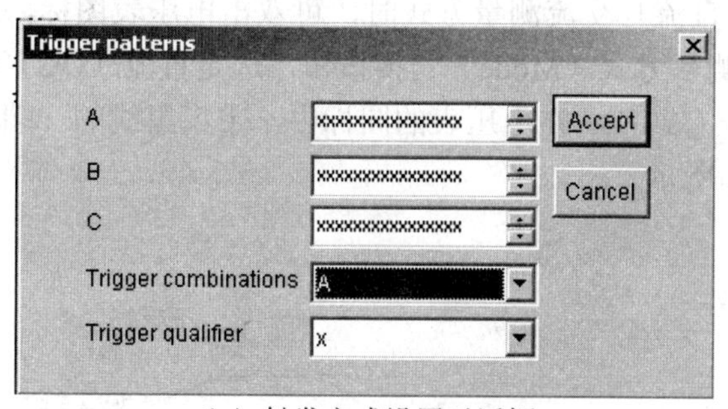

（a）触发方式设置对话框

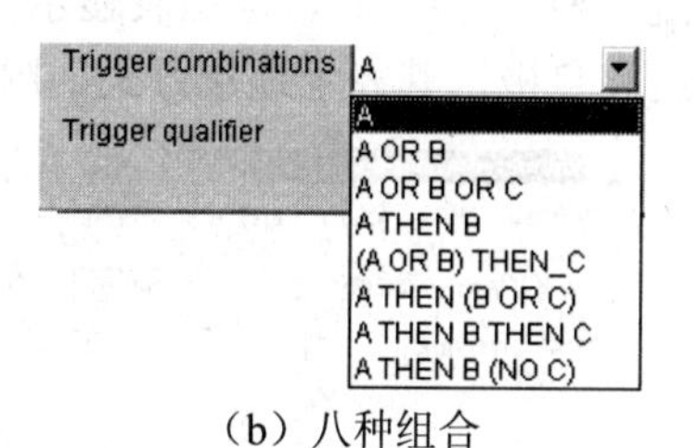

（b）八种组合

附图 1-38　触发方式设置

6. 逻辑转换仪

逻辑转换仪数字电路中是一个非常实用的测试仪器可用来完成真值表、逻辑表示式和逻辑电路三者之间的相互转换。逻辑转换仪图标如附图 1-39（a）所示；展开面板如附图 1-39（b）所示。

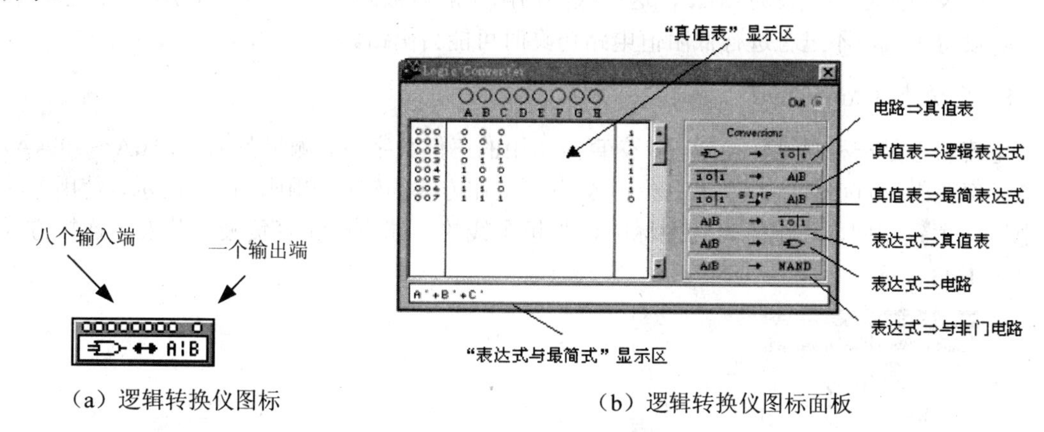

（a）逻辑转换仪图标　　（b）逻辑转换仪图标面板

附图 1-39　逻辑转换仪

若将一组合逻辑电路输入/出端分别接逻辑转换仪的输入/出端后打开面板：则“接电路→真值表”项在“真值表”显示区可得到逻辑电路的真值表；然后，可以把它转换成其他形式；单击“真值表→逻辑表达式”则得到真值表对应的逻辑表达式；单击“真值表→最简逻辑表达式”则得到真值表对应的最简逻辑表达式并显示在“表达式与最简式”显示区；单击“ 逻辑表达式→真值表”按钮，则“表达式与最简单式”显示区的逻辑表达式对应的真值表将显示在“真值表”显示区；单击“逻辑表达式→电路”按钮，则相应的逻辑电路将显示在电路工作区；单击“逻辑表达式→与非门电路”按钮，则相应的由与非门组成的逻辑电路将显示在电路工作区。

逻辑转换仪器还有输入真值表的功能。可根据设计要求编写真值表，并由此得出逻辑最简表达式和逻辑电路图。

7. 电压表（Vlotmeter）

电压表是一种交直流两用的三位数字表，其电压测量范围为0.1μV～999kV，交流工作频率范围为：0.001Hz～999MHz。在转换直流与交流测量方式时，可双击电压表图标，出现如附图1-40所示的对话框，然后单击测量方式（Mode）转换按钮，选定直流（DC）或交流（AC）模式时，电压表显示交流电压有效值。在电压表的图标中，带粗黑线的一端为电压表负极，其表示连接方式如附图1-41所示。

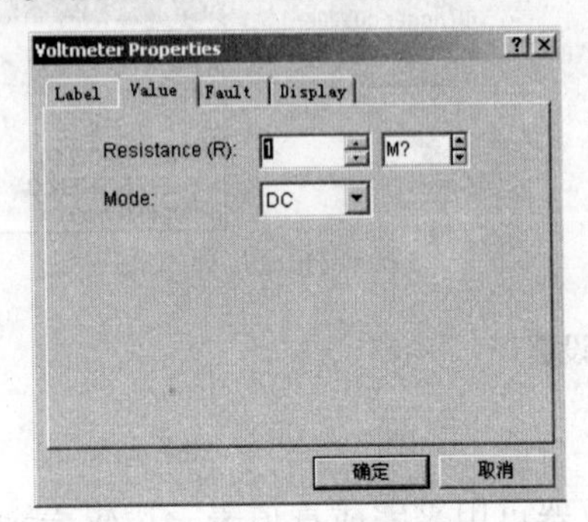

附图1-40 电压表参数设置

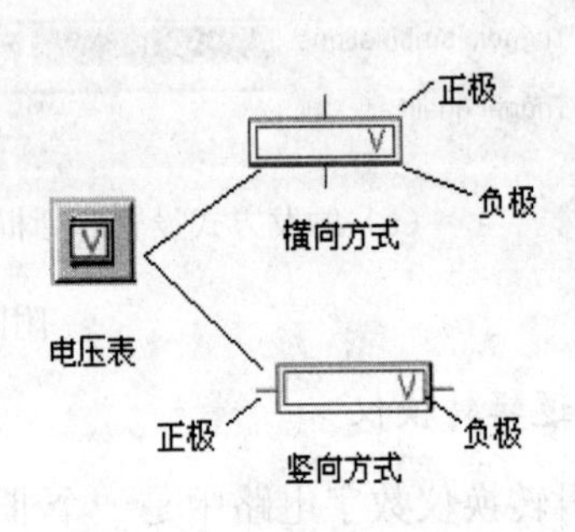

附图1-41 电压表连接方式

电压表内阻默认值设为1MΩ，这样大的内阻一般对被测电路的影响很小。当然也可以将内阻设得更大，不过在进行低阻值电路仿真时可能会出错。

8. 电流表（Ammeter）

电流表也是一种自动转换量程、交直流两用的三位数字表。测量范围：0.1μA～999kA，交流频率范围：0.001Hz～9999MHz。其交直流工作方式的转换如附图1-42所示，使用方法与电压表大致相同，在电流表的图标中，带粗黑线的一端为电流表负极，其表示连接方式如附图1-43所示。

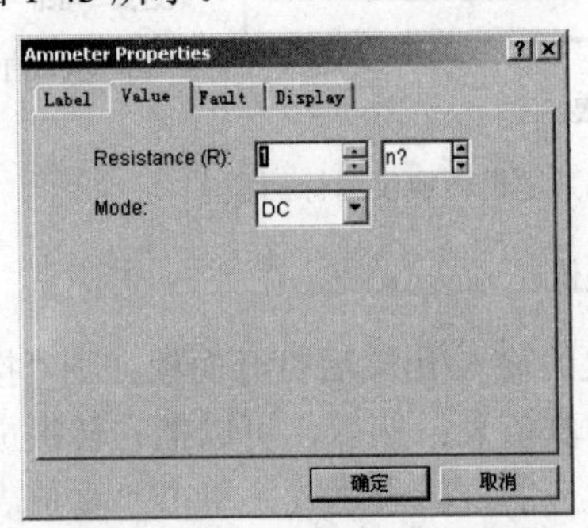

附图1-42 电流表参数设置

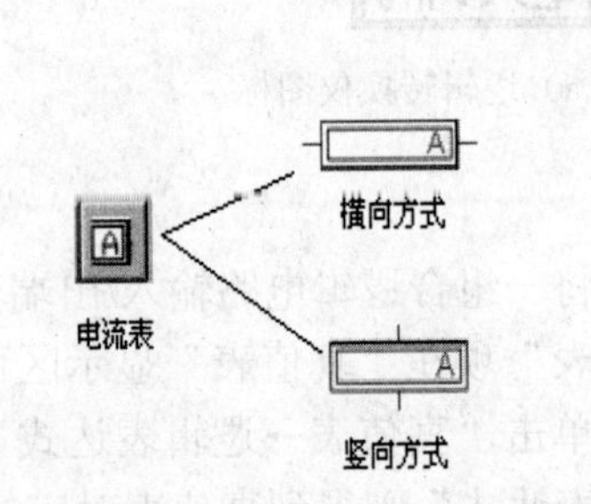

附图1-43 电流表连接方式

9. 彩色指示器

彩色指示器如附图1-44所示用于数字电路状态测试，当接入为高电平（逻辑1）时发光，不需要外接电阻或接地。在仿真数字电路时，可以用来监视电路各点的逻辑状态。显示颜色有红（Red Probe）、绿（Green Probe）、蓝（Blue Porbe）三种。

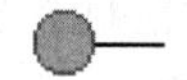

附图 1-44　彩色指示器

10. 七段数码管

电路工作时，图标如附图 1-45（a）所示得七段数码管显示输入的状态从左到右七个端分别控制 a～g 共七个显示段。当输入为 1 时，相应的段发光。a～g 七个显示段相对应位置如附图 1-45（b）所示。

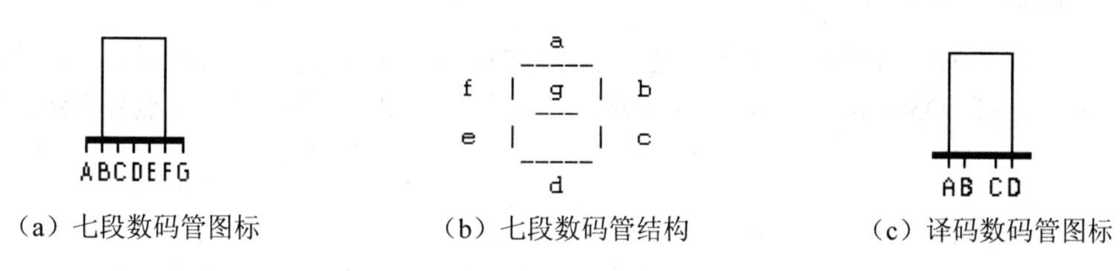

（a）七段数码管图标　（b）七段数码管结构　（c）译码数码管图标

附图 1-45　七段数码管

11. 译码数码管

译码数码管比七段数码管使用方便，如附图 1-45（c）所示，它仅需要四位二进制数输入，每一组四位二进制数输入后，可译码为对应的十六进制数字（0-9 以及 A-F）显示出来。

六、EWB 电子电路的仿真操作过程

1. 连接电路与仪器

连接仿真电路可按前述的元器件操作与仪表操作方法进行。

2. 电路文件的存盘与打开

电路创建后将其存盘，以备调用。方法是选择菜单栏中的 File/Save as 命令。弹出对话框后，选择合适的路径并输入文件名，再单击“确定”按钮，即完成电路文件的存盘。EWB 会自动为电路文件添加后缀“.ewb”。若需打开电路文件，可选择菜单栏中的 File/Open 命令，弹出对话框后，选择所需电路文件，单击“打开”按钮，即可将选择的电路调入电路工作区。存盘与打开也可以使用工具栏中的按钮。

3. 电路的仿真实验

仿真实验开始前可双击有关的图标打开起面板，准备观察其波形。按下电路启动/停止开关，仿真实验开始。若再次按下启动/停止开关，仿真实验结束。如果使实验过程暂停，可单击左上角的 Pause（暂停）按钮，也可以按 F9 键。再次单击 Pause 按钮或按 F9 键，实验恢复运行。

4. 实验结果的输出

输出实验结果的方法有许多，可以存储电路文件，也可以用 Windows 剪贴板输入电路图或仪器面板显示的波形，还可以打印输出。

存储电路文件的方法前面已经介绍过，使用剪贴板也很方便。可以选择 Edit/Copy as

Bitmap（编辑/拷贝比特图形）命令，此时鼠标指针成为十字指针移动到电路工作区，按下鼠标左键，然后拖曳成一个矩形，再释放鼠标按键。这时包围在该矩形区域内的图形即被输出至剪贴板。若要打开剪贴板剪贴的图形，可选择 Edit/Show Clipboard（编辑/显示剪贴）命令。当然也可以使用 Windows 本身提供的“粘贴（Paste）”方法传送至其他文字或图形编辑程序。这种方法可用于实验报告的编写。

七、EWB 的主要分析功能

1. 直流工作点分析

直流工作点的分析是对电路进行进一步分析的基础。在分析直流工作点之前，要选定 Circuit/Schematic Options 中的 Show nodes（显示节点）项，以把电路的节点号显示在电路图上。

2. 交流频率分析

交流频率分析即分析电路的频率特性。需先选定被分析的电路节点，在分析时，电路的直流源将自动置零，交流信号源、电容、电感等均处于交流模式，输入信号也设定为正弦波形式。

3. 瞬态分析

瞬态分析即观察所选定的节点在整个显示周期中每一时刻的电压波形。在进行瞬态分析时，直流电源保持常数，交流信号源随着时间而改变，电容和电感都是能量储存模式元件。在对选定的节点作瞬态分析时，一般可先对该节点作直流工作点的分析，这样直流工作点的结果就可作为瞬态分析的初始条件。

4. 傅里叶分析

傅里叶分析用于分析一个时域信号的直流分量、基频分量和谐波分量。一般将电路中交流激励源的频率设定为基频，若在电路中有几个交流源时，可以将基频设定在这些频率的最小公因数上。

附录 2
常用数字集成电路型号及引脚

目前常用的数字集成电路多为双列直插式封装，其引脚有 14、16、18、20、24 等多种。引脚号码由集成电路顶视图键孔下端起始，按逆时针方向顺序递增，如附图 2-1 所示。为了使用方便，附表 2-1 列出了 TTL 系列（国产型号为 CT1×××系列）及 CMOS MC14×××系列（国产型号为 CC4××××系列）部分常用数字集成电路名称、型号及引脚图。为简便起见，同种功能的 TTL 和 CMOS 电路，只出一个引脚图，当 CMOS 芯片与 TTL 引脚不同时，则将有差别的 CMOS 引脚以括号的形式标出。引脚图中字母 A、B、C、D、I 为输入端，E、G 为使能端，Y、Q 为输出端，Vcc 为电源，GND[②]为接地，字母上的非号表示低电平有效。

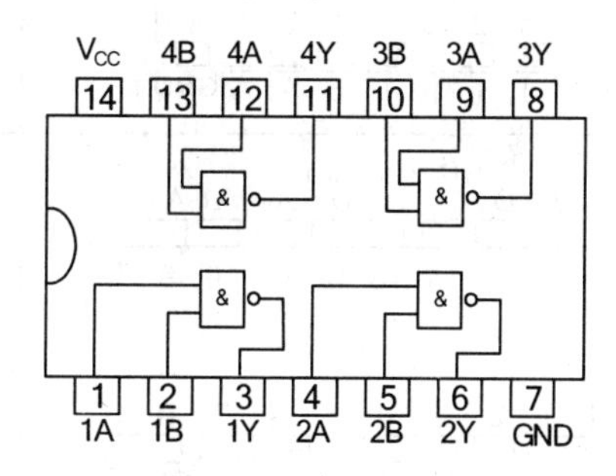

附图 2-1　7400 引脚图

附表 2-1　常用数字集成电路型号及引脚

电路名称及型号	引 脚 图	注　　释
四 2 输入与非门 TTL 7400 CMOS MC14011	(3Y)(3B)(3A) V_{CC} 4B 4A 4Y 3B 3A 3Y 14 13 12 11 10 9 8 1 2 3 4 5 6 7 1A 1B 1Y 2A 2B 2Y GND (2Y)(2A)(2B)	
六反向器 TTL 7404 CMOS MC14069	V_{CC} 6A 6Y 5A 5Y 4A 4Y 14 13 12 11 10 9 8 1 2 3 4 5 6 7 1A 1Y 2A 2Y 3A 3Y GND	

续 表

电路名称及型号	引 脚 图	注　　释
3-8 线译码器 TTL 74138	V_{CC} $\overline{Y}_0$ $\overline{Y}_1$ $\overline{Y}_2$ $\overline{Y}_3$ $\overline{Y}_4$ $\overline{Y}_5$ $\overline{Y}_6$ 16 15 14 13 12 11 10 9 1 2 3 4 5 6 7 8 A_0 A_1 A_2 $\overline{G}_{2A}$ $\overline{G}_{2B}$ G_1 $\overline{Y}_7$ GND	A_2、A_1、A_0 为数据输入，G_1、$\overline{G}_{2A}$、$\overline{G}_{2B}$ 为使能输入
七段译码/驱动器 TTL 7446 CMOS MC14558	V_{CC} $\overline{Y}_f$ $\overline{Y}_g$ $\overline{Y}_a$ $\overline{Y}_b$ $\overline{Y}_c$ $\overline{Y}_d$ $\overline{Y}_e$ 16 15 14 13 12 11 10 9 1 2 3 4 5 6 7 8 A_1 A_2 $\overline{LT}$ I_B/Y_{BR} $\overline{I_{BR}}$ A_3 A_0 GND	LT 为试灯输入，$\overline{I_{BR}}$ 为灭零输入，I_B/Y_{BR} 为消隐输入输出
8-3 线优先编码器 TTL 74148 CMOS MC14532	V_{CC} $\overline{E}_0$ $\overline{G}_{S4}$ I_3 $\overline{I}_2$ $\overline{I}_1$ $\overline{I}_0$ $\overline{A}_0$ 16 15 14 13 12 11 10 9 1 2 3 4 5 6 7 8 $\overline{I}_4$ $\overline{I}_5$ $\overline{I}_6$ $\overline{I}_7$ $\overline{E}_1$ $\overline{A}_2$ $\overline{A}_1$ GND	$\overline{E}_1$ 为使能输入，$\overline{E}_0$ 为使能输出，G_5 为片选输出，MC14532 为高电平有效，$\overline{E}_0$、$\overline{G}_{S4}$、$\overline{A}_2$、$\overline{A}_1$、$\overline{A}_0$ 为输出端
8 选 1 多路选择器 TTL 74151 CMOS MC14051	(D_2)(D_1)(D_0)(D_3) V_{CC} D_4 D_5 D_6 D_7 A_0 A_1 A_2 16 15 14 13 12 11 10 9 1 2 3 4 5 6 7 8 D_3 D_2 D_1 D_0 Y $\overline{Y}$ $\overline{E}$ GND (D_4)(D_6)(Y)(D_7)(D_5)(E)(V_{EE})	Y 为同向输出，$\overline{Y}$ 为反向输出，V_{EE} 为 0V
四位数字比较器 TTL 7485 CMOS MC14585	(B_3) (A > B) (A < B) (B_0) (B_1) V_{CC} A_3 B_2 A_2 A_1 B_1 A_0 B_0 16 15 14 13 12 11 10 9 1 2 3 4 5 6 7 8 B_3 (B_2) A'< B' (A_2) A'= B' (A = B) A'> B' A > B (A'< B') A = B (A'= B') A < B (A_1) GND	$A' < B'$、$A' = B'$、$A' > B'$ 为级联输入
双 D 触发器（正沿） TTL 7474 CMOS MC14013	(2Q) ($2\overline{Q}$) ($2\overline{R}_D$) (2D) ($2\overline{S}_D$) V_{CC} $2\overline{R}_D$ 2D 2CP $2\overline{S}_D$ 2Q $2\overline{Q}$ 14 13 12 11 10 9 8 1 2 3 4 5 6 7 $1\overline{R}_D$ 1D 1CP $1\overline{S}_D$ 1Q $1\overline{Q}$ GND (1Q) ($1\overline{Q}$) ($1\overline{R}_D$) (1D) ($1\overline{S}_D$)	R 为置 0 端，S 为置 1 端

续　表

电路名称及型号	引 脚 图	注　　释
双 JK 触发器 TTL 74112	V_{CC} $1\overline{R}_D$ $2\overline{R}_D$ 2CP 2K 2J $2\overline{S}_D$ 2Q 16 15 14 13 12 11 10 9 1 2 3 4 5 6 7 8 1CP 1K 1J $1\overline{S}_D$ 1Q $1\overline{Q}$ $2\overline{Q}$ GND	74112 为负沿触发，C14027 为正沿触发
四位双向移位寄存器 TTL 74194 CMOS MC14194	V_{CC} Q_0 Q_1 Q_2 Q_3 CP S_1 S_0 16 15 14 13 12 11 10 9 1 2 3 4 5 6 7 8 $\overline{cr}$ D_{SR} I_0 I_1 I_2 I_3 D_{SL} GND	D_{SL}、D_{SR} 分别为左、右串行输入，$\overline{cr}$ 为清 0，选择端 S_1S_0 为 00、01、10、11 分别表示保持、右移、左移、并入
可预置同步十进制计数器 TTL 74160/162CMOS MC14160/14162	V_{CC} C_O Q_0 Q_1 Q_2 Q_3 E_T $\overline{LD}$ 16 15 14 13 12 11 10 9 1 2 3 4 5 6 7 8 $\overline{cr}$ CP I_0 I_1 I_2 I_3 E_P GND	LD 为预置控制，E_T、E_P 为使能端，C_O 为进位，$\overline{cr}$ 为清 0，74160，MC14160 为异步清 0，74162、MC14162 为同步清 0
可预置同步二进制计数器 TTL 74161/163 CMOS MC14161/14163	V_{CC} C_O Q_0 Q_1 Q_2 Q_3 E_T $\overline{LD}$ 16 15 14 13 12 11 10 9 1 2 3 4 5 6 7 8 $\overline{cr}$ CP I_0 I_1 I_2 I_3 E_P GND	74161、MC14161 为异步清 0；74163、MC14163 为同步清 0
双单稳态触发器 TTL 74123 CMOS MC14528	($2C_{ext}$)($2R_{ext}$)($2\overline{cr}$)(2B)(2A)(2Q)(2$\overline{Q}$) V_{CC} $1R_{ext}$ $1C_{ext}$ 1Q 2$\overline{Q}$ $2\overline{cr}$ 2B 2A 16 15 14 13 12 11 10 9 1 2 3 4 5 6 7 8 $1\overline{A}$ 1B $1\overline{cr}$ $1\overline{Q}$ 2Q $2C_{ext}$ $2R_{ext}$ GND ($1C_{ext}$)($1R_{ext}$) (1B) ($1\overline{A}$) (1Q) ($1\overline{Q}$)	C_{ext} 为外接电容器，R_{ext} 为外接电阻电容公共端

参考文献

[1] 宋卫海，王明晶．数字电子技术[M]．济南：山东科技出版社，2007.

[2] 康华光．电子技术基础数字部分（第四版）[M]．北京：高等教育出版社，2000.

[3] 阎石．数字电子技术基础（第四版）[M]．北京：高等教育出版社，1998.

[4] 杨现德，田淑众．电子技术学习辅导与技能训练[M]．济南：山东科技出版社，2006.

[5] 杨志忠．数字电子技术[M]．北京：高等教育出版社，2004.

[6] 付植桐．电子技术（第 2 版）[M]．北京：高等教育出版社，2005.

[7] 电子工程手册编委会等编．中外继承电路简明速查手册——TTL、CMOS[M]．北京：电子工业出版社，1991.

[8] 中国集成电路大全编委会．中国集成电路大全——存储器集成电路[M]．北京：国防工业出版社，1995.

[9] 赵保经．中国集成电路大全[M]．北京：国防工业出版社，1985.

[10] 于晓平．数字电子技术[M]．北京：科学出版社，2004.

[11] 周常森，等．电子电路计算机仿真技术[M]．济南：山东科学技术出版社，2003.

[12] 潘松，黄基业．EDA 技术实用教程[M]．北京：科学出版社，2002.

[13] Stefan Sjoholm，Lennart Lindh．VHDL For Designers[M]．北京：清华大学出版社，2000.